全国高等职业教育"十二五"规划教材

园林树木

主　编　张树宝　曲瑞芳

陕西师范大学出版总社有限公司

图书代号　JC14N1052

图书在版编目(CIP)数据

园林树木/张树宝，曲瑞芳主编. —西安 ：陕西师范大学出版
总社有限公司，2014.7
ISBN 978－7－5613－7777－2

Ⅰ．①园… Ⅱ．①张… ②曲… Ⅲ．①园林树木—介绍—中国
Ⅳ．①S68

中国版本图书馆 CIP 数据核字(2014)第 158408 号

园林树木

张树宝　　曲瑞芳　　主编

责任编辑／李金玉　钱　栩
责任校对／陈培玉　李　菡
封面设计／博林文化 *Bolinwenhua*
出版发行／陕西师范大学出版总社有限公司
　　　　　（西安市长安南路 199 号　邮编 710062）
网　　址／http://www.snupg.com
经　　销／新华书店
印　　刷／河南永成彩色印刷有限公司
开　　本／787mm×1092mm　1/16
印　　张／21
字　　数／507 千
版　　次／2014 年 7 月第 1 版
印　　次／2014 年 7 月第 1 次印刷
书　　号／ISBN 978－7－5613－7777－2
定　　价／39.80 元

前　言

　　园林树木是一门集理论性、实践操作性为一体的学科。它属于应用科学范畴并为园林建设服务,实践性强,是园林教育的重要专业课程。本书根据理论与实践相结合的教学要求,以培养学生的技术应用能力为主线、实践操作能力为原则,在理论讲解的基础上强调学生的实际应用能力。本书分类系统中裸子植物门部分是根据郑万均编著的《中国植物志》第七卷系统排列的,被子植物门采用哈钦松分类系统。

　　在本书的编写过程中,我们力求做到以下几点:首先,科学性。本书采用章节式的体例格式,以总论、各论和实训为学习模块,总论包括前四章,介绍了园林树木的分类、园林树木的作用、园林树木的习性及分布和园林树木的选择与配置;各论就园林中常用的9科裸子植物和71科被子植物的形态、分布、习性、繁殖及应用等进行了系统的讲解;实训部分则详细介绍了相关植物的制作、识别与观察等内容。其次,实践性。园林树木是一门实践性很强的学科,在教学中必须注重理论联系实际,加强实践教学环节,本书根据园林树木学教学大纲的要求设置了相关实训和思考题。通过实训力求使读者具有常用园林树种的识别能力,掌握检索表的编制与使用方法、标本的采集与制作方法、园林树木的观赏与配置方法等知识和技能。思考题有助于读者及时巩固及总结。第三,可读性。本书图文并茂,体系清晰合理,并附有植物检索表,使其更贴近实际应用,可读性强。

　　本书可作为园林专业的教材,也可作为相关专业人员的参考用书。

　　本书由张树宝、曲瑞芳担任主编,张向军、乔梅、王新军、常虹、曲良谱担任副主编,马茜参与了本书的编写。具体分工如下:乔梅(商丘职业技术学院,绪论、第一章~第四章)、王新军(许昌职业技术学院,第五章第一节)、张向军(黑龙江职业技术学院,第五章第二节1~8)、张树宝(黑龙江职业技术学院,第五章第二节9~46)、曲良谱(江苏农牧科技职业学院,第五章第二节47~71)、常虹（商丘职业技术学院，第六章、第七章分表1～分表3）、曲瑞芳（呼和浩特职业技术学院，第七章分表4和分表5、第八章、第九章）。

本书在编写过程中，参考并借鉴了许多专家、学者的观点及专著，在此特做说明，并表示衷心的感谢与诚挚的敬意。

由于编者水平有限，疏漏与不当之处在所难免，敬请读者批评指正。

编 者

2014 年 5 月

目　录

第三篇　实训

第四篇　园林树木枝叶分类检索表

绪 论

一、园林树木的概念

狭义的园林是指一般的公园、花园、庭园等。广义的园林除公园、庭园以外,还包括风景区、旅游区、城市绿化、公路绿化以及机关、学校、厂矿的绿化建设和家庭的植物装饰,甚至包括自然保护区和各种专类园,如野趣园(原野)、百草园、岩石园、沼泽园、海滨园等,以及某单一树种建立的专类园,如桂花园、杜鹃园、月季园、山茶园、牡丹园、木兰园等。

园林树木通常是指人工栽培的树木,是供观赏、改善和美化环境、增添情趣的植物的总称,包括乔木、灌木和木质藤本。乔木是指具有明显直立主干且上部有分枝的树木,通常高在3 m以上。乔木分大乔木、中乔木和小乔木,如雪松、悬铃木等。灌木是指不具明显主干而由地面分出多数枝条,或虽具主干而高度不超过3 m的树木,如石榴、千头柏、大叶黄杨等。木质藤本是指茎干柔软只能依附他物支撑而上的树木,如紫藤、凌霄等。

二、园林树木在园林建设中的作用

园林树木是园林绿化中的骨干材料。有人比喻乔木是园林风景中的"骨架"和主体,灌木是园林风景中的"肌肉"和副体,藤本是园林风景中的"筋络"和支体,他们与花卉、草坪、地被植物等紧密结合,混为一体,形成相对稳定的人工群落。从平面美化到立体构图,形成各种引人入胜的景境。因此,园林树木是优良环境的创造者,也是园林美的构成者。

有些园林树木体型高大,枝叶茂密,根系深广。它们应用于城市绿化,能有效地起到调节温湿度、防风、防尘、减弱噪声、保持水土等作用,尤其明显的是,在炎热的夏季,街道上种植行道树,可以直接遮荫降暑,使行人感到凉爽。此外,绿色的树木在进行光合作用过程中吸收大量二氧化碳,放出氧气,使城市空气保持新鲜。有些树木还能吸收一些有害气体,有些则能放出杀菌素,这些都直接有利于人体的健康。因此,园林树木大量应用于城市绿化对改善和保护环境,起着相当显著的作用。

很多园林树木具有很高的观赏价值,或观花、观果、观叶,或赏其姿态。只要对园林树木进行精心选择和配置,园林树木就能在美化环境、美化市容、衬托建筑以及园林风景构图等方面起到突出的作用。

许多园林树木可以在不影响其防护和美化两个主要功能的前提下积极为社会创造物质财富,如果品、油料、木材(包括薪材)、药材、香料等。

总之,园林树木具有美化、改善环境和经济效益等三方面的功能。各种功能的内容,将在第二章中详细论述。

三、我国的园林树木资源

中国被西方人称为"园林之母",园林树木资源极为丰富。例如,号称"花王"的牡丹,其栽培历史达1 400余年,远在宋代时品种就曾达六七百种。各国园林界、植物学界对中国评价极高,视其为世界园林植物重要发祥地之一。中国园林树木资源有以下几方面特点。

(一)种类繁多

中国地域辽阔,自然条件复杂,地形、气候、土壤类型丰富,优越的自然环境造就了物种的多样性。一些古老植物经历了第四纪冰川期的考验,得以保存和繁衍,中国成为第三纪古老植物的避难所,如银杏、水杉、金钱松、银杉、珙桐等孑遗植物。从下列的部分统计数字可见中国园林植物丰富之一斑:杜鹃花,全世界800余种,中国产600余种;山茶花,全世界常见栽培的仅几种,中国已达100余种,其中享誉全球的金茶花,在中国有10余种,且其中大多是中国特产;牡丹、蜡梅等均产于中国。

(二)丰富多彩

中国地域广阔,环境差别大,因而经过长期的影响形成许多变异种类。例如,杜鹃的花序、花形、花色、花香等差异很大,或单花,或数朵,或排成多花的伞形花序;花朵形状似钟形、漏斗形、筒形等;花色有粉红、朱红、紫红、玫瑰红、金黄、淡黄、雪白斑点及变色等;在花香方面,则有不香、淡香、幽香、烈香等多种变化。

(三)特点突出

中国有许多植物是世界他国所没有而仅产于中国的特产科、属、种。例如,银杏科的银杏属,松科的金钱松属,杉科的台湾杉属、水杉属、水松属,蔷薇科的牛筋条属、棣棠属等。此外,中国还有在长期栽培中培育出的独具特色的品种及类型,如黄香梅、龙游梅、红花檵木、红花含笑、重瓣杏花等,这些都是杂交育种工作中的珍贵种质资源。另外,若干中国园林树木资源具备有特殊的抗逆性和抗病能力。

四、园林树木课程的内容和学习方法

园林树木是系统研究园林树木的种类、形态、分布、习性、观赏特性及园林应用等方面的一门学科,是园林植物学科的重要组成部分,属于应用科学范畴,是为园林建设服务的,具有实践性强的特点,是园林教育中的重要专业课程。

园林树木具有较强的理论性和实践性,特点是描述性强、涉及的树种多、名词术语多、需要记忆的内容多、树种的拉丁学名难记。因此,初学者感到有些困难。有效的学习方法,一是理论联系实际。在认真听课并熟悉文字描述的同时,多观察生长的树木和标本,观察时做重点笔记,对近似种进行对比、分析、归纳。在理解中记忆,这是学习本课程的关键。二是养成随时随地学习的习惯。不论是走在林荫大道上,还是在园林中游览都是学习的好机会。三是养成采集标本的习惯。通过查阅资料、鉴定标本来巩固知识。总之,要学好园林树木知识,就必须多观察、多动手、多询问、多总结、多记忆。通过学习达到能够正确鉴定树种名称,了解生态习性,掌握常见树种及其主要变种、变型的形态及其花、果、叶等部位的观赏特性及园林用途,进而合理地选择和配置树种,创造出优美的园林景色。

第一篇　总　论

第一章　园林树木的分类

地球上的植物约有50万种,仅高等植物就达35万种以上,这些高等植物中已经用于园林绿化的种类仅为很少一部分。为了更好地挖掘利用园林树木,使其有效地为人类服务,必须正确、科学地识别园林树木,并科学地进行整理、分类。由于人们在进行分类时所应用的依据和目的不同,对园林树木的分类方式也不同。总体来说,园林树木的分类方法有两大类:系统分类法(自然分类法)和人为分类法。

第一节　园林树木的系统分类法

植物的系统分类法是依据植物亲缘关系的远近和进化过程进行分类的方法,着重反映植物界的亲缘关系和由低到高的系统演化关系,反映了植物的自然历史发展规律。其任务不仅要识别物种、鉴定名称,还要阐明物种之间的亲缘关系,进而研究物种的起源、分布中心、演化过程和演化趋向。

一、物种的概念

"物种"又称"种",是指一个动物或植物群,其所有成员在形态上极为相似,它们中的各个成员间可以正常交配并繁育出有生殖能力的后代。物种是生物分类的基本单元,也是生物繁殖的基本单元。"种"具有相对稳定性的特征,但又不是绝对固定、永远一成不变的。它在长期的种族延续中不断地变化。因此,在同种内会发现具有相当差异的集团,分类学家按照这些差异的大小,又在"种"下分亚种(Subspecies)、变种(Variety)和变型(Forma)。

"亚种"是种内的变异类型,指某种植物分布在不同地区的种群,由于受所在地区生活环境的影响,在形态构造或生理机能上发生某些变化,这个种群就被称为某种植物的一个亚种。

"变种"也是种内的变异类型,虽然在形态构造上有显著变化,但是没有明显的地带性分布区域。

"变型"是指在形态特征上变异比较小的类型,如花色不同、花的重瓣或单瓣、毛的有无、叶面上有无色斑等。

"品种"是指在应用和生产实践中,人工培育而成的大量植物。这类植物原来并不存在于自然界,纯是人为创造出来的,故不以此作为自然分类系统的对象,但这类植物对人类的生活

非常重要。因此,这类由人工培育而成的植物,当达到一定数量成为生产资料并产生经济效益时即可称为"品种"。

二、分类系统上的等级

各系统统一用下述的等级顺序,即界(Kingdom)、门(Phylum)、纲(Class)、目(Order)、科(Family)、属(Genus)、种(Species)等级次。有时因在某一等级中不能确切而完全包括其性状或系统关系时分为亚级,即在级次单位前加"亚"(Sub -)字来表示,如亚门、亚纲、亚目、亚科、亚属、亚种等。

现以月季为例:

界……植物界
　门……被子植物门
　　纲……双子叶植物纲
　　　目……蔷薇目
　　　　科……蔷薇科
　　　　　亚科……蔷薇亚科
　　　　　　属……蔷薇属
　　　　　　　种……月季

按照上述的等级次序,植物分类学家即以"种"作为分类的起点,把"种"定为基本单位,然后集合相近的种为属,又将类似的属集合为一科,将类似的科集合为一目,类似的目集合为一纲,再集纲为门,集门为界,这样就构成了植物界的自然分类系统。

孢子植物亚界(隐花植物):如藻类、地衣、苔藓、蕨类

种子植物亚界(显花植物) { 裸子植物门:如苏铁纲、银杏纲、松杉纲
被子植物门 { 双子叶植物纲
单子叶植物纲 }

三、植物的命名

世界上的植物种类繁多,各国的语言文字不同,因而植物的名称也就不同。不仅各国叫法不同,而且一国之内各地的叫法也不尽相同,所以经常发生同名异物或异名同物的混乱现象。例如,北京的玉兰,在湖北叫应春花,在河南叫白玉兰,浙江叫迎春花,江西叫望春花,四川峨眉叫木花树。同物异名、同名异物的混乱现象不利于相互交流,也给人类识别和利用植物资源带来困难。为了科学上的交流和生产上利用的方便,规定统一的名称是非常必要的。为此,《国际植物命名法规》规定,植物学名必须用拉丁文或其他文字加以拉丁化来书写。种的名称采用瑞典植物学家林奈(Carl Linnaeus)1753 年倡导的"双名法"。双名法规定,每种植物的名称由两个拉丁词组成,第一个词是"属名",第二个词是"种加词",起着标志某一植物种的作用。为了对该植物种负责和便于考察,以及表彰纪念命名人,通常在学名后面还需附加命名人的姓名或姓氏缩写。

属名是学名的主体,名词,用单数第一格,首字母大写。种加词是形容词或者是名词的第二格,全部字母小写。定名人每个词的首字母大写,用缩写时,加"."。印刷体时,属名和种加词用斜体,定名人用正体。如:

冬青 *Ilex chinensis* Sims

木槿 *Hibiscus syriacus* L.

种以下的分类单位,在学名中通常用缩写,如亚种 subsp. 或 ssp. 、变种 var. 、变型 f. 等。此学名由"属名+种加词+亚种(变种或变型)加词"组成,称为"三名法"。例如:

樟子松 *Pinus sylvestris* L. var. *mongolica* Litv.

紫叶李 *Prunus cerasifera* Ehrhartf. *atropurpurea* (Jacq.) Rehd.

有些植物的学名,在定名之后用 ex(从……根据……),再加上另外的定名人的名,如溪荪 *Iris sanguinea* Donn ex Horn. ,这是由于 Donn 曾研究过本植物,并定名为 *Iris sanguinea*,但未正式发表,以后 Horn 作整理工作时,同意这个定名,就把 Horn 附在后面,用 ex 连结起来。有些植物的学名,定名人是两个人,则在两个定名人的姓名之间加 et,如阔叶山麦冬 *Liriope platyphylla* Wang et Tang。对某一种植物重命名时,原定名人加( ),如林奈最初将射干归于鸢尾属 *Iris*,学名为 *Iris chinensis* L. ,后来瑞士康道尔(de Candolle,DC.)研究认为应该归于射干属 *Belamcanda* 更合适,经重新组成而成现名 *Belamcanda chinensis*(L.)DC. 。

植物学名中的 cv. 指栽培品种(clutiver),如球柏 *Sabina chinensis* (L.) Ant. cv. *Globosa*;Hort. 指园艺家定名的种(hortulanoum),如金边印度榕 *Ficus elastica* Roxb. ex Hornem. cv. *Aureo-marginata* Hort. 。在 cv. 和 Hort. 之后不加定名人。

四、植物的自然分类系统

目前分类系统在裸子植物门部分是根据郑万均编著的《中国植物志》第七卷系统排列的,被子植物门常采用恩格勒分类系统和哈钦松分类系统。

(一)恩格勒分类系统(假花学说)的特点

(1)被子植物门分为单子叶植物和双子叶植物两个纲,双子叶植物纲在前。

(2)双子叶植物纲分为离瓣花和合瓣花两个亚纲,离瓣花亚纲在前面。

(3)离瓣花亚纲按无被花、单被花、异被花的次序排列,因此把荑荑花序类作为原始的双子叶植物处理,放在最前面。

(4)在各类植物中大致按子房上位→子房半下位→子房下位的次序排列。

该系统极其丰富、稳定和实用,世界各国及我国北方多采用。

(二)哈钦松分类系统(真花学说)的特点

(1)单子叶植物比较进化,排在双子叶植物之后。

(2)双子叶植物中将木本和草本分开,木本为原始性状,草本为进化性状。

(3)认为花的各部分呈离生状态,花的各部分呈螺旋状排列、具有多数离生雄蕊、两性花等形状为原始性状,而花的各部分呈合生、附生、合生雄蕊、单性花为进化性状。

(4)单叶和互生是原始性状,复叶或对生为进化性状。

(5)单子叶植物起源于毛茛科,较双子叶植物进化。

目前很多人认为哈钦松分类系统较为合理,我国南方广泛采用。但未包括裸子植物。

(三)其他系统

除以上分类系统外,还有塔赫他间(A. Takhtajan)系统、日本田村道夫系统和美国的柯朗奎特(A. Cronquist)系统等其他分类系统。

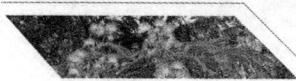

五、植物分类检索表

检索表是识别和鉴定植物不可缺少的工具,是根据法国拉马(Lamarck,1744—1829年)二歧分类原则,把原来一群动植物相对的特征、特性分成对应的两个分支。再把每个分支中相对的性状又分成相对应的两个分支,依次下去直到编制到科、属或种检索表的终点为止。为了便于使用,各分支按其出现先后顺序,前边加上一定的顺序数字,相对应的两个分支前的数字或符号应是相同的。

检索表是根据一群植物相同的特征和主要的不同特征来编制的,好的检索表在选择特征上应明显,应用起来更方便。但对大群植物编制检索表并非易事,只有对该群植物中每种植物的性状充分熟悉才能编制出来。

常用的检索表有下列两种形式。

(一)定距检索表

将检索表中两个相对应的分支,都编写在距左边有同等距离的地方,每一分支下边相对应的两个分支较先出现的又向右低一字格,这样继续下去,直到要编制的终点为止。现举例如下:

1.植物体无根、茎、叶的分化,没有胚胎(低等植物)
 2.植物体不为藻类和菌类所组成的共生体
  3.植物体内有叶绿素或其他光合色素,为自养生活方式 ……………… 藻类植物
  3.植物体内无叶绿素或其他光合色素,为异养生活方式 ……………… 菌类植物
 2.植物体为藻类和菌类所组成的共生体 ……………………………… 地衣植物
1.植物体有根、茎、叶的分化,有胚胎(高等植物)
 4.植物体有茎、叶而无真根 ………………………………………………… 苔藓植物
 4.植物体有茎、叶也有真根
  5.不产生种子,用孢子繁殖 ……………………………………………… 蕨类植物
  5.产生种子,用种子繁殖 ………………………………………………… 种子植物

(二)平行检索表

平行检索表中每一相对性状的描写紧紧并列以便比较,在一种性状描写之末即列出所需的名称或是一个数字。此数字重新列于较低的一行之首,与另一组相对性状平行排列;如此继续下去直至查出所需名称为止。举例如下:

1.植物体无根、茎、叶的分化,没有胚胎(低等植物) …………………………… 2
1.植物体有根、茎、叶的分化,有胚胎(高等植物) …………………………… 4
2.植物体为藻类和菌类所组成的共生体 …………………………………… 地衣植物
2.植物体不为藻类和菌类所组成的共生体 ……………………………………… 3
3.植物体内有叶绿素或其他光合色素,为自养生活方式 …………………… 藻类植物
3.植物体内无叶绿素或其他光合色素,为异养生活方式 …………………… 菌类植物
4.植物体有茎、叶而无真根 ………………………………………………… 苔藓植物
4.植物体有茎、叶也有真根 ………………………………………………………… 5
5.不产生种子,用孢子繁殖 ………………………………………………… 蕨类植物
5.产生种子,用种子繁殖 …………………………………………………… 种子植物

第二节 园林树木的人为分类法

园林树木的人为分类法是按照园林建设的要求,根据园林树木的生长习性、观赏特性、园林用途等方面的差异,将各种园林树木进行分类的方法。它是以树木在园林中的应用或利用为目的,以提高园林建设水平为主要任务的分类体系。

一、依树木的生长习性分类

按照园林树木的生长习性大致可分为以下几类。

(一)乔木类

乔木类是指树体高在5 m以上,有明显主干(3 m以上),分枝点距地面较高的树木。可分为常绿针叶乔木,如黑松、雪松、柳杉等;落叶针叶乔木,如金钱松、水杉、水松等;常绿阔叶乔木,如樟树、榕树、冬青等;落叶阔叶乔木,如槐树、毛白杨、七叶树等。

(二)灌木类

灌木类树体矮小,通常高在5 m以下,没有明显的主干,多数呈丛生状或分枝较低。例如,南天竹、桃叶珊瑚、月季、金钟花等,常用作观花、观叶、观果以及基础种植、盆栽观赏树种。

(三)藤木类

藤木类地上部分不能直立生长,常借助茎蔓、吸盘、吸附根、卷须、钩刺等攀附在其他支持物上生长。藤木类主要用于园林垂直绿化,如爬山虎、凌霄、络石、常春藤等。

二、依树木的观赏特性分类

(一)观叶树木

观叶树木是指叶色、叶形、叶大小、着生方式等有独特表现的树木,如银杏、鹅掌楸、红枫、鸡爪槭、黄栌、红叶李等。

(二)观形树木

观形树木主要指树冠的形状和姿态有较高观赏价值的树木,如苏铁、南洋杉、雪松、圆柏、垂柳等。

(三)观花树木

观花树木是指花色、花形、花香等有突出表现的树木,如玉兰、含笑、米兰、牡丹、腊梅、珙桐、梅花、月季等。

(四)观果树木

观果树木主要指果实显著、挂果丰满、果实宿存时间长的一类树木,如南天竹、火棘、枸子、金橘、枸骨、石榴、山楂、垂丝卫矛、佛手等。

(五)观枝干树木

观枝干树木是指枝、干具有独特的风姿或有奇特的色泽、附属物等的一类树木,如白皮松、龙爪柳、椰榆、梧桐、悬铃木、红瑞木、刺楸卫矛、皂荚等。

此外还有观根树,如落羽杉具有屈膝根、桑科榕属树种常有气生根等,这些在园林中均可用作观赏。

三、依树木在园林绿化中的用途分类

(一)风景林类

风景园林类树木是指多用丛植、群植、林植等方式,配置在建筑物、广场、草地周围或用于湖滨、山野来营建风景林或开辟森林公园,建设疗养院、度假村、乡村花园等的乔木树种。

对其主要是观赏由风景林木形成的平面、立面层次、外形轮廓、色彩变化的群体美。应用上,各地应优先选用乡土树种,并根据习性、功能等方面的差异,做好树种间的搭配。

(二)防护林类

防护林类树木指能从空气中吸收有毒气体,阻滞尘埃,削弱噪声,防风固沙,保持水土的一类树木。它们可再分为以下几类。

(1)防大气污染类。包括以下几种。

1)对二氧化硫吸收较强的树种:忍冬、卫矛、旱柳、臭椿、榆、花曲柳、水蜡、山桃等。

2)对氯气吸收较强的树种:银柳、旱柳、臭椿、赤杨、水蜡、卫矛、花曲柳、忍冬等。

3)对其他有毒气体吸收较强的树种:泡桐、梧桐、大叶黄杨、女贞、榉树、垂柳等。

(2)防噪声。以叶面大而坚硬,叶片呈鳞片状重叠排列,树体从上至下枝叶密集的常绿树较理想。

(3)防火类。多以树脂含量少,体内水分多,叶细小,叶表皮质厚,树干木栓层发达,萌发再生力强,枝叶稠密,着火不发生烟雾,燃烧蔓延缓慢者为佳。

(4)防风类。以适应当地环境,生长快,生长期长,根系发达,抗倒伏,枝干柔韧,寿命长,树冠呈塔形或柱形者为宜。

(5)保持水土类。优良的保持水土类树木应根系发达,侧根多,耐干瘠,萌蘖性强,枝叶茂盛,生长快,固土作用大。

(三)行道树类

行道树类主要指栽植在道路系统,如公路、街道、园路、铁路两侧,整齐排列,以遮荫、美化为目的的乔木树种。行道树为城乡绿化的骨干树,能统一组合城市景观,体现城市与道路特色,创造宜人的空间环境。

行道树应树冠整齐,冠幅较大,树姿优美,抗逆性强,对环境的保护作用大,根系发达,抗倒伏,生长迅速,寿命长。我国树种资源丰富,适宜各地作为公路、街道行道树的种类甚多,银杏、鹅掌楸、椴树、悬铃木、七叶树被称为世界五大行道树,其中悬铃木被誉为"行道树之王"。

(四)孤赏树类

孤赏树类主要指以单株形式布置在花坛、广场、草地中央、道路交叉点、河流曲线转折处外侧、水池岸边、缓坡山地、庭院角落、假山,登山道及园林建筑等处起主景、局部点缀或遮荫作用的一类树木。

孤、散植树类表现的主题是树木的个体美,故姿态优美,开花、结果茂盛,四季常绿,叶色秀丽,抗逆性强的阳性树种更为适宜。

(五)垂直绿化类

垂直绿化类是指绿化墙面、栏杆、山石、棚架等处的藤本植物。例如,墙面绿化可选用爬山虎、蛇葡萄、络石、薜荔、常春藤等具有吸盘或不定根的种类;棚架绿化宜用紫藤、葡萄、凌霄花、叶子花、买麻藤等种类;陡岩绿化可用蔷薇、爬墙虎和云南素馨等种类。主要是根据藤蔓植物

的生长特性和绿化应用对象来选择树种。

（六）绿篱类

绿篱类树木是指园林中用树木的密集列植代替篱笆、栏杆、围墙等起隔离、防护和美化作用的一类植物。通常以耐密植、耐修剪、养护管理简便、有一定观赏价值的树种为主。绿篱种类不同，选用的树种也会有一定差异。依绿篱高度可分三类。

（1）高篱类：篱高2 m左右，起围墙作用，多不修剪。应以生长旺、高大的树种为主，如侧柏、罗汉松、厚皮香、桂花、红叶石楠、丛生竹类等。

（2）中篱类：篱高1 m左右，多配置在建筑物旁和路边，起联系与分割作用，常作轻度修剪，多选用小蜡树、福建茶、日本珊瑚树、假连翘、六月雪、女贞等。

（3）矮篱类：篱高50 cm以内，主要植于规则式花坛、水池边缘，起装饰作用，需作强度修剪。应由萌芽力强的树种，如瓜子黄杨、金叶女贞、红叶小檗、大叶黄杨等组成。

（七）造型类及树桩盆景、盆栽类

造型类是指经过人工整形制成的各种物像的单株或绿篱，故也称球形类树木。这类树木的要求与绿篱类基本一致，但以常绿种类、生长较慢者更佳，如罗汉松、叶子花、六月雪、瓜子黄杨、日本五针松等。

树桩盆景是在盆中再现大自然风貌或表达特定意境的艺术品，对树种的选用要求与盆栽类有相似之处，均以适应性强，根系分布浅，耐干旱瘠薄，耐粗放管理，耐阴，生长速度适中，寿命长，花、果、叶有较高观赏价值的种类为宜。树桩盆景多要进行修剪与艺术造型，故材料选择应较盆栽类更严格，要求树种能耐修剪盘扎，萌芽力强，节间短缩，枝叶细小。比较常见的种类有银杏、金钱松、短叶罗汉松、榔榆、朴树、六月雪、紫藤、南天竹、紫薇等。

（八）木本地被类

木本地被类指那些低矮的，通常高度不超过50 cm，铺展力强，处于园林绿地植物群落底层的一类树木。地被植物的应用，可以避免地表裸露，防止尘土飞扬和水土流失，调节小气候，丰富园林景观。地被类以耐荫、耐践踏、适应能力强的常绿种类为主，如铺地柏、沙地柏、扶芳藤、爬行卫矛、葡匐枸子等。

【思考题】

1. 恩格勒分类系统和哈钦松分类各具哪些特点？

2. 选10种当地常见树种，用定距式编制其分种检索表。

3. 树木在园林绿化中的用途可以分为哪几类？

4. 可以用作垂直绿化的树种有哪些？它们有哪些共同点？

5. 行道树有哪些功能？在本地适合作行道树的树种有哪些？

6. 什么叫绿篱？你见过的绿篱树种有哪些？

第二章 园林树木的作用

植物造景是世界园林发展的趋势,其中园林树木是基本物质要素。园林树木种类繁多,色彩千变万化,既具有生态环保效应,又具有综合观赏的特性。它以多样的姿态组成丰富的轮廓线,以不同的色彩构成瑰丽的景观。园林树木不但可以其本身所具有的色、香、姿成为园林造景的主题,同时还可衬托其他造园题材,形成生机盎然的画面。实践证明,园林质量的优劣很大程度上取决于园林树木的选择和配置,其作用主要体现在美化、改善环境和经济效益三方面。

第一节 园林树木的美化作用

园林树木种类多样,各个树种都有其独特的形态、色彩、香味。园林中没有园林植物就不能称为真正的园林,而园林植物又以园林树木在园林绿化中占有较大的比重而成为重要的美化题材。园林树木与园林中的建筑、雕塑、溪瀑、山石等相互衬托对比,再加上艺术处理,呈现出千姿百态的迷人美景,令人神往。

树木的美不仅体现在其本身色彩、形态、令人愉快的气味等方面,而且还体现在风韵美上。风韵美亦称内容美、象征美,是一种抽象美,它既能反映大自然的自然美,又能反映人类智慧的艺术美。人们常把植物人格化,从联想上产生某种情绪或意境。例如,用松柏表示坚贞,论语说"岁寒,然后知松柏之后凋也",喻有气节之人,虽在乱世,仍能不变其节。

一、形态美

园林树木的整体与局部的外形变化较多,有尖塔形、圆锥形、圆柱形、圆球形、伞形、垂枝形、钟形等。树形在园林构景中起到了重要作用。不同树形经过巧妙的配置,可创造出不同韵律感、层次感的艺术景观。

(一)树干的形态

(1)直立干:高耸直立,给人以挺拔雄伟之感,如毛白杨、落羽杉、水杉、梧桐、泡桐、悬铃木等。

(2)并生干:两干从下部分枝而对立生长,如栎、刺槐、臭椿、楝等萌蘖性强的树种。

(3)丛生干:由根部产生多数干,如千头柏、南天竹、金钟花、迎春、珍珠梅、李叶绣线菊、麻叶绣线菊等。

（4）匍匐干：树干向水平方向发展成匍匐于地面状，如铺地柏、偃柏及一般木质藤本。

此外，还有侧枝干、横曲干、光秃干、悬岩干、半悬岩干等各种形态。

（二）树冠的形态

（1）尖塔形：这类树形的顶端优势明显，中央主干生长较旺。尖塔形主要由斜线和垂线构成，但以斜线占优势，因此具有由静而趋于动的意向，整体造型静中有动，动中有静，轮廓分明，形象生动，有将人的视线或情感从地面导向高处或天空的作用，如雪松、南洋杉、云杉、冷杉。

（2）圆柱形：顶端优势亦明显，主干生长旺，树冠上、下部直径相差不大，树冠紧抱，冠长远远超过冠径，整体形态细窄而长，如北美圆柏、紫杉、钻天杨、塔柏、龙柏、蜀桧等。圆柱形树冠以垂直线为主，给人以雄健、庄严与安稳的感觉。这类树形的树木，通过引导视线向上的方式，突出了空间的垂直面，因此能产生较强的感染力。

（3）圆球形：这类树形树种众多，应用广泛。树形构成以弧线为主，给人以优美、圆润、柔和、生动的感受，如樟、石楠、榕树、加杨、球柏、千头柏等。在人的视觉感受上，圆球形无明确的方向性，容易在各种场合与多种树形取得协调搭配。

（4）棕榈形：这类树形除具有南国热带风光情调外，还能给人以挺拔、秀丽、活泼的感受，既可孤植观赏，也可在草坪、林中空地散植，创造疏林草地景色。

（5）垂枝形：外形多种多样，基本特征为具有明显悬垂或下弯的细长枝条，如垂柳、垂槐、垂枝榆、垂枝梅、垂枝桃等。由于枝条细长下垂，并随风拂动，常形成柔和、飘逸、优雅的观赏特色，能与水体很好地协调。

（6）雕琢形：雕琢形是人们模仿人物、动物、建筑及其他物体形态，对树木进行人工修剪、蟠扎、雕琢而形成的各种复杂的几何形体，如门框、树屏、绿柱、绿塔、绿亭、熊猫、孔雀等。在园林中，根据特定环境恰当应用，会获得别具特色的观赏效果，但用量要适当，少而精。

（7）风致形：风致形是指露地生长的树木，因长期受自然力，特别是风的作用，而形成的具观赏价值的特殊形体。

（8）藤蔓形：依生长形态与使用方式，可大致分为攀援与悬垂两种类型。

此外，还有不规则的老柿树、枝条苍劲古雅的松柏类等。树冠的形状是相对稳定的，并非绝对的，随着环境条件以及树龄的变化而不断变化，形成各种富于艺术风格的体形。总的来说，凡具有尖塔状树形者，多有严肃端庄的效果；具有柱状较狭窄树冠者，多有高耸静谧的效果；具有圆钝、卵形树冠者，多有雄伟、浑厚的效果；丛生者多有朴素、浑美之感；而拱形及垂枝类型者，常形成优雅、和平的气氛，且多有潇洒的姿态；匍匐生长的有清新开阔、生机盎然之感，可创造大面积的平面美；大型缠绕的藤木给人以苍劲有力之感。

（三）叶的形态

树木的叶形变化万千，各有不同，从观赏特性的角度来看是与植物分类学的角度不同的，一般将各种叶形归纳为以下几种基本形态。

1. 单叶方面

（1）针形类：包括针形叶及凿形叶，如油松、雪松、柳杉等。

（2）条形类：也称线形类，如冷杉、紫杉等。

（3）披针形类：包括披针形（如柳、杉、夹竹桃等）及倒披针形（如黄瑞香、鹰爪花等）。

（4）椭圆形类：如金丝桃、天竺桂、柿以及长椭圆形的芭蕉等。

（5）卵形类：包括卵形及倒卵形叶，如女贞、玉兰、紫楠等。

（6）圆形类：包括圆形及心形叶，如山麻杆、紫荆、泡桐等。

（7）掌状类：如五角枫、刺楸、梧桐等。

（8）三角形类：包括三角形及菱形，如钻天杨、乌桕等。

（9）奇异形：包括各种引人注目的形状，如鹅掌楸的鹅掌形叶，羊蹄甲的羊蹄形叶，变叶木的戟形叶以及为人熟知的银杏的扇形叶等。

2.复叶方面

（1）羽状复叶：包括奇数羽状复叶和偶数羽状复叶，如刺槐、锦鸡儿、合欢、南天竹等。

（2）掌状复叶：小叶排列成手掌形，如七叶树等。也有呈二回掌状复叶者，如铁线莲等。

叶片除基本形状外，又由于叶边缘的锯齿形状以及缺刻的变化而更加丰富。

不同的形状和大小具有不同的观赏特性。例如，棕榈、蒲葵、椰子、龟背竹等均具有热带情调；大形的掌状叶给人以朴素的感觉；大形的羽状叶给人以轻快、洒脱的感觉；温带鸡爪槭的叶形会形成轻快的气氛；产于温带的合欢与产于亚热带及热带的凤凰木，因叶形的相似都能产生轻盈秀丽的效果；等等

另外，叶子的大小和质地对叶子的观赏效果也有一定的影响。例如，革质的叶片，由于叶片较厚、颜色较浓暗，具有较强的反光能力，故有光影闪烁的效果；纸质、膜质的叶片，常呈半透明状，给人以恬静之感；至于粗糙多毛的叶片，则多富于野趣。

（四）花的形态

花的观赏除了色彩和芳香外，还有各式各样的形状和大小。牡丹花朵硕大，有"唯有牡丹真国色，花开时节动京城"的赞誉；玉兰树之花，朵朵红花好似古典的宫灯；金丝桃花朵上的金黄色小蕊，长长地伸出于花冠之外；金链花的黄色蝶形花，组成了下垂的总状花序；带有白色巨苞的珙桐花，宛若群鸽栖息枝梢。

将花或花序着生在树冠上的整体表现形貌，特称为"花相"。园林树木的花相，从树木开花时有无叶簇的存在而言，可分为两种形式：①"纯式"，指在开花时，叶片尚未展开，全树只见花不见叶的；②"衬式"，指在展叶后开花，全树花叶相衬。按照花朵或花序在枝桠上的分布特点，花相大致可分为以下几种。

（1）独生花相：本类较少、形较奇特，如苏铁类。

（2）线条花相：花排列于小枝上，形成长形的花枝。由于枝条生长习性不同，有呈拱状的，有呈直立剑状的，或略短曲如尾状的等。呈纯式线条花相者有连翘、金钟花等；呈衬式线条花相者有珍珠绣球、三桠绣球等。

（3）星散花相：花朵或花序数量较少，且散布于全树冠各部。纯式星散花相种类较多，花数少而分布稀疏，花感不烈，但亦疏落有致。若于其后植有绿树背景，则可形成与衬式花相相似的观赏效果。衬式星散花相的外貌是在绿色的树冠底色上，零星散布着一些花朵，有丽而不艳、秀而不媚之效，如珍珠梅、鹅掌楸、白兰等。

（4）团簇花相：花朵或花序形大而多，就全树而言，花感较强烈，但每朵或每个花序的花簇仍能充分表现其特色。呈纯式团簇花相的有玉兰、木兰等。属衬式团簇花相的以大绣球为典型代表。

（5）覆被花相：花或花序着生于树冠的表层，形成覆伞状。属于本花相的树种，纯式的有绒叶泡桐、泡桐等，衬式的有广玉兰、七叶树、栾树等。

（6）密满花相：花或花序密生全树各小枝上，使树冠形成一个整体的大花团，花感最为强

烈,如榆叶梅、毛樱桃、紫丁香、火棘等。

(7)干生花相:花着生于茎干上。种类不多,大部分产于热带湿润地区。例如,槟榔、枣椰、鱼尾葵、山槟榔、木菠萝、可可等。华中、华北地区的紫荆,也能在较粗老的茎干上开花,但难与典型的干生花相相比。

(五)果的形态

许多园林树木的果实既有很高的经济价值,又有突出的美化作用。在园林中以观果为目的而选择树种时,除了色彩以外,还要注意选择果实的形状。一般果实的形状以奇、巨、丰为准。

"奇"是指以果实形状奇异、有趣为主。例如,铜钱树的果实形似铜币;象耳豆的荚果弯曲,两端浑圆而相接,犹如象耳一般;腊肠树的果实好比香肠;秤锤树的果实如秤锤一样;紫珠的果实宛若许多晶莹剔透的紫色小珍珠;其他各种像气球的,像元宝的,像串铃的,其大如斗的,其小如豆的等,不一而足。"巨"是指单体的果形较大,如柚;或果虽小而果形鲜艳,果穗较大,如接骨木,均可达到"引人注目"的效果。"丰"是就全树而言的,无论单果或果穗,均应有一定的丰盛数量,才能发挥较好的观赏效果。

(六)根的形态

树木裸露的根部也有一定的观赏价值,中国人自古以来即对此有很高的鉴赏水平,久已运用此观赏特点于园林美化及桩景盆景的培养。但是并非所有树木均有显著的露根美。一般而言,树木达老年期以后,均可或多或少地表现出露根美。在这方面效果突出的树种有松、榆、梅、楸、榕、蜡梅、山茶、银杏、鼠李、广玉兰、落叶松等。

在亚热带、热带地区有些树有巨大的板根,很有气魄;另外,具有气生根的种类,如榕树,可以形成密生如林、绵延如索的景象,更为壮观。

(七)皮的形态

树皮的外形不同,给人以不同的观赏效果。麻栎树皮特别厚、质脆、外表深纵裂,给人以雄劲有力之感;悬铃木外皮则呈不规则脱落状,斑驳可爱;紫薇树皮细腻光滑,给人以清洁亮丽的印象;等等。

(八)其他附属物的形态

很多树木的刺、毛等附属物,也有一定的观赏价值。例如,楤木属多被刺与绒毛;红毛悬钩子小枝密生红褐色刚毛,并疏生皮刺;红泡刺藤茎紫红色,密被粉霜,并散生钩状皮刺。峨眉蔷薇小枝密被红褐刺毛,紫红色皮刺基部常膨大;其变型品种扁刺峨眉蔷薇皮刺极宽扁,常近于相连而呈翅状,幼时深红,半透明,尤具观赏性。

二、色彩美

植物的花、果、叶、枝、树皮是植物色彩的来源。花色和果色有季节性,持续时间短只能作为点缀而不能作为基本的设计要素来考虑。一般来说,树叶色彩是主要的、大面积景观的效果。对落叶树来说,树枝、树干的色彩在冬季就成了重要因素。而常绿乔木和一些低矮灌木等也有其特殊的视觉冲击。它们的色彩不论是固有的状态还是时间和空间的变化,无不显示出特殊的视觉冲击及带给人们美的享受。

(一)叶的色彩

生长旺盛的叶子大都是碧绿的,而衰老的叶子就变得枯黄了。例如,乌桕、枫树等的绿叶,

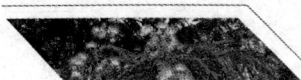

到了秋天变成了红色,而紫鸭跖草和大叶红草的叶子终年都是紫红色的。由于叶的颜色有极高的观赏价值,因此人们根据叶色的特点将它分为以下几类。

1. 绿色类

绿色虽属叶子的基本颜色,但详细观察则有嫩绿、浅绿、鲜绿、浓绿、黄绿、赤绿、褐绿、蓝绿、墨绿、亮绿、暗绿等差别。将不同绿色的树木搭配在一起,能形成美妙的色感。例如,在暗绿色针叶树丛前,配置黄绿色树冠,会形成满树黄花的效果。

2. 春色叶类及新叶有色类

对春季新发生的嫩叶有显著不同叶色的,统称为"春色叶树"。例如,臭椿、五角枫的春叶呈红色,黄连木春叶呈紫红色等。在南方暖热气候地区,有许多常绿树的新叶不限于在春季发生,而是不论季节只要发出新叶就会具有美丽色彩且有宛若开花的效果,如铁力木等,这一类统称为"新叶有色类"。为了方便起见,亦可将此类与春季发叶类统称为春色叶类。

3. 秋色叶类

凡在秋季叶子颜色能有显著变化的树种均称为"秋色叶树",各国园林工作者均极为重视此类树种。

(1)秋叶呈红色或紫红色类者:如鸡爪槭、五角枫、茶条槭、糖槭、枫香、地锦、五叶地锦、小檗、樱花、漆树、盐肤木、野漆、黄连木、柿、黄栌、南天竹、花楸、百华花楸、乌桕、红槲、石楠、卫矛、山楂等。

(2)秋叶呈黄或黄褐色者:如银杏、白蜡、鹅掌楸、加拿大杨、柳、梧桐、榆、槐、白桦、无患子、复叶槭、紫荆、栾树、麻栎、栓皮栎、悬铃木、胡桃、水杉、落叶松、金钱松等。

4. 常色叶类

有些树的变种或变型,其叶常年均呈异色,而不必待秋季来临,特称为"常色叶树"。全年树冠呈紫色的有紫叶小檗、紫叶欧洲槲、紫叶李、紫叶桃等;全年叶均为金黄色的有金叶鸡爪槭、金叶雪松、金叶圆柏等;全年叶均具斑驳彩纹的有金心黄杨、银边黄杨、变叶木、洒金珊瑚、红花檵木等。

5. 双色叶类

某些树种,其叶背与叶表的颜色显著不同,在微风中就形成闪烁变化的效果,这种树种称为"双色叶树",如银白杨、胡颓子、栓皮栎、青紫木等。

6. 斑色叶类

绿叶上具有其他颜色的斑点或花纹,如桃叶珊瑚、变叶木等。

(二)花的色彩

花的色彩大概是人们最熟悉的树木彩化的情形了。花有白、黄、红、蓝、紫、橙等色,千变万化,层出不穷,最吸引人的视觉。按照最基本的花色,可以简单将树木分类如下。

(1)红色花系:桃、月季、山茶、夹竹桃、紫薇、木棉、凤凰木、刺桐、扶桑等。

(2)黄色花系:迎春、金桂、金丝桃、腊梅、黄蝉、黄花夹竹桃、黄槐等。

(3)蓝色花系:紫藤、洋杜鹃、楝树、木蓝、泡桐、杜荆、蓝花楹等(此花系较为珍贵)。

(4)白色花系:茉莉、海芒果、女贞、甜橙、广玉兰、白兰、栀子花、梨、鸡蛋花等。

园林创造中巧妙地将树木按照各种不同花色、花期搭配,而产生一年四季的缤纷美景。

(三)果的色彩

满树的果实象征着丰收,可以食用,也是一种美的欣赏,有较大的现实意义。"一年好景君须记,正是橙黄橘绿时",此景如此美妙。"红豆生南国,春来发几枝。愿君多采撷,此物最

相思",又是一幅美景。根据果色不同也可以简单将树木分成以下几类。

(1)红果:铁冬青、南天竹、紫金牛、石榴、柿子等。

(2)黄果:柚子、甜橙、佛手、金桔、梨、黄皮等。

(3)蓝紫色果:紫珠、蛇葡萄、葡萄、十大功劳、桂花等。

(4)黑果:小叶女贞、女贞、鸭脚木、金银花、红楠、樟树、阴香等。

(5)白果:蔓九节、白果等。

三、意境美

我国古典园林很擅长于寓情于景,松竹高洁、松柏高寿、红豆相思、牡丹富贵等,都显现出其中的意境之美。

由于生活、文化、习俗等原因,人们常用某些树木代表某些思想感情而构成园林中的"比拟"之美。例如,苏东坡在《咏竹》中写道:"宁可食无肉,不可居无竹,无肉令人瘦,无竹令人俗,人瘦尚可肥,俗士不可医。"竹以其挺拔秀丽的外表形态和坚韧刚毅、虚心有节的内在个性,作为美好事物和高尚品质的象征,创造了许多优美意境。人们以竹为友,修心养性,陶冶情操;以竹而生,居竹食竹,饰竹行竹,围绕竹子产生了特有的源远流长的文化,赋予中国园林独树一帜的悠久主题。

植物的意境美并不是一成不变的,它会随着时代的发展而变化。例如"白杨萧萧",是由于旧时代,一般的民家多将其植于墓地而形成的,但是现代却由于白杨生长迅速,枝干挺拔,叶近革质而有光泽,具有浓荫遍地的效果,因此成为良好的普遍绿化树种。即时代变了,绿化环境变了,所形成的景观变了,游人的心理感受也变了,因此当微风吹拂时就不会有"萧萧愁煞人"的感觉了。相反地,如配置在公园的安静休息区中则会产生"远方鼓瑟""万籁有声"的安静松弛感,而使人达到充分休息的效果。又如梅花,旧时代总是受文人"疏影横斜"的影响,带有孤芳自赏的情调,而现在却以"待到山花烂漫时,她在丛中笑"的富有积极意义和高尚理想的内容来使人领悟感受。

四、芳香美

以花的芳香而论,目前尚无一致的标准,一般可分为清香(如茉莉)、甜香(如桂花)、浓香(如白兰花)、淡香(如玉兰)、幽香(如米兰)。不同的芳香对人会引起不同的反应,有的起兴奋作用,有的却引人反感。在园林中,许多国家常有"芳香园"的设置,即利用各种香花植物配置而成。由于文学、艺术等方面的影响,人们对有些花会产生不同的联想,并给予不同的评价。此外,有些树木的叶等器官,在特定条件下也能产生刺激嗅觉的芳香。

以上这些园林树木美化作用的艺术效果形式并不是独立的,必须全面地考虑和安排。在园林配置前,必须深刻体会和全面把握不同树种各个部位的观赏特征,进行细致搭配,以创造出优美的园林景色。

第二节 园林树木对环境的改善和防护功能

在树林中或公园里花草树木多的地方,空气新鲜,有利于人体的健康。植物对环境的改善和防护功能主要表现在以下几方面。

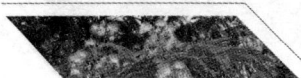

一、调节气候

(1)园林树木能改善环境温度。夏季在树荫下会使人感到凉爽和舒适,这是因为树冠能遮挡阳光,减少辐射热,降低小环境内的温度。有人做过试验,树木的枝叶能吸收太阳辐射到树冠热量的35%左右,反射到空中20%~25%,再加上树叶可以散发一部分热量,因此树荫下的温度可比空旷地降低5~8℃,而空气相对湿度可增加15%~20%,所以夏季在树荫下会感到凉爽。不同的树种有不同的降温能力,这主要取决于树冠大小、树叶密度等因素。

(2)园林树木能提高空气湿度。据统计,林木生长过程中所蒸腾的水分,要比其本身的重量大300~400倍。1 hm² 阔叶林夏天要向空气中蒸腾2 500 t以上的水分。1 hm² 松林每年可蒸腾近500 t水分。1株中等大小的杨树,在夏季白天,每小时可由叶部蒸腾25 kg水分,1天的蒸腾量有500 kg之多,若有1 000棵树,其效果就相当于在该处洒泼500 t的水。据测定,一般在树林中空气湿度要比空旷地的湿度高7%~14%。不同的树种具有不同的蒸腾能力,在城市绿化时选择蒸腾能力较强的树种对提高空气湿度具有明显作用。

二、减少有害气体,净化空气

(1)园林树木能自然净化空气。由于树木吸收 CO_2 并放出 O_2,而树木呼出的 CO_2 只占树木吸收 CO_2 的1/20,这样大量的 CO_2 被树木所吸收,又放出 O_2,从而恢复并维持空气自然循环和自然净化的能力。所以园林树木是净化空气的"城市绿色工厂"。

(2)吸收有毒气体。大气污染包括多种有毒气体,而以 SO_2 为主,HF、Cl_2 次之。许多园林树木不但对这些有毒物质有一定抗性,还能够通过枝、叶吸收有毒物质后,再经过体内新陈代谢活动而自行解毒,故可降低有毒成分在大气中的含量,减轻危害,在环境保护上发挥相当大的作用。一般对有毒气体吸收能力较强的树种有银柳、旱柳、臭椿、赤扬、水蜡、卫矛、花曲柳、忍冬、银桦、悬铃木、柽柳、女贞、君迁子等。

三、滞尘作用

树木的枝叶对空气中的烟尘和粉尘有明显的阻挡、过滤和吸附作用,是空气的天然过滤器。据测定,林地吸附粉尘的能力比裸地高75倍。树种不同,滞尘能力不同。一般树冠浓密,叶片宽大、平展,叶面粗糙或多茸毛的树种,滞尘能力较强。

此外,草坪也有明显的减尘作用,它可减少重复扬尘污染。据日本的调查显示,在有草坪的足球场上,其空气中的含尘量仅为裸露足球场上含尘量的1/6~1/3。

四、杀菌作用

城镇中闹市区空气里细菌数比公园、绿地多7倍以上,其原因主要是公园、绿地中很多植物能分泌杀菌剂。例如,桉树、肉桂、柠檬等树木含有芳香油,具有杀菌力。据计算,1 hm² 的圆柏林,能分泌30 kg的杀菌素。

有杀灭细菌、真菌和原生动物能力的树种有侧柏、圆柏、铅笔桧、杉松、雪松、柳杉、黄栌、盐肤木、锦熟黄杨、尖叶冬青、大叶黄杨、欧洲七叶树、合欢、树锦鸡儿、刺槐、槐、紫薇、广玉兰、木槿、茉莉、女贞、悬铃木、石榴、枣、枇杷、石楠、狭叶火棘、麻叶绣球、银白杨、钻天杨、垂柳、栾树、臭椿及一些蔷薇属植物。

五、减弱噪声

噪声对环境的污染,是城市一大公害。当噪声超过 70 dB 时,就会对人体产生不利影响,如长期在 90 dB 以上噪声环境中工作,就有可能患噪声性耳聋及其他疾病。据测定,道路两边栽植 40 m 宽的林带,可以降低噪声 10 ~ 40 dB,公园中成片的树木可降低噪声 26 ~ 40 dB。这是由于树木有声波散射作用,声波通过时,枝叶摇动,使声波减弱而逐渐消失。同时树叶表面的气孔和粗糙的绒毛也能吸收部分噪声。

我国较好的隔音树种有雪松、圆柏、龙柏、水杉、悬铃木、梧桐、垂柳、云杉、薄壳山核桃、鹅掌楸、柏木、臭椿、樟树、榕树、柳杉、栎树、珊瑚树、椤木、海桐、桂花、女贞等。

六、防风固沙、保持水土

(1)防风固沙。园林树木的种植在防风固沙方面有显著的功效,如公园中的风速要比城区的小 80% ~ 94%。若能组成防护林带,则可防风、防沙和固沙,三北防护林带就足以说明这种功效。

东北和华北的防风树常用杨、柳、榆、桑、白蜡、紫穗槐、桂香柳、柽柳等。在南方可用马尾松、黑松、榉树、乌桕、柳、台湾相思、木麻黄、假槟榔、桄榔等。

(2)防止水土流失。园林树木防止水土流失的作用比较显著。从全国的统计资料来看,大面积的植树造林对保持水土、涵养水源确有巨大的作用。为了保持水土、涵养水源,应选植树冠厚大,郁闭度强,截留雨量能力强,耐荫性强且生长稳定和能形成富于吸水性落叶层的树种。根系深广也是选择的条件之一,因为根系广、侧根多,可加强固土固石的作用,根系深则有利于水分渗入土壤的下层。

按照上述标准,一般常选用柳、槭、胡桃、枫杨、水杉、云杉、冷杉、圆柏等乔木和夹竹桃、胡枝子等灌木。在土石易于流失塌陷的冲沟处,最宜选择根系发达、萌蘖性强、生长迅速而又不易生病虫害的树种,如旱柳、山杨、青杨、侧柏、白檀、沙棘、胡枝子、紫穗槐、紫藤、南蛇藤、葛藤、蛇葡萄等。

(3)防止土壤污染。我国城市土壤污染物以各种有毒重金属元素居多,种植根系对这些有毒元素具有吸收与抗性的树种,可以净化土壤和地下水,阻止土壤理化特性进一步恶化。

七、其他防护作用

在地震较多地区的城市以及木结构建筑较多的居民区,为了防止火灾蔓延,可应用不易燃烧的树种作隔离带,既起到美化作用又有防火作用。对防火树种日本曾作过许多研究,常用的抗燃防火树有苏铁、银杏、青冈栎、槲树、珊瑚树、棕榈、桃叶珊瑚、女贞、红楠、枸木、山茶、厚皮香、八角金盘等。一般认为,树干有厚木栓层和富含水分的树种较抗燃。

第三节 园林树木的经济作用

园林树木的经济作用是指大多数的园林树木均具有生产物质财富、创造经济价值的作用。一方面,树木的全株或其一部分,如叶、根、茎、花、果、种子以及其所分泌的乳胶、汁液等,许多都可以入药、食用或做工业原料,它们在生产上的作用是显而易见的;另一方面,由于运用某些

园林树木提高了园林的质量,因而增加了游人量,增加了经济收入,并使游人在精神上得到休息。

园林绿地的主要任务是美化和改善居住、工作或游憩的环境,园林树木经济作用的发挥必须从属于园林主要任务的要求。

园林树木的经济作用主要表现为四个方面:苗木生产、抚育间伐、旅游开发和生产植物产品。

(1)苗木生产。要发展园林树木,必然需要大量苗木,特别是需要优质苗木,而只靠原有的苗圃提供,远不能满足市场需求。若能结合绿地设施,开辟若干苗圃地,则既可以扩大绿地面积,又可以从出售苗木中获取一定的经济收入,从中得到一部分园林养护资金。

(2)抚育间伐。森林公园面积大,树木多,如果不在一定时期内进行抚育间伐,树木的生长繁衍能力就会急剧下降,树木的各种功能也会受到不利影响,所以必须在一定时期内进行树木抚育间伐。间伐下来的木材,可以出售,获取一定的经济利益。

(3)旅游开发。优美的园林树木景观,会吸引人们返朴归真回到大自然去享受无穷乐趣,适当的森林旅游项目,可以为园林事业提供大量资金。

(4)生产植物产品。在不影响园林树木美化、绿化和防护功能的前提下,可以在园林树木生产的植物产品中创造价值。

在园林树木结合生产时,应当注意园林树木的防护和美化作用是主导的、基本的,园林生产是次要的、派生的。要防止片面强调生产,导致破坏树木,使树木难以发挥其主要功能。要处理好两者关系,分清主次,充分发挥园林树木的作用。

【思考题】

1. 简述校园中 10 种园林树木的树形、花色及叶的形态等特征。

2. 请用当地实例说明园林树木的形态美和色彩美。

3. 举例说明树木对环境的改善和防护功能主要表现在哪些方面。

4. 举例说明园林树木的经济作用。

第三章 园林树木的习性及分布

园林树木的习性主要指园林树木的生物学特性和生态学特性。园林树木的生物学特性是指园林树木生长发育的规律，即研究树木由种子萌发经过幼苗、幼树逐步发育到开花结实最后衰老死亡整个生命过程的发生、发展规律，包括树木外形、生长速度、寿命长短、繁殖方式、开花结实等特性。园林树木的生态学特性是指园林树木对环境条件的要求和适应能力，是一种内在的特性。例如，泡桐速生，银杏生长缓慢；侧柏寿命可达千年以上，而桃树寿命很短；又如，树木的开花结果习性，白玉兰先花后叶，而紫薇则先叶后花；以及树木的生长类型有乔木或灌木等。

树木的生物学特性决定于遗传因素，但受生长环境的影响。例如，大戟科的蓖麻，在南京地区为一年生，而在气候温暖的南方则为多年生，长成大灌木；又如，某些树种在人们的精心管理下，可以提前开花结籽，银杏在自然条件下一般在 20 年左右才开始结籽，而在水肥条件优越、人为管理下可提前 5～7 年结籽。这都说明植物的生物学特性与生态学特性紧密相关。

第一节 树木的生物学特性

树木的生物学特性是研究树木由种子→幼苗→幼树→开花结果→衰老死亡的整个生命过程的发生、发展规律。生长是指园林树木在同化外界物质的过程中，通过细胞分裂和扩大，使园林树木的体积和重量产生不可逆的增加。发育是指在园林树木的生活史中，建立在细胞、组织、器官分化基础上的结构和功能的变化。

一、树木生长发育过程的典型现象

生命周期是指园林树木从播种开始，经幼年、性成熟、开花、衰老直至死亡的全过程。

（一）离心生长与离心秃裸

1. 离心生长

树木自播种发芽或经营养繁殖成活后，以根颈为中心，根和茎均以离心的方式生长，即根具向地性，在土中逐年发生并形成各级骨干根和侧生根，向纵深发展；地上芽按背地性发枝，向上生长并形成各级骨干枝和侧生枝，向空中发展。这种由根颈向两端不断扩大其空间的生长，称为"离心生长"。

2. 离心秃裸

根系在离心生长过程中，随着年龄的增长，骨干根上早年形成的须根，由基部向根端方向

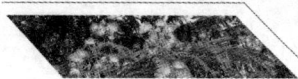

出现衰亡,这种现象称为"自疏"。

地上部分由于不断地离心生长,外围生长点增多,枝叶茂密,使内膛光照恶化。壮枝竞争养分的能力强;而内膛骨干枝上早年形成的侧生小枝,由于所处地位,得到的养分很少,长势较弱。侧生小枝起初有利于积累养分,开花结实较早,但寿命短,逐年由骨干枝基部向枝端方向出现枯落,这种现象叫"自然打枝"。这种在树体离心生长过程中,以离心方式出现的根系"自梳"和树冠的"自然打枝",统称为"离心秃裸"。有些树木,由于没有侧芽,只能以顶端逐年延伸地离心生长,而没有典型的离心秃裸,但叶片枯落方式仍是按离心方向突裸的。

(二)向心更新与向心枯亡

当离心生长日趋衰弱时,具长寿潜伏芽的树种,开始进行树冠的更新。徒长枝仍按离心生长和离心秃裸的规律形成新的小树冠,俗称"树上长树"。随着徒长枝的扩展,加速主枝和中心干的先端出现枯梢,全树由许多徒长枝形成新的树冠,逐渐代替原来衰亡的树冠。当新树冠达到其最大限度以后,同样会出现先端衰弱、枝条开张而引起的优势部位下移,从而又可萌生新的徒长枝来更新。这种更新和枯亡的发生,一般都是由(冠)外向内(膛)、由上(顶部)而下(部),直至根颈部进行的,故叫"向心更新"和"向心枯亡"。

1.向心更新

当离心生长到达某一年龄阶段时,则生长势衰弱,具潜伏芽的树种,常于主枝弯曲高位处,萌生直立旺盛的徒长枝开始进行树冠的更新称"向心更新"。

2.向心枯亡

随着向心更新徒长枝的扩展,加速主枝和中心干的先端出现枯梢,全树由许多徒长枝形成新的树冠,逐渐代替原来衰亡的树冠,这种由外向内、由下而上直至根颈的枯亡现象称向心枯亡。

二、树木生长发育的生命周期

树木的生命周期是指从种子萌发起,经过多年的生长开花和结果,直到树体死亡的整个时期。反映了树木个体发育的全过程,是树木生命活动的总周期。生长发育不仅受遗传基因的控制,而且也受环境条件和栽培技术的影响。

(一)有性繁殖树木的个体发育阶段

1.胚胎阶段

胚胎阶段是指从受精形成合子开始到胚具有萌发能力以种子形态存在的一段时期。此阶段开始是在母株内,发育成胚后自然成熟,一般经历的时间较短。但木本植物的成胚过程需要的时间较长。种子完全成熟后,在温度、水分、空气三要素不适合的情况下会处于被迫休眠的状态。

2.幼年阶段(童期)

幼年阶段是指从种子萌发形成幼苗到该植物特有的营养形态构造基本形成,并具有开花潜能(有形成花芽的生理条件,但不一定开花)时为止的一段时期。它是实生苗过渡到性成熟之前的时期,这一时期完成之前,采取任何措施都不能诱导开花,但可以缩短。

木本植物的幼年阶段需要经历较长的年限才能开花,不同树种或品种也有较大差异。例如,有的紫薇、月季、枸杞当年播种当年可开花,幼年阶段不到一年;梅花为 4~5 年;松和桦为 5~10 年;核桃除了个别品种为 2 年外,一般为 5~12 年;银杏为 15~20 年;雪松为 30 年;红松为 60 年。同时还受环境条件的影响。

开花是树木进入性成熟的最明显标志,因此一般把实生苗第一次开花作为幼年阶段结束

的标志。但开花并不意味着幼年阶段刚刚结束,因为幼年阶段到实际开花可能包括一定时期的过渡阶段。因此,幼年阶段结束并不一定就立即开花。

3. 成熟阶段

树木度过了幼年阶段,具有开花潜能,获得了形成花序(性器官)的能力,在适当外界环境条件下,随时都可以开花。

在这个阶段,树木可通过发育的年循环而反复多次地开花结实。这个阶段经历的时间最长,如板栗属、圆柏属中有的树种可达 2 000 年以上,侧柏属、雪松属可经历 3 000 年以上,红杉超过 5 000 年。这类树木个体发育时间长的原因在于其一生中都在生长,连续不断地形成新的器官,甚至几千年的古树上还发现几小时前产生的新梢、嫩芽和幼根。但木本植物达到成熟阶段后由于生理状况和环境因子可以控制花原基的形成与发育,也不一定每年都开花。

4. 衰老阶段(老化过程)

实生树经过多年开花结果以后,生长显著减弱,结果枝与结果母枝越来越少,器官凋落增强,抗逆性降低,对干旱、低温、病虫害的抗性大大降低,最后导致树木衰老,逐渐死亡。

(二)无性繁殖树木的个体发育阶段

植物细胞具有全能性,经过单细胞培养或原生质体培养,在一定条件下能形成遗传上与母体相似而独立的植株。选用树体上一定部位的枝条、根段、芽和叶束等,通过扦插、压条、嫁接等无性繁殖的方法,可培育成独立植株。这些植株进行着与母体相似的一系列生命活动,进行着个体的生长发育,发挥着栽培的作用。

1. 处于成熟阶段的枝条

取自发育阶段已经成熟的无性起源的母树,或取自实生起源成年母树成熟区外围的枝条繁殖的个体,虽然它们的发育阶段是采穗母树或母枝的继续与发展,在成活时具备了开花潜能,不会再经历个体发育的幼年阶段,但除接穗带花芽者成活后可在当年或第二年开花外,一般都要经过一定年限的营养生长才能开花结果。从现象上看似乎与实生树相似,但实际上开花结果比实生树早。其原因为即使繁殖体取自己通过幼年阶段的枝条,也会因为在繁殖成独立植株的头几年,树冠与根系接近,在无机营养供应充分和根系某些生长激素的影响下,出现复壮,营养生长加强,碳水化合物积累不够以及成花激素少而不能开花。

2. 处于幼年阶段的枝条

取自阶段发育比较年轻的实生幼树或成年植株下部的幼年区的干茎萌条或根蘖条进行繁殖的树木个体,因其发育阶段是采穗母树或采穗母枝发育阶段的继续与发展,同样处于幼年阶段,即使进行开花诱导也不会开花。这一阶段长短取决于采穗前的发育进程和以后的生长条件。如果原来的发育已接近幼年阶段的终点,则再经历的幼年阶段时间短,否则就长。但从总体上看,它们的幼年阶段都要短于同类条件下同种类型的实生树,当其累计发育的阶段达到具有开花潜能时就进入成年阶段。经多年开花结果后,植株开始衰老死亡。所以,这类营养繁殖树,不但有老化过程,而且还有性成熟过程。

三、园林树木年生长周期

(一)树木的物候

树木在一年中,随着气候的季节性变化而发生萌芽、抽枝、展叶、开花、结实及落叶、休眠等规律性变化的现象称为物候或物候现象。与物候现象相适应的的树木器官的动态时期称为生物气候学时期,简称物候期。不同物候期树木器官所表现出的外部形态特征称为物候相。利用物候预报农时,比节令、平均气温和积温准确、直接、简单。一年四季每年有规律地周期性重复出现,树木长期适应气候的这种变化,形成了与此相适应的物候特性与生育节律,从春到冬随着季节的推移,树木也相应地表现出明显不同的物候相。

物候的东西差异主要因气候的大陆性强弱不同所导致。凡大陆性强的地方冬季严寒而夏季酷热,反之,凡海洋性强的地方,则冬春较冷,夏秋较热。因此,我国树木的始花期内陆地区早,近海地区晚,推迟的天数由春季到夏季逐渐减少。

物候也随海拔高度的不同而异。春季树木的开花期,每上升100 m约延迟4天,夏季树木的开花期每上升100 m延迟1~2天。

物候还受气候变迁的影响,即物候的古今差异。一年内温度的四季变化,在不同的年际间有很大的差异。这种年际间温度的变化,必然会影响到物候期的提早或推迟。

物候还受栽培技术措施的影响。园林树木栽培中的土壤与树体管理措施,如施肥、灌溉、防寒、病虫害防治及修剪等都会引起树木内部生理机能的变化,进而导致树木物候期的变化。

(二)落叶树的主要物候期

落叶树明显地分为生长和休眠两大物候期。从春季开始进入萌芽生长后,在整个生长期中都处于生长阶段,表现为营养生长和生殖生长两个方面。到了冬季为适应低温和不利环境条件,树木进入休眠状态,为休眠期。在生长期与休眠期之间又各有一个过渡期,即落叶期和萌芽期。常绿树无集中落叶的现象,但干旱和低温可使它进入被迫休眠。

1.萌芽期

萌芽物候期从芽萌动膨大开始,经芽的开放到叶展出止。

休眠的解除对一个植株来说,通常是以芽的萌动为准。它是树木由休眠期转入生长期的标志,是休眠转入生长的过渡时期。

树木由休眠转入生长要求一定的温度、水分和营养条件。当温度和水分适合时,经过一定时间,树体开始生长。首先是树液流动,根系活动明显。有些树木,如葡萄、核桃、枫杨出现伤流。树木萌芽主要决定于温度。北方树种当气温稳定在3 ℃以上时,经过一定积温后,芽开始膨大。南方树种芽膨大要求积温较高。空气湿度和土壤水分是萌动的另一个必备条件。树木的栽植特别是裸根栽植一般应在这一物候期结束之前结束。

2.生长期

生长期为从芽萌动后,幼叶初展至叶柄形成离层开始脱落止。

生长期在一年中占据的时间较长,树木在外形上发生极显著的变化,除细胞增多、体积膨大外,还能形成许多新器官。其中成年树的生长期表现在营养生长和生殖生长两个方面。每个生长期都要经历萌芽、抽枝展叶、芽的分化与形成、开花结果等过程。树木由于遗传性和生态适应性的不同,其生长期的长短、各器官生长发育的顺序、各物候期开始的迟早和持续时间的长短也不同。

生长期是落叶树的光合生产时期,也是其生态效益与观赏功能发挥的最好时期。这一时期的长短和光合效率的高低,对树木的生长发育和功能效益都有极大的影响。

3.落叶期

落叶期从叶柄开始形成离层至叶片落尽或完全失绿为止。枝条成熟后的正常落叶是生长期结束并将进入休眠期的形态标志,说明树木已经做好了越冬的准备。过早落叶影响树体营养物质的积累和组织的成熟;该落叶时不落叶,树木还没有做好越冬的准备,容易遭受冬季异常低温的危害。

通常春天发芽早的树种秋天落叶也早,但发芽迟的树种不一定落叶也迟(如旱柳)。同一树种的幼小植株比壮龄植株落叶晚,新移栽的树木落叶早。树木的正常落叶是叶片衰老引起的。

4.休眠期

休眠期是指从叶落尽至树液流动、芽开始膨大为止的时期。

树木的休眠是为了适应不良环境,如低温、高温、干旱等所表现出来的一种特性。正常的休眠有冬季休眠、旱季休眠和夏季休眠。树木的夏季休眠一般只是某些器官的活动被迫停止,而不表现为落叶。温带、亚热带落叶树的休眠,主要是对冬季低温所形成的适应性。休眠期是相对于生长期而言的一个概念,从树体外部观察,休眠期落叶树的叶片脱落,枝条变色成熟,冬芽成熟,没有任何生长发育的表现。

休眠期间,树体内部仍然进行着各种生理活动,如呼吸,蒸腾,根的吸收、合成,芽的进一步分化,树体内的养分转化等。但这些活动比生长期要微弱得多。

不同树龄的树木进入休眠的早晚不同:幼年树进入休眠晚于成年树,解除休眠则早于成年树。树木不同的器官和组织进入休眠期的早晚也不一样:小枝、细弱枝和芽比主干和主枝休眠早,根颈部进入休眠期最晚,但接触休眠最早,故容易受冻害。花芽比叶芽休眠早而萌发也早。顶花芽比腋花芽早萌发。同一枝条的不同组织进入休眠期的时间不同:皮层和木质部较早,形成层最迟。所以,形成层部分易受冻害。然而一旦形成层进入休眠后,比木质部和韧皮部的抗寒能力都强。隆冬树体的冻害多发生在木质部。

(三)常绿树的物候特点

常绿树各器官的物候动态表现极为复杂,其特点是没有明显的落叶休眠期。叶片在树冠中不是周年不落,而是在春季新叶抽出前后,老叶才逐年脱落,而且不同的树种,叶片脱落的叶龄也不一样,一般都在一年以上。从整体上看,树冠终年保持绿色。这种落叶并不是适应改变了的环境条件,而是叶片老化失去正常机能后,新旧叶片交替的生理现象。松属叶的寿命为2~5年,冷杉为3~10年,紫杉为6~10年。

四、树木生长习性

(一)树木的分枝方式

除棕榈科植物的许多种之外,分枝是植物尤其是木本植物的基本特征之一。树木按照一定的分枝方式构成庞大的树冠,使尽可能多的叶片避免重叠和相互遮荫。树木在长期进化的过程中,为适应自然环境形成了一定的分枝规律。分枝发生不仅影响枝层的分布、枝条的疏密、排列方式,而且还影响整体树形。

1.总状分枝(单轴分枝)

总状分枝是指树木的顶芽优势很强,生长势旺,每年都能向上继续生长,从而形成高大通直的树干。大多数针叶树,如雪松、圆柏、龙柏、罗汉松、水杉等,在裸子植物中占优势。阔叶树木在幼年期表现突出,但维持年限较短,到成年期表现则不很明显,任其自然生长,树冠松散。

2.合轴分枝

合轴分枝是指树木的新梢在生长期末因顶端分生组织生长缓慢,顶芽瘦小或不充实,到冬季干枯死亡,或枝顶形成花芽,不能继续向上生长,而由顶端下部的侧芽取而代之,继续上长,每年如此循环往复,均由侧芽抽枝逐段合成主轴,如大部分阔叶树。在被子植物中占优势,可保证枝繁叶茂,光合作用面积大,形成更多的花芽,是进化的性状。

3.假二叉分枝

假二叉分枝是指有些具有对生叶(芽)的树种,顶梢在生长期末不能形成顶芽,由侧芽萌发抽生的枝条,长势均衡,向相对侧向分生侧枝的生长方式,如泡桐、黄金树、梓树、丁香、女贞、卫矛、桂花等。

4.多歧式分枝

多歧式分枝是指树种顶芽在生长期末,生长不充实,侧芽之间的节间短或在顶梢直接形成3个以上势力均等的侧芽,下一个生长季,梢端附近能抽生3个以上的新梢同时生长的分枝方式,如苦楝、臭椿、结香。

有些植物在同一植株上有两种不同的分枝方式,如玉兰、木莲、木棉既有单轴分枝,又有合轴分枝;女贞既有单轴分枝,又有假二叉分枝。还有很多树木在幼年期为单轴分枝,长到一定时期后变为合轴分枝。

(二)花芽分化的季节型

树木的花芽分化与气候条件有十分密切的关系,因而不同树种对气候条件有不同的适应性。花芽分化开始时期和延续时间的长短以及对环境条件的要求因树种、品种、地区、年龄等的不同而异。根据不同树种花芽分化的季节特点可以分为以下几种。

1.夏秋分化型

早春和春夏间开花的树木,如海棠、榆叶梅、樱花、迎春、连翘、玉兰、紫藤、丁香、牡丹等,在前一年夏秋(6—8月)间开始分化花芽,并延迟到9—10月完成花器分化的主要部分。还有一些树种,如板栗、柿子分化得较晚,在秋天还只能形成花原始体而看不到花器,延续时间更长。这类树木花芽的进一步分化与完善还需要一段低温时期,即经过冬季休眠,直到第二年春天才进一步完成性器官的正常发育,从而正常开花。

2.冬春分化型

原产于暖地的常绿树木(如柑橘类)需要从12月至次年春天期间分化花芽,龙眼、荔枝为11月至次年4月。冬春分化型树种分化时间较短且连续进行花器官各部分的分化与发育,不需休眠就能开花。

3.当年分化型

许多夏秋开花的树木,如木槿、槐、紫薇、珍珠梅、荆条等都是在当年新梢上形成花芽并开花的。

4.多次分化型

在一年中能多次抽梢,每抽一次,就能分化一次花芽并开花,如茉莉、月季、枣、葡萄、无花果等。各次分化交错发生,没有明显的停止期。

(三)花、叶的开放类型

1.先花后叶型

花芽在春季萌动前已完成花器分化,花芽萌动不久即开花,如银芽柳、迎春、连翘、桃、梅、李、紫荆、玉兰等。

2.花叶同放型

花器分化也在萌动前完成,开花与展叶几乎同时进行,如海棠、苹果、梨、紫玉兰、榆叶梅和紫藤中开花晚的品种等。

3.先叶后花型

先叶后花型树种多数是在当年生长的新梢上形成并完成花芽分化的,一般于夏秋开花,如刺槐、木槿、紫薇、凌霄、国槐、桂花、珍珠梅等。也有些树种是在上年形成的混合芽上抽生新梢,再在新梢上开花的,如葡萄、柿、枣等。

第二节　树木的生态学特性

凡是对树木生长发育有影响的因素统称生态因素，其中树木生长发育必不可少的因素称生存因素，如光照、水分、空气等。生态因素大致可分为气候、土壤、地形和生物4大类。

一、气候因素

(一)温度

树木自种子萌发、发芽生长、开花结果，都需要一定的温度条件，凡超过了树木所能忍受的极限高温或极限低温，树木就不能生长。不同的树木对温度的要求是不同的。根据树木对温度的要求与适应范围，可以分为最喜温树木、喜温树木、耐寒树木和最耐寒树木4类。最喜温树种包括橡胶树、椰子等；喜温树种有杉木、马尾松、毛竹等，耐寒树种有油松、刺槐等；最耐寒树种包括落叶松、樟子松等。树木对温度的要求和适应范围决定了树木的分布范围，一些树木对温度的适应范围很小，这就造成了这些树木仅具有较小的分布区，如橡胶树在绝对低温(小于10 ℃)时，幼嫩组织会受轻微冻害，在5 ℃时爆皮流胶，在0 ℃时则严重受害，因此橡胶树的分布范围必定是在绝对最低温大于10 ℃的地区。

当然，橡胶树受害程度除绝对低温外，还与降温的性质、低温的持续时间、橡胶树的品种有关。有些耐寒树种在南移时，由于温度过高和缺乏必要的低温阶段，或者因湿度过大而生长不良，如东北的红松移至南京栽培，虽然不至于死亡，但生长极差，呈灌木状。还有一些树木则对温度的要求不很严格，适应范围比较广，如桑树，这就决定了这些树木具有较宽的分布区。

同一树木对温度的要求和适应范围随树龄和所处环境条件不同而有差异，通常情况下，树木在幼苗和幼树阶段适应性较弱随年龄的增加适应性加强。

(二)光照

树木对光的要求可分为3类：喜光树种、耐阴树种和中性树种。喜光树种又称阳性树种，这类树木幼年时期起就需要充足的光照才能正常生长发育，不能忍耐庇荫环境，如马尾松、落叶松、合欢等。耐阴树种是指在一定的庇荫条件下才能正常生长发育的树木，这一类树木也称阴性树种，如云杉、冷杉、铁杉。中性树木界于阳性和阴性树木之间。

同一树木对光照的需要随生长环境、自身生长发育阶段和树龄不同而有差异。一般情况下，在干旱、瘠薄环境下生长的树木比在肥沃湿润环境下生长的需光性要大。有些树木在幼苗阶段需要一定的庇荫条件，随年龄的增长，需光量逐渐增加。

了解树木的需光性和所能忍耐的庇荫条件对园林树木的选择和配置是十分重要的。

(三)水分

树木生长发育离不开水分，水分是决定树木生存、影响分布和生长发育的重要条件之一。不同树木对水分的要求及适应不同。根据对水分的需要和适应能力可将树木分成旱生树木、湿生树木和中生树木3类。旱生树木，即在土壤干燥、空气干燥的条件下正常生长的树种，具有极强的耐旱能力，如相思树、梭梭树、木麻黄等。这类树木长期生长在极为干旱的环境条件下，形成了适应这种环境条件的一些形态特征，如根系发达，叶常退化为膜质，或针刺形，或者叶面具有厚的角质层、蜡质及绒毛等。湿生树木是需要生长在湿润环境中的树种，在干旱条件下常致死或生长不良，如红树、水松、落羽杉、水蜡、乌桕等。这类树木根系短而浅，在长期水淹条件下，树干茎部膨大，具有呼吸根。中生树木介于二者之间，大多数树木都属此类。

许多树种对水分条件的适应性很强,在干旱和低湿条件下均能生长,有时在间歇性水淹的条件下也能生长,如旱柳、柽柳、紫穗槐等。一些树木则对水分的适应幅度较小,既不耐干旱,也不耐水湿,如白玉兰、杉木等。

了解树木对水分的需要和适应性是在不同水分条件下选择造园树种的重要依据,如合欢能耐干旱瘠薄,但不耐水湿,在选择栽培环境的时候就应该注意,不要栽植在地势低洼、容易积水或地下水位较高的地方。

(四)空气

树木有净化空气的作用。树木对大气污染的抵抗能力不同,了解树木对烟尘、有害气体的抗性,将有助于正确地选择城市和工矿企业的绿化树木。特别是一些化工厂和排放有害气体较多的工厂,必须选择抗性强的树木,如臭椿、杨树、冷杉、悬铃木等,而不能选择抗性弱的树木,如雪松、梅等。

(五)风

风对树木的直接影响主要表现在大风或台风对树木的机械损伤(如吹折主干上)。长期生长在风口的树种易形成偏冠、偏心材。风对树木有利的方面表现在风媒树木靠风传粉,风播的果实靠风力传播上。风对树木的影响主要是通过间接的方式影响的,如长时间的旱风,使空气变得干燥,增强蒸腾作用使树木枯萎等。

风对树木虽然有不利的影响,但人们却可利用树木来防止风对树木的危害,如营造防风林,一些树种在孤立的状态下虽抗风力差,但成片营造增强了这种抵抗能力,如浅根的刺槐。

二、土壤因素

土壤的水分、肥力、通气、温度、酸碱度及微生物等条件,都影响着树木的分布及其生长发育。土壤的酸碱度用 pH 值表示,pH 值 6.5 ~ 7.5 为中性。一些树木要求生于酸性土壤中,pH 值小于 6.8 为宜,如马尾松、杜鹃花、茶树、油茶等。这些树木为酸性土壤的指示树木,这类树木在盐碱土或钙质土中生长不良或不能生长。而有些树木则在钙质土中生长最佳,成为石灰岩山地的主要树木,如侧柏、柏木等。有些树木对土壤酸碱度的适应范围较大,既能在酸性土中,也能在中性土、钙质土及轻盐碱土中生长,如刺槐、楝树、黄连木等,还有的树木能在盐碱土中生长,如柽柳、紫穗槐、梭梭树等。

三、地形因素

地形因素包括海拔高度、坡向、坡位、坡度等。地形的变化影响气候、土壤及生物等因素的变化,特别是在地形复杂的山区尤为明显。在这些因素中,特别是海拔高度和坡向对树木的分布影响最大,南坡(阳坡)日照时间长、温度高、湿度较低,常分布阳性旱生树木,而北坡(阴坡)日照时间短,温度相对较低,常分布耐阴湿的树木。

四、生物因素

在自然界中,树木和其他树木生长在一起,相互间关系密切,不同种类的树木之间既有有益的影响,也有不利的影响。例如,同为喜光树木,彼此间便因争夺光照而发生激烈的竞争。因此,在利用树木造景时,应充分考虑树木对环境的需求。充分了解和掌握树木的生物学特性和生态学特性,用于生产实践时能做到适地适树,避免造成损失和浪费。

第三节 树木的地理分布

一、树种分布区的概念

树种分布区是指某一树种或分类群在地球表面所占有的一定范围的分布区域,包括水平分布区和垂直分布区,根据树种起源分为天然分布区和栽培分布区。树种分布区受气候、土壤、地形、生物、地史变迁及人类活动等因子的综合影响而形成。它反映着树种的历史、散布能力及其对各种生态因素的要求和适应能力。例如,银杏、水杉等孑遗树种在第四纪冰川时期,由于所处的地形、地势优越,而得以在我国继续保存,繁衍生长,并通过引种驯化扩大了栽培区域。人类活动对扩大和缩小树种的分布区有很大的影响。水杉自 1941 年在湖北省利川县发现以来,目前已在全国 20 多个省(市、自治区)栽培,世界各国竞相引种。

二、树种分布区的类型

(一)天然分布区

天然分布区是指树种依靠自身繁殖、侵移和适应环境而形成的分布区,分水平分布区和垂直分布区两种。

(1)水平分布区。水平分布区是指树种在地球表面依据经度、纬度所占有的分布范围,一般用植被带来表示。我国植被带由南向北的顺序为:热带雨林、季雨林——亚热带常绿阔叶林——暖温带落叶阔叶林——温带针阔混交林——寒温带针叶林。由东向西的顺序:湿润森林区——半干旱草原区——干旱荒漠区。还有的按行政区划(国别和省、自治区)、地形(河流、山脉、平原、沙漠)或经纬度来表示。

(2)垂直分布区。垂直分布区是指树种在山地自低而高所占有的分布范围,与自低纬度至高纬度水平分布的植被带在外貌上大致相似。一般以海拔(m)或以垂直分布带(热带雨林带——常绿阔叶林带——落叶阔叶林带——针叶林带——灌丛带——高山苔原带)来表示。例如,马尾松在华东、华中的垂直分布为海拔 800 m 以下山地。油松水平分布大体在北纬33°~41°、东经102°~118°,即以华北为分布区的中心;其垂直分布是在东北南部(辽宁)海拔 50 m 以下,在华北北部海拔 1 500 m 以下,在华北南部则在海拔 1 900 m 以下。

(二)栽培分布区

栽培分布区是由于人类生产活动或园林建设的需要,从其他地区引入的树种,在新地区栽培而形成的分布区。例如,刺槐原产北美,我国自 19 世纪末引种以来,在北纬23°~46°、东经86°~124°的广大区域内都有栽培,尤以黄淮流域最盛,多栽植于平原及低山丘陵。了解园林树种的栽培分布区域,对开发树种和进一步掌握规划本地区园林树种具有现实意义。

【思考题】

1. 名词解释:离心生长、离心秃裸、向心更新、向心枯亡。
2. 树木的生命周期都有哪些阶段?
3. 举例说明树木的分枝方式都有哪些。
4. 以具体树种说明其生物学特性和生态学特性。
5. 树种分布区的类型有哪些?

第四章 园林树木的选择与配置

园林树木配置是按照植物生态习性和园林布局要求,合理配置园林中的各种植物,以发挥它们的园林功能。完美的植物景观,必须具备科学性与艺术性的高度统一。既要满足植物与环境的统一,又要通过艺术构图原理体现出植物个体与群体的形式美及人们在欣赏时的意境美。

第一节 园林树木的配置原则

园林树木的配置千变万化,在不同地区、不同场合、不同地点,不同的目的和要求,可有多种组合与配置方式。同时,由于树木是有生命的有机体,在不断地生长变化,能产生各种各样的效果。因而树木的配置是个相当复杂的工作,在具体进行园林树木的配置时,应遵循以下几个原则。

一、生态上的科学性

各种园林树木在生长发育过程中,对光照、水分、温度、土壤等环境因子都有不同的要求。在进行园林树木配置时,只有满足园林树木的这些生态要求,才能使其正常生长和保持较长时间的稳定,才能充分地表现出设计意图。要满足园林树木的这些生态要求,必须做到以下几点。

(一)适地适树

适地适树是指根据气候、土壤等环境条件选择能够健壮生长的树种。规划中必须考虑到该地区的各种自然因素,如气候、土壤、地理位置、自然和人工栽植等因素。通常选用"乡土树种",可以保证树种对本地自然条件的适应性。但是并非所有的乡土树种都适合作园林绿化用,必须根据园林建设的需要选优汰劣。

(二)合理的种植结构

合理的种植结构包括水平方向上合理的种植密度(即平面上种植点的确定)和垂直方向上适宜的混交类型(即竖向上的层次性)。平面上种植点的确定,一般应根据成年树木的冠幅来确定;但也要注意近期效果与远期效果相结合,如想在短期内就取得绿化效果或中途适当间伐,就应适当加大密度。竖向上应考虑园林树木的生物学特性,注意将喜光与耐阴、速生与慢生、深根系与浅根系、乔木与灌木等不同类型的植物树种相互搭配,以在满足树种的生态条件

下创造稳定的复层绿化效果。

在树木配置时要充分注意树种的种间关系,如梨、山楂和桧柏配置在一起会导致梨锈病和加剧山楂锈病,因桧柏是梨锈病病原菌的中间寄主。

二、配置上的艺术性

园林树木有其外形美、色彩美、意境美以及与建筑物等配合的协调美,故在配置中应切实做到在生物学规律的基础上讲究美观,为人们创造优美、宁静、舒适的环境。

(一)多样统一的原则

多样统一是指植物配置要求个体和群体、局部和整体在体形、体量、色彩、姿态方面有一定的相似性,给人以统一的感觉;同时要求统一中有变化,尽量采用多样植物材料,但不是种类越多越好,应使不同的景点具有不同的特点。在植物配置选择树种时,应首先确定全园有一二种树种作为基调树种,使之广泛分布于整个园林绿地;同时,还应视不同分区,选择各分区的主调树种,以形成不同分区的不同风景主体。

(二)主次分明的原则

植物配置无论在平面上还是在立面上,都要根据形态、高低、大小、落叶或是常绿等做到主次分明,疏密有致。在进行园林树木配置时要优先考虑整体之美,多从大处着眼,从园林绿地自然环境与客观要求等方面作出恰当的树种规划,最后再从细节上安排树种的搭配关系。

(三)季相配合的原则

选择不同季节的观赏植物构成具有季相变化的时序景观。在植物配置时,要充分利用植物物候的变化,通过合理的布局,组成富有四季特色的园林艺术景观。在进行规划设计时,可分区或分段配置园林树木,以突出某一季节的植物景观,形成不同的季相特色,如春花、夏荫、秋色、冬姿等。在树种配置时力求做到四季常青,季相变化明显,达到"四季有景,三季有花"的园林效果。

大部分树木的花期多集中在春夏两季,过了夏季观花的树种就逐渐减少了,因此要注意夏季以后观花、观叶树种的培植,要掌握好树种的花期,做好协调安排。

(四)五官调和的原则

注意选择在观形、闻香、赏色、听声等方面有特殊观赏效果的树种,以满足游人不同感官的审美要求。人们对植物景观的欣赏,往往要求五官都获得感受,而能同时满足五官愉悦要求的植物树种是极少的。因此,应注意将在姿态、体形、色彩、芳香、声响等方面各具特色的植物树种,合理地予以配置,以达到满足不同感官欣赏的需要。例如,雪松、龙柏、龙爪槐、垂柳等主要是观其形;樱花、紫荆、紫叶李、红枫等主要是赏其色;丁香、腊梅、桂花、郁香忍冬等主要是闻其香;"万壑松风""雨打芭蕉"以及响叶杨等主要是听其声;而"疏影""暗香"的梅花则兼有观形、赏色、闻香等多种观赏效果,巧妙地将这些植物树种配置于一园,可同时满足人们五官的愉悦要求。

三、经济上的合理性

(一)在树木配置中节约成本

(1)节约并合理使用各类材料。要将树种酌量搭配,重点使用,注意成本核算。

(2)多用乡土树种。各地乡土树种适应本地风土的能力最强,而且种苗易得,又可突出本

地园林的地方特色,因此须多加应用。

(3)能用小苗而获得良好效果的,就不用或少用大苗。小苗成本低,种苗易得。对于栽培粗放、生长迅速而又大量栽植的树种,应较多选用。

(4)切实贯彻适地适树,审慎安排植物种间关系。应做到避免无计划的返工,也要避免几年后进行计划外的大调整。

(二)发挥树种的经济作用

园林树木的经济效益体现在许多园林树木具有观赏以外的效益上,如药用、油料、香料等。在树木配置中妥善结合生产的途径,做到既不妨碍园林树木主要功能,又能发挥园林树木的经济实效,如进行花、果采用,药用,苗木繁殖,果品生产等。

四、功能上的综合性

(一)美化、防护、经济相结合的原则

园林建设的主要目的是美化、保护和改善环境,为人们创造一个优美、宁静、舒适的环境。美化和防护应该给予较多的考虑,美化是园林配置必备条件。此外,有许多树种具有各种经济用途,应当对生长快、材质好的速生、珍贵、优质树种,以及其他一些能提供贵重林副产品的树种给予应有的位置。

(二)重点功能突出

园林树木的功能很多,但就某一绿地而言,则有其具体的主要功能。例如,在街道绿化中行道树的主要功能是庇荫减尘、组织交通和美化市容。为满足这一具体功能要求,在选择树种时,应选用冠形优美、枝叶浓密的树种;在配置方式上亦应采用规则式配置中的列植。再如,为了体现烈士陵园的纪念性质,就要营造一种庄严肃穆的氛围,在选择园林树木种类时,应选用冠形整齐、寓意万古流芳的青松翠柏;在配置方式上亦应多采用规则式配置中的对植和行列式栽植。

五、风格上的地方性

师法自然,借鉴当地植被突出地方风格。我国的地带性植被分布情况如下:

(1)寒温带落叶针叶纯林景观(如东北),以落叶松为主。

(2)温带的草原、花草地被群落景观(如西北、华北)。

(3)温带阔叶林、针叶林景观(华北与长江交界处)。

(4)暖温带或亚热带常绿阔叶林景观(长江流域)。

(5)热带阔叶林、常绿季雨林景观(我国东南、西南、福建等地)。

总之,合理配置园林树木,要以最好地实现园林绿化的美化、防护和经济三大综合功能为根本原则,掌握园林树木的习性与分布,在适地适树的基础上把它们很好地搭配起来。

第二节　园林树木的配置方式

配置方式,就是搭配园林树木的样式。园林树木的配置方式,有规则式和自然式两大类。前者整齐、严谨,具有一定的种植距离,且按固定的方式排列;后者自然、灵活,参差有致,没有一定株、行距和固定的排列方式。

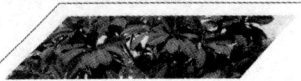

一、规则式配置

（1）中心植：在广场、花坛等中心地点，可种植树形整齐、轮廓严正、生长缓慢、四季常青的园林树木。例如，在北方可用桧柏、云杉等，在南方可用雪松、整形大叶黄杨、苏铁等。

（2）对植：在大门、建筑物前等处，左右各种一株，使之对称呼应。对植的树种，要求外形整齐美观，两株大体一致。通常多用常绿树，如桧柏、龙柏、云杉、海桐、桂花、柳杉、罗汉松、广玉兰等。

（3）列植：将树栽植成排成行，并保持一定的株、行距。通常为单行或双行，多用一种树木组成，也可间植搭配。在必要时也可植为多行，且用数种树木按一定方式排列。列植多用于行道树、绿篱、林带及水边种植等。

（4）正方形栽植：按方格网在交叉点种植树木，株行距相等。优点是透光通风良好，便于抚育管理和机械操作。缺点是幼龄树苗易受干旱、霜冻、日灼和风害，且易造成树冠密接，对密植不利，一般在无林绿地中极少应用。

（5）三角形种植：株行距按等边或等腰三角形排列。每株树冠前后错开，故可在单位面积内比用正方形方式栽植较多的株数，可经济利用土地面积。但通风透光较差，机械化操作不及正方形栽植便利。

（6）长方形栽植：是正方形栽植的一种变形，特点为行距大于株距。这种栽植方式在我国南北果园应用中，均有悠久的历史。优点是行距较宽，通风透光好，便于间作、抚育管理的机械化操作；而株间较密，可起彼此拥簇的作用，为树苗生长创造了良好的环境条件，且可在同样单位面积内栽植较多的株数；可实行合理密植。可见长方形栽植兼有正方形和三角形两种栽植方式的优点，而避免了它们的缺点，是一种较好的栽植方式。我国果农经过长期的生产实践，得出这样的结论："不怕行里密，只怕密了行"——这是很有科学根据的经验，在园林树木的规则式种植中可供参考。

（7）环植：按一定株距把树木栽成圆环。有时仅有一个圆环，甚至半个圆环，有时则为多重圆环。

园林树木的规则式配置方式如图4-1所示。

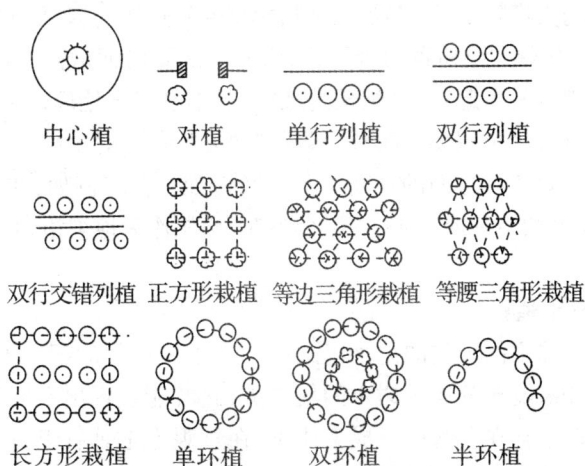

图4-1　园林树木的规则式配置方式

二、自然式配置

(一)孤植

孤植的目的是充分表现植物个体美,所以种植的地点不能孤立地只注意到树种本身而必须考虑其与环境间的对比及烘托关系。一般应选择开阔空旷的地点,如大片草坪上、花坛中心、道路交叉点、道路转折点、缓坡、平阔的湖池岸边等处。

组成孤植树个体美的主要因素是体形壮伟、树大荫浓,如樟树、榕树、悬铃木、橡栎类、白皮松、银杏、雪松、橄榄、毛白杨等;或体态潇洒,秀丽多姿,如桦木、槭树、垂柳、柠檬桉、金钱松、南洋杉、合欢、喜树等;或花繁色艳,如海棠、玉兰、紫薇、梅花、樱花、碧桃、山茶、广玉兰、梨、凤凰木、桂花、白兰、黄兰等,既有色又有香,是理想的孤植树。此外,有观秋叶或异色叶的孤植树。前者如白蜡、银杏、黄栌、槭树、枫香、乌桕等,后者如红叶李、鸡爪槭等。凡作为庇荫与观赏兼用的孤植树,最好选用乡土树种,这样做有望叶茂荫浓,树龄长久。

(二)丛植

一个树丛系有两三株至八九株同种树木组成的配置方式称为丛植。按功用可分为两类:①以庇荫为主,同时供观赏用;②以观赏为主。属于以庇荫为主的树丛,多由乔木树种组成,以采用单一树种为宜;属于以观赏为主的丛植,则可将不同种类的乔木与灌木混交,且可与宿根花卉相配。丛植与孤植的相同之处在于均要考虑个体美,不同之处则为丛植时还要很好地处理株间、种间关系,注意集体美与个体美统筹兼顾。

(1)丛植时需要在适地适树的基础上切实处理好株间关系和种间关系。株间关系,主要对疏密、远近等因素而言;种间关系,主要对不同乔木树种之间以及乔木与灌木之间的搭配而言。在安排株间关系时,应在整体上注意适当密植,以促使树丛及早郁闭;在局部上做到疏密有致,以免过于机械呆板,但又需要做出合理安排,以便远、近期结合,分批移出或疏伐大苗。在处理种间关系时,问题就复杂得多,因为既要掌握适地适树,又要搞好搭配关系。具体安排时,最好尽量选用搭配关系完全有把握的树种,混交树种宜少不宜多,树种之间最好阳性与阴性、快长与慢长、乔木与灌木、普通树与珍贵树有机地结合起来。配置时,在"适地"上有某种程度的共同需要,而在生长习性和生态因子的要求上彼此又有一定的差异。例如,油松与元宝枫混交,马尾松、麻栎与杜鹃混交等,都是在生物学特性和适用、美观等方面比较恰当的组合。

(2)丛植时宜以一两种主要树种为骨干,而以若干次要树种陪衬,组成一个树丛的主要树种,种类不宜过多,否则既易引起杂乱、烦琐的感觉,又不易完全处理好种间关系。选择主要树种时,尤需注意适地适树,宜选用乡土树种,以反映地方特色。对于次要树种的选择,须注意它们和主要树种及其他次要树种之间的种间关系以及搭配之美。例如,在华北以油松或槐树作为骨干,而在其间搭配少数槭树或丁香,并以金银花、枸杞作为地被植物,就可以形成既有重点又有代表性的树丛。

(三)聚植(集植或组植)

由两三株至一二十株不同种类的树种组配成一个景观单元的配置方式称为聚植;亦可用几个丛植组成聚植。聚植能充分展示树木的集体美,它既能表现出不同种类的个性特征又能使这些个性特征协调地组合在一起而形成集体美,在景观上是具有丰富表现力的一种配置方式。一个好的聚植,要求园林工作者从树种的观赏特性、生态习性、种间关系、与周围环境的关系以及栽培养护管理上做多方面的综合考虑。

（四）群植（树群）

由二三十株以上至数百株的乔、灌木成群配置时称为群植，这个群体称为树群。树群可由单一树种组成亦可由数个树种组成。树群由于株数较多，占地较大，在园林中可作背景、伴景用，在自然风景区中亦可作主景。两组树群相邻时又可起到透景、框景的作用。树群不但有形成景观的艺术效果，还有改善环境的效果。在群植时应注意树群的林冠线轮廓以及色相、季相效果，更应注意树木间、种类间的生态习性关系，使其能保持较长时期的相对稳定性。

（1）群植多采取密闭的形式，要求长期相对稳定，适当密植是及早郁闭的手段；而在郁闭后的人工植物群体中，种间及株间关系就成为保持树群稳定性的主导因素。

（2）树群可由一种或多种园林乔、灌木所组成，单纯树群和混交树群各有优点，要因地制宜地加以应用。

（3）群植时要注意在人工群体的条件下满足每个树种的生态要求，在郁闭后的树群内部，每个树种都有一个经过加工的生态环境，此综合的环境因素对其是否适合，就成为它能否生存和健康生长的主要条件。例如，把阳性的玫瑰种在以悬铃木为主体的树群下，由于后者树大荫浓，玫瑰无法正常生长。

（4）在混交树群中采用复层混交与单株至块状混交相结合的方式。

（5）树群组成需有重点，种类不宜太多，要考虑到树龄与季节变化。例如，在北京可以种以毛白杨、白皮松、元宝枫、榆叶梅为主组成的稳定而美观的树群，其中以白皮松为背景，以毛白杨为骨架，配用元宝枫以便观秋季之红叶，配用榆叶梅以便观娇艳之春花。整个树群所用主要树种，原则上均以不超过 5 种为妥，这样可以做到相对稳定，重点突出。例如，元宝枫树梢耐荫，又是小乔木，主要为观红叶用，均可每三五株掩映在两种大乔木的下方偏前处；榆叶梅喜光耐旱，需排水良好，可在最前方成丛与元宝枫呈较大块状混交，以便突出艳红娇丽的春景。

（五）林植

林植是较大规模成带、成片的树林状的种植方式。这里由大量的乔木，组成了一个完整的人工群落。园林中的林带与片林在种植方式上可较整齐、规则，但相比真正的森林，仍可略为灵活自然，做到疏密有致、因地制宜，并应除防护功能之外，着重注意在树种选择和搭配时考虑美观和符合园林实际需要。通常园林中的林植方式有以下几种。

1. 自然式林带

自然式林带是一种大体成狭长带状的风景林，多由数种乔、灌木组成，亦可只由一种树木构成。林带宽度在各处可因环境和需要而有一定变化，配置树木时要注意种间关系和防护功能，也要考虑美观上的要求。紧密结构的自然式林带，林木的株行距较小，以便及早郁闭，供防尘、隔声、屏障视线、隔离空间或作背景等用。至于以防风为主的林带，则以疏松结构者为宜。自然式林带内的树木栽植有一定的灵活性，可以变化，不应成行、成排，且须注意林冠线的起伏和变化。林带外缘宜种植美观的灌木，如黄栌、玫瑰、溲疏、连翘等。

2. 密林

密林的林木郁闭度一般为 0.7～1.0，以观赏为主，并可起改善气候、保水保土等多方面作用，还可适当结合生产，可分为纯林和混交林两类。

（1）纯林：由一种树木组成。栽植时可为规则的或自然的，但前者经若干年后分批疏伐，渐成为疏密有致的自然式纯林。纯林以选乡土树种为妥，多为乔木，有时也可为灌木，如在北京可用白皮松、桧柏、侧柏、元宝枫、河北杨、毛白杨、香椿、梨、杏、玫瑰、黄栌等。

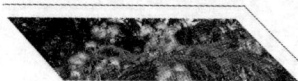

（2）混交林：由两种或两种以上乔、灌木所构成的郁闭群落。其间植物种间关系复杂而重要。在种植混交林时，除要考虑空间各层之间和植株之间的相互均衡外，还要考虑地下根系深浅及株间的相互均衡，使在密林内部，不论地上或地下，都保持生物学的均衡。例如，北方可在自然均衡的基础上辅以人工抚育措施，使其形成健壮而长寿的密林。在进行混交、选择树种时，须多注意向自然学习，总结原有园林方面的经验。层次和树种不宜过多，即要求稳定可靠。例如，在华北山区常见的油松、元宝枫与胡枝子天然混交，就可仿用到园林中。因油松为阳性主要乔木，元宝枫为半阴性"伴生树种"，前者是主体，后者则在其下构成中层林冠，通过改良土壤、辅作和护土等作用，可以促进主要树种的生长。胡枝子作为第三层下木，既可改良土壤，又有观赏和防护作用。这样，三者种间关系协调，可保持长期正常稳定的生长。入秋红叶、紫花以苍松为背景，尤为艳丽，宜于观赏。

3. 疏林

疏林的林木郁闭度为 $0.4 \sim 0.6$，可构成一片错落有致的赏游胜地。疏林是模仿自然界疏林草地而设置的，树林全由单纯乔木构成，地下则为经过人工安排的木本或草本地被植物所覆盖。疏林树以乡土树种为宜，在林中要布置得或疏或密，或散或聚，形成一片淳朴简洁的园林风光。疏林也可同时起防护作用，在有利条件下适当结合生产，如种植干果类树、省工的水果类树，也可种植供食用或提取香精的桂花、白兰等。

（五）散点植

散点植是以单株在一定面积上进行有韵律、节奏的散点种植，有时也可以双株或三株的丛植作为一个点来进行疏密有致的扩展。对每个点不是如独赏树似地给以强调，而是着重点与点间有呼应的动态联系。散点植的配置方式既能表现个体的特性又能使其处于无形的联系之中，犹如许多音色优美的音符组成一个动人的旋律一样令人心旷神怡。

【思考题】

1. 园林树木的配置原则有哪些？

2. 园林树木规则式配置有哪些？在公园以实例说明。

3. 园林树木自然式配置有哪些？在公园以实例说明。

第二篇 各 论

第五章 园林树木各论

园林树木属于种子植物,其种子具有胚珠,由胚珠发育成种子,靠种子繁殖后代。种子植物又根据胚珠有无子房包被或种子有无果皮包被,可分为裸子植物与被子植物两类。

第一节 裸子植物门

现代裸子植物的种类全世界共有 12 科,71 属,约 800 种,中国共有 11 科,41 属,约 243 种。裸子植物中有很多重要的园林树种。

1. 苏铁科 Cycadaceae

苏铁科为常绿木本,树干粗短,叶二型,雌雄异株,种子核果状,有 3 层种皮。本科共 10 属,约 110 种,分布于热带和亚热带地区,中国有 1 属 10 种。

苏铁属 *Cycas* L.

(1) 苏铁(铁树、凤尾蕉、凤尾松、避火蕉) *Cycas revoluta* Thunb. (见图 5 - 1)

形态:常绿棕榈状木本植物,茎通常 2 m,稀达 8 m 以上。叶羽状,长 0.5 ~ 2.0 m,厚革质而坚硬,羽片条形,长达 18 cm,边缘显著反卷。雄球花长圆柱形,小孢子叶木质,密被黄褐色绒毛,背面着生多数药囊;雌球花略呈扁球形,大孢子叶宽卵形,有羽状裂,密被黄褐色绒毛,在下部两侧着生 2 ~ 4 个裸露的直生胚珠。种子卵形而微扁,长 2 ~ 4 cm。花期 6—8 月,种子 10 月成熟,熟时红色。

分布:原产于中国南部,江西、福建、台湾、广东各省均有栽培。

习性:喜暖热、湿润气候,不耐寒,喜肥沃、湿润的沙土壤,不耐积水,生长速度缓慢,寿命长。

繁殖:可用播种、分蘖、埋插等法繁殖。

应用:苏铁树形古朴、优美,叶似羽毛,四季常青,有热带风光的观赏效果;常布置于花坛的中心或盆栽布置于大型会场内供装饰用;也可制作盆景观赏;羽状叶是插花的良好配叶。

(2) 四川苏铁 *Cycas szechuanensis* Cheng et L. K. Hu.

形态:树干圆柱形,高达 2 ~ 5 m。羽叶长达 1 ~ 3 m,羽状裂片条形或披针状条形,厚革质,长 18 ~ 40 cm,宽 1.2 ~ 1.4 cm,边缘微卷曲,基部不等宽,两侧不对称,上侧较窄,接近中脉,下侧较宽,下沿。大孢子叶上部的顶片倒卵形或长卵形,被黄褐色或褐红色绒毛,后渐脱落;下部柄状,密被绒毛,在其中上部每边着生胚珠 2 ~ 5 枚,上部的 1 ~ 3 枚胚珠的外侧常有钻形裂片,胚珠无毛。

分布:产于四川峨眉、乐山、雅安及福建南平等地。

繁殖:同苏铁。

应用:供庭园观赏。

(3)华南苏铁(刺叶苏铁)*Cycas rumphii* Miq.

形态:高 4～8 m,稀达 15 m,分枝或不分枝。羽状叶长 1～2 m,羽片宽条形,长 15～38 cm,宽 0.5～1.5 cm,叶缘扁平或微反卷,叶柄有刺。春夏开花,大孢子叶边缘细裂而短如刺齿。种子卵形或近球形。花期 5—6 月,种子 10 月成熟。

分布:产于印尼、澳大利亚北部、马来西亚及非洲马达加斯加等地,中国华南各地广为栽培,长江流域有盆栽。

繁殖及应用同苏铁。

2. 银杏科 Ginkgoaceae

银杏科现仅存 1 属 1 种,为中国特产。

银杏属 *Ginkgo* L.

银杏(白果树、公孙树)*Ginkgo biloba* L. (见图 5-2)

图 5-1 苏铁

1—羽状叶的一部分;2—大孢子叶及种子;

3—花药;4,5—小孢子叶的背腹面

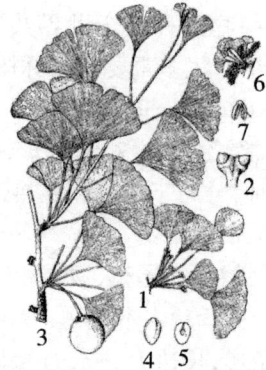

图 5-2 银杏

1—雌球花枝;2—雌球花上端;

3—长短枝和种子;4—去外种皮种子;

5—去外、中种皮的种子纵切面;6—雄球花枝;7—雄蕊

形态:落叶大乔木,高达 40 m,胸径 4 m,树冠广卵形。主枝斜出,近轮生,枝有长枝、短枝之分。叶扇形,有二叉状叶脉,顶端常 2 裂,基部楔形,有长柄,互生于长枝而簇生于短枝上。雌雄异株,雄球花 4～6 朵,无花被,长圆形,下垂,呈菜黄花序状。花期 4—5 月,风媒花。种子核果状,椭圆形,熟时呈淡黄色或橙黄色,外被白粉,种子 9—10 月成熟。

分布:浙江天目山有野生银杏,沈阳以南、广州以北各地均有栽培,而以江南一带较多。变种、变型及品种有较高观赏价值。

习性:阳性树种,喜适当湿润而又排水良好的深厚砂质土壤,不耐积水,较耐旱,耐寒性较强,能在冬季达 -32.9 ℃ 低温地区种植成活,但生长不良。具有一定的抗污染能力,对氯气、臭氧抗性较强。

繁殖:可用播种、扦插、分蘖和嫁接等法繁殖。

应用:银杏树姿挺拔、雄伟、古朴,叶形秀美、奇特,秋叶及外种皮金黄色。丛植或混植于槭类、黄栌、乌桕等红色叶树种中,背衬苍松翠柏,深秋红叶与黄叶交相辉映。适宜作庭荫树、行道树或独赏树。银杏老根古干,隆肿突起,如钟似乳,适于做桩景。

3. 南洋杉科 Araucariaceae

南洋杉科共 2 属约 40 种,分布于南半球的热带及亚热带地区。中国引入 2 属 4 种。

南洋杉属 Araucaria Juss.

南样杉属共 18 种,分布于南美洲、大洋洲及太平洋群岛等地。中国引入 3 种。

(1)南洋杉 Araucaria cunninghamii Sweet.(见图 5 - 3)

形态:常绿乔木,原产地高可达 70 m,胸径达 1 m 以上。幼树呈整齐的尖塔形,老树成平顶状。主枝轮生、平展,侧枝亦平展或稍下垂。叶二型:生于侧枝及幼枝上的多呈针状,质软,开展,排列疏松,长 0.7 ~ 1.7 cm;生于老枝上的叶密聚,卵形或三角状钻形,长 6 ~ 10 cm。雌雄异株。球果卵形,苞鳞刺状且尖头向后强烈弯曲,种子两侧有翅。

图 5 - 3　南洋杉

1,2,3—枝叶;4—球果;5,6,7,8,9—苞鳞

分布:原产于大洋洲东南沿海地区,广州、厦门、云南西双版纳、海南等地露地栽培,其他城市常作盆栽观赏用。

习性:喜暖热湿润气候,不耐干燥及寒冷,喜肥沃土壤,较耐风。生长迅速,再生能力强,砍伐后易生萌蘖。

繁殖:播种繁殖,但种子发芽率低。

应用:南洋杉与雪松、日本金松、金钱松、巨杉(世界爷)等合称为世界五大公园树。树形高大,姿态优美,宜独植为园景树或作纪念树,亦可作行道树用,群植作背景,也是室内盆栽装饰树种。

(2)异叶南洋杉 Araucaria heterophylla(Salisb.)Franco

形态:乔木,叶钻形,两侧略扁,长 6 ~ 18 mm,端锐尖。球果近球形,苞鳞的先端向上弯曲。

分布:原产澳洲诺和克岛。中国已有引入。

应用:用于行道树、庭园绿化树。

(3)大叶南洋杉 Araucaria bidwillii Hook.

形态:乔木,高达 50 m。叶卵状披针形,长 18 ~ 35 mm。果实球形,长 20 ~ 30 cm,苞鳞的先端呈三角状凸尖向后反曲,种子先端肥大、外露、两侧无翅。

分布:原产于澳洲,中国已引入。

习性:不耐寒,北方地区盆栽观赏。

应用:同南洋杉。

4. 松科 Pinaceae

常绿或落叶乔木,稀为灌木状。叶条形、针形、稀四棱形。球花单性,雌雄同株。种子常有翅。球果当年或 2 ~ 3 年成熟。松科共 10 属约 230 种;中国有 10 属 113 种,29 变种,其中引入栽培 24 种,2 变种。

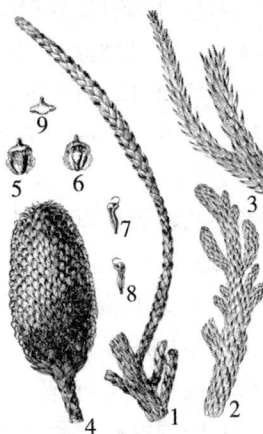

(1)油杉属 *Keteleeria* Carr.

1)油杉 *Keteleeria fortunei*(Murr.)Carr.（见图 5-4）

形态：乔木，高达 30 m，胸径 1 m，树皮粗糙，暗灰色，纵裂，一年生枝红褐色或淡粉色，二年生以上褐色、黄褐色或灰褐色。叶条形，在侧枝上排成 2 列，长 1.2~3 cm，宽 2~4 mm，先端圆或钝，上面光绿色，无气孔线，下面淡绿色，有气孔线 12~17 条。球果圆柱形，成熟时淡褐色或淡栗色，长 6~18 cm。花期 3—4 月，当年 10—11 月种子成熟。

分布：长江流域以南，浙江南部，福建、广东及广西南部沿海山地。

习性：喜光和温暖，不耐寒，幼龄树不耐阴，生长较快，适生于酸性的红、黄壤土中。

繁殖：播种繁殖，育苗较易，苗期适半遮荫，树长大后耐旱性增强。

应用：中国特有树种，树冠塔形，枝条展开，叶色常青，在我国东南部城市可用作园景树，或在山地风景区用作营造风景林的树种。

图 5-4　油杉

1—球果枝；2,3,4—种鳞背腹面；5,6—种子；7,8,9—叶上、下面及其横剖面；10—枝和冬芽

2)黄枝油杉 *Keteleeria calcarea* Cheng et L. K. Fu.

形态：乔木，高 20 m，胸径 80 cm，树皮灰色或黑褐色，叶条形，长 2~3.5 cm，宽 3.5~4.5 mm，先端钝或微凹，基部楔形，上面光绿色，无气孔线，下面中脉两侧各有 18~21 条白色气孔线。球果圆柱形，长 11~14 cm，径 4~5.5 cm，球果 10—11 月成熟。

分布：产于广西、贵州。

繁殖：种子繁殖。

3)铁坚油杉 *Keteleeria davidiana*(Bertr.)Beissn.

形态：乔木，高达 50 m，胸径达 2.5 m。一年生枝淡黄灰色或灰色，常有毛。顶芽卵圆形，芽端微尖。叶在侧枝上排成 2 列，长 2~5 cm，叶端钝或微凹，叶两面中脉隆起。球果直立，圆柱形，长 8~21 cm；种鳞边缘有缺齿，先端反曲，苞鳞先端 3 裂。

分布：陕西南部、四川、湖北西部、贵州北部、湖南、甘肃等地。

习性：本种为油杉属中耐寒性强的种类。

(2)冷杉属 *Abies* Mill

冷杉属约有 50 种，分布于亚洲、欧洲、北美、中美及非洲北部的高山地带。中国有 19 种及 3 变种，另引入栽培 1 种。

1)日本冷杉 *Abies firma* Sieb. et Zucc.

形态：乔木，在原产地可高达 50 m，胸径约 2 m。树冠幼时为尖塔形，老树则为广卵状圆锥形。树皮粗糙或裂成鳞片状，一年生枝淡灰黄色或暗灰黑色。叶条形，在幼树或徒长枝上叶长 2.5~3.5 cm，端成二叉状，在果枝上叶长 1.5~2.0 cm，端钝或微凹。球果圆筒形，熟时黄褐色或灰褐色。

分布：原产于日本，中国北京、青岛、南京、庐山及台湾等地有栽培。

习性：耐阴性强，幼时喜阴，长大后则喜光。

繁殖：播种繁殖或扦插繁殖。

应用:树冠尖塔形,秀丽壮观,可植于大型花坛中心,对植门口,成行配置在公园、甬道两侧。成群栽植在草坪、林缘及疏林空地,葱郁优美。但对烟尘的抗性极弱,不宜用于厂矿绿化。

2) **臭冷杉** *Abies nephrolepis*(Trautv.)Maxim.(见图 5-5)

形态:乔木,高 30 m,胸径 50 cm;树冠尖塔形至圆锥形;树皮青灰白色,浅裂或不裂;一年生枝淡黄褐色或淡灰褐色,密生褐色短柔毛;叶条形,长 1~3 cm,宽约 1.5 mm,上面亮绿色,下面有 2 条白色气孔带,营养枝上之叶端有凹缺或两裂。球果卵状圆柱形或圆柱形,长 4.5~9.5 cm,熟时紫黑色或紫褐色,无柄,花期 4—5 月。果当年 9—10 月成熟。

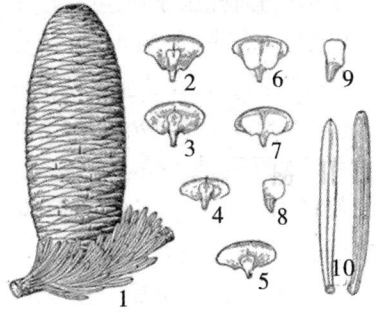

分布:河北、山西、辽宁、吉林及黑龙江东部。

习性:阴性树,喜生于冷湿的气候下,喜湿润深厚土壤。浅根性树种,生长较缓慢。

繁殖:用播种繁殖。

应用:树冠尖圆形,宜列植或成片种植。在海拔较高的自然风景区宜与云杉等混交种植。

图 5-5　臭冷杉

1—球果枝;2,3,4,5,6,7—种鳞背腹面;
8,9—种子;10—叶的上、下面

3) **杉松(辽东冷杉)** *Abies holophylla* Maxim.(见图 5-6)

形态:乔木,高 30 m,胸径约 1 m,树冠阔圆锥形,老则为广伞形,树皮灰褐色,内皮赤色;一年生枝淡黄褐色,无毛,冬芽有树脂。叶条形,长 2~4 cm,宽 1.5~2.5 mm,端突尖或渐尖,上面深绿色,有光泽,下面有 2 条白色气孔带,果枝的叶上面顶端亦常有 2~5 条不很显著的气孔线。球果圆柱形,长 6~14 cm,熟时呈淡黄褐色或淡褐色,近于无柄;苞鳞短,不露出,先端有刺尖头。花期 4—5 月。果当年 10 月成熟。

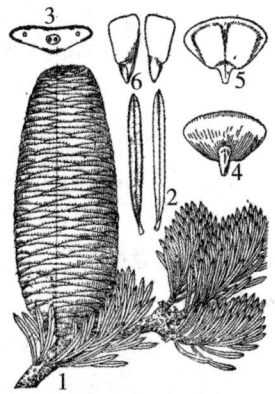

分布:辽宁东部、吉林及黑龙江省。

习性:阴性树,抗寒能力较强,喜土层肥厚的阴坡,在干燥阳坡极少见,浅根性树种。

繁殖:用播种繁殖。在北京引种栽培,表现良好。

应用:树姿雄伟端庄。园林中宜孤植、列植、丛植、群植、混植。材质软,但不易腐烂,为良好的造纸原料。

图 5-6　杉松

1—球果枝;2—叶;3—叶横切面;
4,5—种鳞背、腹面;6—种子

4) **冷杉** *Abies fabri*(Mast.)Craib

形态:乔木,高达 40 m,胸径 1 m;树冠尖塔形;树皮深灰色,呈不规则薄片状裂纹;一年生枝淡褐黄色、淡灰黄色或淡褐色。叶长 1.5~3.0 cm,宽 2.0~2.5 mm,先端微凹或钝,叶缘反卷或微反卷,下面有 2 条白色气孔带;球果卵状圆柱形或短圆柱形,熟时暗蓝黑色,略被白粉,长 6~11 cm,径 3.0~4.5 cm,有短梗。花期 4 月下旬至 5 月,果当年 10 月成熟。

分布:四川西部。

习性:耐阴性强,喜温凉湿润气候,对寒冷及干燥气候抗性较弱。喜中性及微酸性土壤。根系浅,生长繁茂。可成纯林或与铁杉、七叶树等混生。

繁殖:用播种法繁殖。

应用:树姿古朴,冠形优美,庄严肃穆。宜丛植、群植,易形成庄严、肃静的气氛,在适生区构成美丽的风景林。

(3)黄杉属 *Pseudotsuga* **Carr.**

黄杉属约18种,分布于东亚,北美。中国产5种,另引入栽培2种。

黄杉 *Pseudotsuga sinensis* Dode(见图5-7)

形态:乔木,高达50 m,胸径1 m;一年生枝淡黄色或淡黄灰色,二年生枝灰色,通常主枝无毛,侧枝被灰褐短毛。叶条形,长1.3~3.0 cm,先端有凹缺,上面绿色或淡绿色,下面有2条白色气孔带。球果卵形或椭圆状卵形,种子三角状卵形,种翅较种子长。花期4月,球果当年10—11月成熟。

分布:中国特有树种,分布在湖北、贵州、湖南及四川,生于针阔混交林中。

习性:适应性强,生长较快,喜温暖湿润、夏季多雨气候,能耐冬、春干旱。

繁殖:播种繁殖,然后移苗定植。

应用:树姿优美,在产区可用作风景林绿化树种。

(4)铁杉属 *Tsuga* **Carr.**

铁杉属约有4种,产于东亚,北美。中国有5种3变种。

铁杉 *Tsuga chinensis*(Franch.)Pritz.(见图5-8)

形态:乔木,高达50 m,胸径1.6 m;冠塔形,树皮暗深灰色,纵裂,成块状脱落;叶枕凹槽内有短毛;叶条形,长1.2~2.7 cm,宽2~3 mm,先端有凹缺,多全缘,而幼树叶缘具细锯齿,幼叶下面有白粉,老则脱落。球果卵形或长卵形,种子连翅长7~9 mm;子叶3~4枚。花期4月,球果当年10月成熟。

分布:甘肃、陕西、河南、湖北、四川、贵州等。

习性:喜气候温凉湿润,酸性黄壤及黄棕壤地带。抗风雪能力强。

繁殖:播种繁殖。

应用:铁杉干直冠大,巍然挺拔,枝叶茂密整齐,壮丽可观,可用于营造风景林及作孤植树等用。

(5)银杉属 *Cathaya* **Chun et Kuang**

银杉属是中国的特有属,仅银杉1种。

银杉 *Cathaya argyrophylla* Chun et Kuang(见图5-9)

图5-7 黄杉
1—球果枝;2,3,4—种鳞;
5—种子;6—叶

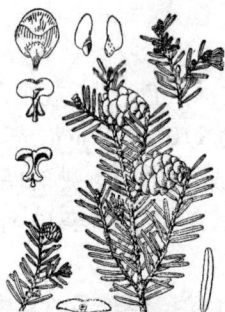

图5-8 铁杉

图5-9 银杉

形态:乔木,高达 20 m,胸径 40 cm 以上;树皮暗灰色,老则裂成不规则薄片,小枝节间上端生长缓慢,较粗,叶枕近条形,稍隆起,顶端具近圆形叶痕,叶螺旋状着生,在枝节间的上端排列紧密,呈簇生状,其下疏散生长,多数长 4~6 cm,宽 2.5~3.0 mm,边缘略反卷,下面沿中脉两侧具极显著粉白色气孔带,叶条形,镰状弯曲或直,端圆,基部渐窄,上面深绿色,被疏柔毛;球果熟时暗褐色,卵形、长卵形或长圆形,长 3~5 cm,下垂。种子略扁,斜倒卵形,长 5~6 cm,上端有长 10~15 mm 的翅。

分布:中国特产的稀有树种,产于广西、四川。

习性:阳性树,喜温暖、湿润气候和排水良好的酸性土壤。

繁殖:播种繁殖,也可用马尾松苗作砧木嫁接繁殖。

应用:树势如苍虬,壮丽可观,在园林上发展前景较好。

(6) 云杉属 *Picea* Dietr.

云杉属约有 40 种,分布于北半球,由北极圈至温带的高山均有,中国有 16 种及 9 变种,另引种栽培 2 种。

1) 云杉 *Picea asperata* Mast.(见图 5 - 10)

形态:常绿乔木,高 45 m,胸径约 1 m,树冠圆锥形。小枝近光滑或生短柔毛,芽圆锥形,有树脂,上部芽鳞先端不反卷或略反卷,小枝基部宿存芽鳞先端反曲。叶长 1~2 cm,先端尖,横切面菱形,上面有 5~8 条气孔线,下面 4~6 条。球果圆柱状长圆形或圆柱形,成熟前种鳞全为绿色,成熟时呈灰褐色或栗褐色,长 6~10 cm。花期 4—5 月,果当年 9—10 月成熟。

分布:四川、陕西、甘肃。

习性:稍耐阴,喜冷凉湿润气候,对干燥环境有一定抗性;浅根性,要求排水良好,微酸性深厚土壤。生长较快。

繁殖:用种子繁殖,苗期须遮荫。

应用:枝叶茂密,苍翠壮丽,在园林中孤植、群植或作风景林,亦可列植、对植或草坪中栽植。

2) 红皮云杉 *Picea koraiensis* Nakai(见图 5 - 11)

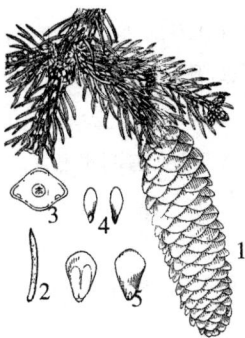

图 5 - 10 云杉
1—球果枝;2,3—叶及横剖面;
4—种子;5—种鳞

图 5 - 11 红皮云杉

形态:**常绿乔木,高达 30 m 以上,胸径 80 cm;树冠尖塔形,大枝斜伸或平展,小枝上有明**

显的丁状叶枕,叶长 1.2~2.2 cm,锥形,先端尖,辐射伸展,横切面菱形,四面有气孔线。球果卵状圆柱形或圆柱状矩圆形,长 5~8 cm,熟后绿黄褐色或褐色,种鳞薄木质,三角状倒卵形,苞鳞极小,种子上端有膜质长翅。

分布:东北小兴安岭、吉林。

习性:较耐阴,浅根性,适应性较强。

应用:树姿优美,可作行道树、风景林,是营造用材林和用于风景区及四旁绿化的优良树种。

3)**鱼鳞云杉** *Picea jezoensis* Carr. var. *microsperma*(Lindl.)Cheng et L. K. Fu

形态:乔木,高达 50 m,胸径约 1.5 m;树冠尖塔形,老时为圆柱形,叶扁平,长 1~2 cm,宽 1.5~2.0 mm,先端钝或尖锐,上面有 2 条粉白气孔带,下面绿色,有光泽;叶枕突出,与小枝近于垂直。果长圆状圆柱形或长卵形,长 4~6 cm,熟时淡黄褐色或褐色。花期5—6 月,果9—10月成熟。

分布:黑龙江大兴安岭至小兴安岭南端。

习性:阴性树,喜冷凉湿润气候,耐寒性强,喜排水良好的微酸性土壤,不宜在黏土中生长。浅根性,易风倒,生长缓慢,寿命长。

繁殖:用播种法繁殖。

应用:同云杉,适合寒冷地区应用,材质致密。

4)**白扦** *Picea meyeri* Rehd. et Wils.(见图 5 - 12)

形态:乔木,高约 30 m,胸径约 60 cm;树冠狭圆锥形。树皮灰色,不规则鳞片状剥落,大枝平展,一年生枝黄褐色,当年枝几无毛。叶四棱状条形,横断面菱形,弯曲,呈粉状青绿色,四面有气孔线,叶长 1.3~3.0 cm,宽约 2 mm,螺旋状排列。球果长圆状圆柱形,长 5~9 cm,径 2.5~3.5 cm;种鳞倒卵形,先端圆有不明显锯齿,种子倒卵形,黑褐色,长 4~5 mm,连翅长 1.2~1.6 cm;花期4—5 月,果9—10月成熟。

分布:中国特产树种,在山西、河北、陕西等地均有分布。

习性:阴性树,耐寒,喜湿润气候,喜生于中性及微酸性土壤。浅根性树种,根系有一定的可塑性,在土层厚且较干燥处根可生长稍深。

图 5 - 12　白扦

繁殖:用种子繁殖。

应用:树形端正,枝叶茂密,下枝能长期存在,适孤植,如丛植时亦能长期保持郁闭,华北城市可较多应用,庐山等南方风景区亦有引种栽培。

(7)**落叶松属** *Larix* Mill.

落叶松属约有 18 种,分布于北半球寒冷地区。中国产 10 种 1 变种,引入栽培 2 种。

1)**落叶松** *Larix gmelnii*(Rupr.)Kuzen.

形态:乔木,高达 35 m,胸径 90 cm;树冠卵状圆锥形。一年生长、短枝均较细,淡褐黄色,无毛或略有毛,基部有毛;短枝顶端有黄白色长毛。球果卵圆形,果长 1.2~3 cm,鳞背无毛,幼果红紫色,熟时变黄褐色或紫褐色;苞鳞不外露,但果基部苞鳞外露。

分布:东北大兴安岭、小兴安岭和辽宁。

习性:喜光,为强阳性树,极耐寒,能耐 -51 ℃的低温,对土壤的适应能力强,能生长于干

旱瘠薄的石砾山地及低湿的河谷沼泽地带,生长较快。

应用:园林绿化中常成片栽植,早春嫩叶初放,春意盎然,生机勃勃。

2)日本落叶松 *Larix kaempferi*(Lamb.)Carr.

形态:乔木,高可达 30 m,胸径达 1 m;1 年生长枝淡黄或淡红褐色,有白粉。球果广卵形,长 2～3 cm;种鳞上部边缘向后反卷。

分布:原产于日本,中国已引入栽培。

习性:适应性强、生长快,抗病力强。

应用:园林中可作风景林。

3)红杉 *Larix potaninii* Batal.

形态:乔木,高可达 30 m;小枝下垂,一年生长枝红褐色或淡紫褐色。球果长圆状或圆柱形,长 3～5 cm,径 2～3.5 cm,熟时呈灰褐色,苞鳞外露。

分布:中国西南部高山,见于甘肃、四川、云南等省。

习性:喜光,为强阳性树,耐寒,耐瘠薄和湿地。

应用:为高山地带园林绿化树种。

4)华北落叶松 *Larix principis-rupprechtii* Mayr(见图5－13)

形态:乔木,高达 30 m,胸径 1 m;树冠圆锥形,树皮暗灰褐色,呈不规则鳞状裂开,大枝平展,小枝不下垂或枝梢略垂,1 年生长枝淡褐黄色或淡褐色,幼时有毛,后脱落,枝较粗,径 1.5～2.5 mm,2～3 年枝变为灰褐色或暗灰褐色,短枝顶端有黄褐色或褐色柔毛,径亦较粗,2～3 mm。叶长 2～3 cm,宽约 1 cm,窄条形,扁平。球果长卵形或卵圆形,长 2～4 cm,径约 2 cm。种子灰白色,有褐色斑纹,有长翅。花期 4—5 月,果 9—10 月成熟。

分布:华北地区、华西地区,在河北、陕西、甘肃、宁夏、新疆等省亦有引种栽培。

图 5－13　华北落叶松
1—球果枝;2—球果;3—种鳞;4—种子

习性:强阳性,极耐寒,对土壤的适应性强,喜深厚湿润而排水良好的酸性或中性土壤。耐瘠薄,但生长极慢。

繁殖:用种子繁殖。

应用:树冠整齐,圆锥形,叶轻柔而潇洒,常作风景林。适合于较高海拔和较高纬度地区的植物配置应用。

5)黄花落叶松 *Larix olgensis* Henry

形态:乔木,高达 30 m,胸径达 1 m。树冠尖塔形。一年生枝淡红褐色或淡褐色,具长毛或短毛。球果卵形或卵圆形,长 1.4～4.5 cm;苞鳞不外露。花期 4—5 月,果 8 月中旬成熟。

分布:黑龙江东南部、吉林长白山以及辽宁省。

习性:喜光,强阳性树,幼苗不耐阴。耐严寒,对土壤要求不严。有一定的耐旱、耐水湿能力。

繁殖:种子繁殖。

应用:为东北南部地区重要造林树种和园林绿化树种。

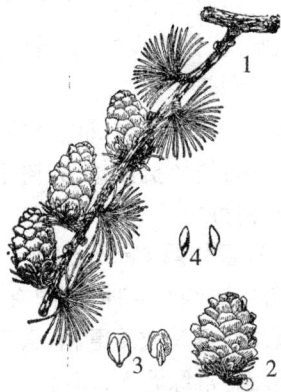

（8）金钱松属 *Pseudolarix* Gord.

金钱松属在全世界仅有 1 种，中国特产，子遗树种。

金钱松 *Pseudolarix amabilis*（Nelson）Rehd.（见图 5－14）

形态：落叶乔木，高达 50 m，胸径 1.5 m；树冠阔圆锥形，树皮赤褐色，呈鳞片状剥离；大枝不规则轮生，平展，1 年生长枝黄褐色或赤褐色，无毛；叶条形，在长枝上互生，在短枝上 15～30 枚轮状簇生，叶长 2～5 cm，宽 1.5～4 mm；雄球花数个簇生于短枝顶部，雌球花单生于短枝顶部；球果卵形或倒卵形，长 6～7.5 cm，径 4～5 cm，种子卵形，白色，种翅连同种子几乎与种鳞等长；花期 4—5 月，果 10—11 月上旬成熟。子叶 4～6 枚，发芽时出土。

分布：长江流域及其以南地区。

习性：喜光，耐寒，幼时稍耐阴，喜温凉、湿润气候和深厚、肥沃、排水良好的中性或酸性沙质土壤。枝条萌芽力较强。金钱松属于有真菌共生的树种，菌根利于生长。

繁殖：用播种、扦插、嫁接繁殖。

应用：树姿挺拔雄伟，树干端直，入秋后叶变为金黄色，极为美丽，可孤植、丛植、对植，为珍贵观赏树种之一。

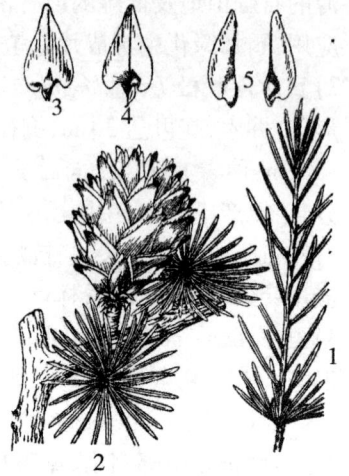

图 5－14　金钱松
1—枝叶；2—球果枝；3,4—种鳞；5—种子

（9）雪松属 *Cedrus* Trew

雪松属约有 4 种，中国有 1 种和引栽培 1 种。

雪松（喜马拉雅雪松、喜马拉雅杉）*Cedrus deodara*（Roxb.）G.Don（见图 5－15）

形态：常绿乔木，高可达 75 m，胸径可达 4.3 m；树冠圆锥形。树皮灰褐色，鳞片状裂；叶针状，灰绿色，长 2.5～5 cm，宽与厚相等，各面有数条气孔线，在短枝顶端聚生 20～60 枚。雌雄异株，少数同株；雄球花椭圆状卵形，长 2～3 cm；雌球花卵圆形，长约 0.8 cm。球果椭圆状卵形，长 7～12 cm，径 5～9 cm，顶端圆钝，熟时红褐色，种鳞阔扇状倒三角形，背面密被锈色短绒毛，种子三角状，种翅宽大。花期 10—11 月，球果次年 9—10 月成熟。

分布：原产于喜马拉雅山西部，长江流域各大城市中多有栽培。

习性：阳性树，有一定耐阴能力，喜温凉气候，有一定耐寒能力，喜土层深厚而排水良好的土壤，能生长于微酸性及微碱性土壤中，浅根性树种，生长速度较快，寿命长。

应用：雪松树体高大，主干耸直，侧枝平展，树形优美，是世界著名的观赏树。宜孤植于草坪、花坛中央、建筑前庭中心、广场中心或主要大型建筑物的两旁及园门的入口等处。其主干下部的大枝自近地面处平展，长年不枯，能形成繁茂雄伟的树冠，这一特点更是独植树的可贵之处。到了冬季，雪片积于翠绿色的枝叶上，形成许多高大的银色金字塔，则更为引人入胜。此外，列植于园路的两旁，形成甬道，亦极为壮观。

（10）松属 *Pinus* L.

松属约有 80 余种，中国产 22 种 10 变种，又自国外引入 16 种及 2 变种。

1) 华山松(白松、五须松、果松、五叶松) *Pinus armandii* Franch.（见图 5-16）

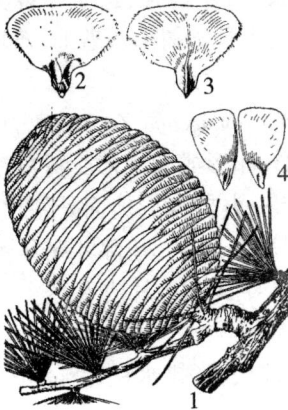

图 5-15　雪松
1—球果枝;2,3—种鳞;4—种子

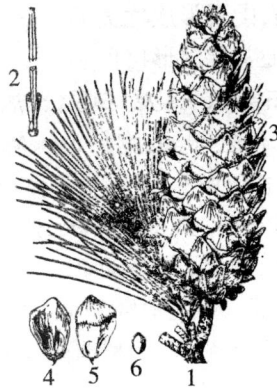

图 5-16　华山松
1—雌球花枝;2—叶;3—球果;
4,5—种鳞;6—种子

形态:乔木,高达 25 m,胸径 1m,树冠广圆锥形。小枝平滑无毛,冬芽小,圆柱形,栗褐色。叶 5 针一束,长 8~15 cm,质柔软,边缘有细锯齿,叶鞘早落。球果圆锥状长卵形,10~20 cm,柄长 2~5 cm,成熟时种鳞张开,种子脱落。花期 4—5 月,球果次年 9—10 月成熟。

分布:华中、西北、云贵及台湾地区等。

习性:阳性树种,幼苗喜半阴。喜温和凉爽湿润气候,耐寒力强,喜排水良好地区,适应多种土壤,在深厚、湿润、疏松的中性或微酸性土壤中生长良好,不耐盐碱土。

繁殖:播种繁殖。

应用:华山松高大挺拔,针叶苍翠,树冠优美,生长迅速,是优良的庭园绿化树种。华山松在园林中可用作园景树、庭荫树、行道树及林带树,亦可用于丛植、群植,且是高山风景区的优良风景林树种。

2) 海南五针松 *Pinus fenzeliana* Hend.-Mazz.

形态:乔木,高达 50 m,胸径 2 m;幼树树皮灰色或灰白色,大树树皮暗褐色或灰褐色。针叶 5 针一束,长 10~18 cm,球果长卵形或椭圆状卵形,种子倒卵状椭圆形,花期 4 月,球果翌年 10—11 月成熟。

分布:产于海南岛、广西、贵州等。

繁殖:用种子繁殖。

3) 日本五针松(日本五须松、五钗松) *Pinus parviflora* Sieb. et Zucc.

形态:乔木,在原产地高达 25 m,胸径 1 m;树冠圆锥形。树皮灰黑色,呈不规则鳞片状剥裂,内皮赤褐色。一年生小枝淡褐色,密生淡黄色柔毛。冬芽长椭圆形,黄褐色。叶较细,5 针一束,长 3~6 cm,内侧两面有白色气孔线,钝头,边缘有细锯齿,树脂道 2,边生,在枝上生存 3~4 年。球果卵圆形或卵状椭圆形,长 4.0~7.5 cm,径 3.0~4.5 cm,熟时淡褐色。

分布:原产于日本。中国长江流域部分城市及青岛等地园林中有栽培。

习性:阳性树,但比赤松及黑松耐阴。喜生于土壤深厚、排水良好的湿润之处,在阴湿之处生长不良。虽对海风有较强的抗性,但不适于沙地生长。生长速度缓慢。

繁殖:用种子、嫁接或扦插繁殖。

应用:该树为珍贵的观赏树种之一,生长慢,寿命长,可塑性强,适于作各类盆景和庭园美化用,也宜与山石配置形成优美的园景。但若任其自然生长则树形较普通,难以充分发挥其美丽针叶的特点,通常要整形修剪。

4)白皮松(白骨松、三针松、白果松、虎皮松、蟠龙松) *Pinus bungeana* Zucc. ex Endl.(见图5-17)

形态:乔木,高达30 m,胸径3 m余,树冠阔圆锥形、卵形或圆头形。树皮淡灰绿色或粉白色,呈不规则鳞片状剥落。1年生小枝灰绿色,光滑无毛,大枝自近地面处斜出。冬芽卵形,赤褐色。针叶,3针一束,长5~10 cm,边缘有细锯齿,树脂道边生,基部叶鞘早落。雄球花序长约10 cm,鲜黄色,球果圆锥状卵形。花期4—5月,果次年9—11月成熟。

分布:华北地区、西北地区和华中地区。

习性:阳性树,稍耐阴,幼树略耐半阴,耐寒性不如油松,喜排水良好湿润的土壤,对土壤要求不严,在中性、酸性及石灰性土壤上均能生长。

繁殖:种子繁殖。

应用:白皮松是中国特产,珍贵树种,自古以来即用于配置在宫廷、寺院及古典私家园林中。树姿优美,树皮斑驳奇特,碧叶白干,极为醒目,树冠青翠。宜孤植,或团植成林,或列植成行,或对植堂前。在北京,许多园林、古寺中都种植有白皮松,已成为北京古都园林中的特色树种。

5)赤松(日本赤松、辽东赤松) *Pinus densiflora* Sieb. et Zucc.(见图5-18)

形态:乔木,高达35 m,胸径1.5 m;树冠圆锥形或扁平伞形。树皮橙红色,呈不规则状薄片剥落。一年生小枝橙黄色,略有白粉。冬芽长圆状卵形,栗褐色。叶2针一束,长5~12 cm。1年生小球果种鳞先端的刺向外斜出;球果长圆形,长3~5.5 cm,径2.5~4.5 cm,有短柄。花期4月,果次年9—10月成熟。

分布:东北三省、山东半岛、辽东半岛及苏北云台山区等地,日本、朝鲜半岛亦有分布。

应用:其垂枝者,虬枝宛垂,优雅可观。适于门庭、入口两旁对植及草坪中孤植,在瀑口、溪流、池畔及树林内群植或与红叶树混植,也可作盆景。

6)马尾松(青松、山松) *Pinus massoniana* Lamb.(见图5-19)

图5-17 白皮松

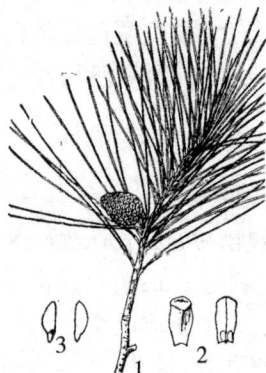

图5-18 赤松
1—球果枝;2—种鳞;3—种子

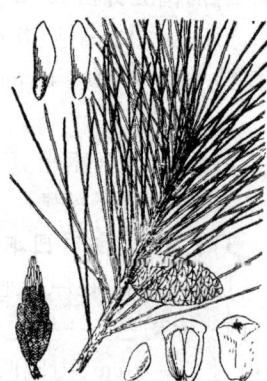

图5-19 马尾松

形态:乔木高达45 m,胸径1 m余,树冠在壮年期呈狭圆锥形,老年期则开张如伞状,干皮

红褐色,呈不规则裂片,一年生小枝淡黄褐色,轮生,冬芽圆柱形,端褐色。叶 2 针 1 束,罕 3 针 1 束,长 12～20 cm,质软,叶缘有细锯齿,树脂道 4～8,边生。球果长卵形,长 4～7 cm,径 2.5～4 cm,有短柄,成熟时栗褐色,脱落而不宿存树上。花期 4 月;果次年 10—12 月成熟。

分布:长江流域以南,南至两广、台湾地区,东自沿海,西至四川、贵州,遍布华中、华南各地。

习性:强阳性树,幼苗亦不耐阴。性喜温暖湿润气候,耐寒性差,喜酸性黏质土壤,对土壤要求不严,耐干旱瘠薄,在沙土、砾石土及岩缝间均能生长。

繁殖:种子繁殖。

应用:马尾松树形高大雄伟,姿态古朴。适于栽植在山涧、池畔及道旁,孤植或丛植,是江南及华南自然风景区和绿化及造林的重要树种。

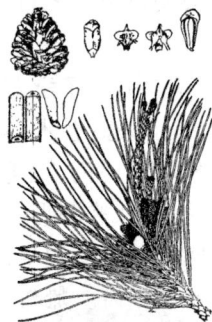

7) 黑松(日本黑松、白芽松)*pinus thunbergii* Pari.(见图 5-20)

形态:乔木,在原产地高达 30 m,胸径达 2 m;树冠幼时呈狭圆锥形,老时呈扁平的伞状。树皮灰黑色,枝条开展,老枝略下垂。冬芽圆筒形,银白色。叶 2 针 1 束,粗硬,长 6～12 cm,在枝上可存 3～5 年,树脂道 6～11,中生。雌球花 1～3,顶生。球果卵形,长 4～6 cm,径 3～4 cm,有短柄。种子倒卵形,灰褐色,略有黑斑,花期 3—5 月,果次年 10 月成熟。

图 5-20　黑松

分布:原产于日本及朝鲜半岛。山东沿海、辽东半岛、江苏、浙江、安徽等地有栽植。

习性:阳性树,但比赤松略能耐阴,幼苗期比成年树耐阴;性喜温暖湿润的海洋性气候;对土壤要求不严,喜沙壤土。

繁殖:用种子繁殖。

应用:为著名的海岸绿化树种,可用作防风、防潮、防沙林带及海滨浴场附近的风景林、行道树或庭荫树。在国外亦有密植成行并修剪成绿篱,围绕于建筑或住宅之外,既有美化作用又有防护作用。

8) 湿地松 *Pinus elliottii* Engelm.

形态:乔木,在原产地高达 40 m,胸径近 1 m,树皮灰褐色,纵裂成大鳞片状剥落,枝每年可生长 3～4 轮,小枝粗壮,冬芽红褐色,粗壮,圆柱形,先端渐狭,无树脂,针叶 2～3 针 1 束,长 18～30 cm,深绿色,有光泽,腹背两面均有气孔线,叶缘具细锯齿,叶鞘长约 1.2 cm。球果常 2～4 个聚生,罕单生,圆锥形,有梗,种子卵圆形,略具 3 棱,长约 6 mm,黑色而有灰色斑点。花期在广州为 2 月上旬至 3 月中旬;果次年 9 月上中旬成熟。

分布:原产于美国南部。中国长江以南各地有栽培。

习性:喜夏雨冬旱的亚热带气候,在中性至强酸性红壤丘陵地生长良好,而在低洼沼泽地边缘生长更佳,故名湿地松。也较耐旱,在干旱贫瘠低丘陵地能旺盛生长,在海岸排水较差的固沙地亦能生长正常。湿地松的抗风力较强,根系能耐海水灌溉,但针叶不能抵抗盐分的侵袭。湿地松为强阳性树种,极不耐阴,即使幼苗亦不耐阴。

繁殖:用播种繁殖。园林中可用 3～5 年生大苗,带土固定植。但在育苗期间应经 1～3 次移栽。

应用:在园林中孤植或丛植。

9) 长叶松(大王松)*Pinus palustris* Mill.

形态:乔木,高达 40 m,树冠长圆形,小枝橙褐色,冬芽长圆形,银白色;叶 3 针 1 束,暗绿

色,长 30~45 cm,叶鞘宿存;树脂道内生;球果几无柄,圆柱形,暗褐色,长 15~20 cm,鳞脐有三角形反曲的短刺。

分布:原产于美国东南沿海一带。中国杭州、上海、无锡、福州,南京有引种栽培,生长迅速。

习性:性喜暖热湿润的海洋性气候。

繁殖:用种子繁殖。

应用:在美国为重要的用材树种,每年冬季由东南部向北部城市运销大量枝条作室内装饰用,主要观赏其柔美纤长的针叶。

10) 樟子松 *Pinus sylvestris* L. var. *mongolica* Litv. (见图 5-21)

形态:乔木,高达 30 m,胸径 1 m;树冠呈阔卵形。一年生枝淡黄褐色,无毛,2~3 年枝灰褐色。冬芽淡褐黄色至赤褐色,卵状椭圆形。叶 2 针 1 束,较短硬而扭曲,长 4~9 cm,树脂道 6~11,边生,叶断面呈扁半圆形,两面均有气孔线,边缘有细锯齿。雌雄花同株而异枝,雄球花黄色,聚生于新梢基部,雌球花淡紫红色,有柄,授粉后向下弯曲。球果长卵形,长

图 5-21 樟子松

1—雌球花及球果枝;2—球果;
3,4—种鳞背腹面;5,6—种子被腹面;
7—雄球花枝;8—针叶的横切面

3~6 cm,径 2~3 cm,果柄下弯。花期 5—6 月,果次年 9—10 月成熟。

分布:产于黑龙江大兴安岭海拔 400~900 m 山地及海拉尔以西、以南沙丘地区。蒙古亦有分布。在沈阳以北至大兴安岭山区沙丘地带及西北可栽培。

习性:阳性树,比油松更能耐寒冷及干燥土壤,也能生于沙地及石沙地带,在大兴安岭阳坡有纯林。

繁殖:用种子繁殖。

应用:树干通直、材质良好,防风固沙作用显著,城市森林与园林绿化树种。

11) 红松 *Pinus koraiensis* Sieb. et Zucc. (见图 5-22)

形态:乔木,高达 50 m,胸径 1.0~1.5 m;树冠卵状圆锥形。树皮灰褐色,呈不规则长方形裂片,内皮赤褐色。1 年生小枝密被黄褐色或红褐色柔毛;冬芽长圆形,赤褐色,略有树脂。针叶 5 针 1 束,长 6~12 cm,深绿色,缘有细锯齿,腹面每边有蓝白色气孔线 6~8 条,树脂道 3,中生。球果圆锥状长卵形,长 9~14 cm,熟时黄褐色,有短柄,种鳞菱形,先端钝而反卷,鳞背三角形,有淡棕色条纹,鳞脐顶生,不显著。种子大,倒卵形,无翅,长 1.5 cm,宽约 1.0 cm,有暗紫色脐痕。花期 5—6 月;果次年 9—10 月成熟,熟时种鳞不张开或略张开,但种子不脱落。

分布:东北三省。

习性:喜较凉爽气候,耐寒性强,能耐 -50 ℃左右的低温。喜温凉湿润气候。红松喜生于深厚肥沃、排水良好而又适当湿润的微酸性土壤,稍耐干燥瘠薄。

繁殖:用种子繁殖。

应用:树形雄伟高大,宜作北方森林风景区材料,或配置于庭园中。

12) 油松 *Pinus tabuliformis* Carr. (见图 5-23)

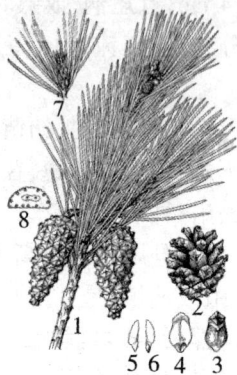

图 5 - 22 红松

图 5 - 23 油松

形态:乔木,高达 25 m,胸径约 1 m;树冠在壮年期呈塔形或广卵形,在老年期呈盘状或伞形。树皮灰棕色,呈鳞片状开裂,裂缝红褐色。小枝粗壮,无毛,褐黄色,冬芽长圆形,端尖,红棕色,在顶芽旁常轮生有 3 ~ 5 个侧芽。2 针 1 束,罕 3 针 1 束,长 10 ~ 15 cm,树脂道 5 ~ 8,边生;叶鞘宿存。雄球花橙黄色,雌球花绿紫色。当年小球果的种鳞顶端有刺,球果卵形,长 4 ~ 9 cm,无柄或有极短柄,可宿存枝上达数年,种鳞的鳞背肥厚,横脊显著,鳞脐有刺。种子卵形,长 6 ~ 8 mm,淡褐色,有斑纹,翅长约 1 cm,黄白色,有褐色条纹。子叶 8 ~ 12。花期 4—5 月,果次年 10 月成熟。

分布:东北三省、华北、西北及甘肃、宁夏、青海、四川北部等地。

习性:强阳性树,性强健耐寒,能耐 – 30 ℃ 的低温,对土壤要求不严,能耐干旱瘠薄土壤,能生长在山岭陡崖上,只要有裂隙的岩石大都能生长油松,也能生长于沙地,但低湿处及黏重土壤生长不良,喜中性、微酸性土壤,油松属深根性树种,有菌根菌共生。

繁殖:油松的寿命很长,在很多名山古刹中有树龄达数百年的油松古树。种子繁殖。

应用:树干挺拔苍劲,四季常春,不畏风雪严寒,故象征坚贞不屈、不畏强暴的气质。树冠开展,树龄愈老姿态愈奇,老枝斜展,枝叶婆娑,苍翠欲滴,每当微风吹拂,有如大海波涛之声,俗称"松涛",有千军万马的气势,能鼓舞振作人们的奋斗精神。树冠青翠浓郁,庄严静肃、雄伟宏博。在园林配置中,适于作独植、丛植、纯林群植及行混交种植。适于作油松伴生树种的有元宝枫、栎类、桦木、侧柏等。

5. 杉科 Taxodiaceae

常绿或落叶乔木;叶螺旋状互生,稀交互对生,叶针形、钻形、鳞形或条形;球花单性,雌雄同株;雄球花具多数雄蕊,雌球花顶生,具多数珠鳞,珠鳞与苞鳞半合生或完全合生或珠鳞甚小或苞鳞退化;种子有翅。本科有 10 属 16 种,主要产于北温带。中国产 5 属 7 种,引入栽培 4 属 7 种,主要分布于长江流域以南温暖地区。

(1) 台湾杉属 Taiwania Hayata

台湾杉属共 2 种,产于中国和缅甸北部。

秃杉(土杉) Taiwania flousiana Gaussen(见图 5 - 24)

形态:树高可达 75 m。树冠圆锥形,树皮灰褐色,不规则条状剥落,内皮红褐色。叶厚革质,大树叶长 2~5 mm,幼树及萌芽枝叶长 6~15 mm,直伸或微向内弯。球果圆柱形,长 1.5~2.2 cm,熟时褐色,种鳞 21~39 片,背面顶端尖头的下方有明显腺点。种子倒卵形或椭圆形。

分布:云南、贵州、湖北等。喜光,适生于温凉和夏秋多雨、冬春干燥的气候,浅根性树种,生长快,寿命长。

应用:树体高大,姿态雄健,枝条婉柔下垂,蔚然可观。园林中可丛植、列植或混植,是优良风景林树种、国家一级保护树种。

(2)柳杉属 *Cryptomeria* D. Don

柳杉属有 2 种,产于中国和日本。

1)柳杉 *Cryptomeria fortunei* Hooibrenk ex Otto et Dietr.

形态:乔木,高达 40 m,胸径达 2 m 余;树冠塔圆锥形,树皮赤棕色,纤维状裂成长条片剥落,大枝斜展或平展,小枝常下垂,绿色。叶长 1.0~1.5 cm,幼树及萌芽枝的叶长达 2.4 cm,钻形,微向内曲,先端内曲,四面有气孔线。雄球花黄色,雌球花淡绿色。球果熟时深褐色,径 1.5~2.0 cm。种鳞约 20 枚,苞鳞尖头与种鳞先端的裂齿均较短;每枚种鳞有种子 2 粒,花期 4 月,果 10—11 月成熟。

分布:长江流域以南,现南方地区广泛栽培,生长良好。

习性:阳性树,略耐阴,亦略耐寒。

繁殖:可用播种及扦插法繁殖。

应用:柳杉树形圆整而高大,树干粗壮,极为雄伟,适独植、对植,也宜丛植或群植。在江南自古以来常用作墓道树,也宜作风景林栽植。

2)日本柳杉 *Cryptomeria japonica* (L. f.) D. Don

形态:乔木,在原产地高达 45 m,胸径达 2 m 余。与柳杉的不同点主要是种鳞数多,为 20~30 枚,苞鳞的尖头和种鳞顶端的齿缺均较长,每种鳞具 3~5 粒种子。

分布:原产于日本。中国有引入,在南京、上海、扬州、无锡、南通及庐山均有栽培。

应用:树姿优美,用于园林观赏。

(3)水松属 *Glyptostrobus* Endl.

水松属仅 1 种,在第四纪冰期后,其他地方均绝迹,现仅存于中国,成为唯一特产属、种。

水松 *Glyptostrobus pensilis* (Staunt.) Koch. (见图 5-25)

形态:落叶乔木,高 8~10 m,径可达 1.2 m;树冠圆锥形。树皮呈扭状长条浅裂,干基部膨大,有膝状呼吸根,枝条稀疏,大枝平伸或斜展。小枝绿色。叶互生,有三种类型:鳞形叶长约 2 mm,宿存,螺旋状着生主枝上;在 1 年生短枝及萌生枝上,有条状钻形叶及条形叶,长 0.4~3 cm,常排成 2~3 列的假羽状,冬季均与小枝同落;雌雄同株,单性花单生枝顶,雄球花卵圆形。球果倒卵形,长 2.0~2.5 cm,径 1.3~1.5 cm。种

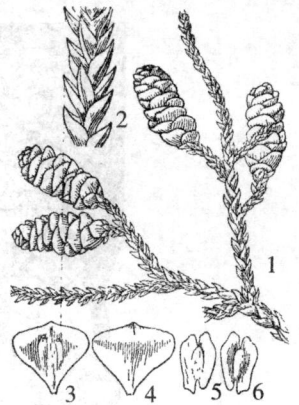

图 5-24 秃杉
1—球果枝;2—枝叶;
3,4—种鳞;5,6—种子

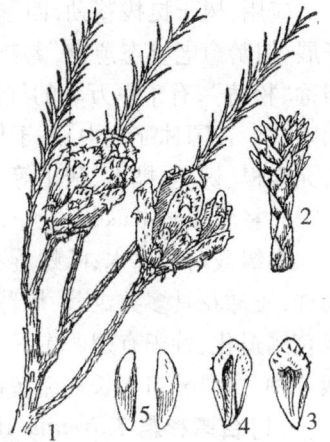

图 5-25 水松
1—球果枝;2—雌球花枝;
3,4—种鳞背、腹面;5—种子

子椭圆形、微扁，褐色，基部有尾状长翅，子叶 4~5 枚，发芽时出土。花期 1—2 月，果 10—11 月成熟。

分布：广东、福建、广西、江西、四川、云南等地。长江流域以南公园中有栽培。

习性：强阳性树，喜暖热多湿气候，不耐低温。喜湿润土壤，耐涝，根系发达，在沼泽地呼吸根发达，在排水良好土地上则呼吸根不发达，干基也不膨大。

繁殖：用种子及扦插法繁殖。

应用：叶入秋变褐色，颇为美丽，宜河边湖畔绿化用，根系强大，可作防风护堤树。国家二级保护树种。

（4）落羽杉属 *Taxodium* Rich.

落羽杉属约有 3 种，原产于北美及墨西哥；中国已引入栽培。

1）落羽杉 *Taxodium distichum*(L.)Rich.（见图 5 - 26）

形态：落叶乔木，高达 50 m，胸径达 2 m 以上，树冠在幼年期呈圆锥形，老树则开展成伞形，树干尖削度大，基部常膨大而有屈膝状的呼吸根；树皮呈长条状剥落，枝条平展，大树的小枝略下垂；1 年生小枝褐色，生叶的侧生小枝排成 2 列。叶条形，扁平，先端尖，排成羽状 2 列，上面中脉凹下，淡绿色，秋季凋落前变暗红褐色。球果圆球形或卵圆形，熟时淡褐黄色；种子褐色，花期 5 月，球果次年 10 月成熟。

分布：原产于美国东南部，有一定耐寒力，中国已引入栽培达半个世纪以上，在长江流域及华南大城市的园林中常有栽培，北界已达河南南部鸡公山一带。

习性：强阳性树，喜暖热湿润气候，极耐水湿，能生长于浅沼泽中，亦能生长于排水良好的陆地上。在湿地上生长的，树干基部可形成板状根，土壤以湿润而富含腐殖质者佳。

繁殖：可用播种及扦插法繁殖。

应用：树形整齐美观，近羽毛状的叶丛极为秀丽，入秋叶变成古铜色，是良好的秋色叶树种。适水旁配置又有防风护岸之效。落羽杉与水杉、水松、巨杉、红杉同为孑遗树种，是世界著名的园林树木。

2）池杉（池柏、沼落羽松）*Taxodium ascendens* Brongn.

形态：落叶乔木，高达 25 m；树干基部膨大，常有屈膝状的呼吸根，树皮褐色，纵裂，成长条片脱落；枝向上展，树冠常较窄，呈尖塔形；当年生小枝绿色，细长，常略向下弯垂，二年生小枝褐红色。叶多钻形，略内曲，常在枝上螺旋状伸展，下部多贴近小枝，基部下延，长 4~10 mm，先端渐尖，上面中脉略隆起，下面有棱脊。球果圆球形或长圆状球形，种子不规则三角形，略扁，红褐色。花期 3—4 月，球果 10—11 月成熟。

图 5 - 26　落羽杉
1—球果枝；2—种鳞顶部；3—种鳞侧面

分布：中国自 20 世纪初引至南京、南通及鸡公山等地，后又引至杭州、武汉、庐山、广州等地。常见的品种有**垂枝池杉** cv. *Nutans* 1—2 年生小枝柔软下垂。**锥叶池杉** cv. *Zhuiyechisha* 叶绿色，锥形，散展，螺旋状排列，树皮灰色。**线叶池杉** cv. *Xianyechisha* 叶深绿，条状披针型，紧贴小枝。**羽叶池杉** cv. *Yuyechisha* 叶草绿色，枝叶浓密，凋落性小枝再分枝多。

习性:喜温暖湿润和深厚疏松的酸性、微酸性土壤。强阳性,不耐阴,耐涝且较耐旱。对碱性土颇敏感,pH 值达 7.2 以上时,即可发生叶片黄化现象。萌芽力强,速生树种,自 3~4 龄起至 20 年生以前,高、粗生长均快。7~9 年生树始结实。

繁殖:池杉用播种和扦插法繁殖。

应用:池杉树形优美,枝条秀丽婆娑,秋叶棕褐色,是观赏价值很高的园林树种,特别适于水滨湿地成片栽植,孤植或丛植为园景树,也可构成园林佳景。此树生长快,抗性强,适应地区广,材质优良,加之树冠狭窄,枝叶稀疏,荫蔽面积小,耐水湿,抗风力强,故适于长江流域及珠江三角洲等农田水网地区、水库附近以及"四旁"造林绿化树种,以供防风、防浪并生产木材等用。

3) 墨西哥落羽杉(墨西哥落羽松、尖叶落羽杉) *Taxodium mucronatum* Tenore

形态:半常绿或常绿乔木,高达 50 m,胸径 4 m;树干尖削,基部膨大;树皮裂成长条片;大枝近平展。叶条形,羽状二裂。球果卵状球形。

分布:原产于墨西哥及美国西南部,生于温湿的沼泽地。中国江苏南京引种栽培,生长良好。

应用:园林观赏。

(5) 水杉属 *Metasequoia* Miki ex Hu et Cheng

水杉属现仅 1 种,产于中国。

水杉 *Metasequoia glyptostroboides* Hu et Cheng(见图 5 - 27)

形态:落叶乔木,树高达 35 m,胸径 2.5 m,干基常膨大,幼树树冠尖塔形,老树则为广圆头形。树皮灰褐色,大枝近轮生,小枝对生。叶交互对生,叶基扭转排成 2 列,呈羽状,条形,扁平,长 0.8~3.5 cm,冬季与无芽小枝一同脱落。雌雄同株。果近球形,长 1.8~2.5 cm,熟时深褐色,下垂,种子扁平,倒卵形,有狭翅,子叶 2 枚,发芽时出土。花期 2 月,果当年 11 月成熟。

分布:四川、湖北、湖南。已在国内南北各地及国外 50 个国家引种栽培。

习性:阳性树,喜温暖湿润气候,耐盐碱能力强,对二氧化硫、氯气、氟化氢等有害气体的抗性较弱。

繁殖:播种和扦插两种方法。

应用:水杉树冠呈圆锥形,姿态优美。叶色秀丽,秋叶转棕褐色,均甚美观。园林中丛植、列植或孤植,也可成片栽植。水杉生长迅速,是郊区、风景区绿化中的重要树种。

6. 柏科 Cupressaceae

柏科共 22 属,约 150 种,分布于全世界,中国产 8 属、30 种、6 变种,另有引入栽培的 5 属约 15 种。常绿乔木或灌木。叶鳞形或刺形,鳞形叶交互对生,刺形叶 3 叶轮生。球花单生,雄花和珠鳞对生或 3 枚轮生。雌球花具珠鳞 3~18 枚,珠鳞各具 1 至数个直生胚珠,苞鳞与珠鳞合生。

(1) 侧柏属 *Platycladus* Spach.

侧柏属仅 1 种,为中国特产。

侧柏 *Platycladus orientalis*(L.)Franco(见图 5 - 28)

图 5 - 27　水杉
1—球果枝;2—球果;3—种子;
4—雄球花枝;5—雌球花;6—雄蕊

图 5 - 28　侧柏
1—球果枝;2—雄球花

形态:常绿乔木,高可达 20 m 以上,胸径 1 m。幼树树冠尖塔形,老树广圆形,树皮薄,浅褐色,呈薄片状剥离。叶为鳞片状。雌雄同株,单性,球花单生小枝顶端。种子长卵形,无翅或有翅,子叶 2 枚,发芽时出土。花期 3—4 月,果 10—11 月成熟。

分布:原产于华北、东北,目前中国各地均有栽培。

习性:喜光,但有一定耐阴力,喜温暖湿润气候,较耐寒,在沈阳以南生长良好,能耐 - 25 ℃低温,在哈尔滨市仅能在背风向阳地点露地保护过冬。喜排水良好而湿润的深厚土壤,但对土壤要求不严格,在土壤瘠薄处和干燥的山岩石路旁亦可见有生长。

繁殖:用播种法繁殖。

应用:侧柏是我国普遍应用的园林树种之一,自古以来常植于寺庙、陵墓地和庭园中。在国内外应用较多的有**金边千头侧柏(金黄球柏)** *Platycladus orientalis*(L.)Franco cv. *Semperaurescens* 矮型紧密灌木,树冠近于球形,高达 3 m。叶全年呈金黄色。侧柏成林种植时,从生长的角度而言,以与桧柏、油松、黄栌、臭椿等混交比纯林佳。但从风景艺术效果而言,与圆柏混交佳,如此则能形成宛若纯林并优于纯林的艺术效果,在管理上有防止病虫害蔓延的功效。

(2)罗汉柏属 *Thujopsis* Sieb. et Zucc.

罗汉柏(蜈蚣柏) *Thujopsis dolabrata*(L. f.)Sieb. et Zucc.

形态:常绿乔木,高达 15 m;树冠广圆锥形,大枝平展,不整齐状轮生,枝端常下垂,小枝扁平。叶鳞片状,对生,在侧方的叶略开展,卵状披针形,略弯曲,叶端尖,在中央的叶卵状长圆形,叶端纯。球果近圆形,木质,扁平,每种鳞有种子 3 ~5 粒,种子椭圆形,灰黄色,两边有翅,子叶 2 枚。

分布:原产于日本的本州及九州,中国已引入栽培。

习性:阳性树,喜生于冷凉湿润之处(年平均气温 8 ℃左右)。

繁殖:可用播种、扦插或嫁接法。

应用:本树通常多盆栽供观赏用。亦可栽于园林中作园景树。

(3)柏木属 *Cupressus* L.

柏木属约有 20 种,中国产 5 种,另引入栽培 4 种。

1)柏木(垂丝柏、扫帚柏、柏香树、柏树、密密柏)*Cupressus funebris* Endl.(见图 5-29)

形态:常绿乔木,高 35 m,胸径 2 m,树冠狭圆锥形;干皮淡褐灰色,成长条状剥离,小枝下垂,圆柱形,着生叶的小枝扁平。鳞叶端尖,叶背中部有纵腺点。球果次年成熟,形小,径 8~12 mm,木质,种鳞 4对,盾形,有尖头,每种鳞内含 5~6 粒种子。种子两侧有狭翅,子叶 2枚。花期 3—5 月,球果次年 5—6 月成熟。

分布:很广,浙江、江西、四川、湖北、贵州、湖南、福建、云南、广东、广西、甘肃南部、陕西南部等地均有生长。

习性:柏木为阳性树,能稍耐侧方庇荫。喜暖热湿润气候,不耐寒,是亚热带地区具有代表性的针叶树种,分布区内年均温为 13~19 ℃,年雨量约在 1 000 mm 以上。对土壤适应力强,在石灰质土上生长好,也能在微酸性土上生长。耐干旱瘠薄,又略耐水湿。在南方自然界的各种石灰质土及钙质紫色土上常成纯林,是亚热带针叶树中的钙质土指示植物。柏木的根系较浅,但侧根十分发达,能沿岩缝伸展。生长较快,20 年生高达 12 m,干径 16 cm。柏木的天然播种更新能力很强,但幼苗在过于郁闭的条件下生长不良。

图 5-29 柏木
1—球果枝;2—鳞叶

繁殖:用种子繁殖。

应用:为庭园常见的观赏树木,树姿秀丽清雅,可孤植、丛植、群植,宜于作公园、建筑前、陵墓、古迹和自然风景区绿化用。

2)墨西哥柏(葡萄牙柏)*Cupressus lusitanica* Mill.

形态:乔木,高达 30 m,胸径 1 m;树皮红褐色。鳞叶蓝绿色,被蜡质白粉,先端尖。球果球形,径 1~1.5 cm,褐色,被白粉;种鳞 3~4 对,顶部有一尖头,发育种鳞具多数种子。

分布:原产于墨西哥。中国南京等地引种,生长良好。

(4)扁柏属 *Chamaecyparis* Spach

扁柏属共 5 种及 1 变种,中国有 1 种及 1 变种,并引入栽培 4 种。

1)日本花柏 *Chamaecyparis pisifera*(Sieb. et Zucc.)Endl.(见图 5-30)

形态:常绿乔木,在原产地高达 50 m,胸径 1 m;树冠圆锥形。叶表暗绿色,下面有白色线纹,鳞叶端锐尖,略开展。球果圆球形,径约 6 mm。种子三角状卵形,两侧有宽翅。

习性:中性而略耐阴;喜温凉湿润气候,喜湿润土壤。

繁殖:可用播种及扦插法繁殖。

分布:原产于日本。华北、华东、华中及西南地区城市园林中有栽培。

栽培品种如下:

绒柏 *Chamaecyparis pisifera*(Sieb. et Zucc.) Endl. cv. *Squarrosa*

形态:树冠塔形,大枝近平展,小枝不规则着生,非扁平,灌木或小乔木,高 5 m。叶条状刺形,柔软,长 6~8 mm,下面有 2

图 5-30 日本花柏
1—球果枝;2—鳞叶;
3—球果;4—种子

条白色气孔。

分布:原产于日本。中国庐山、黄山、南京、杭州、长沙等地有栽培,供观赏。

应用:在园林中可孤植、丛植或作绿篱用。枝条纤细优美秀丽,具有独特的姿态,观赏价值很高。

羽叶花柏 *Chamaecyparis pisifera*(Sieb. et Zucc.)Endl. cv. *Plumosa*

形态:灌木或小乔木,树冠圆锥形,枝叶浓密;鳞叶钻形,长 3~4 mm,柔软,开展,呈羽毛状。

应用:长江流域以南城市庭园栽培为观赏树。

线柏 *Chamaecyparis pisifera*(Sieb. et Zucc.)Endl. cv. Filifera

形态:常绿灌木或小乔木,小枝细长而下垂,华北多盆栽观赏,江南有露地栽培者。

繁殖:用侧柏作砧木行嫁接法繁殖。

2)**日本扁柏** *Chamaecyparis obtusa*(Sieb. et Zucc.)Endl.(见图 5-31)

形态:常绿乔木,高达 40 m,胸径 1.5 m,树冠尖塔形;树皮赤褐色。鳞叶先端较钝。球果球形,径 0.8~1 cm,种鳞常为 4 对,子叶 2 枚。花期 4 月,球果 10—11 月成熟。

分布:原产于日本。中国青岛、南京、上海、杭州、河南、江西、浙江、云南等地均有栽培。

习性:对阳光要求中等而略耐阴,喜凉爽而温暖湿润气候,喜生于排水良好的山地。

繁殖:扦插法繁殖。

图 5-31 日本扁柏
1—球果枝;2—鳞叶;
3—球果;4—种子

应用:树形挺秀,枝叶多姿,许多品种具有特殊的枝形和树形,故常用于庭园配置。可作园景树、行道树、树丛、风景林及绿篱用。材质坚韧,耐腐,有芳香,宜建筑及造纸用。

著名的观赏品种很多,常见的如下:

云片柏 *Chamaecyparis obtusa*(Sieb. et Zucc.)Endl. cv. *Breviramea*

形态:小乔木,高达 5 m,生鳞叶的小枝呈云片状。

分布:原产于日本。

应用:中国南京、上海、庐山、杭州等地引种栽培为观赏树。

孔雀柏 *Chamaecyparis obtuse*(Sieb. et Zucc.)Endl. cv. *Tetragona*

形态:灌木或小乔木;枝近直展,生鳞叶的小枝辐射状排列,或微排成平面;鳞叶背部有纵脊,光绿色。

分布:原产于日本,中国南京、庐山、杭州等地引种栽培为观赏树,生长较慢。

凤尾柏 *Chamaecyparis obtusa*(Sieb. et Zucc.)Endl. cv. *Filicoides*

形态:灌木,较矮生,生长缓慢,小枝短,扁平而密集,外形如凤尾蕨状,鳞叶小而厚,顶端钝,背具脊,极深亮绿色,为日本品种。

分布:杭州、上海等地有引种栽培。

(5)福建柏属 *Fokienia* **Henry et Thomas**

福建柏 *Fokienia hodginsii*(Dunn)Henry et Thomas(见图 5-32)

形态:树高达 20 m。树皮紫褐色,浅纵裂;幼树及萌枝中央的鳞叶呈楔状倒披针形,两侧

鳞叶近长椭圆形,先端急尖,较中央的叶为长,成龄树及果枝的叶较小。上面绿色,下面被白粉。球果径 2 ~ 2.5 cm,熟时褐色。花期 3 ~ 4 月,种熟期 10—11 月。

分布:浙江、福建、江西、湖南、广东、广西、贵州、四川、云南等地。

习性:喜光,稍耐阴,适生于温暖湿润气候;在肥沃、湿润的酸性或强酸性黄壤或红壤中生长良好,较耐干旱瘠薄。浅根性,侧根发达。

应用:树干挺拔雄伟,鳞叶紧密、蓝白相间,奇特可爱。在园林中常片植、列植、混植或孤植草坪上,亦可盆栽作桩景。国家二级重点保护树种。

(6)圆柏属 *Sabina* Mill.

圆柏属约 50 种,我国约产 15 种,5 变种。引入栽培 2 种。

1)圆柏(桧、桧柏、红心柏)*Sabina chinensis*(L.)Ant.(见图 5 - 33)

图 5 - 32　福建柏
1—球果枝;2—鳞叶

图 5 - 33　圆柏

形态:乔木,高达 20 m,胸径达 3.5 m,树冠尖塔形或圆锥形,老树则成广卵形、球形或钟形。树皮灰褐色,呈浅纵条剥离,有时呈扭转状。老枝常扭曲状,小枝直立或斜生,亦有略下垂的。冬芽不显著。叶有两种,鳞叶交互对生,多见于老树或老枝上,刺叶常 3 枚轮生,长 0.6 ~ 1.2 cm,叶上面微凹,有 2 条白色气孔带。雌雄异株,极少同株;雄球花黄色;有雄蕊 5 ~ 7 对,对生;雌球花有珠鳞 6 ~ 8 片,对生或轮生。球果径 6 ~ 8 mm,球形,次年或第三年成熟,熟时暗褐色,被白粉,果有 1 ~ 4 粒种子,卵圆形。子叶 2 枚,发芽时出土。花期 4 月下旬,种子多次年10—11 月成熟。

分布:东北南部、华北,南至两广北部、东部沿海,西至四川、云南均有分布。朝鲜半岛、日本也产。

习性:喜光,幼树耐阴。耐寒,耐热,对土壤要求不严,能生于酸性、中性及石灰质土壤中,对土壤的干旱及潮湿均有一定的抗性。但在中性、深厚而排水良好处生佳。深根性,侧根也很发达。寿命极长,各地可见到千百余年的古树。对多种有害气体有一定抗性,是针叶树中对氯气和氟化氢抗性较强的树种。对二氧化硫的抗性显著胜过油松。能吸收一定数量的硫和汞,阻尘和隔音效果良好。

繁殖:用播种法繁殖。

应用:圆柏在庭园中用途极广,耐修剪又有很强的耐阴性,故作绿篱比侧柏优良,中国自古

以来多配置于庙宇陵墓作墓道树或柏林。树形优美,老树干枝扭曲,奇姿古态,可谓古典民族形式庭园中不可缺少的观赏树,宜与宫殿式建筑相配合。山东菏泽等地尚习惯于用本种作盘扎整形的材料;还宜作桩景、盆景材料。

常见品种如下:

龙柏 *Sabina chinensis*(L.)Ant. cv. *Kaizuca*

形态:树形呈圆柱状,小枝略扭曲上伸,小枝密,在枝端成几个等长的密簇状,全为鳞叶,密生,幼叶淡黄绿,后呈翠绿色;球果蓝黑,略有白粉。

分布:华北南部及华东各城市常有栽培。

繁殖:用枝插繁殖,或嫁接于侧柏砧木上。

塔柏 *Sabina chinensis*(L.)Ant. cv. *Pyramidalis*

形态:树冠圆柱形,枝向上直伸,密生,叶全为刺形。

分布:华北及长江流域有栽培。

应用:供绿化观赏。

鹿角桧 *Sabina chinensis*(L.)Ant. cv. *Pfitzeriana*

形态:丛生灌木。

应用:干枝自地面向四周斜展、上伸,风姿优美,适应自然式园林配置等用。

繁殖:黄河流域至长江流域有栽培。

2)**铅笔柏(北美圆柏)** *Sabina virginiana*(L.)Ant.

形态:树高可达 30 m,树皮红褐色,树冠柱状圆锥形。刺叶交互对生,不等长,上面凹,被白粉;鳞叶先端急尖或渐尖。球果当年成熟,种子 1～2 粒。花期 3 月,种子 10 月成熟。

分布:原产于北美,华东地区引种栽培。

习性:喜温暖,适应性强。

应用:树形挺拔,枝叶清秀。宜在草坪中群植、孤植,或列植于甬道两侧。木材是生产高级铅笔的原料。

3)**铺地柏(匍地柏、矮桧、偃柏)** *Sabina procumbens*(Endl.)Iwata et Kusaka(见图 5－34)

形态:匍匐小灌木;高达 75 cm,冠幅逾 2 m,贴近地面伏生,叶全为刺叶,3 叶交叉轮生,叶上面有 2 条白色气孔线,下面基部有 2 白色斑点,叶基下延生长,叶长 6～8 mm;球果球形,内含种子 2～3 粒。

分布:原产于日本,中国各地园林中常见栽培,也是良好的桩景材料。

习性:喜光,能在干燥的沙地上生长良好,喜石灰质的肥沃土壤,忌低湿地点。

繁殖:用扦插法繁殖。

应用:姿态蜿蜒匍匐,色彩苍翠葱郁,在园林中可配置于岩石园或草坪角隅,又为缓土坡的良好地被植物,各地亦经常盆栽观赏。

图 5－34　铺地柏
1—球果枝;2—枝叶;
3—叶;4—球果

4)**砂地柏** *Sabina vulgaris* Ant.

形态:匍匐性灌木,高不及 1 m。刺叶常生于幼树上,鳞叶交互对生,斜方形,先端微钝或急尖,背面中部有明显腺体。多雌雄异株,球果熟时褐色、紫蓝或黑色,多少有白粉,种子 1～5 粒,多为 2～3 粒。

分布:产于西北及内蒙古,南欧至中亚蒙古也有分布,北京、西安等地有引种栽培。

习性:耐旱性强,生于石山坡及沙地、林下。

应用:可作园林绿化中的护坡、地被及固沙树种用。

(7)刺柏属 Juniperus L.

刺柏属约有 10 余种,分布于北温带及北寒带。中国产 3 种,另引入栽培 1 种。

1)刺柏(山刺柏、台桧、山杉、刺松)Juniperus formosana Hayata（见图 5 - 35）

形态:常绿乔木,高达 12 m,胸径 2.5 m;树冠狭圆锥形;小枝下垂,树皮灰褐色;叶全刺形,长 2 ~ 3 cm,表面略凹,有 2 条白色气孔带或在先端处合二为一,下面有钝纵脊,叶基不下延。球果球形或卵状球形,径 6 ~ 10 mm,果顶有 3 条辐状纵纹或略开裂,每果有 3 粒种子,2 年成熟,熟时淡红褐色,种子三角状椭圆形。

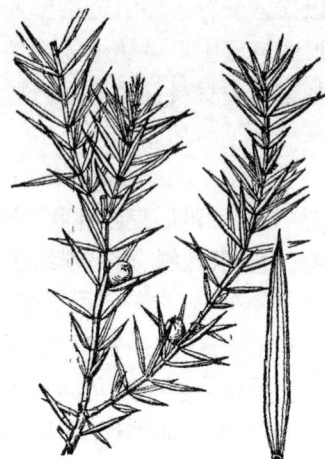

图 5 - 35　刺柏

分布:江苏、安徽、浙江、福建、江西、湖北、湖南、陕西、甘肃、青海、四川、贵州、云南、西藏、中国台湾地区等高山区有栽培,常出现于石灰岩上或石灰质土壤中。

习性:喜光,适应性广,耐干旱瘠薄。在自然界常散见于海拔 1 300 ~ 3 400 m 地区,但不成大片森林。

繁殖:用种子或嫁接繁殖,以侧柏为砧木。

应用:适于庭园和公园中对植、列植、孤植、群植。在园林中观赏其长而下垂之枝,体形甚是秀丽。

2)杜松(崩松、棒儿松)Juniperus rigida Sieb. et Zucc.

形态:常绿乔木,高达 12 m,胸径 1.3 m;树冠圆柱形,老则圆头状。大枝直立,小枝下垂。叶为刺形,坚硬,长 1.2 ~ 1.7 cm,上面有深槽,内有一条狭窄的白色气孔带,叶下有明显纵脊,无腺体。球果球形,径 6 ~ 8 mm,2 年成熟,熟时淡褐黑或蓝黑色,每球果内有 2 ~ 4 粒种子。花期 5 月,种子次年 10 月成熟。

分布:东北三省、内蒙 500 m 以下的低山区,以及河北小五台山、华山、山西北部与西北地区海拔 1 400 ~ 2 200 m 的高山。

习性:杜松为强阳性树,有一定的耐阴性。喜冷凉气候,比圆柏的耐寒性要强得多,主根长而侧根发达,对土壤要求不严。

繁殖:可用播种及扦插法繁殖。

应用:在北方园林中可搭配应用。此树对海潮风有相当强的抗性,是良好的海岸庭园树种之一。

7.三尖杉科(粗榧科)Cephalotaxaceae

常绿乔木或灌木,髓心具有树脂道,叶条形或条状披针形,螺旋状着生。

球花单性,异株。种子翌年成熟,核果状,具有假种皮。本科约有 1 属 9 种,中国有 7 种,3 变种。

三尖杉属 Cephalotaxus Sieb. et Zucc. ex Endl.

(1)三尖杉 Cephalotaxus fortunei Hook. f.(见图 5 - 36)

形态:常绿乔木,高达 20 m,胸径 40 cm,小枝对生,叶在小枝上排列较稀疏,螺旋状着生成 2

列,披针状条形,长 4～13 cm,宽 3～4.5 mm,微弯曲,叶端尖,叶基楔形,叶背有 2 条白色气孔线,比绿色边缘宽 3～5 倍。雄球花 8～10 聚生成头状,单生于叶腋,每雄球花有 6～16 雄蕊,基部有 1 苞片,雌球花生于枝基部的苞片腋下,有梗,而稀生于枝端,胚珠常 4～8 个发育成种子。种子椭圆状卵形,长约 2.5 cm,成熟时假种皮紫色或紫红色,柄长 1.5～2 cm。

分布:长江流域及其以南地区,华东、华中、云贵、两广等地多有栽植。

习性:喜温暖湿润气候,耐阴,不耐寒。

繁殖:用种子及扦插繁殖。

应用:可作隐蔽树、背景树及绿篱,可修剪成各种形状供观赏。

(2)粗榧 *Cephalotaxus sinensis*(Rehd. et Wils.)L.（见图 5-37）

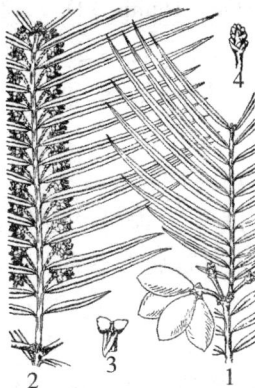

图 5-36　三尖杉
1—种子枝;2—雄球花枝;
3—苞片与胚珠;4—雌球花

图 5-37　粗榧

形态:灌木或小乔木,高达 12 m,树皮灰色或灰褐色,呈薄片状脱落。叶条形,通常直,很少微弯,端渐尖,长 2～5 cm,宽约 3 mm,先端有微急尖或渐尖的短尖头,基部近圆或广楔形,几无柄,上面绿色下面气孔带白色,较绿色边带宽 3～4 倍。4 月开花,种子次年 10 月成熟,种子 2～5 个着生于总梗上部,圆形、卵圆或椭圆状卵形。

分布:中国特有树种,产于长江以南地区,云贵、西北、两广广大地区多有栽植。

习性:阳性树种,喜温暖,生于富含有机质的壤土内,抗虫害能力很强。

繁殖:生长缓慢,但有较强的萌芽力,耐修剪,但不耐移植。种子繁殖,层积处理后春播。

应用:通常多宜与他树配置,作基础种植用,或在草坪边缘,植于大乔木之下。其园艺品种也宜供作切花装饰材料。

8. 罗汉松科 Podocarpaceae

常绿乔木或灌木。叶螺旋状着生,稀对生或近对生,针状、鳞状、线状或阔长椭圆形。雌雄异株,稀同株;雄球花穗状,单生或簇生叶腋,稀顶生。种子核果状或坚果状,具假种皮。本科共含 7 属,约 130 种。中国产 2 属 14 种 3 变种。

罗汉松属(竹柏属)*Podocarpus* L. Her. ex Pers.

罗汉松属共约有 100 种,中国有 13 种 3 变种。

（1）**罗汉松** *Podocarpus macrophyllus*（Thunb.）D. Don.（见图5-38）

形态：常绿乔木，高达20 m，胸径达60 cm；树冠广卵形。树皮灰色，浅裂，呈薄鳞片状脱落。枝较短而横斜密生。叶条状披针形，长7～12 cm，宽7～10 mm，叶端尖，两面中脉显著而缺侧脉，叶表暗绿色，有光泽，叶背淡绿或粉绿色，叶螺旋状互生。雄球花3～5簇生叶腋，圆柱形，雌球花单生于叶腋。种子卵形，未熟时绿色，熟时紫色，外被白粉，着生于膨大的种托上；种托肉质，可食。花期4—5月，种子8—11月成熟。

分布：在长江以南各省均有栽培。

短叶罗汉松（小叶罗汉松） *Podocarpus macrophyllus*（Thunb.）D. Don var. *maki* Endl.

形态：小乔木或灌木，枝直上着生。叶密生，长2～7 cm，较窄，两端钝圆。

分布：原产于日本。中国江南各地园林中常有栽培。

习性：喜光，喜排水良好而湿润的沙质土壤，又耐潮风，在海边也能生长良好；耐寒性较弱，在华北只能盆栽，培养土可用沙和腐殖土等量配合；本种抗病虫害能力较强；对多种有毒气体抗性较强；寿命很长。

繁殖：可用播种及扦插法繁殖。

应用：树姿秀丽葱郁，绿色的种子下有比其大的红色种托，好似许多披着红色袈裟正在打坐参禅的罗汉，故得名。满树上紫红点点，颇富奇趣。宜孤植作庭荫树，或对植、散植于厅、堂之前。罗汉松耐修剪及喜海岸环境，特别适宜于海岸边植作美化及防风高篱、工厂绿化等用。短叶小罗汉松因叶小枝密，作盆栽或一般绿篱用，很是美观。

（2）**竹柏（罗汉柴、椰树、糖鸡子、船家树、宝芳、铁甲树、大果竹柏）** *Podocarpus nagi*（Thunb.）Zoll. et Mor. ex Zoll.（见图5-39）

形态：常绿乔木，高20 m；树冠圆锥形。叶对生，革质，形状与大小很似竹叶，故得名，叶长3.5～9 cm，宽1.5～2.5 cm，有多数并列的细脉，无明显中脉；种子球形，子叶2枚，种子10月成熟，熟时紫黑色，外被白粉，种托不膨大，木质。花期3—5月。

分布：产于浙江、福建、江西、四川、广东、广西、湖南等省。

习性：喜温热湿润气候，为阴性树种，对土壤要求较严，在排水好而湿润、富含腐殖质、酸性的沙壤或轻黏壤上生长良好。

繁殖：用播种及扦插法繁殖。

应用：竹柏的枝叶青翠而有光泽，树冠浓郁，树形美观，是南方的良好庭荫树和园林中的行道树，亦是城乡四旁绿化用优秀树种。

9. 红豆杉科 Taxaceae

常绿乔木或灌木，叶条形或条状披针形。球花单性，常雌雄异株；雄球花单生叶腋或排成穗状花序或头状花序，集生枝顶，雄蕊多数；雌球花单生或成对生于叶腋，珠托发育成假种皮，种子核果状或坚果状。本科共5属23种，中国产4属12种及1变种，另有1栽培种。

（1）**红豆杉属 *Taxus* L.**

红豆杉属共11种，分布于北半球，中国产4种及1变种。

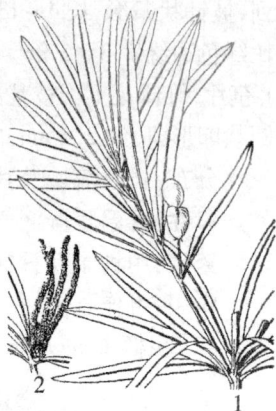

图5-38 罗汉松
1—种子枝 2—雄球花枝

1) 南方红豆杉 *Taxus chinensis* Rehd. var. *mairei* Cheng et L. K. Fu.（见图 5 – 40）

图 5 – 39　竹柏
1—种子枝;2—雄蕊;3—雄球花

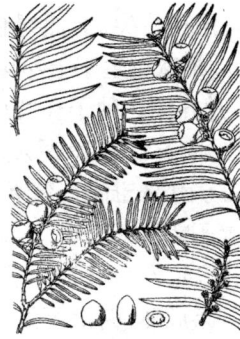

图 5 – 40　南方红豆杉

形态:常绿乔木,高 30 m,干径达 1 m。叶螺旋状互生,基部扭转为 2 列,条形,略微弯曲,长 1 ~ 2.5 cm,宽 2 ~ 2.5 mm,叶缘微反曲,叶端渐尖,叶背有 2 条宽黄绿色或灰绿色气孔带,中脉上密生有细小凸点,叶缘绿带极窄。雌雄异株,种子扁卵圆形,有 2 棱,种胚卵圆形,假种皮杯状,红色。

分布:甘肃南部、陕西南部、湖北西部及四川等地均有栽培。

习性:在分布区多生于海拔 1 500 ~ 2 000 m 的山地,喜温湿气候。

繁殖:用播种或扦插法繁殖。

应用:园林绿化用于庭园、公园、草地上孤植或群植。

2) 东北红豆衫(紫杉) *Taxus cuspidate* Sieb. et Zucc.

形态:乔木,高达 20 m,胸径达 1 m;树皮红褐色,有浅裂纹;枝条平展或斜上直立,密生;小枝基部有宿存芽鳞,一年生枝绿色,秋后呈淡红褐色,二三年生枝呈红褐色或黄褐色;叶排成不规则的二列,斜上伸展,约成 45°角,条形,通常直,稀微弯,长 1 ~ 2.5 cm,宽 2.5 ~ 3 mm,稀长达 4 cm,基部窄,有短柄,先端通常凸尖,上面深绿色,有光泽,下面有两条灰绿色气孔带,气孔带较绿色边带宽 2 倍,干后呈淡黄褐色,中脉带上无角质乳头状突起点。花期 5—6 月,种子 9—10 月成熟。

分布:产于吉林老爷岭、张广才岭及长白山区海拔 500 ~ 1 000 m,气候冷湿,酸性土地带,常散生于林中。山东、江苏、江西等省有栽培。

习性:极耐荫,喜肥沃、湿润、疏松、排水良好的棕色森林土。在积水地、沼泽地、岩石裸露地生长不良。浅根性,耐寒性强,寿命长。

繁殖:播种,软材扦插易成活。

应用:枝叶茂密,浓绿如盖;树形优美。其枝叶茂而不易枯疏,可修剪成各种整型绿篱。该树耐寒,常绿,又有极强的耐荫性,为高纬度地区园林绿化的良好材料,北京正在推广应用。

（2）榧树属 *Torreya* Arn.

榧树属共 7 种，中国产 4 种。

香榧（榧树）*Torreya grandis* Fort. et Lindl.（见图 5 - 41）

形态：乔木，高达 25 m，胸径 1 m；树皮黄灰色纵裂。大枝轮生，一年生小枝绿色，对生，次年变黄绿色。叶条形，直而不弯，长 1.1～2.5 cm，宽 2.5～3.5 mm，先端凸尖，上面绿色而有光泽，中脉不明显，下面有 2 条黄白色气孔带。雄球花生于上年生枝叶腋，雌球花群生于上年生短枝顶部，白色，4—5 月开放。种子长圆形、卵形或倒卵形，成熟时假种皮淡紫褐色，胚乳微皱，种子翌年 10 月左右成熟。发芽时子叶不出土。

图 5 - 41　香榧

分布：产于江苏南部、浙江、福建北部、安徽南部及湖南北部。

习性：榧树喜温暖湿润气候，不耐寒，喜生于酸性而肥沃深厚土壤；对自然灾害抗性较强，寿命长而生长慢，实生苗幼年始结实，寿命可达 500 年。榧实第三年成熟，树上可见三代种实。

繁殖：播种繁殖。

应用：中国特有树种，树冠整齐，枝叶繁密，适于孤植、列植用。耐阴性强，可长期保持树冠外形。在针叶树种中本属植物对烟害的抗性较强，病、虫害较少。榧实味香美，可生食或炒食，亦可榨油，为园林中结合果实生产的优良树种之一。

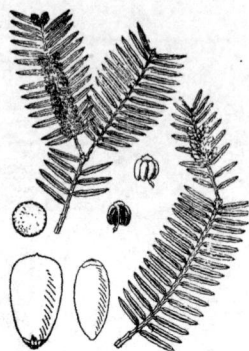

【思考题】

1. 松科、杉科、柏科有何异同点，各科分属的主要依据是什么？

2. 裸子类树种中世界五大公园树种是什么？

3. 雪松为针叶，为什么不放在松属？

4. 列表区别日本五针松、华山松、白皮松、赤松、油松、黑松。

5. 请写出圆柏在园林绿化中常见的品种、变种、变型，并举例说明。

6. 联系实际谈谈雪松的观赏特性和园林用途。

7. 按下列要求选择适当的树种：

（1）色叶树种。

（2）耐水湿，适合在沼泽地种植的树种。

（3）适合在石灰岩山地或钙质土绿化的树种。

（4）适合于栽作行道树的树种。

（5）适合于干旱瘠薄的立地种植的树种。

（6）适合于烈士陵园栽植的树种。

8. 列举当地的裸子植物门树种。

第二节　被子植物门

Ⅰ、单子叶植物纲

1. 木兰科 Magnoliaceae

蓇葖果、浆果、蒴果，稀为带翅坚果。本科有 18 属，约 335 种，分布于亚洲东部、南部，北美

南部。中国 14 属,约 165 种,是组成中亚热带和南亚热带森林的重要树种。

(1)木兰属 _Magnolia_ L.

乔木或灌木。单叶互生,全缘,稀叶端 2 裂,托叶与叶柄相连并包裹嫩芽,有环状托叶痕。花芳香,单生枝顶;萼片 3 枚,花瓣状,花被多轮;雌蕊无柄。聚合蓇葖果球状。种子有红色假种皮,珠柄丝状。

木兰属约有 90 种,分布于东南亚、北美至中美。中国约有 30 种,多为观赏树种。

1)厚朴 _Magnolia officinalis_ Rehd. et Wils.(见图 5 – 42)

形态:落叶乔木,高 15 m。树皮厚,紫褐色;新枝有绢状毛,幼枝淡黄色。顶芽大,有黄褐色绒毛。叶革质,倒卵形或倒卵状椭圆形,顶端圆,下面有白粉,托叶痕达叶柄中部以上。花顶生,白色,芳香。聚合果长椭圆状卵形,蓇葖木质。花期 5 月,果 9 月下旬成熟。

分布:中国特产,分布于长江流域、陕西和甘肃南部。

习性:喜光,耐侧方庇荫,喜生于温暖、湿润、土壤肥沃、排水良好的坡地。在多雨及干旱处均不适宜。

繁殖:可用播种法繁殖,播前需浸种 1 周,播后约 45 天出土,次年移栽。亦可用分蘖法繁殖。

应用:厚朴叶大形奇,花叶同茂,花大,色洁,香浓。可作庭荫树栽培。宜成丛、成片或与常绿树混植。

变种:**凹叶厚朴** _Magnolia officinalis_ Rehd. et Wils. _supsp. biloba_(Rehd. et Wils.)Law(见图 5 – 43)落叶乔木,高 15 m。与厚朴的主要区别是树皮稍薄,色较浅,叶较小,狭倒卵形,先端有凹缺成 2 钝圆浅裂片,常集生枝稍,叶柄生白色毛。花白色,芳香。聚合果圆柱状卵形。花期 4—5 月,果熟期 10—11 月。国家三级保护树种。产于福建、浙江、安徽、江苏、江西、湖南。喜温凉湿润的气候,喜肥沃湿润排水良好的微酸性土壤。其树姿优美,树干通直,冠形开展而枝叶稠密。花香色白,是良好的观赏树,可作行道树、营造混交林、四旁绿化的树种。

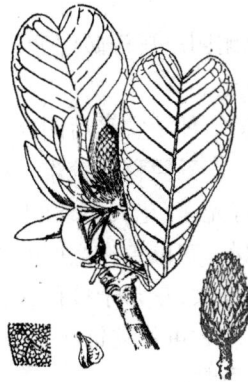

图 5 – 42　厚朴　　　　　　　　图 5 – 43　凹叶厚朴

2)夜香木兰(夜合)_Magnolia coco_(Lour.)DC.(见图 5 – 44)

形态:常绿灌木,高 2～4 m。单叶互生,椭圆形、狭椭圆形或倒卵状椭圆形,先端尖,革质,全缘,稍反卷;托叶痕达叶柄顶端。花单生枝顶,下垂不完全开展;萼片 3 枚,绿色;花瓣 6 枚,白色或微黄,浓香,夜间尤甚。红色聚合果。夏至秋季开花,花期较长,以 5—8 月花开最盛。

分布:原产于中国南部。耐阴,喜肥,喜生气候温湿的地方。

繁殖:采用压条和嫁接繁殖。在春季用高空压条法,秋季剪离盆栽。用靠接法进行嫁接,以一年生盆栽黄兰做砧木,2~3个月后可从接穗下口剪离栽植。

应用:夜合花树姿小巧玲珑,夏季开出绿白色球状小花,昼开夜闭,芳馨宜人,在南方常配置于公园。小型庭院近宅栽种,夏夜纳凉时幽香阵阵,暑气顿消,令人心旷神怡。也可盆栽观赏,点缀客厅和居室。

3)荷花玉兰(广玉兰、洋玉兰)*Magnolia grandiflora* L.(见图5-45)

图5-44　夜香木兰　　　　　　图5-45　荷花玉兰

形态:常绿乔木,高30 m。树冠阔圆锥形。芽及小枝有锈色柔毛。叶厚革质,椭圆形或倒卵状椭圆形;上面有光泽,下面有锈色短柔毛,叶缘微波状;叶柄粗。花大似荷而香,白色,花瓣常6枚;萼花瓣状,3枚;花丝紫色。聚合果圆柱状卵形,密被锈毛。种子红色。花期5—8月,果10月成熟。

分布:原产于北美东部,中国长江流域至珠江流域的园林中常见栽培,在济南、青岛、烟台等地有栽培。

习性:喜光,亦耐阴。喜温暖湿润气候,有一定的耐寒力。喜肥沃湿润且排水良好的土壤,不耐干燥及石灰质土。

繁殖:播种繁殖。种子宜采后即播或层积沙藏。用扦插、压条或嫁接繁殖。切接于春季进行,砧木常用木兰。广玉兰移栽较难,移时要适当摘叶并行卷干措施。

应用:叶厚而有光泽,花大而香,雪白晶莹;树姿雄伟壮丽,果成熟后蓇葖果开裂露出鲜红色的种子,颇为美观。宜单植在宽广开旷的草坪上或配置成观花的树丛。亦为装饰插瓶的好材料。由于其树冠庞大,花开于枝顶,故不宜植于狭小之地,否则不能充分发挥其观赏效果。木材可作装饰物、运动器具及家具等;叶入药;花、叶、嫩梢可提取挥发油及香精。

变种:**窄叶广玉兰** *Magnolia grandiflora* L. var. *lanceolata* Ait.

形态:叶长椭圆状披针形,叶缘不成波状,叶背锈色浅淡,毛较少。树形紧凑。

习性:耐寒性较强。

4)**白玉兰(玉兰、望春花、木花树)** *Magnolia denudata* Desr.(见图5-46)

形态:落叶乔木,高达15 m,树冠卵形或近球形。幼枝及芽均有毛。　图5-46　白玉兰
叶互生,倒卵形,先端短凸尖,基部楔形或宽楔形,下面有柔毛。花大,单生枝顶,花被3轮,9

片,白色,芳香。花期3—4月,先叶开放。果9—10月成熟。

分布:中国特产名花。原产于中国东部山野,现为国内外庭院常见栽培树种。

习性:喜光,稍耐阴,颇耐寒。喜肥沃湿润、排水良好的弱酸性土壤。根肉质,畏水淹,不耐旱。

繁殖:用播种、扦插、压条、嫁接法繁殖。种子宜采后即播,或除去外种皮沙藏次春播种。幼苗应略遮荫,北方冬季需壅土防寒。嫁接常用木兰作砧木。玉兰不耐移植,移栽应带土团,并适当疏芽或剪叶。愈伤能力差,如无必要,宜少修剪。

应用:乔木耸立,先花后叶,花大香郁,鲜而不艳,秀而不媚,莹洁清丽,恍疑冰雪,宛如玉树,是中国著名的早春花木。适宜列植堂前、点缀中庭。若丛植于草坪或针叶树丛之前,能形成春光明媚的境景。如在以玉兰为主的树丛,配以花期相近的茶花或杜鹃花互为衬托,更富情趣。如以常绿树或修竹作背景,或与蓝天碧水相掩映,花更明丽洁净。

5) 望春玉兰 *Magnolia biondii* Pamp.

形态:落叶乔木。叶长圆状披针形或卵状披针形。花蕾着生幼枝顶端,先叶开放,芳香;花被9片,外轮近条形,呈萼片状,内2轮近匙形,白色,基部紫色。花期3—4月,果熟期8—9月。

分布:产于陕西、甘肃、湖北、河南、四川、湖南等地。

习性:喜光,喜温凉湿润气候及微酸性土壤。稍耐寒、耐旱,有较强的抗逆性,苗期怕强光。

繁殖:生产上以种子繁殖为主。

6) 紫玉兰(辛夷、木笔) *Magnolia liliflora* Desr. (见图5-47)

形态:落叶灌木,常丛生,高5 m。小枝紫褐色。叶纸质,倒卵形或椭圆形,顶端急尖或渐尖,基部楔形,全缘;上面疏生柔毛,下面脉上有柔毛;叶柄粗短。花大,单生枝顶,花瓣6片,外紫内白,萼片3枚,黄绿色,披针形,早落。花3—4月叶前开放或花叶同放。果9—10月成熟。

分布:原产于湖北,现除严寒地区外都有栽培。

习性:喜光,稍耐阴,不耐严寒,喜肥沃、湿润而排水良好的土壤,在过于干燥及碱土、黏土上生长不良。根肉质,不耐积水。

繁殖:常用分株、压条繁殖。通常不行短剪,以免剪除花芽,根据需要可适当疏剪。紫玉兰移植需带土坨。

应用:紫玉兰观赏价值高,早春开花时,满树紫红色花朵,气味幽香,幽姿淑态,别具风情。其花蕾大如笔头,故有"木笔"之称。适用于古典园林中厅前院后配置,也可孤植或散植于庭院室前,或丛植于草地边缘。

7) 天女花(小花木兰、天文木兰) *Magnolia sieboldii* K. Koch. (见图5-48)

图5-47　紫玉兰　　　　　图5-48　天女花

形态:落叶小乔木,高10 m。小枝及芽有柔毛。叶膜质,宽倒卵形或倒卵状圆形,下面有白粉和短柔毛。花单生;花被9片,外3轮,淡粉红色,其余白色,芳香,花柄颇长;盛开时随风飘荡,芳香扑鼻,宛如天女散花,故名天女花。花期6月,果熟期9月。

习性:性喜凉爽湿润气候和肥沃湿润土壤。

繁殖:常用扦插、播种繁殖,也可嫁接、分株。天女花是世界罕见的珍稀花卉品种,国家三级保护濒危物种。

应用:花瓣如玉,重瓣厚质,香型馥郁,沁人心脾,经久不散,有很高的观赏价值,是美化庭院、街道、公园和风景游览区的理想花卉。在山野间与其他树木混生或成纯林,能形成引人入胜的极为美丽的自然景观。

8)二乔木兰(朱砂玉兰) *Magnolia soulangeana* Soul. -Bod.

形态:落叶小乔木或灌木,高7~9 m。为玉兰和木兰的杂交种,形态介于二者之间,花形、习性、应用等均近于玉兰。叶倒卵形,下面多被毛。花大呈钟状,外轮花被片较小,内两轮红色或紫红色,芳香。花期2—3月,先叶开放,果期9—10月。

习性:阳性树,稍耐阴,最宜在酸性、肥沃且排水良好的土壤中生长,在微碱性土中也能生长。肉质根,不耐积水,不耐修剪。各种二乔玉兰均较玉兰和木兰更为耐寒、耐旱,移栽难。

应用:二乔玉兰花大色艳,观赏价值很高,是城市绿化的极好花木。广泛用于公园、绿地和庭园等孤植观赏。

栽培品种:**常春二乔玉兰** *Magnolia soulangeana* cv. Semperflorens 落叶小灌木。花被片长椭圆形,淡粉红色。花密集繁盛,每年除4月为集中开花期外,7月份还可再次开花。该品种生长速度慢,小枝密集,株形紧凑,可与常绿树配景栽植。

9)日本辛夷(皱叶木兰) *Magnolia praecocissima* Koidz.(见图5-49)

形态:落叶乔木,高达20 m;幼枝无毛。叶倒卵状椭圆形,长8~17 cm,先端急渐尖,基部楔形,背面脉上有毛,叶面因叶脉凹入而起皱。花白色,芳香,茎约10 cm;花瓣6~9枚,质薄而略狭长,外面基部常带淡紫色;萼片3枚,狭小而早落;早春叶前开花。秋季果实成熟,粉红色,开裂后沿着白线垂下红色种子,颇为有趣。

分布:原产于日本和朝鲜半岛;我国青岛、南京、杭州等地有栽培。

习性:喜光,性强健,生长快;约15年生树始开花。

应用:花早春叶前开放,犹如满树白花,是美丽的庭院观赏树种。木材供家具及建筑等用。

图5-49 日本辛夷

(2)木莲属 Manglietia Bl.

常绿乔木。单叶,花顶生,花被片常9枚,排成3轮;雄蕊多数;心皮多数,螺旋状排列于延长的花托上。聚合果近球形;蓇葖成熟时木质,顶端有喙,背裂为2瓣。

木莲属约有30余种,分布于亚洲亚热带及热带。中国约20种,分布于长江以南,多数产于华南、云南。

1)木莲 Manglietia fordiana Oliv.(见图5-50)

形态:常绿乔木,高达20 m。树皮灰色,平滑;幼枝及嫩叶有褐色短毛,后变无毛。小枝有皮孔和环状纹。叶厚革质,长椭圆状披针形,端急尖,基部楔形,全缘,下面苍绿色或有白叶柄红褐色。花单生枝顶,白色肉质。聚合果卵形,蓇葖肉质,深红色,熟时木质,紫色,表面有小疣

点。花期5月,果熟期9月。

分布:产于长江中下游各省。

习性:中性偏阴树种,常生长在酸性土上,不耐寒。

应用:木莲为用材和观赏两用的好树种。其树姿优美,枝叶并茂,绿荫如盖,典雅清秀、初夏盛开玉色花朵,秀丽动人。于草坪、庭院或名胜古迹处孤植、群植,能起到绿阴庇夏、寒冬如春的功效。

2)乳源木莲 *Manglietia yuyuanensis* Law

形态:常绿乔木,高20 m。叶倒披针形或狭倒卵状椭圆形,革质;托叶痕不及叶柄长的1/3。花被9片,3轮,外轮3片带绿色,中轮与内轮纯白色。聚合果熟时褐色。花期4—5月,果期9—10月。

图5-50 木莲
1—花枝;2—雄蕊;3—雌蕊群;4—聚合果

应用:乳源术莲树冠浓郁优美,四季翠绿,花如莲花,色白清香,适作行道树、园林风景树、庭荫树等,是优良庭园观赏和四旁绿化树种。

(3)拟单性木兰属 *Parakmeria* Hu et Cheng

形态:常绿乔木。无托叶痕。花单生枝顶,单性或杂性,花被约12片,雌蕊群有短柄,成熟心皮沿背缝线开裂。

分布:本属约有5种,分布于中国西南部至东南部,是中国特有的寡种属。

乐东拟单性木兰 *Parakmeria lotungensis* (Chun et C. Tsoong) Law(见图5-51)

形态:常绿乔木,高达30 m。树冠近长椭圆形,树皮灰白色,平滑。叶革质,窄椭圆形。花单朵顶生,杂性,白色带乳黄色。聚合果熟时橙红色。蓇葖果10～13枚,先端具短喙,种子心形黑色,垂悬于丝状珠柄上。花期4—5月,果期9—10月。

图5-51 乐东拟单性木兰

分布:产于海南、广东、湖南、福建、江西、贵州及浙江,有濒于灭绝的危险,属国家三级保护植物。

习性:喜光,幼树耐阴,较耐旱、耐寒。

繁殖:种子繁殖。

应用:树干通直,冠形端庄优美,枝叶茂密,嫩叶娇红,花大色美,果实鲜艳。可供园林绿化作庭荫树和行道树。较适宜与落叶花灌木或整形常绿植物相配置;孤植或丛植也风姿绰约。其叶难燃烧,是防火林带的良好树种。

(4)含笑属(白兰花属) *Michelia* L.

花单生叶腋,开放时不全部张开,芳香;花被6～9片,排为2～3轮;雌蕊群具柄,胚珠一至多数。聚合蓇葖果自背部开裂;种子红色或褐色。

1)含笑 *Michelia figo*(Lour.)Spreng. (见图5-52)

形态:常绿灌木或小乔木,高2～5 m。树冠圆球形,树皮灰褐色,分枝紧密。芽、嫩枝、叶柄和花梗密生锈褐色茸毛,叶倒卵状

图5-52 含笑

椭圆形,革质。花单生叶腋,小而直立,淡黄色而瓣缘常带紫色,香味似香蕉。蓇葖果卵圆形,先端有短喙。花期3—5月,果期7—9月。

分布:原产于华南山坡杂木林中,现从华南至长江流域各省均有栽培。北方多盆栽。

习性:喜温湿半阴环境,不耐烈日暴晒,不甚耐寒,长江以南背风向阳处能露地越冬。夏季炎热时宜半阴环境,其他时间最好有充足的阳光。不耐干燥瘠薄,怕积水,要求排水良好、肥沃的微酸性土壤。

繁殖:以扦插为主,也可嫁接、播种和压条,随挖随栽。

应用:花新颖别致,盛开时含而不放,模样娇羞似笑非笑而取名含笑。叶绿花香,树形、叶形俱美。是中国著名的芳香花木。常植于江南的公园及私人庭院内。

由于其抗氯气,也是工矿区绿化的良好树种。其性耐阴,可植于楼北、草坪边缘或疏林下组成复杂混交群落。于建筑入口对植,窗前散植一二,室内盆栽,花时芳香清雅。花蕾可供药用,亦可熏茶。

2)深山含笑 *Michelia maudiae* Dunn(见图5-53)

形态:常绿乔木,高20 m。芽、幼枝、叶下面均有白粉。叶宽椭圆形,无托叶痕;叶表深绿色有光泽。花单生枝梢叶腋,大形,白色,芳香,花被9片,3轮;雄蕊多数,雌蕊群有柄,心皮多数。聚合果,蓇葖矩圆形,有短尖头,背缝开裂。花期2—3月,果期9—10月。

分布:原产于浙江南部、福建、湖南南部、广东北部、广西和贵州。

习性:喜弱阴,不耐暴晒和干燥,喜温暖湿润气候。

图5-53 深山含笑

应用:其树形端正,花幽芳香,是优良的观赏花木,孤植、群植,作庭荫树、行道树列植均可。

3)阔瓣白兰花(阔瓣含笑) *Michelia platypetala* Hand.-Mazz.(见图5-54)

形态:常绿乔木,高20 m。芽、幼枝、嫩叶均被锈褐色绢毛,后渐变灰色,脱落。叶披针形至长椭圆形,稍反卷,下面被灰色柔毛。花腋生,乳黄色。聚合果长圆形。3—4月开花,8—9月果熟。阔瓣含笑主干挺秀,枝茂叶密,开花素雅,花期可长达1月。

应用:阔瓣含笑是早春优良的园林观赏或绿化造林用树种。孤植、丛植均佳,也可作盆栽观赏。

(5)鹅掌楸属 *Liriodendron* L.

鹅掌楸属为古老的孑遗植物,现仅存2种,分别在中国和北美。

1)鹅掌楸(马褂木) *Liriodendron chinense*(Hemsl.)Sarg.(见图5-55)

图5-54 阔瓣白兰花

图5-55 鹅掌楸

形态:落叶大乔木,高40 m,树冠圆锥形。小枝灰色或灰褐色。叶形似马褂,两侧各有一裂片,向中腰部缩入,叶下面有白粉乳头状凸起。花单生枝端,花黄绿色,花被片外面绿色较多而内方黄色较多。聚合果,翅状小坚果先端钝或钝尖。花期5—6月,果10月成熟。

分布:产于长江以南各省区。属国家二级保护植物。

习性:性喜光,喜温暖凉爽湿润气候,有一定的耐寒性,在 −17 ~ −15 ℃ 条件下不受冻害。长江以南均能生长。喜土层深厚肥沃湿润排水良好的酸性或微酸性土壤。不耐水湿和干旱。

繁殖:播种繁殖为主,发芽率较低,人工授粉可提高发芽率。10月采种,摊晒数日后干藏。春播,20 ~30 天幼苗出土,适度遮荫,注意肥水管理。不耐移植。

应用:干直挺拔,绿树浓荫,叶形奇特,花如金盏,古雅别致,为珍稀树种,是优美的庭荫树和行道树,独植、丛植、列植、片植均宜。花淡黄绿色,美而不艳,最宜种于园林的安静休息区的草坪上。秋叶黄色,与常绿树混交更增情趣。

2)北美鹅掌楸 *Liriodendron tulipifera* L.(见图5 – 56)

形态:落叶大乔木,高达60 m。小枝褐色或紫褐色。叶较小,形似鹅掌,每边有 1 ~2 裂,偶有 3 ~4 裂,裂凹浅平,幼叶下面密生白色细毛,后渐脱落,老叶下面无白粉。花单生枝端,郁金香状;花被片灰绿色,内方近基部有显著的佛焰状橙黄色斑。聚合果纺锤形,翅状小坚果先端尖或凸尖。花期5—6 月,果 10 月成熟。

分布:原产于北美东南部。现已在中国广泛栽培。

习性:阳性树,耐寒性比鹅掌楸强。喜湿润、排水良好的土壤。

图 5 – 56　北美鹅掌楸

应用:花朵比鹅掌楸的更美丽,树形更高大,秋季叶色金黄,为著名的行道树和秋色树种之一。

2.八角科 Illiciaceae

八角科常绿乔木或灌木。具油细胞,有香气。单叶互生或聚生于小枝顶部,革质或纸质,全缘。

八角科只1属,约50 种,分布于亚洲东南部和北美东南部。中国有30 种,主要产南部、西南至东部。

八角属 *Illicium* L.

八角属特征与科同。

(1)八角 *Illicium verum* Hook. f.(见图5 – 57)

形态:常绿乔木,高达 20 m;树皮灰色至红褐色,有不规则裂纹;枝密集,呈水平伸展。叶互生,革质,椭圆形、椭圆状倒卵形或椭圆状披针形,长 5 ~11 cm,宽 1.5 ~4 cm,顶端急尖或短渐尖,基部狭楔形,全缘,上面有光泽和透明的油点,下面生疏柔毛;叶柄粗壮。花单生于叶腋;花被 7 ~12 片,数轮,覆瓦状排列,内轮粉红色至深红色。聚合果,八角形,直径约 3.5 cm,红褐色,蓇葖顶端钝或钝尖,稍反曲。

分布:福建、广东、广西、贵州、云南等温暖湿润的地方。

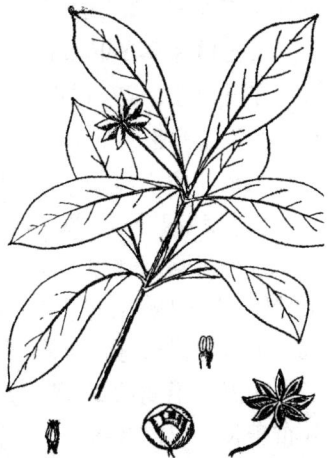

图 5 – 57　八角

习性:喜土壤深厚肥沃、排水良好的酸性砂质土壤,在碱性、干燥瘠薄的土壤中生长不良。耐阴能力强。

繁殖:播种繁殖。

应用:八角树形整齐成圆锥形,叶丛紧密,亮绿革质,是美丽的观赏树兼经济树种。适于整形式及自然式配置,亦可用截干法培育为适于疏林中下木材料。可做庭荫树及高篱用。果和叶均提取芳香油;果实是调味的大料,也供药用;种子可榨油。

(2)莽草(山木蟹、红毒茴)*Illicium lanceolatum* A. C. Smith

形态:常绿灌木或小乔木,高 3 ~ 10 m。树皮灰褐色。单叶互生,偶聚生节部,革质,倒披针形或披针形,叶端渐尖或短尾状,基部窄楔形。花单生或 2 ~ 3 朵簇生叶腋,花红色或深红色,花被 10 ~ 15 片,心皮 10 ~ 13 枚。聚合果蓇葖 10 ~ 13 枚,星状,顶端有长而弯曲的尖头。

分布:产于长江下游中游及以南各省,多生于阴湿的林中。叶厚翠绿,树形优美,叶与果美丽奇特,极耐阴。有强烈香气。

应用:可在水岸、湖石、建筑物旁群植或丛植。莽草作为园林绿化及生态林树种配置时,只宜作为第二层林冠。造林应选择有西晒的山谷阴坡、土壤肥沃湿润处。果实种子有剧毒,不能作为八角的香料代用品。

(3)红茴香 *Illicium henryi* Diels(见图 5 - 58)

形态:常绿乔木,高 7 m。树皮灰白色。单叶互生,革质,矩圆状披针形、披针形或倒卵状椭圆形,顶端长渐尖,基部楔形,全缘,稍内卷,上面深绿色,有光泽,下面淡绿色。全株散发浓郁的香气。花亮红色,单生或 2 ~ 3 朵聚生叶腋或枝顶;花被 10 ~ 14 片,覆瓦状排列;雄蕊8 ~ 14 枚,心皮 7 ~ 8 枚。聚合果星状,红褐色,具有特异香气。花期4—7 月。

图 5 - 58　红茴香
1—花枝;2—花;3—果

繁殖:种子繁殖。

应用:红茴香属国家二级保护树种。树形可随意修剪,花似塑料制品,十分优美。红茴香耐贫瘠、干旱,耐寒性不强。适宜做家庭盆景、城市色块、花墙及高速公路隔离带。种子和果皮毒性很强,不能食用或作香料。

3.五味子科 Schisandraceae

单叶互生,常有透明腺点,具细长叶柄。本科共有 2 属,约 50 种,分布于亚洲东南部及北美东南部。中国有 2 属,30 余种,产中南部和西南部,北部及东北部较少见。

(1)南五味子属 *Kadsura* Kaempf. ex Juss.

常绿半常绿藤本。叶全缘或有齿。花单性异株或同株,单生叶腋,有长柄;雄蕊多数,离生或集为头状;心皮多数,集为头状。聚合浆果近球形。

南五味子属约 28 种,分布于亚热带至热带。中国产 10 种,分布于长江以南各省区。

南五味子(红木香)*Kadsura longipedunculata* Finet et Gagnep.
(见图 5 - 59)

图 5 - 59　南五味子

形态:常绿藤本,长达 4 m。叶互生,薄革质,椭圆形或椭圆状披针形,先端渐尖,基部楔形;缘疏生锯齿,有光泽。雌雄异株,花单生叶腋,淡黄色,芳香;花梗细长,花后下垂;花被 8 ~ 17 片。聚合果近球形,浆果深红色至暗蓝色,肉质。花期5—6 月,果期9—10 月。

分布:产于华中、华南及西南部,生山野杂木林中。

习性:喜温暖湿润气候,不耐寒。对土壤要求不严,在湿润而排水良好的酸性、中性土中均生长良好。

繁殖:用播种为主,也可压条、扦插繁殖。

应用:枝叶繁茂,夏有香花,秋有红果,是庭院和公园垂直绿化美化的好材料,也可作地被材料或植为篱垣,还可与岩石配置。果甜可食,根茎果均药用,还可提取芳香油。

(2)五味子属 Schisandra Michx.

落叶或常绿藤本。芽有覆瓦状鳞片。雌雄异株。花数朵腋生于当年嫩枝;萼瓣不易区别,共7 ~ 12 枚;雄蕊 5 ~ 15 枚,略连合;心皮多数,在花内密覆瓦状排列。浆果排列于伸长的花托上,成下垂的穗状。

五味子属约有 30 种,产于亚洲东南部及美国东南部,中国约有 19 种,南北各地均有分布,多产于长江以南。

华中五味子 Schisandra sphenanthera Rehd. et Wils.(见图 5 - 60)

形态:落叶藤本。枝细长,圆柱形,红褐色,有皮孔。叶互生,倒卵形、卵状披针形或椭圆形,先端短尖或渐尖,基部楔形或圆形,边缘有锯齿。花单性异株,橙黄色,单生或 2 朵生于叶腋。花被 5 ~ 9 片,2 ~ 3 轮。浆果球形,鲜红色,肉质。花期4—6 月,果期8—9 月。

分布:主要产于山西、陕西、甘肃、华中和西南。多生于较湿润的阔叶林或灌丛中。

应用:树形优美,秋转红叶,果穗红艳下垂,可将其挂于花架,或从棚架、园林建筑的屋顶上垂挂下来,挂果时能创造出很好的景观效果。也可用于山石绿化或盆栽观赏。果实可入药。

图 5 - 60　华中五味子

4. 樟科 Lauraceae

乔木或灌木,具油细胞,枝叶有香气。单叶互生,稀对生或簇生,全缘,稀分裂,无托叶。花小,两性、单性或杂性,排成各种花序。

樟科有 45 属,2 500 余种,主要产于热带和亚热带。中国有 20 属,400 余种,分布于长江以南温暖地区,以西南和华南为最多。

(1)樟属 Cinnamomum Trew

常绿乔木或灌木。叶互生或对生,全缘,三出脉或羽状脉,脉腋腺体有或无。花两性,圆锥花序,花被片 6 枚,早落,花药 4 室,花丝中部有腺体。浆果,果托盘状。

樟属约有 250 种,分布于东亚,东南亚,澳洲热带、亚热带地区。中国约 46 种和 1 变型,主要产于长江以南各地。

樟属树种多数为常绿乔木,树形高大,树冠开展,枝叶浓密,色泽深绿,气味清新,可作庭荫树、行道树、风景林及防护林使用;为著名木材、药材和工业原料。

1)樟树 Cinnamomum camphora(L.)Presl(见图 5 - 61)

形态:乔木,高 20 ~ 30 m,最高可达 50 m,胸径 4 ~ 5 m,树冠卵球形。树皮灰褐色,纵裂。

叶互生,卵状椭圆形,长5~8 cm,离基羽状三出脉,脉腋有腺体,背面灰绿色,无毛。花被淡黄绿色。果球形,成熟时黑紫色,果托盘状。花期5月,果期9—11月。

分布:长江流域以南,以华南为最多。

习性:喜光,稍耐阴;喜暖热湿润气候,耐寒性差,在-18 ℃低温时受冻害。喜深厚、肥沃湿润的黏性土,能耐短期水淹,不耐干旱瘠薄之土。主根发达,深根性,能抗风。萌芽力强,耐修剪。生长速度中等,幼年较快,中年后转慢,10年生高约6 m,50年生高约15 m。寿命长达千年以上。

应用:樟树树姿雄伟,冠大浓密,气味清新,广泛用作庭荫树、行道树、防护林及风景林。孤植、丛植或群植都很适合。

2)**阴香** *Cinnamomum burmanni*(Nees et T. Nees)Bl. (见图5-62)

形态:乔木,无毛;树皮灰褐色至黑褐色,光滑,有肉桂香味。叶不规则对生或散生,革质,卵形至长椭圆形,长6~10 cm,宽2.5~4 cm,具离基三出脉,脉腋内无腺体;叶柄长6~12 mm。圆锥花序顶生或腋生;花绿白色;花被6片,近相等,长椭圆形,两面均被柔毛;果实卵形,长8 mm;果托具有一半残存的花被片,杯状。

图5-61　樟树　　　　　　　　　　　　图5-62　阴香

分布:广东、广西、江西、福建、浙江、湖北、贵州;东南亚也有。

习性:耐阴,喜温热多雨气候,为季雨林树种。

繁殖:播种繁殖。

应用:阴香树冠浓荫,叶光绿,为优良园林树和行道树。树皮、叶可提取芳香油,食用或作皂用香精;茎皮入药;木材适作细工用材。

(2)**润楠属** *Machilus* Nees

常绿乔木。叶互生,全缘,羽状脉。花两性,圆锥花序,花被片薄而长,宿存并开展或反曲。浆果状核果,果柄顶端肥大。

润楠属约有100种,产于东南亚之热带和亚热带。中国约有70种,分布于长江以南。

本属树种树形优美,枝叶浓密,叶大而深绿,可作庭荫树及行道树栽培,也可片植作风景林及背景树使用。

1)**红楠** *Machilus thunbergii* Sieb. et Zucc. (见图5-63)

形态:常绿乔木,高达20 m,胸径1 m。小枝无毛。叶椭圆状倒卵形,长5~10 cm,基部楔

形,先端凸钝尖,两面无毛,背面有白粉,侧脉 7~10 对。果球形,成熟时蓝黑色。花期 4 月,果期 9—10 月。

分布:长江以南各省区,朝鲜半岛和日本也有分布。

习性:稍耐阴,喜温暖湿润气候,有一定的耐寒能力,是润楠属中最耐寒者。喜肥沃湿润的中性土或微酸性土壤。生长较快,寿命长达 600 年以上。

2)薄叶润楠(大叶楠) *Machilus leptophylla* Hand.

形态:高 30 m;树皮灰褐色,老时剥落。叶坚纸质,常集生枝顶,倒卵状长圆形,长 14~24 cm,宽 3.5~7 cm,先端短渐尖,基部渐狭,幼时叶下部密被银白色绢状毛,老时粉白色,微被毛,中脉下陷,侧脉 14~24 对;叶柄长 1~3 cm。花序生于当年生小枝基部,长 8~13 cm,微被柔毛。果球形,熟时由红变黑,果序梗鲜红色。

分布:长江以南各地;生于海拔 300~1 200 m 山地和沟谷。

习性:性耐阴,喜湿润肥沃微酸性黄壤。

应用:薄叶润楠叶大荫浓,为良好的庭荫树。

图 5-63 红楠

(3)楠属 *Phoebe* Nees

常绿乔木。叶互生,羽状脉,全缘。花两性,圆锥花序;浆果,花被片短而厚,果时宿存,直立或紧包果实基部。果实通常卵形或椭圆形。

楠属约有 94 种,分布于亚洲,美洲热带、亚热带。中国产 34 种,产于长江流域以南。多为珍贵用材树种。

1)紫楠 *Phoebe sheareri*(Hemsl.)Gamble(见图 5-64)

形态:常绿乔木,高达 20 m,胸径 50 cm。小枝密生锈色绒毛。叶倒卵状椭圆形,长 8~22 cm,先端凸短尖,基部楔形,背面密被锈色绒毛。花被片较大。果梗较粗。花期 5—6 月,果期 10—11 月。

分布:中国长江流域及其以南广泛分布,生于 1 000 m 以下阴湿山谷和杂木林中。

习性:耐阴,喜温暖湿润的气候及深厚肥沃湿润的土壤,耐寒力较强。

应用:树形美观,可作庭荫树及绿化风景树。

图 5-64 紫楠

2)浙江楠 *Phoebe chekiangensis* C. B. Shang

形态:与紫楠的区别在于本种叶较小,长 8~13 cm,先端短渐尖;花被片紧贴果实基部,果椭圆状卵形,长 1.5 cm;种子两侧不对称,多胚。

分布:华东各省。

(4)檫木属 *Sassafras* Trew

落叶乔木。叶互生,全缘或 2~3 裂。花两性或杂性,花序总状,花药 4 室或 2 室。核果,果梗增厚膨大。

檫木属共有 3 种,美国 1 种,中国 2 种。

檫木 *Sassafras tzumu* Hemsl.(见图 5-65)

形态:乔木,高达 35 m。树皮幼时不裂,老后深灰色纵裂。小枝绿色无毛。叶集生枝顶,卵形,长 8 ~ 20 cm,不裂或 2 ~ 3 裂,背面有白粉。花两性或杂性。果近球形,成熟时蓝黑色,外被白粉;果梗上部肥大成棒状,红色。花期 3 月,果期 8 月。

分布:中国长江流域至华南及西南均有分布;垂直分布于海拔 700 ~ 1 600 m。

习性:喜光,喜温暖湿润的气候及深厚而排水良好的酸性土。怕积水。深根性,萌芽力强,生长快。

应用:本种树干通直,叶片宽大,叶形秀美,常分裂,秋季叶色变红,是优美的色叶树种;果期果梗膨大,橘红色,十分美观,可孤植或片植,景观效果明显。也是中国南方山区主要的速生造林树种。

(5) 山胡椒属 *Lindera* Thunb.

落叶或常绿,乔木或灌木。叶互生,全缘,稀三裂。花单性异株或杂性,伞形花序,或数朵簇生;花药 2 室。浆果状核果球形,果托盘状。

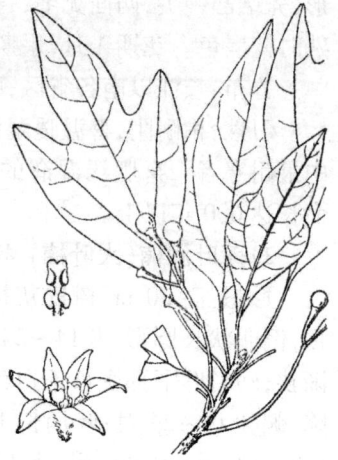

图 5 - 65　檫木

山胡椒属约有 100 种,产于亚洲、北美温带及亚热带。中国约产 50 种,分布于长江流域及其以南地区。

1) 山胡椒 *Lindera glauca*(Sieb. et Zucc.)Bl. (见图 5 - 66)

形态:落叶灌木或小乔木,高达 8 m。树皮平滑,灰白色;小枝具灰色毛,后脱落。叶楠圆形或倒卵状椭圆形,长 4 ~ 9 cm,全缘,羽状脉,背面灰白色,有毛。花单性异株,淡黄色,伞形花序腋生。果球形,熟时黑色,有香气。花期 4 月,果期 9 ~ 10 月。

分布:中国各地皆产;日本、朝鲜半岛、越南也有分布。

习性:喜光,性强健,生于山坡、丘陵、灌木丛中。

应用:本种叶秋季变为黄色或红色,经冬不落,形成特殊景观,可孤植于庭院或群植、片植搭配于风景林中。

2) 狭叶山胡椒 *Lindera angustifolia* Cheng(见图 5 - 67)

形态:与山胡椒的主要区别在于本种叶狭长椭圆形或披针形,长 6 ~ 14 cm,宽 1.5 ~ 3.5 cm;枝叶无毛;三芽并生。

图 5 - 66　山胡椒

图 5 - 67　狭叶山胡椒

习性及应用和山胡椒相似。

3) 乌药 Lindera aggregata (Sims.) Kosterm.（见图 5-68）

形态：常绿灌木，高 1.5～5 m。小枝黄绿色，老枝无毛。叶互生，薄革质，卵圆形，长 3～5 cm，宽 1.5～4 cm，基部圆，上面亮绿，下面苍白色，密被灰黄色柔毛，三出脉，叶柄长 3～7 mm。花序无总梗，6～8 朵簇生于短枝上。果椭圆形。花期 3—4 月，果期 6—9 月。

分布：秦岭以南，生于海拔 100～1 000 m 山地。

习性：喜光，对土壤要求不严。

应用：本种树形低矮，呈球状，枝条浓密丛生，叶常绿，形秀美，常孤植或列植于庭院或绿地边缘。

图 5-68　乌药

4) 钓樟（山橿）Lindera reflexa Hemsl.（见图 5-69）

形态：与山胡椒的区别在于叶较大，长 9～12 cm，宽 5～8 cm，先端短渐尖，基部圆形或楔形，下面初被毛，后脱落；叶柄较长，5～20 mm。果熟时红色。

分布：淮河、大别山、长江以南各地；生于海拔 1 000 m 以下疏林及溪谷。

习性：喜湿润，不耐干旱瘠薄。

应用：伞形果序，果色鲜红，可配置于庭院作观果树种。

5) 红果钓樟（红果山胡椒）Lindera erythrocarpa Makino（见图 5-70）

形态：落叶灌木或小乔木。小枝具皮孔。叶纸质，倒披针形，基部楔形，下延，下面苍白色，具贴伏柔毛，侧脉 4～5 对；叶柄长 5～10 mm。伞形花序对生于叶腋，具花 15 朵；花被片两面有毛。果球形，熟时红色，果梗长 1.5～1.7 cm，上端略粗。

图 5-69　钓樟　　　　　图 5-70　红果钓樟

分布：秦岭，大别山以南；生于海拔 500～1 500 m 的山地。日本和朝鲜半岛也有分布。

应用：入秋时，叶与叶柄均变为红色，果熟时红色，可配置于庭院观果，也可配置于风景林中。

(6) 木姜子属 Litsea Lam.

常绿或落叶，乔木或灌木。叶互生，稀对生或近对生，全缘，羽状脉，稀三出羽状脉。花单性异株，伞形花序；花药 4 室。浆果球形或卵形，果托杯状或盘状。

木姜子属约有 200 种，分布于亚洲热带和亚热带，澳洲也有分布。中国产 72 种，主要产于南方及西南地区。

1) 豹皮樟 *Litsea coreana* Levl. var. *sinensis*(Allen)Yang et P. H. Huang

形态:常绿乔木;树皮鳞片状剥落。叶革质,椭圆状披针形,长 3~5.5 cm,先端尖,下面被白粉,叶柄长 1 cm。花序无梗,簇生叶腋,苞片 4 枚,被柔毛,有花 3~4 朵。果球形,果梗极短。

分布:长江以南,生于海拔 1 000 m 以下。

习性:耐阴。

应用:本种树形高大,树冠开展,枝叶浓密,树皮斑驳奇特,适宜孤植于宽阔的庭院或绿地、草坪,作庭荫树,形成稀树景观,也可片植作风景林或背景树。

2) 山苍子(山鸡椒) *Litsea cubeba*(Lour.)Pers.(见图 5-71)

形态:落叶灌木或小乔木,高约 8 m。裸芽,密被粗毛;小棱无毛。叶纸质,互生,椭圆状披针形,长 6~12 cm。伞形花序有总柄花 4~6 朵,单生或簇生。幼果黄绿色,有白斑,后为红褐色,熟时黑色,球形,径 4~7 mm,果托不明显。花期 2—3 月,7—8 月果实成熟。

分布:长江流域以南各地。

习性:喜光,稍耐阴,萌芽性强。

应用:树形开展,枝条纤细,叶形美观,花期长,先叶开放,花繁多,色彩艳黄,可丛植或群植于庭院及绿地或风景林边缘。果、叶可提取山苍子油,为重要的香料;种子油可制皂或作润滑剂;果实可入药。

图 5-71　山苍子

3) 天目木姜子 *Litsea auriculata* Chien et Cheng

形态:落叶乔木,高达 20 m,胸径 60 cm。叶倒卵状椭圆形、椭圆形或近圆形,长 8~23 cm,先端钝或钝尖,基部耳形,上面无毛或微被毛,下面网脉明显,有毛,侧脉 8~15 对;叶柄红色,无毛。花先叶开放,伞形花序。果椭圆形,果托盘状。

分布:安徽南部,浙江天目山等地。

5. 蔷薇科 Rosaceae

蔷薇科约有 124 属,3 300 余种,广泛分布于全世界,北温带较多,中国约有 51 属 1 000 余种,分布于全国各地。

本科植物是最重要的观赏植物,且品种繁多,花色缤纷,终年不断,或具美丽可爱的枝叶和花朵,或具鲜艳多彩的果实。且多为香花植物,玫瑰、香水月季等的花可以提取芳香挥发油。

各种之间的差别、性状不同,所以园林用途十分广泛,或庭院孤植,或作绿篱,亦可作盆景等,在世界各地庭园中均占重要位置。

按照果实和花的构造,本科分为以下 4 个亚科。

绣线菊亚科 Spiraeoideae

落叶灌木,单叶或羽状复叶,通常无托叶。离心皮雌蕊,聚合蓇葖果,稀为蒴果。

(1)绣线菊属 *Spiraea* L.

落叶灌木;冬芽小。单叶互生,叶缘有齿或分裂,无托叶,花小,一般只有几毫米,伞形、伞形总状、复伞房或圆锥花序,直径 3~5 cm,心皮 5,聚合蓇葖果,种子细小无翅。

绣线菊属约有 100 种,广布于北温带。中国有 50 余种。多数种类具美丽的花朵及细致的叶片,可栽于庭园观赏。

本属植物大都株丛丰满叶茂,盛花时如雪球压枝,洁白串串,素雅清丽,亦有粉红色或其他颜色,素静可爱。花期大都在春、夏,配以同花期的草花,如红花酢浆草、鸢尾、七里黄等,色彩更丰富。适宜配置于路旁、草坪、角隅、房前窗下,犹如六月飞雪、千树万树梨花开,带来一阵清凉。

习性:喜光、耐旱、耐瘠薄、性健,适应性普遍较强。

1)绣线菊(柳叶绣线菊、珍珠梅、空心柳) Spiraea salicifolia L.(见图5-72)

形态:直立灌木,高1 m,枝条密、嫩枝有柔毛;叶片长圆披针形至披针形,长4~8 cm,宽1~2.5 m。花序着生在当年生具叶长枝的顶端,长枝自灌木基部或老枝上发生,或自去年生的枝上发生。花序为长圆形成金字塔形的圆锥花序,花粉红色、花朵密集、萼筒钟状、萼片三角形、花盘圆环形、蓇葖果直立。花期6—8月,果期8—9月。

图5-72 绣线菊

分布:东北三省和华北地区。

习性:生长于河流沿岸、湿草原空旷地和山沟中,海拔200~900 m。

2)粉花绣线菊(日本绣线菊、蚂蟥梢、火烧尖) Spiraea japonica L. f.

形态:直立灌木,高达1.5 m,枝细开展,叶上面暗绿色,下面色浅或有白霜,复伞房花序,花朵密集,粉红色,花盘圆盘状,蓇葖果半开裂,花期6—7月,果期8—9月。

分布:原产于日本、朝鲜半岛,本种变异性强。

3)狭叶绣线菊 Spiraea japonica L. var. acuminata Franch.

形态:叶片先端渐尖,复伞房花序10~14 cm,有时达18 cm。

分布:河南、陕西、甘肃、湖北、湖南、江西、浙江、安徽、贵州、四川、云南、广西。

习性:生于山坡旷地,山谷河沟旁海拔950~4 000 m。

4)麻叶绣线菊(麻叶绣球、粤绣线菊) Spiraea cantoniensis Lour.(见图5-73)

形态:灌木,高2 m,长枝呈半圆状下垂,叶缘缺刻锯齿状,叶面暗绿色,背面粉青绿色,羽状叶脉。10月开始落叶,12月进入休眠。花白色,伞形花序,花蕊绿色,蓇葖果平行状,花期4—5月,果期7—9月。

图5-73 麻叶绣线菊

分布:广东、广西、福建、浙江、江西、河北、河南、山东、陕西、安徽、江苏、四川。

习性:喜温暖气候和湿润土壤,适应性强、生长势强,喜光,耐半阴。

应用:株丛丰满叶茂,玉花攒聚,宛如积雪,可丛植于池畔、小坡、径旁或草坪角隅,也可在建筑物或大路边沿列植成花篱。

5)绣球绣线菊(补氏绣线菊、珍珠梅) Spiraea blumei G. Don(见图5-74)

形态:灌木,高1~2 m,小枝细,开张,稍弯曲,无毛,叶片菱状。叶缘近中部以上有少数钝缺刻锯齿,伞形花序,花白色。花期4—6月,果期8—10月。

分布:辽宁和华北、西北地区以南至两广和福建。

习性:生于向阳山坡杂木林内或路旁,海拔500~2 000 m。

6)中华绣线菊(铁黑汉条、华绣线菊)*Spiraea chinensis* Maxim(见图5-75)

形态:灌木,高1.5~3 m,小枝呈拱形弯曲,叶片菱状卵形,叶缘有粗锯齿,上面暗绿色,被毛,脉纹深陷,下面密被黄毛,脉纹突起,伞形花序,花白色,花期3—6月。果期6—10月。

分布:华北地区以南至云贵两广等广大地区。

习性:生于山坡、山谷溪边、田野路旁,海拔500~2 000 m。

图5-74 绣球绣线菊

图5-75 中华绣线菊

7)李叶绣线菊(笑靥花)*Spiraea prunifolia* Sied. et Zucc.(见图5-76)

形态:灌木,高3 m,小枝细长,叶先端急尖,边缘具细锯齿。伞形花序无总梗,具花3~6朵,花重瓣,白色,花期3—5月。

分布:华北地区以南的广大地区。

应用:重要的园林观赏植物。

8)珍珠绣线菊(雪柳、喷雪花、珍珠花)*Spiraea thunbergii* Bl.(见图5-77)

形态:灌木,高1.5 m,枝条细长开张,弧形弯曲,小枝有棱角,叶片无毛,线状披针形。伞形花序无总梗,花白色。蓇葖果开张,花期4—5月,果期7月。

图5-76 李叶绣线菊

图5-77 珍珠绣线菊

分布:原产华东,现山东、陕西、辽宁等地亦有栽培。

应用:供观赏,花期早,花朵密集如雪,叶片薄如鸟羽,秋季转为橘红色,美不胜收。

(2)**珍珠梅属** *Sorbaria*(Ser.)A. Br. ex Aschers.

形态:落叶灌木;冬芽卵形,羽状复叶,互生,小叶有锯齿,具托叶。花小型成顶生圆锥花序;萼筒钟状,萼片5枚,反折,花瓣5枚,白色,覆瓦状排列;雄蕊20~50枚;心皮5枚,基部合

生,与萼片对生,果沿腹缝线开裂,含种子数枚。

习性:喜光、耐阴、耐寒、性健,花叶清丽,花期极长,且正值夏季少花季节,可植于四旁,或作绿篱。花白色,花蕾宛如一串串珍珠,晶莹剔透。

分布:本属约有9种,分布于亚洲,中国约有4种,产东北、华北至西南各省区。

1)华北珍珠梅(吉氏珍珠梅、珍珠梅)*Sorbaria kirilowii*(Regel)Maxim.(见图5-78)

形态:灌木,高达3m,小枝弯曲,顶生大型密集圆锥花序,花白色,花期6—7月,果期9—10月。

分布:河北、河南、山东、山西、陕西、青海、甘肃、内蒙古,海拔200~1300m。

应用:华北各地均栽培观赏,树姿秀丽,夏日开花,花蕾白亮如珠,花期很长,植于草地角隅、窗前、屋后,亦可做切花。

2)高丛珍珠梅(野生珍珠梅)*Sorbaria arborea* Schneid(见图5-79)

形态:落叶灌木,高可达6m,枝条开展,羽状复叶,顶生大型圆锥花序,花白色,果实下垂。花期6—7月,果期9—10月。

分布:陕西、甘肃、新疆、湖北、江西、四川、云南、贵州、西藏。

习性:山坡林边、山溪、沟边,海拔2500~3500m。

图5-78　华北珍珠梅

图5-79　高丛珍珠梅

(3)白鹃梅属 *Exochorda* Lindl.

形态:落叶灌木,冬芽无毛,单叶互生,全缘或有锯齿,两性花,多大型顶生总状花序,花瓣5枚,白色,有爪,覆瓦状排列,花丝较短,合生心皮5枚,蒴果具5脊,种子有翅。

分布:产于亚洲中部到东部,本属共有4种,中国有3种。

白鹃梅(茧子花、九活头、金爪果) *Exochorda racemosa*(Lindl.)Rehd.(见图5-80)

形态:灌木,高3~5m,枝条细弱开展,叶常全缘,极少数顶端有锯齿,无毛,不具托叶,总状花序,花白色,花期5月,果期6—8月。

分布:河南、江西、江苏、浙江。

习性:生于山坡阳地,海拔250~500m。

图5-80　白鹃梅

应用:美丽灌木,花白,径大,每朵直径约2.5~3.5cm,春季开花,洁白如雪,清丽动人。在园林中适于在草坪、林缘、路边及假山岩石间配置;若在常绿树丛边缘群植,宛若层林点雪,饶有雅

趣;如散植林间或庭院建筑物旁,也极适宜。其老树古桩,是制作树桩盆景的优良素材。

(4)风箱果属 *Physocarpus* Maxim.

风箱果属约有 20 种,主要分布于北美。中国产 1 种。

风箱果 *Physocarpus amurensis*(Maxim.)Maxim.(见图 5－81)

形态:灌木,高达 3 m;树皮成纵向剥裂。叶片三角卵形至宽卵形,先端急尖或渐尖,基部心形或近心形,稀截形,基部 3 裂,稀 5 裂,边缘有重锯齿,下面微被星状毛与短柔毛,沿叶脉较密。伞形总状花序,花梗长 1～1.8 cm,密被星状绒毛;花白色,萼筒杯状,外被星状绒毛,裂片三角形;花瓣倒卵形;雄蕊 20～30 枚;心皮 2～4 枚,外被星状柔毛。蓇葖果膨大,卵形,熟时沿背腹两缝开裂,外面微被柔毛。

图 5－81　风箱果

分布:在黑龙江、河北、河南。华北个别城市有栽培。

习性:喜光,喜空气湿度大,耐瘠薄土壤。生山沟中,在阔叶林边常丛生。

繁殖:种子繁殖。

应用:本种树形开展,在鲜绿色的叶丛上面呈现出团团白色花序,花朴素淡雅,晚夏时膨大的果实呈红色,可供园林观赏用。常丛生于山沟及树林边缘。

蔷薇亚科 Rosoideae

灌木或草本,复叶,稀单叶,具托叶;离生心皮多数,各有 1～2 枚直立或悬垂的胚珠;上位子房;稀下位;具聚合瘦果或聚合核果,花托杯状或坛状,扁平或隆起,成熟时肉质或干硬。蔷薇亚科约有 35 属,中国产 21 属。

(1)蔷薇属 *Rosa* L.

常绿或落叶灌木,茎直立或攀援,具皮刺或刺毛,罕无刺;奇数羽状复叶,稀单叶,互生,托与叶柄连合或分离,少无托叶,花两性,辐射对称,单生或成花序,花托坛状或杯状,花瓣及萼片 5(4)枚,或重瓣,雄蕊多数,离心皮雌蕊多数,胚珠单生下垂,聚合瘦果包于花托内,称为蔷薇果。

蔷薇属有 200～250 种,产于北半球温带及亚热带,中国有 70 多种,分布于南北各地。

1)黄刺玫(黄刺莓)*Rosa xanthina* Lindl.(见图 5－82)

形态:直立灌木,高 2～3 m,枝密集披散;小枝散生皮刺,小叶 7～13 枚,宽卵形或近圆形,先端圆钝,叶缘具圆锯齿,花单生于叶腋,重瓣或半重瓣,黄色,无苞片,花径 3～4(5) cm。花柱离生,被长柔毛,稍伸出萼筒外部,短于雄蕊,果近球形或倒卵形,紫褐色或黑褐色,无毛,萼片反折,花期 4—6 月,果期 7—8 月。

分布:东北、华北各地。

习性:喜光,稍耐阴,耐寒力强,耐干旱瘠薄,但不耐水涝。

应用:早春繁花满枝,颇为美观,适于小区绿化,道旁绿化。可丛植、群植,观其群体美,或与花色艳丽者配置,或植于常绿松柏类周围,营造宁静、素雅的氛围,多用于陵园。

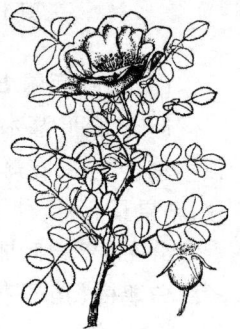

图 5－82　黄刺玫

2)玫瑰 *Rosa rugosa* Thunb.(见图 5－83)

形态:落叶直立灌木,高 2 m,枝干多刺。小枝被绒毛,小叶 5～9 枚,椭圆形或椭圆状倒卵形,叶缘具尖锯齿,上表面多皱,下面网脉明显,托叶与叶柄合生,皆密被绒毛、腺毛。花单生或簇生,花径 6～8 cm。花梗密被绒毛、腺毛,萼片常羽裂成叶状,花瓣倒卵形,重瓣至半重瓣。

紫红色至白色,芳香,蔷薇果扁球形,砖红色,肉质,萼片宿存,花期5—6月,果期8—9月。

分布:原产于中国华北及日本、朝鲜半岛,中国各地均栽培。

习性:喜光、耐寒、耐旱,喜肥,在背风向阳、排水良好处生长良好,不耐水涝。

应用:玫瑰为世界著名观花植物,园艺品种很多,有粉红单瓣、白花单瓣、紫花重瓣、白花重瓣等,供庭园观赏用。花开时姹紫嫣红,馨香芬芳,可孤植墙边,是蔷薇园中重要的色、香、形俱佳的种。可培育作鲜切花。鲜花可以蒸制芳香油,花瓣可制玫瑰糖浆,干制后泡茶,花蕾可入药。

图5-83　玫瑰

3)**银粉蔷薇(银莲长蔷薇、红枝蔷薇)** *Rosa anemoniflora* Fort. ex Lindl.

形态:攀援小灌木,枝紫褐色,小枝细,散生钩状皮刺及腺毛。小叶3(5)枚,卵状披针形,先端渐尖,叶缘细锐锯齿,上面中脉下陷,托叶狭,大部分贴生于叶柄,顶端分离。花单生或伞房花序,花径2~2.5 cm,萼片披针形,花后反折,花瓣粉红色,花柱成束,蔷薇果卵球形,紫褐色。花期3—5月,果期6—8月。

分布:福建。多生于山坡、荒地、路旁、河边海拔400~1 000 m处。

习性:耐干旱瘠薄,不太耐寒。

应用:常用于绿篱、护坡和各类花架、园门和园墙等垂直绿化,其藤性茎干耐修剪性、可塑性极强,可用作各种植物造型,或为动物,或为各类几何造型,如利用不同花色的各类藤本营造各种疏密有致、高矮错落的花柱。

4)**木香花(木香、七里香)** *Rosa banksiae* Ait.(见图5-84)

形态:攀援小灌木,小枝具短皮刺,老枝皮刺大而硬或无皮刺。小叶3~5(7)枚,椭圆状卵形或长圆披针形,叶缘有细锯齿,托叶线状披针形,膜质,离生,早落,花小,排成伞形花序,萼片卵形,无毛,全缘,花重瓣至半重瓣,白色,花柱离生,密被柔毛,短于雄蕊,花期4—5月。

分布:中国各地均栽培。

习性:耐干旱,不耐寒,可生长于稍湿润地,生于溪边、路旁、山坡灌木丛中。

应用:同银粉蔷薇,花含芳香油,可配制香精。

5)**小果蔷薇(倒钩筋、山木香、明目茶、红根)** *Rosa cymosa* Tratt.(见图5-85)

图5-84　木香花

图5-85　小果蔷薇

形态:常绿攀援小灌木,小枝细,具钩刺,小叶 3 ～5(7)枚,卵状披针形,或椭圆形,先端渐尖,基部近圆形,具细锯齿,托叶条形与叶柄分离,早落;复伞房花序,花径 2 cm,萼片羽裂,卵状披针形,花柱分离,有毛,果近球形,红色,花期 4—5 月,果期 6—10 月。

习性:喜光,喜温暖气候。

分布:华东、中南、西南。

应用:同银粉蔷薇。

6) 金樱子(刺梨子、山石榴、山鸡头子、和尚头、唐樱筋、油饼果子) *Rosa laevigata* Michx. (见图 5 - 86)

形态:攀援灌木,常绿,茎有钩刺及刺毛,小叶 3(5)枚,椭圆形或卵形状披针状卵形,先端急尖或圆钝,具细尖锯齿,下面网脉明显,叶柄和叶轴具小皮刺及腺毛,托叶条形与叶柄分离,早落;花单生,萼筒直立,花白色芳香,柱头塞于花托口,梗及萼筒密被刺毛,果近球形,与果梗均被刺,成熟时红色,萼片宿存,花期 4—6 月,果期 7—11 月。

图 5 - 86 金樱子

分布:陕西南部、华中、华东、华南、西南。

习性:喜光,喜温暖湿润气候,生于向阳坡、溪畔,海拔 200 ～1 600 m。

应用:同银粉蔷薇,果实可熬糖、酿酒,根、叶、果入药。

分布:中国各地均有栽培。

7) 缫丝花(刺梨、文光果) *Rosa roxburghii* Tratt. (见图 5 - 87)

形态:开展灌木,树皮灰色,剥落;托叶下常有成对扁刺微弯,小叶 9 ～13(15)枚,椭圆形或椭圆状圆形,圆形网脉明显,叶轴和叶柄散生小皮刺,托叶具腺毛,大部与叶柄连合;花 1 ～3 朵生于枝顶,径 5 ～6 cm,梗短,被刺毛,萼片亦被刺毛,花柱离生,柱头微突,果扁球形,红色被刺毛,花期 5—7 月,果期 9—10 月。

图 5 - 87 缫丝花

分布:华东、西南、华南。

习性:喜光,适应性强,生于山区、溪边灌木丛中。

应用:花朵美丽,微具清香,枝干多刺,可为绿篱,果味甘甜酸,可食或入药,亦可熬糖、酿酒。

8) 香水月季(黄酴、芳香月季) *Rosa odorata* (Andr.)Sweet(见图 5 - 88)

形态:攀援灌木,高 2 m,常绿有长匍匐枝、散生粗短钩状皮刺,小叶 5 ～9 枚,椭圆形、卵形,革质,先端渐尖,基部楔形,叶缘锐锯齿,托叶贴生于叶柄。花单生或 2 ～3 朵聚生。萼片披针形,全缘,稀羽裂,花白色,带粉红色,芳香,果扁球形或梨形,花期 6—9 月。

图 5 - 88 香水月季

分布:云南、江苏、浙江、四川。

习性:抗性差,对环境要求高,不耐寒,怕热。

应用:花蕾秀美,雅致,花色丰富,芳香,连续开花,是现代杂交月季的重要亲本之一。应用同于玫瑰,但抗性差。

9) 野蔷薇(七姐妹、刺花、白花蔷薇、多花蔷薇、蔷薇) *Rosa multiflora* Thunb.

形态:攀援灌木;枝具短粗弯曲皮刺,小叶 5 ～9 枚,倒卵形或长圆形,基部近圆形,叶缘具尖锐单锯齿,稀重锯齿,托叶篦齿状,贴生于叶柄,花多朵组成圆锥状花序,花径 1.5 ～2 cm,花

瓣白色,具红晕,先端微凹,芳香,花柱成束,稍长于雄蕊,果近球形,紫红褐色,萼片脱落。

分布:江苏、山东、河南。

习性:喜光,耐干旱瘠薄。

应用:同银粉蔷薇,鲜花含芳香油,根、叶、花种子入药。

10)月季花(月月红、月月花)*Rosa chinensis* Jacq.(见图5-89)

形态:直立灌木,高1~2 m,小枝粗壮,圆柱形无毛,有短粗钩状皮刺或无刺,小叶3~5(7)枚,宽卵形至卵状长圆形,先端渐尖,基部近圆形,叶缘锐锯齿,两面无毛,上面暗绿,带光泽,下面颜色稍浅,花单生,稀数朵,花径4~5 cm,花重瓣或半重瓣,红色至白色,花柱离生,伸出萼筒口外,与雄蕊等长,花期4—9月,果期6—11月。

分布:中国各地普遍栽培。

习性:喜光,耐干旱瘠薄,不耐水涝。

图5-89　月季

应用:花色丰富,花期长,抗性强,是现代月季最重要的亲本。在园林上用途极广,居极其重要地位,是蔷薇园中重要的主角,且可充当花篱,枝叶茂密,花色鲜艳。亦可配置于草坪中、花坛中、道旁、墙边,总以鲜艳的花显示顽强的生命力。园艺品种极多,现代月季中形成四季开花、小型花、大型花、蔓性方向、微型花的培育方向。花期长,花型大,色艳,栽培广泛,宜于作鲜切花。

(2)棣棠属 *Kerria* DC.

落叶灌木,小枝纤细,绿色;单叶互生,具重锯齿,托叶早落,花两性,单生侧枝顶,黄色,花瓣5枚,萼筒碟形,短,萼片5枚,雄蕊多数,成数组,花盘环状;心皮5~8枚分离,生于萼筒内,花柱顶生,细长直立;瘦果,侧扁,无毛。

棣棠属仅1种,产于中国、日本。

棣棠花(金棣棠、麻叶棣棠)*Kerria japonica*(L.)DC.(见图5-90)

形态:落叶灌木,小枝绿色,无毛,常拱垂,嫩枝有棱角,叶卵形或三角状卵形,先端渐尖,基部圆形,或微心形,具尖锐重锯齿,两面绿色,下面微被柔毛,花瓣黄色,单瓣或重瓣,瘦果倒卵形或扁球形,褐黑色,无毛,萼宿存,花期3—4月。

分布:西北、华东、华北,南至广东,西至四川、云南。

习性:喜温暖湿润气候,不耐寒,稍耐阴,华北须种在向阳避风处。

应用:枝叶青翠,缀以黄花,小巧可爱,尤以重瓣者鲜亮夺目,常丛栽篱边、水旁、草坪边缘、路旁及花坛中、墙隅处,可与红叶李、绣球花等配置。

苹果亚科 Maloideae

(1)火棘属 *Pyracantha* Roem.

图5-90　棣棠花

常绿灌木;枝常有棘刺。单叶互生,有短柄;托叶小,早落。花白色,小而多,成复伞房花序;雄蕊20枚;心皮5枚,腹面离生,背有1/2连于萼筒。梨果形小,红色或橘红色,内含5枚小硬核。

火棘属有10种,分布于亚洲东部至欧洲南部;中国有7种,分布于西南地区。

火棘 *Pyracantha fortuneana* (Maxim) Li. (见图 5 - 91)

形态:常绿灌木,高约 3 m。枝拱形下垂,幼时有锈色短柔毛,短侧枝常成刺状。叶倒卵形至倒卵状长椭圆形,长 1.5～6 cm,先端圆钝微凹,有时有短尖头,基部楔形,具圆钝锯齿,近基部全缘,两面无毛。花白色。径约 1 cm,复伞房花序。果近球形,红色,径约 5 mm。花期 5 月;果熟期 9—10 月。

分布:西北、华北南部、华中,至两广、云贵地区。

习性:喜光,不耐寒,要求土壤排水良好。

应用:火棘枝叶茂盛,初夏白花繁密,入秋果红如火,在庭园中常作绿篱及基础种植材料,也可丛植或孤植草地边缘或园路转角处。

(2) 山楂属 *Crataegus* **L.**

落叶乔木或灌木,稀半常绿,常具枝刺,单叶互生,有粗锯齿或缺裂,托叶大。花白色,稀淡红色,伞房花序顶生;子房半下位,每室 1 胚珠,梨果具明显的皮孔,内果皮硬化形成 1～5 骨质小核,每小核 1 粒种子,花萼在果时宿存,反曲。

山楂属约有 1 000 种,主要产于北美温带地区,中国约有 17 种。

暮春开白花,果在秋冬成熟时为红色、黄色或蓝黑色,供观赏或食用。

1) 山楂 *Crataegus pinnatifida* Bge. (见图 5 - 92)

图 5 - 91　火棘　　　　　　　图 5 - 92　山楂

形态:小乔木,高达 6 m。叶三角状卵形或菱状卵形,长 5～10 cm,4～9 道羽状深裂,下部深裂有时几近中脉,基部宽楔形或近截形,裂片具不规则尖锐重锯齿,上、下两面沿中脉疏生毛;叶柄长 2～6 cm,花序有毛,梨果近球形,径约 1.5 cm,成熟时红色,皮孔白色。花期 5—6 月,8—11 月果熟。

分布:华北、西北等地,多栽培。朝鲜半岛、俄罗斯远东地区也产。

习性:喜光,耐寒,耐旱,多生于砂岩、石灰岩山地,叶在秋季变黄,后脱落。

应用:树形整齐美观,暮春开白花,秋天红果累累,具一定观赏价值,耐修剪,可片植、孤植或修剪成绿篱。

2) 湖北山楂 *Crataegus hupehensis* Sarg. (见图 5 - 93)

形态:小乔木,高达 3～5 m。叶卵形或菱状卵形,长 4～9 cm,宽4～7 cm,中上部有 2～4 对浅裂片,有时中部深裂,基部宽楔形、截形或近圆形,下面脉腋有簇生毛;叶柄长 3～5 cm,梨

果成熟时暗红色,花期5—6月,果期8—9月。

分布:西北地区和长江流域。

应用:与山楂同。

(3)石楠属 *Photinia* Lindl.

落叶或常绿,乔木或灌木。芽小,芽鳞覆瓦状排列。叶互生,具锯齿,稀全缘;有托叶。花两性;伞形、伞房或复伞房花序,稀聚伞花序、顶生。梨果小,微肉质,顶部或上部与萼筒分离。种子直立,子叶平凹。花萼宿存。

石楠属有60余种,分布于亚洲东部、南部。中国有40余种。

花序密集,夏季开白花,秋季结多数红色小果,供观赏。木材坚韧,可作伞柄、秤杆、算盘珠、家具、农具等用途。

1)石楠 *Photinia serrulata* Lindl.(见图5-94)

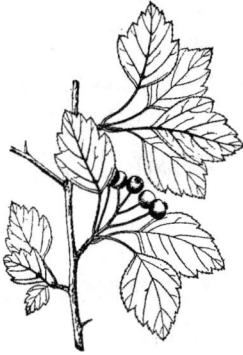

图5-93　湖北山楂　　　　　图5-94　石楠

形态:常绿小乔木,高达6(12)m。小枝无毛。叶革质,长椭圆形、长倒卵形或倒卵状椭圆形,长9~22 cm,先端渐尖,基部圆或宽楔形,具细腺齿,幼时中脉被绒毛,后脱落;侧脉25~30对;叶柄粗,长2~4 cm,幼时被绒毛,后脱落,复伞房花序,径10~16 cm;总梗及花梗无毛,花梗长3~5 mm;萼无毛;花瓣近圆形;花柱2(3)根,基部连合,子房顶部被柔毛。果球形,径5~6 mm,红色。种子1粒,卵形,长2 mm,棕色,平滑。花期4—5月;果期10月。

分布:陕西秦岭、甘肃南部、河南大别山、安徽淮河流域以南,江苏、浙江、江西、福建、台湾、湖南、湖北、四川、贵州、云南、广西、广东。

习性:稍耐阴,喜温暖湿润气候,能耐-15 ℃低温。耐干旱瘠薄,能生于石缝中,不耐水湿。

应用:树冠球形,枝叶浓密苍翠,老叶变红后脱落,新叶嫩红或绿,春华秋实,为美丽观赏树,宜于草坪中央孤植,形成大球冠类树。也可根据需要修剪成不同冠径的石楠球,植于建筑物前,或与其他树种配置形成不同层次。

2)光叶石楠 *Photinia glabra*(Thunb.)Maxim.(见图5-95)

形态:常绿乔木,高达10 m;小枝灰黑色,无毛。叶革质,椭圆形、矩圆形或矩圆状倒卵形,长5~9 cm,宽2~4 cm,边缘有浅钝的细锯齿,两面无毛。复伞房花序生于枝顶,均无毛,花白色。梨果卵形,长约5 mm,成熟时鲜红色,无毛。

分布:安徽、江苏、浙江、江西、湖南、湖北、福建、广东、广西、四川、云南、贵州等地;越南、缅甸、泰国和日本也有分布。

习性:通常生于常绿阔叶林中。

应用:该种叶在脱落前变成鲜红色,美丽,果在秋季红色,且宿存时间较长,为优良的观花、观果树种。在园林中适合群植、片植、孤植,也可修剪作绿篱。

(4)枇杷属 *Eriobotrya* Lindl.

常绿乔木或灌木。叶革质,具粗锯齿,羽状侧脉直至锯齿之先端;叶柄短。圆锥花序,顶生,密被绒毛;花萼裂片先端尖,花瓣5,白色,内果皮质薄;种子形大。

枇杷属约有18种,产于东亚。中国各地均产。

枇杷 *Eriobotrya japonica*(Thunb.)Lindl.(见图5-96)

形态:小乔木。小枝粗壮,被锈色绒毛。叶倒卵状披针形、矩圆状椭圆形,长9~22 cm,先端尖,基部窄楔形,疏生粗锯齿,下面密被灰黄色,或锈黄色绒毛;叶柄甚短。花序密被锈黄色绒毛,花有香味。梨果倒卵形或近球形,黄色或橙色,长3~4 cm。花期9—12月;翌年4—6月果熟。

分布:长江流域以南,安徽南部、江苏(洞庭山名产)、浙江(塘栖名产)、福建(莆田名产),西至四川、陕西南部、贵州,南至广东、广西,在低山丘陵及平原地区均有栽培。

习性:稍耐阴,深根性,较耐盐碱,喜温暖湿润的气候,年平均气温15 ℃以上,年降雨量1 000 mm以上,以排水良好、富腐殖质的中性或酸性土壤为宜,生长快。可用实生及嫁接繁殖。品种颇多,以"白沙枇杷"为最优良。

应用:枇杷树形整齐美观,叶大荫浓,常绿而有光泽,冬日白花盛开,初夏黄果累累,南方暖地多于庭园内栽植,是园林结合生产的好树种。木材结构细,有韧性,果食用,甜美多汁,或酿酒;叶、种仁含氰化物(有毒),可入药止咳。绿叶常青,供观赏。

图5-95 光叶石楠

图5-96 枇杷

(5)苹果属 *Malus* Mill.

落叶乔木或灌木,稀半常绿。叶缘有锯齿或缺裂。有限花序呈伞形总状;花瓣红色,或近白色;花柱2~5,基部连合,花药通常黄色。梨果,果肉内无或微有石细胞;种子褐色。

苹果属约有35种,产于北温带。中国有20种。多为果树、观赏树或果树砧木。

1)苹果 *Malus pumila* Mill.(见图5-97)

形态:乔木,高达15 m,栽培品种的主干短,树冠球形。冬芽形扁,贴近小枝;幼枝密被灰白色绒毛。叶两面有毛,老叶上面无毛,暗绿色,花梗、花萼密被灰白色绒毛,花萼裂片较萼筒

长,先端渐尖。梨果扁球形或近球形,两端均凹陷,顶端有脊,花萼宿存;果柄较短,肥厚隆起。

分布:东北南部、黄河、长江流域及西南各地普遍栽培,华北栽培最盛;河北西部山区海拔1 600 m以下野生。

习性:喜生于肥沃砂质土。

繁殖:用嫁接繁殖。

应用:果食用或酿酒。可观果和做盆景观赏。

2) **海棠花** *Malus spectabilis*(Ait)Borkh.（见图5-98）

图5-97　苹果

图5-98　海棠花

1—花枝;2—果枝

形态:小乔木。叶椭圆形、矩圆状椭圆形,长5~8 cm,先端渐 短尖,基部宽楔形或近圆形,锯齿贴近叶缘,上面有光泽,幼叶下面有毛,后渐无毛;叶柄长1~3 cm,有毛。花萼裂片三角状卵形,先端尖,较萼筒短,花柄长2~3 cm。果黄色,近球形,径约2 cm,基部不凹陷,花萼宿存。

分布:华北、华东习见栽培。

应用:花艳丽,果成熟时红色,为优美观赏树。

3) **野海棠（湖北海棠）** *Malus hupehensis*(Pamp.)Rehd.（见图5-99）

形态:小乔木。幼枝有毛,后渐无毛。叶卵形或矩圆状卵形,长3.5~11cm,先端渐尖,基部宽楔形或近圆形,锯齿细尖,下面沿中脉微被毛;叶柄长1~3 cm,微被毛。花柄长3~4 cm,花萼裂片三角状卵形,较萼筒短或等长,尖或渐尖,紫色,无毛;花蕾粉红色,盛开时近白色;花柱3~4。果球形或椭圆形,径约1 cm,绿黄色,有红晕;花萼早落。

分布:长江流域各地,陕西、甘肃,西至四川、云南,南至福建;山区习见,海拔2 000 m以下,生长在山坡林中,以东南坡较多。

图5-99　野海棠

应用:果酿酒,嫩叶干后可代茶叶,味微苦涩,俗称"海棠茶";花芳香、艳丽,供观赏。长江流域以南,可为花红之砧木。

4) **垂丝海棠** *Malus halliana* Koehne

形态:与野海棠接近,花红艳。

分布:长江流域至西南各地均有栽培。

5) **裂叶海棠（三叶海棠）** *Malus sieboldii*(Reg.)Rehd.（见图5-100）

形态:小乔木或灌木,幼枝密被毛,后渐脱落无毛。叶椭圆状矩圆形,长3~8 cm,先端渐尖,基部圆形或楔形,不规则尖锯齿,长枝及萌芽枝之叶3(5)裂,短枝之叶不裂,下面沿叶脉有毛;叶柄长 1~2 cm,有毛。花白色。果球形,径 6~8 mm,红色或褐黄色;果柄长 2~3 cm。

分布:辽宁以南、长江流域,南至广西,海拔 1 000 m 以下,西至四川。日本亦产。

应用:供观赏,可为苹果之砧木。海棠类植物花色丰富,或艳丽,或洁白,果成熟时通常红色,均极富观赏性。在园林中常作观花观果树种栽培。

(6)木瓜属 *Chaenomeles* Lindl.

落叶或半常绿灌木、小乔木。常具枝刺;冬芽形小,芽鳞 2 枚,单叶互生或簇生,锯齿尖或钝,花单生或簇生,花萼 5 裂,花瓣形大;果形大,种子多数,褐色。

木瓜属有 4 种,日本有 1 种,中国有 3 种。

用播种、压条、嫁接繁殖;供观赏。果可食。

图 5-100　裂叶海棠

1)贴梗海棠(皱皮木瓜) *Chaenomeles speciosa*(Sweet)Nakai(见图5-101)

形态:灌木,具枝刺。叶卵形或矩圆形,长 3~8 cm,先端尖,基部窄楔形,银齿锐尖;托叶近圆形或肾形。花簇生于无叶的短枝上,深红色、粉红色或白色。果球形或卵圆形,长 3~5 cm,黄色或黄绿色,有香味。花期 3—4 月,10 月果熟。

繁殖:春秋时节用老枝扦插,易成活,分根亦可。

分布:南北各地栽培。

应用:本种早春叶先花后叶,簇生枝间,鲜艳美丽,秋有黄色、芳香的硕果,是一种很好的观花、观果灌木。宜于草坪、庭院或花坛内丛植或孤植。

图 5-101　贴梗海棠
1—花枝;2—枝叶;3—果枝;
4—花纵刨;5—果横切

2)木瓜 *Chaenomeles sinensis*(Thouin)Koehne(见图 5-102)

形态:落叶小乔木,高达 10 m;树皮成不规则薄片剥落,内皮橙黄色或褐黄色,光滑。托叶披针形,具毛齿,其先端有腺点,早落。叶卵状椭圆形或卵圆形,长 5~10 cm,先端短尖,基部楔形或宽楔形,锯齿细尖,先端有腺点,幼叶下面密被绒毛,老叶无毛。花单生,淡粉红色;花萼裂片具细齿,反曲。果矩圆形,长6.5~15 cm,近木质。花期 4—5 月;8—10 月果熟。

分布:华东、华中地区习见栽培,广州亦有栽培。

应用:春花红艳,供观赏;果鲜黄或深黄,有浓香,为室内陈设,可食及入药;种子可榨油,种仁含油量 66%,可食。

图 5-102　木瓜

(7)梨属 *Pyrus* L.

形态:落叶稀半常绿乔木,稀灌木,有时具枝刺。芽通常圆锥形,先端尖。叶具锯齿或全缘,稀浅裂,伞形总状或伞房花序;花白色,稀粉红色,花瓣有爪;花药通常红色,花柱 2~5 根,分离,子房 2~5 室心皮,合生,每室 2 胚珠。梨果具显著的皮孔,果肉多石细胞。

分布:梨属约有 25 种,主要产于北温带,中国有 14 种。

1)豆梨 *Pyrus calleryana* Dcne(见图 5-103)

形态:小乔木,高 10 m。具枝刺。叶卵圆形、宽卵形,长 3.8 ~ 10 cm,宽 2.5 ~ 7.6 cm,先端短渐尖,基部圆形成宽楔形,具圆钝锯齿,无毛,花柱 2 ~ 3。梨果球形,褐色,径约 1 cm,果柄细,长 1.5 ~ 3 cm,花萼脱落。花期 3—4 月。

分布:长江流域各地、河南,南至海南。山野习见。

习性:抗盐性和耐湿性均较强。

应用:春花如雪,秋叶美丽,供观赏。抗病虫害和繁殖能力强,常用作栽培梨树品种的砧木。

2) 杜梨(棠梨)*Pyrus betulifolia* Bunge.(见图 5 – 104)

图 5 – 103　豆梨　　　　　　　　图 5 – 104　杜梨

形态:小乔木,高达 10 m,有枝刺。幼枝、幼叶、花序均密被白色绒毛,后渐脱落。叶菱状卵形,长 2.6 ~ 8 cm,先端渐尖,基部宽楔形,粗锯齿锐尖;叶柄长 1.5 ~ 4 cm。花柱 2 ~ 3 根。梨果近球形,径 1 ~ 1.5 cm,褐色,有淡色皮孔;果柄长 1.1 ~ 2.2 cm;花萼早落。花期 4 月;9 月果熟。

分布:东北南部、内蒙古、黄河流域、长江流域各地,山野习见。

习性:喜光,深根性,耐干旱瘠薄,抗寒性、抗盐碱性亦强,生于阳坡、沟谷或林缘。

繁殖:用种子或分根繁殖。

应用:木材红褐色,坚重致密,纹理直,供家具、细木工用材;为白梨等栽培树的砧木,可促进提早结实,并连年丰产;树皮可提制栲胶;又可为华北地区防护林及沙荒造林树种。

3) 沙梨 *Pyrus pyrifolia* Nakai(见图 5 – 105)

形态:乔木,高达 15 m。2 年生枝紫褐色或暗褐色。叶矩圆形,稀心形,无毛,芒状锯齿贴近叶缘;叶柄长 3 ~ 4.5 cm。花萼裂片渐长尖,较萼筒长 1 倍;花柱 5 根,稀 4 根,无毛。果近球形,径约 4 cm,褐色,有淡色皮孔;果肉较脆;花萼脱落。花期 4 月,9 月果熟。

分布:长江流域各地,西至西川、云南,南至广东、广西。多优良变种及品种,栽培于南方温暖多雨的地区,形成南方梨或沙梨系统,如浙江台州的箬包梨,湖州的鹅蛋白,安徽南部的雪梨,砀山的紫酥梨,广东惠阳的酥梨。

图 5 – 105　沙梨

李亚科 Prunoideae

子房上位,单雌蕊,核果。

(1)杏属 Armeniaca Mill.

1)梅 Armeniaca Sieb.(见图 5 - 106)

形态:落叶小乔木,高达 10 m。当年生小枝绿色,无毛,叶宽卵形或卵形,长 4～10 cm,先端渐长尖或尾尖,基部宽楔形或近圆形,两面无毛,或仅在下面脉上有毛,锯齿细尖,叶柄有腺体。花单生或 2 朵并生,白色,或淡粉红色。核果球形,成熟时黄色或黄绿色,密被细毛。果核有凹点,与果肉黏着,花期 12 月—翌年 3 月。

图 5 - 106 梅

分布:于黄河流域以南各地栽培,野生于西南山区。

习性:喜温,对土壤要求不严,在排水良好的沙壤土中生长良好。

应用:寿命长,花色丰富,在隆冬春寒时节,先叶开花,为冷寂的园林平添一抹春色,为优良的观花树种。

梅花品种甚多,根据品种来源不同以及枝、花的特征,梅花品种可分为 3 系 5 类 18 型。

2)杏 Prunus armeniaca Linn.(图 5 - 107)

形态:落叶乔木,高达 10 m。小枝红褐色。叶宽卵形或圆卵形,长 5～10 cm,先端突渐短尖,基部圆形或近心形,边缘具细钝锯齿,下面微被毛或脉腋有簇生毛或无毛;叶柄长 2～3 cm,带红色,有腺体。花单生,春天先叶开花,粉红色,具短梗。核果球形,径约 3 cm,黄色带红晕,外果皮被毛,核平滑,具厚边。花期 3—4 月,6 月果熟。

分布:新疆、东北、河北、山西、河南、山东、江苏、浙江、福建、湖南、湖北、陕西、甘肃等地。

习性:喜光、耐干旱瘠薄,深根性,抗寒性强,并能耐一定盐碱,在土层深厚,排水良好的地方生长良好,在黏重土中生长不良。

应用:为温带水果。春日开花,花较美丽,可栽作观赏,片植或与梅花等混植均可。

(2)桃属 Amygdalus L.

1)桃 Prunus persica(Linn)Batsch(见图 5 - 108)

形态:落叶小乔木,高达 8 m,小枝红褐色或向阳面为红褐色。下面为绿色。侧芽 3 个,中间为叶芽,两侧为花芽。叶椭圆状披针形,长 7～15 cm。先端渐尖,基部宽楔形,叶柄长 1～1.5 cm,有腺体。花并生或单生,粉红色,单瓣,花梗甚短,或近无梗。核果近球形,淡黄色,有红晕或淡绿白色,外果皮被绒毛,内果皮坚硬;有深凹或条槽。花期 3—4 月。花叶同放,果期 6—9 月。

分布:华北、华中、华东、西南等地区均有野生桃树,东北南部及内蒙古以南地区,西至陕西、甘肃、四川、云南,南至福建、广东等地均有栽培。

习性:喜光,较耐旱。喜排水良好的砂质土,可耐水湿,在重黏土上生长者,果实味劣。华南高温高湿地区果实品质差,寿命短,10 余龄后渐衰老。寿命通常为 20—25 年。

应用:栽培历史悠久,根据果实品质,早期形状及花、叶的观赏价值可分为食用品系和观赏品系两大类。优良食用品种如水蜜桃、肥城桃(佛桃)、玉器桃等。

图 5 – 107　杏　　　　　　图 5 – 108　桃

2）榆叶梅 *Amygdalus triloba*（Lindl.）Ricker.（见图 5 – 109）

形态：灌木稀小乔木，高 2～3 m；枝条开展，具多数短小枝；小枝灰色，一年生枝灰褐色，无毛或幼时微被短柔毛；冬芽短小，长 2～3 mm。短枝上的叶常簇生；一年生枝上的叶互生；叶片宽椭圆形至倒卵形，长 2～6 mm，宽 1.5～3（4）mm，先端短渐尖，常 3 裂，基部宽楔形，上面具有疏柔毛或无毛，下面被短柔毛，叶缘具粗锯齿或重锯齿，叶柄长 5～10 mm，被短柔毛。花 1～2 朵，先于叶开放，直径 2～3 cm；花梗长 4～8 mm；萼筒宽钟形，长 3～5 mm，无毛或幼时微具毛；萼片卵形或卵状披针形，无毛，近先端疏生小锯齿；花瓣近圆形或宽倒卵形，长 6～10 mm，先端圆钝，有时微凹，粉红色；雄蕊 25～30 mm，短于花瓣；子房密被短柔毛，花柱稍长于雄蕊。果实近球形，直径 1～1.8 mm，顶端具短小尖头，红色，外被短柔毛；果梗长 5～10 mm；果肉薄，成熟时开裂；核近球形，具厚硬壳，直径 1～1.6 mm，两侧几不压扁，顶端圆钝，表面具不整齐的网纹。花期 4—5 月，果期 5—7 月。

分布：黑龙江、吉林、辽宁、内蒙古、河北、山西、陕西、甘肃、江西、江苏、浙江等省区。

习性：生于低至中海拔的坡地或沟旁，乔、灌木林下或林缘。目前全国各地多数公园内均有栽植。本种开花早，主要供观赏。

常见栽培类型如下：**重瓣榆叶梅** F. *multiplex*（Bge.）Rehd 花重瓣，粉红色；萼片通常 10 枚。**鸾枝**，俗称兰枝 var. *petzoldii*（K. Koch）Bailey 花瓣与萼片各 10 枚，花粉红色；叶片下面无毛。

（3）**李属** Prunus L.

李 *Prunus salicina* Lindl.（见图 5 – 110）

图 5 – 109　榆叶梅　　　　　图 5 – 110　李

形态：落叶乔木，高达 10 m，或有枝刺。小枝红褐色，无毛，有光泽。叶椭圆状倒卵形，长

6～10 cm,先端凸渐尖,基部楔形,复锯齿细钝,下面脉腋有簇生毛;叶柄长0.7～2 cm,有腺体。花白色,常3朵簇生,花梗长1～1.5 cm。核果圆卵形,成熟时淡红色、黄色、深紫色或青绿色,先端钝尖,基部深凹,外果皮无毛,有白粉,花期3～4月,7月果熟。

分布:东北、华北、华东、华中各地,黄河流域以南和地低山区习见栽培。

习性:酸性和钙质土均能生长,以湿润的粗粘土最为适宜,不耐水湿,稍耐旱。

(4)樱属 Cerasus Mill.

1)日本樱花 *Cerasus yedoensis*（Matsum.）YU. et L.（见图5-111）

形态:落叶乔木。叶片椭圆形或倒卵形,边有尖锐重锯齿,齿端渐尖,有小腺体,上面无毛,下面沿叶脉被稀疏柔毛;叶柄密被柔毛。有花。3～4朵,花序伞形总状,先叶开放,总梗极短,苞片匙状长圆形,边有腺体;花梗长2～2.5 cm,被短柔毛,萼筒管状,被疏柔毛,萼片三角状长卵形,先端渐尖,边有腺齿;花柱基部有疏柔毛。核果近球形,黑色,核表面略具棱纹。花期3月,先叶开花,果期5月。

分布:原产于日本,中国引种栽培。

习性:喜光,耐寒。

图5-111 日本樱花

应用:本种在日本栽培广泛,也是中国目前引种最多的种类,花期早,先叶开放,着花繁密,花色粉红,可孤植或群植于庭院、公园、草坪、湖边或居住小区等处,远观似一片云霞,绚丽多彩,也可列植或和其他花灌木合理配置于道路两旁,或片植作专类园。

2)山樱花 *Cerasus serrulata*（Lindl.）G. Don ex London（见图5-112）

形态:落叶乔木。幼叶绿色,叶片卵状椭圆形或倒卵状椭圆形,先端渐尖,基部圆形,边有渐尖短锯齿及重锯齿,齿尖有小腺体,两面无毛;托叶线形,缘有腺齿,早落;叶柄无毛。花序伞房总状或近伞形,具花2～3朵,花梗长1.5～2.5 cm,萼筒管状,萼片三角披针形,先端渐尖或急尖,全缘,全体无毛。核果球形或卵球形,紫黑色。花期4—5月,果期6—7月。

分布:东北三省以南至福建的广大地区。生于海拔500～1 500 m的山谷林中,生长普遍。

习性:喜光,喜排水良好的肥沃壤土,不耐盐碱土。喜空气湿度较大的环境条件,野生于山谷、溪旁、杂木林中。

图5-112 山樱花

应用:本种树形高大,性强健,适应性强;花叶同放,花较大,白色,绿叶白花,十分雅致,常孤植于庭院或列植于道路两旁、水油畔,日本人喜用其叶片包米饭团食用。

各地栽培广泛,有多种色彩及花瓣的变化,变种很多。

3)大叶早樱 *Cerasus subhirtella*（Miq.）Sok.

形态:小乔木,高3～5 m。叶片卵形至长圆形,长3～6 cm,宽1.5～3 cm,先端渐尖,基部宽楔形,边有细锐单锯齿和重锯齿,上面无毛或中脉伏生疏柔毛,下面伏生白色疏柔毛,脉上尤甚,后脱落;托叶褐色,线形,边缘有稀疏腺齿;叶柄被白色短柔毛。伞形花序,有花1～3朵,先于叶开放,无总梗;花梗长1～2 cm,被疏柔毛;萼筒壶形,外面伏生白色疏柔毛,萼片长圆形,先端急尖,具疏齿,与萼筒近等长;花柱基部具疏毛。核果卵球形,黑色;核表面微有纵棱。花

期3月底—4月,果期6月。

分布:大叶早樱为日本栽培树种,中国引种于青岛、武汉、北京、南京、无锡等地。有较多的栽培变种和品种。

习性:喜光,耐寒。

应用:本种树形高大优美,性健壮,抗性强;枝条细密,花大,多而繁,早春开花,花色粉红,后期近于白色,萼筒为优美的壶形,花期具有日本樱花相同的景观效果,且长势旺,具有较强的抗病虫害能力,可大力开发。

4) 高盆樱桃 *Cerasus cerasoides*（D. Don）Sok.

形态:乔木。叶片卵状披针形,先端长渐尖,基部圆钝,叶边有尖锐重锯齿或单锯齿,齿端腺体小型头状,两面无毛,近革质。伞形花序,有花1~3朵,花叶同放,总梗长1~1.5 cm,无毛,苞片圆形,边有腺齿,革质,花后宿存或脱落,花梗长1~2 cm,无毛;萼筒钟状,深红色;萼片三角形,先端急尖,全缘,常带红色;花瓣卵圆形,先端圆钝或微凹,淡粉至白色。核果卵圆形,紫黑色;核圆形,顶端圆钝,边有深沟和孔穴。花期10—12月。

分布:云南、西藏南部。

习性:生于海拔1 300~2 200 m的沟谷密林中。

5) 福建山樱花 *Cerasus campanulata*（Maxim.）Yu et L.（见图5－113）

形态:与原变种的主要区别在于本种叶较小,长4~7 cm,宽2~3.5 cm,下面无毛或脉腋有簇毛,叶柄较短,长8~13 mm,无毛。伞形花序具2~4朵花,先叶开放;总梗短,长2~4 mm;萼片长圆形,先端圆钝,全缘,花瓣倒卵状长圆形,深红色,先端下凹,稀全缘。果卵球形,较小,顶端尖;核表面微具棱纹。花期2—3月,果期4—5月。

分布:浙江、福建、台湾、广东、广西,生于海拔100~800 m的山谷林中及林缘。日本、越南也有分布。

图5－113　福建山樱花

应用:本种早春先叶开花,花大而密,颜色似桃花般艳红,绚丽美艳,满树红花,景色动人,在野生樱花中极具个性。孤植、群植、列植均适宜。

6. 蜡梅科 Calycanthaceae

落叶或常绿灌木。单叶对生,全缘,无托叶。花两性,单生,芳香,花被片多数,无萼瓣之分,螺旋状排列;雄蕊5~30枚,心皮多数离生,着生于杯状花托内;花托发育为坛状果托,小瘦果着生其中。

蜡梅科有2属,7种,产于东亚和北美。中国有2属,4种。

(1) 蜡梅属 *Chimonanthus* Lindl.

灌木;鳞芽。叶前开花;雄蕊5~6。果托坛状。

蜡梅属共3种,中国特产。

蜡梅(黄梅花、香梅) *Chimonanthus praecox*（L.）Link.（见图5－114）

形态:落叶丛生灌木,暖地半常绿,高3 m。小枝近四棱形。叶半革质,椭圆状卵形至卵状披针形,先端渐尖,基部圆形或宽楔形;叶表有硬毛,叶背光滑。花单生,浓香,花被片多数,黄色,有光泽,分为外中内3轮,中轮较大,蜡质,内轮渐小,具紫红色条纹或斑块;外轮渐小。果托坛状,瘦果栗褐色,有光泽。花期11月下旬至翌年3月,叶前开放,7—8月果熟。

图5－114　蜡梅

分布:蜡梅是中国特色花卉,产于江苏、浙江、湖北、四川和陕西等省,现各地有栽培。

常见的变种有**狗蝇蜡梅(狗牙蜡梅)** *Chimonanthus praecox* var. *intermedius* Mak. 株型较矮,叶比原种狭长而尖。花小瓣尖似狗牙,质薄像蝇翅。内轮花被片具紫红斑或全为紫红色,香味淡薄,花期早。**磬口蜡梅** *Chimonanthus praecaz* var. *grandiflora* Mak. 花和叶片较大,外轮花被片淡黄色,内轮有紫红色边缘和条斑,盛开时花被片内抱,花期早,花期常,香味清雅,但花较稀疏。**素心蜡梅(鄢陵蜡梅)** *Chimonanthus praecox* var. *concolor* Mak. 因花心洁白,花色纯黄而得名。花形大,盛开时花瓣先端向外翻卷,内外轮花瓣均为蜡黄色,香味浓,花开时不全开张,多出现倒挂如钟状。被认为蜡梅上品。**小花蜡梅** *Chimonanthus praecox* var. *parviflorus* Turrill. 花小,径不足 1 cm,外轮花被片黄白色、内轮具浓红紫色条纹。栽培较少。

习性:喜光,稍耐阴,较耐寒,耐旱,忌水湿,怕风。宜深厚肥沃湿润排水良好的微酸性土壤,黏性土及碱土上生长不良。寿命长,可达百年。

繁殖:通常以播种、分株、嫁接繁殖为主。蜡梅耐修剪,花谢后及时修剪,枝条长度控制在 15 ~ 20 cm 之间,则枝粗花繁,观赏价值高。及时摘除残花,防止结果。为使蜡梅多开花,应采取多次摘心,促其多分枝,形成丰满的良好树形。

应用:蜡梅花色明快而不艳,香淡雅而不浓。在元旦、春节前开放,尤为可贵。孤植、对植、列植、丛植、群植均可。适宜植于建筑物附近、房前屋后、坡上、水边、林缘、林间,也适作古桩盆景和盆栽。中国传统喜将蜡梅与南天竹配置,黄花、红果、绿叶相映成趣,配以山石,成为江南园林冬令的特色。在自然界常沿溪沟两岸分布,上有苍松翠柏,构成极为优美的景色。切花更是冬令上品,瓶插期长,满室生香。花中含有挥发油,是植物香料中的上品。花、茎、根入药。

(2)夏蜡梅属 *Calycanthus* L.

形态:灌木;冬芽为叶柄基部所包围。花直径 5 ~ 7 cm;雄蕊多数。仅夏蜡梅一种。

夏蜡梅 *Calycanthus chinensis* Cheng et S. Y. Chang. (见图 5 – 115)

形态:落叶灌木,高 1 ~ 3 m。树皮灰白色,当年生枝黄褐色。叶对生,膜质,椭圆状卵形或卵圆形。花单生当年枝顶,花被片多数,二型,外被片大而薄,白色,缘带红晕,螺旋状排列,呈坛状;内被片乳黄色,质厚,腹面基部有淡紫色斑纹,呈副冠状。假果由花托膨大而成罄状,顶部收缩为平面。初夏开花,弥足珍贵,果熟期 10 月。

夏蜡梅是国家二级保护树种。

分布:特产浙江,仅临安、昌化、天台等县山区有分布。

习性:喜阴湿,在强烈的阳光下生长不良,甚至枯萎,不耐干旱瘠薄,较耐寒,喜富含腐殖质微酸性土壤。

繁殖:同蜡梅,播种繁殖。

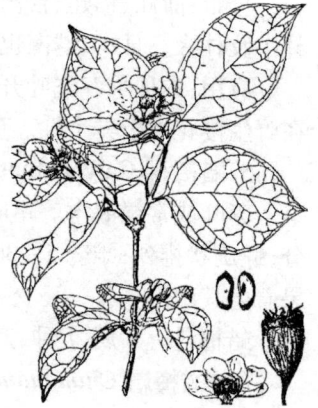

图 5 – 115 夏蜡梅

应用:夏蜡梅花形奇特,色彩鲜艳,大而美丽,罄状果实挂满枝头,随风摇曳,为珍贵的观赏树木。在园林绿地中宜植于偏阴环境。

7. 苏木科 Caesalpiniaceae

木本。单叶或 1 ~ 2 回羽状复叶。花两侧对称;花瓣 5 枚,呈上升覆瓦状排列(假蝶形花冠),最上方的 1 枚花瓣最小,位于最内方;雄蕊 10 枚或较少,分离或各式联合;荚果。

苏木科约有 150 属 2 200 种,主要产于热带和亚热带。中国有 20 属 100 余种。

(1)紫荆属 *Cercis* L.

落叶乔木或灌木。芽叠生。单叶互生,全缘;脉掌状。花萼 5 齿裂,红色;花冠假蝶形,上部 1 瓣较小,下部 2 瓣较大;雄蕊 10 枚,花丝分离。荚果扁带形,种子扁形。

紫荆属有 10 余种,产于北美、东亚及南欧;中国有 7 种。皆为美丽的观赏植物。

1)紫荆(满条红) *Cercis chinensis* Bunge(见图 5 - 116)

形态:落叶灌木或小乔木,高可达 15 m。在园林绿地中多呈 3 ~ 5 m 的灌木状。叶互生,心形或近圆形,先端急尖,基部心形,全缘。花紫红色,4 ~ 10 朵簇生于 1 年生枝基部和老枝上,有时亦能在老干上着花。荚果绿色,条形,扁平,沿腹缝线有窄翅。花期 4 月,先叶或与叶同时开放;果实 9—10 月成熟。

分布:华北、华东、西南、中南、甘肃、陕西、辽宁等地区。

习性:喜光,较耐寒;喜肥沃排水良好的土壤,怕涝。萌蘖性强,耐修剪。

繁殖:以播种繁殖为主。一般 3 年后可开花。移栽需带土球。

图 5 - 116　紫荆

1—花枝;2—枝叶;3—花;4—花瓣;

5—雄蕊雌蕊;6—雄蕊;7—雌蕊托;

8—果;9—种子

应用:树姿优美,叶形秀丽,枝干着花繁密,且花色鲜艳,是优良的观花树种。宜丛植庭院、建筑物前及草坪边缘。因叶前开花,故宜与常绿乔木配置,对比鲜明,花色更加美丽。也可成丛布置花园一隅或在花境内拉开距离单株栽植,或与连翘、贴梗海棠等相间搭配栽植,使红、黄、紫等花色相映成趣。

变型有**白花紫荆** F. *alba* Hsu 花纯白色,着花较稀疏。

2)黄山紫荆 *Cercis chingii* Chun

形态:丛生状灌木,高达 6 m。树皮灰褐色,小枝曲折。叶近圆形或肾形,先端略尖,基部心形,全缘。花 8 ~ 10 朵簇生,淡紫红色,先叶开花。花期 4 月,果熟期 10 月。

习性:喜阳光充足,畏水湿。萌蘖性强,经常修剪有利树形丰满。

繁殖:以播种繁殖为主,也可分株。

应用:用于园林、草坪、城市绿地等栽植,对氯气有一定抗性,滞尘能力强,适于工矿厂区绿化。

3)巨紫荆 *Cercis gigantea* Cheng et Bungne

形态:乔木,高达 20 m。小枝灰黑色,皮孔淡灰色。叶近圆形,先端短尖,基部心形。花淡红或淡紫红色,形似紫蝶,7 ~ 14 朵簇生老枝。荚果紫红色。花期 4 月,先叶开放,果期 10 月。

习性:阳性树种,耐旱,畏水湿,较耐寒。宜栽植于肥沃、排水良好的土壤中。

繁殖:萌蘖性强,耐修剪。多以播种繁殖,也可分株。

应用:巨紫荆枝叶繁茂,叶形美丽,圆整而有光泽,光影相互掩映,颇为动人,可丛植或盆栽观赏,其生长速度快,可用于绿化公路或街道,或作庭荫树,春花秋景红绿相映,情景宜人。

(2)云实属 *Caesalpinia* L.

云实属约有 100 种,分布于热带、亚热带地区,中国有 14 种。

云实 *Caesalpinia decapetala*(Roth)Alston(见图 5 - 117)

形态:攀援灌木,密生倒钩状刺。2 回羽状复叶,羽片 3 ~ 10 对;小叶 6 ~ 12 对,长椭圆形;

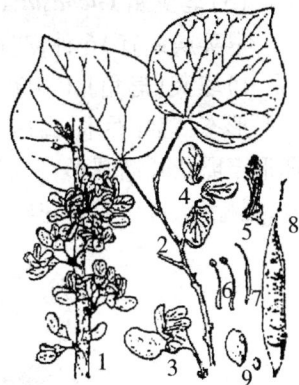

叶背有白粉。花黄色,顶生总状花序。荚果长圆形,木质,荚顶有短尖,沿腹缝线有窄翅。花期5月;果8—10月成熟。

分布:产于长江以南各省。

应用:花多且密集,盛开时一片黄色,可草地丛植或植为刺篱。

(3)皂荚属 *Gleditsia* L.

皂荚属约有16种,产亚洲、美洲及热带非洲。中国约产10种,分布很广。

1)皂荚(皂角) *Gleditsia sinensis* Lam.(见图5-118)

形态:落叶乔木,高达15~30 m.树冠扁球形,枝刺圆且有分枝。羽状复叶小叶6~14枚,卵形至卵状长椭圆形,先端钝,具短尖头,锯齿细钝。总状花序腋生,花杂性,黄白色。荚果肥厚,黑棕色,被白粉。花期5—6月,果熟期10月。

图5-117 云实　　　图5-118 皂荚

分布:分布较广泛,自中国北部至南部以及西南皆有种植。

习性:喜光,稍耐阴,较耐寒,喜温暖、湿润气候及深厚、肥沃、适当湿润的土壤,对土壤要求不严,在微酸性土、石灰质土、轻盐碱土,甚至黏土或砂土上均能正常生长。耐旱性强,忌水浸。生长较慢,寿命较长。

繁殖:播种或嫁接繁殖。播种前需浸水处理和湿沙层积催芽。裸根移植。

应用:主干通直,冠阔荫浓,潇洒多姿,适宜用作庭荫树、行道树,也是较优良的四旁绿化和造林树种。荚果煎汁代肥皂。荚、种子、刺均入药。

2)山皂荚 *Gleditsia japonica* Miq.(见图5-119)

形态:落叶乔木,20~25 m。小枝淡紫色;枝刺扁。偶数羽状复叶,小叶6~10对,卵形至卵状披针形,缘有钝锯齿,稀全缘;萌芽枝上常为2回羽状复叶。花杂性异株,穗状花序。荚果扭曲或为镰刀状。花期5—7月;果期10—11月。

分布:国内分布于辽宁、河北、山东、河南、江苏、浙江、安徽等省。

习性:喜光,在酸性土或石灰质土壤上生长良好。

图5-119 山皂荚

繁殖及应用同皂荚。在苏北沿海轻盐碱地上可用来营造海防林,亦可截干使其萌生成灌木状作刺篱用。

8.含羞草科 Mimosaceae

含羞草科约有 50 属,3 000 余种,分布于热带和亚热带。中国产 6 属,引种 7 属,共 30 余种。

(1)合欢属 *Albizia* Durazz.

合欢属约 150 种,产于亚洲、非洲、澳洲的热带、亚热带地区。中国有 17 种。

1)合欢(绒花树、马缨花、夜合花)*Albizia julibrissin* Durazz.
(见图 5 – 120)

形态:落叶乔木,高达 16 m。树冠开展呈伞形。2 回偶数羽状复叶,羽片 4~12 对,小叶 10~30 对;镰刀状长圆形,脉偏斜,昼开夜合。头状花序排成伞房状,腋生或顶生;萼及花瓣小,黄绿色;花丝粉红色、细长如绒缨。荚果扁条形。花期 6—7 月,果 9—10 月成熟。

分布:产于亚洲、非洲。在中国分布于黄河流域至珠江流域的广大地区。

图 5 – 120　合欢

习性:阳性树,树干皮薄畏暴晒,易开裂。耐寒性较差,对土壤要求不严,耐干旱瘠薄,不耐水湿,耐轻度盐碱。树冠常偏斜,分枝点较低,萌芽力差,不耐修剪。

繁殖:播种繁殖。幼苗主干常易倾斜,育苗时应适当密植。对第一年的弱苗进行截干,促使其发出粗壮通直的主干。

应用:合欢树姿优雅,叶形秀丽又昼开夜合,夏日满树绒花,既美又香,能形成轻柔舒畅的景观。为园林绿化中优美的庭荫树和行道树。植于林缘、河滨、草坪、山坡、湖池边,或公园桥头、建筑物前。抗污染能力强,也是工厂绿化、四旁绿化的优良树种。树皮及花入药,木材可供制造家具等用。

2)山槐 *Albizia Kalkora*(Roxb.)Prain(见图 5 – 121)

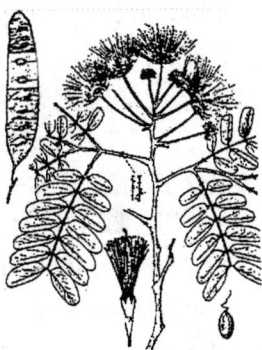

形态:落叶乔木,树皮平滑,黄褐色,树冠伞形。偶数羽状复叶,羽片 4~8 对,小叶 6~10 对,小叶圆形或圆状卵形,叶两面及花萼花冠均密生短柔毛。头状花序或圆锥花序,初为白色,后变为黄色。花期 5—6 月,果熟期 8—9 月。

图 5 – 121　山槐

应用:可作行道树或植于山林风景区。

3)楹树 *Albizia chinensis*(Osbeck)Merr.(见图 5 – 122)

形态:落叶乔木,高 20 m。小枝有灰黄色柔毛。叶柄基部及总轴上有腺体;2 回羽状复叶,互生;羽片 6~18 对,小叶 20~40 对,叶背粉绿色;托叶膜质,心形,早落。头状花序 3~6 个排成圆锥状,顶生或腋生;花黄绿色,花丝绿白色。荚果扁平,长 10~15 cm。花期 5 月,果期 6—12 月。

分布:原产于中国,分布至亚洲热带。

应用:楹树是华南、西南的本地野生树木。生长迅速,树冠宽广,枝叶繁茂,是良好的庭荫树和行道树。

4)南洋楹 *Albizia falcataria*(L.)Fosberg(见图 5 – 123)

形态:常绿乔木,树高可达 45 m。叶柄基部及总轴上有腺体;羽片 11~20 对,小叶

18~20 对,菱状矩圆形;中脉直,基部有 3 小脉;托叶锥形,早落。花腋生,穗状花序或数个穗状花序再组成圆锥花序,花淡白色。荚果带状。花期 4—5 月,果期 7—9 月。

分布:南洋楹是世界著名的速生丰产树,原产于南洋群岛,中国福建、广东、广西有栽培。

习性:强阳性树,不耐庇荫,喜高温多湿气候。

繁殖:种子繁殖。

应用:南洋楹是优美的庭荫树和行道树。其干形通直,树冠伸展开阔,雄伟壮观,适宜孤植于草坪或对植于大门入口两侧,或列植于宽广街道。

图 5 - 122　楹树

图 5 - 123　南洋楹

5) **大叶合欢(阔荚合欢)** *Albizia lebbeck* (L.) Benth. (图 5 - 124)

形态:乔木,高可达 8~12 m。叶大,叶柄近基部有 1 腺体,羽片 2~4 对,小叶 4~8 对,斜矩圆形,叶端圆或微浅凹。头状花序 2~4 排成伞房状,腋生;花丝黄绿色,在夜后清香四溢。花梗、花萼、花冠皆密生短柔毛。荚果较宽大,黄褐色,有光泽。花期 5—7 月,果期 8—11 月。

分布:原产于亚洲及非洲热带地区,中国华南地区有栽培。

应用:可作庭荫树及行道树。花白色且芳香,其是游人良好的纳凉地点。果有毒。

(2) 金合欢属 *Acacia* **Mill.**

金合欢属约有 800 种,分布于热带和亚热带地区,尤以澳洲及非洲为多。中国引入栽培的有 18 种。

1) **台湾相思(相思树)** *Acacia confusa* Merr. (见图 5 - 125)

形态:常绿乔木,树高达 6~16 m。小枝无毛,无刺。苗期为羽状复叶,稍长小叶退化,叶柄呈披针形叶状,革质,全缘。头状花序 1~3 个腋生,花黄色,微香。荚果扁带状,种子间略缢缩。花期 4—6 月;果 7—8 月成熟。

分布:原产于中国台湾。广东、海南、广西、福建、云南和江西等地均有栽培。

习性:喜光,不耐阴,为强阳性树种。喜温暖而畏寒,适生于干湿季明显的热带和亚热带气候。对土壤要求不严,耐干旱瘠薄,耐间歇性水淹。根深材韧,抗风力强,能耐 12 级台风。生长迅速,萌芽力强,多次砍伐仍能萌芽更新。

繁殖:用种子繁殖。8 月果未开裂时采种,晒干拌以石灰或草木灰后干藏。播前浸种。主干欠直,分枝多,应注意整形修枝以培养通直主干。

应用:台湾相思姿态婆娑,叶形纤细,春夏黄花,芳香宜人,适于作公园和庭园的绿荫树,也常植作行道树。抗逆性强,适作荒山绿化的先锋树,又可作防风林带、水土保持林及防火林带用。

图 5 – 124 大叶合欢

图 5 – 125 台湾相思

2）**金合欢** *Acacia farnesiana*（L.）Willd.（见图 5 – 126）

形态：常绿灌木，高 2 ~ 4 m。多枝，有刺，枝条回折。二回羽状复叶，羽片 4 ~ 8 对，小叶 10 ~ 20 对，线状长圆形，托叶针刺状。头状花序球形，单生或 2 ~ 3 个簇生叶腋，花金黄色，极香。荚果膨胀近圆筒状，表面密生斜纹。

分布：浙江、福建、广东、海南、广西、四川、云南、台湾等广大地区。

应用：金合欢多分枝，花时金黄团簇，芳香宜人，树姿典雅，宜于山坡、水际散植。植株具刺，亦可作刺篱。

9. 蝶形花科 Fabaceae

蝶形花科为世界第三大科，约 440 属，12 000 余种，分布于全世界。中国产 103 属，引种 11 属，共 1 000 余种，全国各地均产。

（1）红豆属 Ormosia Jacks.

红豆属有 60 余种，主要产于热带、亚热带；中国产 26 种，分布于西南经中部至东部，华南为多。

1）**花榈木** *Ormosia henryi* Prain（见图 5 – 127）

形态：小乔木，高 5 ~ 8 m；幼枝密生灰黄色绒毛。奇数羽状复叶具小叶 5 ~ 9 枚；革质，矩圆状倒披针形或矩圆形，下面密生灰黄色短柔毛，先端骤急尖，基部近圆形或阔楔形。圆锥花序顶生或腋生，稀总状花序；总花梗、序轴、花梗都有黄色绒毛；花黄白色，萼钟状，密生黄色绒毛。荚果扁平，种子鲜红色。夏季开花，荚果 9 月成熟。

分布：在华东、华中、西南、华南等地，属国家二级保护树种。

应用：树形优美，枝叶茂盛，为优质绿化树种。可于草坪中孤植、群植，或列植路旁。其材质坚硬，心材暗赤略黄，边材淡黄褐色，兼有雅致的"影纹"，花纹色泽美观，为国产珍贵名材。是制作高级家具及雕刻、镶嵌等不可多得的良材。茎、根入药。

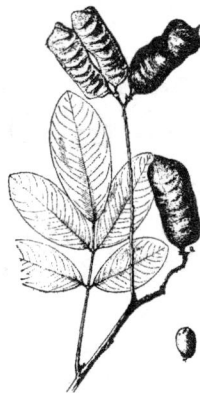

图 5 – 126 金合欢

图 5 – 127 花榈木

2）**红豆树** *Ormosia hosiei* Hemsl. et Wils.（见图 5 – 128）

形态：常绿乔木，高 20 m；树皮灰色。奇数羽状复叶，小叶 7 ~ 9 枚，长卵形至长椭圆状卵形，先端尖。圆锥花序顶生或腋生；萼钟状，密生黄棕色毛；花冠白色或淡红色，微有香气。荚果木质，扁平，圆形或椭圆形，先端喙状。种子鲜红色，光亮，近圆形，因种皮鲜红而得名。花于

4月开放,10—11月荚果成熟。

分布:中国特产,四川、湖北、江苏、浙江、陕西、福建、广西等地均有栽培,生长在河旁林边。

习性:喜光,幼树耐阴,要求湿润深厚肥沃的土壤。根系发达,易生萌蘖。

繁殖:播种繁殖。当年苗高可达 40 ~ 50 cm。管理上要注意培育主干,不使过早分枝。

应用:树冠呈伞状开展,浓荫覆地,花、果、种子均具观赏价值,在园林中可植为片林或作园中行道树。国家三级保护濒危种,由于经济价值很高,因砍伐利用致使分布范围愈益狭窄,成年树日益减少。木材坚重,有光泽,切面光滑,花纹别致,供作高级家具、工艺雕刻、特种装饰和镶嵌之用。种子鲜红色美观,可作装饰品。

图 5 - 128　红豆树

(2)香槐属 *Cladrastis* Raf.

香槐 *Cladrastis wilsonii* Takeda（见图 5 - 129）

形态:乔木,高 16 m。柄下裸芽叠生。奇数羽状复叶,小叶 9 ~ 11 枚,长椭圆形或矩圆状倒卵形,先端急尖;基部楔形。圆锥花序顶生或腋生,萼钟状,密生黄棕色短柔毛;花冠白色,花瓣近等长。荚果扁平,条形,密生短柔毛。花期 6—7 月,果熟 10 月。

习性:喜光,适应性强,在深厚肥沃的酸性土壤中生长较好。

繁殖:种子繁殖。

应用:香槐花具芳香,秋季叶片鲜黄色,适宜在园林绿地中种植观赏。

(3)槐属 **Sophora** L.

槐属约有 70 种,分布于亚洲及北美的温带。中国产 21 种,14 变种,2 变型。

1)槐(槐花树、国槐) *Sophora japonica* L.（见图 5 - 130）

图 5 - 129　香槐

图 5 - 130　国槐

形态:乔木,高25 m。树冠圆球形或倒卵形,干皮暗灰色,小枝绿色,皮孔白色,芽被青紫色毛。小叶 7 ~ 17 枚,卵形至卵状披针形,叶端尖,叶基圆形至广楔形,叶背有白粉及柔毛。花浅黄绿色,顶生圆锥花序。荚果肉质,串珠状。花期 6—9 月,果期 10—11 月。

分布:原产于中国北部,全国各地多有栽植,为中国北方重要的省市绿化树种。

习性:喜光,略耐阴,喜干冷气候,在高温多湿的华南也能生长。喜深厚排水良好的沙质土壤,

在石灰性、酸性及轻盐碱土上均可生长,萌芽力强,耐修剪。寿命极长,各地600多年的古槐较多。

繁殖:以播种繁殖为主,也可扦插,变种用嫁接法繁殖。一年生幼苗树干易弯曲,须密植,于落叶后截干,次年培育直干壮苗,要注意剪除下层分枝,以促使其向上生长。

应用:树冠宽广匀称,枝叶繁茂,树姿优美,老树尤显古老苍劲,寿命长且耐城市环境,为华北、西北城市绿化优良树种。宜作行道树、庭荫树、园景树、"四旁"绿化及厂矿区绿化树种。木材用途广,花蕾果实树皮枝叶均可入药。花富蜜汁,是重要蜜源树种。

2) 龙爪槐 *Sophora japonica* f. *pendula* Loud.

形态:落叶小乔木,枝条绿色,小枝弯曲下垂,树冠呈伞状。叶为羽状复叶,互生,小叶7～17枚,卵形或椭圆形。对二氧化硫、氯气等有毒气体有较强抗性。

习性:喜光,对土壤要求不严,较耐瘠薄。喜湿润、肥沃、深厚土壤。

繁殖:嫁接繁殖,接穗以休眠芽为好,接于槐树的1～2年生新枝上。

应用:龙爪槐为中国庭院中常用的特色树种,其姿态优美,富于民族特色情调,冬季落叶后仍可欣赏其扭曲多变的枝干和树冠。宜孤植、对植、列植。常被对植门前或庭院中,也适宜植于建筑前、道路旁、草坪边缘作为装饰性树种。

3) 蝴蝶槐(五叶槐) *Sophora japonica* var. *oligophylla* Franch.

形态:小叶3～5簇生,顶生小叶常3裂,侧生小叶下部常有大裂片,叶背有毛。

习性:在石灰性、酸性及轻盐碱土上均可正常生长;耐烟尘,对二氧化硫、氯气、氯化氢均有较强的抗性。

繁殖:播种繁殖。

应用:其叶形奇特,宛若千万只绿蝶栖于树上,堪称奇观,宜独植厅前、道旁及草坪边缘,为观赏价值很高的园景树,但不宜多植。

(4) 刺槐属 *Robinia* L.

柄下裸芽。奇数羽状复叶互生,小叶全缘,对生或近对生;具托叶刺。

刺槐属约有20种,产于北美及墨西哥,中国引进2种。

1) 刺槐(洋槐) *Robinia pseudoacacia* L.(见图5-131)

形态:落叶乔木,高10～25 m。树冠椭圆状倒卵形。树皮灰褐色,浅至深纵裂。奇数羽状复叶,互生,小叶7～19,椭圆形至卵状长圆形,先端钝或微凹,有小尖,基部圆形。总状花序腋生,花白色,芳香。荚果扁。花期4—5月,果期10—11月。

分布:原产于北美,20世纪初引入中国。为北方重要的生态建设树种。

习性:强阳性树,不耐荫庇。喜较干燥且凉爽气候,耐干旱、瘠薄。在石灰性土壤,酸性土、中性土及轻盐碱土上均能生长。在肥沃

图5-131 刺槐

湿润排水良好的低山丘陵、河滩、渠道边生长最快,不耐涝。速生,寿命短。浅根性,在风口处易发生风倒、风折。

繁殖:播种繁殖。秋季采种,干藏,春季浸种催芽后播种。也可插根、插条及根蘖繁殖。苗期应注意抹芽,剪徒长枝,及时去根蘖,以培育通直的主干。

应用:刺槐树体高大,树荫浓密,叶色鲜绿,花期长,开花时洁白串花挂满枝头,芳香四溢,适宜庭院、道路绿化种植。是各地郊区"四旁"绿化、铁路、公路沿线绿化常用树种,也是优良

的矿区绿化及水土保持、土壤改良、荒山造林树种。还是良好的蜜源植物。

变种、变型：

无刺刺槐 *Robinia pseudoacacia* f. *inermis* Mirbel Rehd.

形态：树冠开阔，树形帚状，高3 m，枝条硬挺而无托叶。

应用：用于庭荫树和行道树。

红花洋槐 *Robinia pseudoacascia* cv. *decaisneana*

形态：小乔木，高15～20 m。枝条有针刺，羽状复叶。花紫红色，总状花序呈穗状，具芳香。荚果扁平，种子肾形，花期5月；果期为9月。

习性：阳性，适应性强，抗寒耐旱，适于肥沃深厚的沙壤土。

应用：用于庭院绿化，可作庭荫树。

2）**毛洋槐** *Robinia hispida* L.

形态：落叶灌木。高1～2 m。茎、小枝及花梗密被紫红色刺毛。托叶不变为刺状，小叶7～13枚，广椭圆形至圆形，先端铺或具短凸尖。花粉红或紫红色，2～7朵成稀疏总状花序。荚果，具腺状刺毛。花期5月。

分布：原产于北美，中国华北及东北地区多有栽培。

习性：喜光，耐寒；喜肥沃湿润排水良好的土壤，也耐瘠薄。

繁殖：嫁接繁殖，常用刺槐作砧木。

应用：毛洋槐花大色艳，形似彩蝶，株形优美，宜于庭院、草坪边缘、街头绿地、园路旁丛植或孤植观赏，也可作基础种植用。用高接法能培育成小乔木状可作园内小路的行道树。

(5) **油麻藤属（黧豆属）Mucuna Adans.**

常春油麻藤 *Mucuna sempervirens* Hemsl.（见图5-132）

形态：常绿本质藤本，长约30 m。小叶3，纸质；顶端小叶较大，卵状椭圆形或卵状矩圆形，先端渐尖，基部圆楔形；下部两小叶较小，基部斜形。总状花序生于老茎；萼宽钟形，5齿；花较大，深亮紫色。荚果扁平条状，木质，种子间缢缩。花期4—5月，7—8月果熟。

分布：同属植物中国约有30种，主要产于南方温暖地区。常春油麻藤为油麻藤属分布最北的一种，产于陕西、四川、贵州、云南、湖北、河南、安徽、江西、福建、浙江等地。

图5-132　常春油麻藤

习性：喜温暖、半阴环境，喜湿润、疏松肥沃土壤。在石灰岩上生长更好。

繁殖：扦插、压条、种子繁殖。扦插、压条春、秋季节或雨季均可进行。播种可在春、秋两季进行。

应用：常春油麻藤是棚架、栅栏、裸岩、枯树、崖壁、沟谷等处垂直绿化的良好树种，宜在自然式庭院及森林公园中栽植。枝干苍劲，叶片葱翠，每年4月老枝上绽放出一串串紫色花朵，晶莹透亮，丰腴动人。到八九月，一根根长条状的荚果悬挂于老枝，随风摇摆，甚是壮观。杭州植物园中有株常春油麻藤，老干粗达25 cm以上，秋季长长的果实，挂满枝头，十分美观，根、茎、皮和种子均可入药。

(6) **紫藤属 Wisteria Nutt.**

落叶大藤木。奇数羽状复叶，互生；小叶互生，具小托叶。花序总状下垂，花篮紫色或白

色;萼钟形,5 齿裂;花冠蝶形,旗瓣大而反卷,翼瓣镰状,基具耳垂,龙骨瓣端钝;雄蕊 2 体(9 + 1)。荚果扁而长,种子间常略紧缩。

紫藤属约有 9 种,产于东亚及北美东部;中国约 3 种。

紫藤 Wisteria sinensis Sweet(见图 5 – 133)

形态:藤本。小叶 7 ~ 13 枚,卵状长圆形或卵状披针形,先端尖,基部阔楔形,幼叶两面密被白柔毛,成长后无毛。总状花序下垂,花蓝紫色,密集而生,有香味。荚果大,密生黄色绒毛。花期 4 月,果熟期 10 月。

分布:原产于中国,全国均有栽植。现国外也有栽培。

习性:喜光,略耐阴,较耐寒。对气候和土壤适应性较强,有一定的耐干旱、瘠薄和水湿的能力,以土层深厚、肥沃、排水好,避风向阳处生长最佳。不耐移植。

繁殖:扦插、压条、分株、播种、嫁接均可繁殖。苗木于 3 龄前移栽定植,宜多带侧根,带土定植。

图 5 – 133　紫藤

应用:紫藤是中国著名观花藤本,栽培历史在千年以上。其古藤蟠曲,紫花烂漫,枝繁叶茂,庇荫效果好,春天先叶开花,穗大而美,有芳香,为优良的垂直绿化树种,适宜花架、绿廊、枯树、凉亭、大门入口处绿化,也可以修剪成灌木状,孤植、丛植于草坪、入口两侧、坡地、山石旁、湖滨。配乳白色的建筑、棚架,特别优美,也常盆栽观赏或制桩景室内装饰。

(7)崖豆藤属 Millettia Wight et Arn.

1)网络崖豆藤(鸡血藤)Millettia reticulata Benth.(见图 5 – 134)

形态:藤本,茎长达 10 m 以上。花序和幼嫩部分有黄褐色柔毛。奇数羽状复叶互生,小叶 7 ~ 9 枚,长椭圆形、卵形或卵状椭圆形,先端钝,微凹,基部圆形;小托叶锥状。花紫色或玫瑰红色,圆锥花序顶生,下垂,花多而密集。荚果长条形,种子间缢缩。花期 5—8 月,果熟 10—11 月。

分布:产于华中、华南及西南。

习性:喜光稍耐阴,喜温暖湿润气候,不耐寒,耐瘠薄干旱,适应性强。在土壤深厚肥沃,排水良好处生长旺盛。

繁殖:播种、扦插、分株、压条均可繁殖。种子繁殖要注意果熟期及时采种,以免荚果开裂,种子散落。

图 5 – 134　鸡血藤

应用:鸡血藤枝、叶稠密,夏季紫花串串生于绿叶之间。适用于花架、花廊,大型假山、叠石、墙垣及岩石的攀援绿化。也可用于坡地、林缘、堤岸等地种植,任其枝蔓自由生长,宛如绿色地毯,也可作垂吊式栽培或修剪成灌木状配置草坪、湖滨等处。用作树桩盆景,亦甚相宜。种子有剧毒,不可误食。

2)香花崖豆藤 Millettia dielsiana Harms

形态:藤本。羽状复叶,小叶 5,长椭圆形、披针形或卵形,先端钝,基部圆形,下面疏生短柔毛或无毛;叶柄叶轴有短柔毛;小托叶锥状,与小叶柄几等长。圆锥花序顶生,密生黄褐色柔毛;萼钟状,密生锈色毛;花冠紫色,旗瓣外面白色,密生锈色毛。荚果条形,近木质,密生黄褐色绒毛。

分布:产于华东、华南、西南等地区。

应用:常用作树桩盆景。

(8)锦鸡儿属 *Caragana* Fabr.

锦鸡儿属约有100种,产于亚洲东部及中部;中国约产50种,主要分布于黄河流域。

1)锦鸡儿 *Camgana sinica* Rehd.(见图5－135)

形态:灌木,高约2 m。小枝细长,有棱。托叶三角形针刺状;小叶2对,倒卵形,羽状排列,上面1对通常较大。花单生,花梗中部有关节;花黄色带红晕,旗瓣狭长倒卵形。荚果稍扁。花期4—5月,果期7月。

分布:主要产于中国北部及中部,西南、华东也有分布。

习性:适应性强,喜光,耐寒,耐干旱瘠薄,忌湿涝,对土壤要求不严。

繁殖:多用播种繁殖,也可用分株、压条和根插。

应用:锦鸡儿枝叶秀丽,花色鲜艳,盛开似金雀。在园林绿化中可植于草地、路边、假山岩石旁,或作绿篱,亦可作盆景材料或做切花。还是良好的蜜源和水土保持树种。

图5－135 锦鸡儿

2)金雀儿(红花锦鸡儿)*Caragana rosea* Turcz. ex Maxim.

形态:灌木,枝直生,高1 m。小叶2对簇生,长圆状倒卵形;托叶硬化为细针刺状。花总梗单生,中部有关节;花冠黄色,龙骨瓣白色,或全为粉红色,凋谢时变红色。荚果圆筒形。花期4—5月,果期6—8月。

习性:喜光,喜干燥沙土,耐寒、耐旱、耐瘠薄。

分布:中国可在黄河以南地区种植。

繁殖:春、秋扦插为主,也可播种。易生吸枝,可自行繁衍成片。

应用:株型紧凑,叶片亮绿,金黄色小花密集,花期长,鲜艳。常作庭院绿化,地被植物,也可在路边、墙边群植,适合作为高速公路两旁的绿化带。

(9)刺桐属 *Erythrina* L.

乔木或灌木,很少草本。茎叶常有刺。叶互生,小叶3枚,花大,红色,2～3朵成束,排成总状花序;萼偏斜,佛焰状,或钟形,2唇状;花瓣不等大;雄蕊1束或2束。荚果线性,肿胀,种子间收缩成念珠状。

刺桐 *Erythrina orientalis variegata* L.(见图5－136)

形态:乔木,高20 m。干皮灰色,具圆锥形皮刺,叶大,小叶3枚,阔卵形或斜方状卵形;小托叶变为缩存腺体。总状花序,萼佛焰状,花冠鲜红色。荚果念珠状。种子暗红色。花期3月。果熟9月。

应用:刺桐花繁且艳丽,适合单植于草地或建筑物旁,可供公园、绿地及风景区美化,又是公路及市街的优良行道树,或作"四旁"绿化,北方可盆栽观赏。

图5－136 刺桐

10. 山梅花科 Philadelphaceae

木本。叶对生。花同型,均发育。萼片、花瓣为4或5,雄蕊10或多数。植物体有或无星状毛。蒴果。

（1）山梅花属 *Philadelphus* L.

落叶灌木。枝具白髓茎皮常剥落。单叶对生，基部 3 ~ 5 根主脉，全缘或有齿；无托叶。花白色，总状或聚伞状花序，稀为圆锥状；萼片、花瓣各 4 枚，雄蕊 20 ~ 40 枚；蒴果，4 瓣裂。

山梅花属约有 100 种，产北温带；中国约产 15 种，自西南、长江流域至东北广布。多为美丽芳香的观赏花木。

1）绢毛山梅花（建德山梅花）*Philadelphus sericanthus* Koehne（见图 5 - 137）

形态：灌木，高 1 ~ 3 m，枝条对生。单叶对生，有短柄；叶卵形至卵状披针形，缘具小齿，上面疏被短伏毛或无毛，下面沿脉有短伏毛。花序有 7 ~ 15 花；花梗被短伏毛；萼 4 裂片，外有短柔毛，宿存；花瓣 4 枚；雄蕊多数。花期 6 月，果期 7—8 月。

分布：中国浙江、湖南、江西、湖北、贵州、四川东部、云南东北部。

应用：花形美观，栽培供观赏。

图 5 - 137 绢毛山梅花

2）山梅花 *Philadelphus incanus* Koehne

形态：灌木，高 3 ~ 5m。树皮褐色，薄片状剥落，小枝幼时密生柔毛，后渐脱落。叶卵形或狭卵形，缘生细尖齿，表面疏生短毛，背面密生柔毛，脉上毛尤多。花白色；总状花序具花 5 ~ 11 朵，花期 5—7 月，果期 8—9 月。

习性：山梅花喜光，较耐寒，耐旱，怕水湿，不择土壤。

繁殖：用播种、分株、扦插繁殖。适时剪除枯老枝可强壮树势，开花更好。

应用：其花洁白如雪，多朵聚集，花期长，经久不谢，为优良的观赏花木。可栽植于庭园、风景区。成丛、成片栽植于草地、山坡、林缘，与建筑、山石等配置也很合适。亦可做切花材料。

3）太平花（东北山梅花、京山梅花）*Philadelphus pekinensis* Rupr.

形态：丛生灌木，高 2 m。树皮栗褐色，薄片状剥落；枝对生，小枝紫褐色。叶卵状椭圆形，缘疏生小齿，叶柄带紫色。花 5 ~ 9 朵组成总状花序；萼宿存，花瓣 4 枚，乳黄色，微香。蒴果陀螺形。花期 6 月，9—10 月果熟。

分布：产于中国北部及西部，各地庭院常有栽培。

习性：喜光，耐寒，喜肥沃湿润排水良好的土壤，耐旱，不耐积水。

繁殖：播种、扦插、分株繁殖。小枝易枯，应及时修剪枯老枝及残花，以保证植株整齐繁茂。

应用：太平花枝叶茂密，花乳黄而淡香，多朵聚集，花期长，是北方初夏优良的花灌木。宜丛植草地、林缘、园路拐角和建筑物前，亦可作为自然式花篱或大型花坛中心栽植材料。在古典园林中于假山石旁点缀，尤为得体。

（2）溲疏属 *Deutzia* Thunb.

落叶灌木，稀常绿。通常有星状毛，小枝中空。单叶对生，有锯齿；无托叶。圆锥或聚伞花序；萼、瓣各 5 枚，雄蕊 10 枚，很少更多，花丝顶端常有 2 个尖齿；蒴果 3 ~ 5 瓣裂。中国约有 50 种；各省均有分布，以西南最多。许多种可作观赏花木种植。

溲疏 *Deutzia scabra* Thunb.（见图 5 - 138）

形态：灌木，高 2.5 m。树皮薄片状剥落。小枝赤褐色，幼时有星状柔毛。叶长卵状椭圆形，缘有不明显小齿，两面有星状毛。圆锥花序，有星状毛；萼外密有锈色星状毛；花瓣 5 枚，白色或略带粉红色。蒴果近球形。花期5—6月;果熟期10—11月。

分布:产于中国长江流域各省,野生山坡灌木丛中。

习性:喜光,略耐阴。喜温暖湿润气候,有一定的耐旱抗寒力。对土壤要求不严,喜肥沃的微酸性和中性土壤。性强健,萌芽力强,耐修剪。

繁殖:扦插、播种、压条、分株繁殖,每年落叶后对老枝进行分期更新,以保持植株繁茂。

应用:溲疏夏季开白花,花繁素雅,花期较长。常丛植于草坪一角、建筑旁、林缘、山坡、路边,若与花期稍晚的山梅花配置,则次第开花,可延树丛的观花期,也可植花篱、作岩石园种植材料。花枝可切花插瓶。

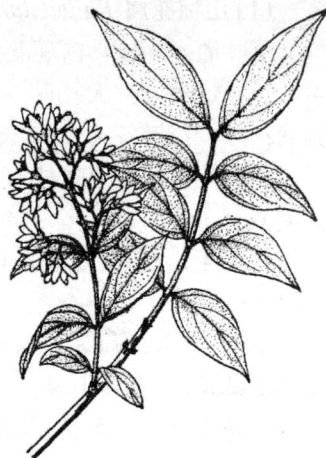

图5-138　溲疏

11. 绣球科 Hydrangeaceae

绣球科约有85种,产于东亚及南、北美洲。中国约产45种,西南、华南至华北广布,多数种类分布于西南、华南。

绣球属 Hydrangea L.

(1)绣球(八仙花) *Hydrangea macrophylla* (Thunb.) Seringe (见图5-139)

形态:落叶灌木,高3~4 m。小枝粗壮,皮孔、叶迹明显。叶对生,椭圆形或倒卵形,大而稍厚有光泽,缘有粗锯齿,无毛或仅背脉有粗毛。伞房花序顶生,多为不孕花,密集成球状,径达20 cm,不孕花具4枚花瓣状萼片,白色、蓝色或粉红色。花期5—7月。

分布:原产于中国及日本,中国各地园林及民间常有栽培。

习性:喜温暖气候,阴湿环境,不耐寒。喜肥沃、湿润、排水良好的酸性土壤。栽培土壤酸碱度直接影响花色,在pH值为4~6时,花色多呈蓝色,在pH值为7.5以上时则呈红色。

图5-139　绣球

繁殖:扦插繁殖为主,也可压条和分株繁殖。栽培宜选择半阴环境,不宜浇水过多,防止烂根。花后及时修剪,以促发新枝。

应用:花球大而美丽,花期长,耐阴,栽培容易。开花时,花团锦簇,色彩多变,极富观赏价值。常配置在池畔、林荫道旁,树丛下,庭园的荫蔽处,建筑北面,亦可配置于假山,列植作花篱、花境及工矿区绿化,还可盆栽布置厅堂会场,同时也是窗台绿化和家庭养花的好材料。

(2)圆锥绣球(圆锥八仙) *Hydrangea paniculata* Sieb.(见图5-140)

形态:小乔木或灌木,高8 m。小枝粗壮略方形,有短柔毛。叶对生,有时枝上部3叶轮生,椭圆形或卵形,缘有内弯细锯齿,表面幼时有毛,背面有刚毛及短柔毛,脉上尤多。圆锥花序顶生;不育花具4萼片,全缘,白色,后变淡紫色;可育花白色,芳香。花期8—9月。

习性:多生于溪边或湿地,耐寒性不强。

应用:常栽于庭院观赏。根制烟斗,为著名土特产原料。

(3)中国绣球(伞八仙、伞形绣球、绣球八仙) *Hydrangea chinensis* Maxim.(见图5-141)

形态:落叶灌木,高1 m,小枝暗紫色。叶对生,倒卵状矩圆形至椭圆形,两面均生毛,脉腋

间有束毛;叶柄也有毛。伞形花序式聚伞花序,放射花具 4 枚萼瓣,缘有齿;可育花黄色;萼筒疏生粗伏毛,裂片 5 枚,花瓣 5 枚,离生;雄蕊 7~10 枚,蒴果近椭圆形。

分布:浙江、福建、江西、安徽、湖北、湖南、广西。

习性:生于溪边灌丛或林下阴湿处。

图 5-140　圆锥绣球

图 5-141　中国绣球

(4)蜡莲绣球 *Hydrangea strigosa* Rehd.(见图 5-142)

形态:落叶灌木,高 2~3 m。幼枝有伏毛。叶对生,卵状披针形至矩圆形,缘有小锯齿,齿端有硬尖,上面疏生伏毛或近无毛,下面全部或仅脉上有粗毛。伞房状聚伞花序顶生;花序四周是几朵不孕花,花萼白色,花瓣 4 枚;中间是蓝紫色的能育花。雄蕊 10 枚。蒴果半球形,除宿存花柱外,全部藏于萼筒内。花期 8—9 月。

分布:产于长江以南各地。

习性:生于林下。

应用:花序大,不孕性花白色或淡红色,十分艳丽,适合园林中栽培观赏。

图 5-142　蜡莲绣球

12. 野茉莉科(安息香科) Styracaceae

野茉莉科约有 12 属 180 多种,多分布于美洲和亚洲的热带和亚热带地区以及欧洲南部。中国有 9 属,约 60 种,多在长江以南地区。本科植物大部分可供观赏用。

(1)野茉莉属(安息香属) *Styrax* L.

乔木或灌木。叶全缘或稍有锯齿,被星状毛,叶柄较短。总状或圆锥花序腋生或顶生;萼钟状,微 5 裂,宿存;花冠 5 深裂;雄蕊 10 枚,花丝基部合生。核果球形或椭圆形。

野茉莉属约 100 种,分布于亚洲、北美洲及欧洲的热带或亚热带地区。中国约 30 种,主要产长江以南各地,大多为观赏树木。

1)野茉莉(安息香) *Styrax japonicus* Sieb. et Zucc.(见图 5-143)

形态:落叶小乔木,高可达 10 m。树皮灰褐色或黑褐色;嫩枝及叶有星状毛,后渐脱落;叶椭圆形或倒卵状椭圆形,背面脉腋有簇生星状毛。花单生于叶腋或 2~4 朵组成总状花序,下垂;花萼钟状,花冠白色,雄蕊 10 枚,等长。核果近球形。花期 6—7 月,果期 9—10 月。

习性:喜光,稍耐阴,耐贫瘠土壤。

繁殖:播种繁殖。

应用:树形优美,花果下垂,盛开时繁花似雪。园林中可作庭园观赏树,也可作行道树。若用于水滨湖畔或阴坡谷地、溪流两旁,在常绿树丛边缘群植,白花映于绿叶中,风景独好。

2)郁香野朵莉(芬芳安息香)Styrax odoratissimus Champ.

形态:灌木或小乔木,高10 m。树皮灰褐色。叶两侧多少有些不对称。花单生或2~6朵成总状花序,或因小枝上部叶片退化而似成狭的圆锥花序;花冠裂片5枚,在花蕾中覆瓦状排列;果近球形,顶具凸尖;种子被褐色星状鳞片。花期4—5月,果期7—8月。

繁殖:种子繁殖。

3)玉铃花 Styrax obassia Sieb. et Zucc. (见图5-144)

图5-143 野茉莉

图5-144 玉铃花

形态:小乔木或灌木,高可达10 m,树皮灰褐色。叶两型,小枝下部的两叶近对生,形略小,叶柄不膨大;上部的叶互生,椭圆形至宽倒卵形,叶柄基部膨大成鞘状而包着冬芽,下面生灰白色星状绒毛。花白色或略带粉红色,单生上部叶腋和10余朵成顶生总状花序;花冠覆瓦状排列。核果卵形至球状卵形,顶具凸尖。花期5—6月,果期8月。

分布:分布于辽宁、安徽、浙江、湖北、江西等省。

习性:生于背阴山坡、湿谷的杂木林内。

应用:花美丽、芳香,可供观赏及提取芳香油。

(2)秤锤树属 Sinojackia Hu

秤锤树属为中国特产,有3种。

秤锤树 Sinojackia xylocarpa Hu(图5-145)

形态:落叶乔木,高达6 m。叶椭圆形至椭圆状卵形。聚伞花序腋生,具3~5朵花,形似总状花序;花白色,花梗长,顶有关节;花冠裂片6~7枚,雄蕊12~14枚,被星状毛和短柔毛;果卵形木质,红褐色有白色斑纹,具钝或尖的圆锥状喙,形似秤锤。花期4—5月,果期8—9月。

分布:中国特产,仅产于江苏南京及附近地区。江苏、浙江、湖北、山东等地有栽培。国家二级保护濒危种。

习性:阳性树,喜深厚、肥沃和排水良好的砂质土壤。稍耐旱,忌水淹。

繁殖:常用播种和扦插繁殖。以嫩枝扦插成活率较高。

应用:秤锤树枝叶浓密,色泽苍翠,初夏盛开白色小花,似片片雪花覆盖树梢,秋季叶落后宿存的悬挂果实,粒粒下垂,似秤锤挂满树枝,蔚为奇观。秤锤树是一种优良新奇的观花、观果树种和造林树种,适合于山坡、林缘和窗前栽植。

13. 山茱萸科 Cornaceae

山茱萸科约有 15 属,110 余种,主要产于北温带至热带高山地区。中国产 8 属 65 种,除新疆外,广布于各省区。

(1)梾木属 *Swida* Opiz

乔木或灌木,稀草本,多为落叶性。单叶对生,稀互生,全缘,常具 2 叉贴生柔毛;花小,两性,聚伞或伞形花序,花序下无叶状总苞片或有 4 总苞片;花部 4 数;子房下位。核果。

梾木属约有 42 种,我国有 25 种,全国除新疆外,其余各省均有分布,而以西南地区的种类为多。

图 5-145　秤锤树

1)毛梾(车梁木) *Swida walteri*(Wanger.)Sojak(见图 5-146)

形态:落叶乔木,高 6～14 m。树皮暗灰色,常纵裂成长条。叶对生,卵形或椭圆形,先端渐尖,基部楔形,叶表有贴伏柔毛,叶背毛更密。顶生伞房状聚伞花序;花白色。核果球形,熟时呈黑色。花期 5—6 月,果期 9—10 月。

分布:河北、山西及长江以南各省区。

习性:喜光、耐旱、耐寒。

繁殖:种子繁殖。

应用:毛梾枝叶茂密、白花可赏,可作行道树用。木材坚硬,高档家具或木雕之用;种子榨油供食用或作高级润滑油。

2)光皮毛梾 *Swida wilsoniana*(Wanger.)Sojak

形态:落叶乔木或灌木,高 5～18 m。树皮光滑,带绿色。叶对生,狭椭圆形至阔椭圆形,顶端短渐尖,基部楔形,密被白色贴伏短柔毛及细小的乳头状凸起,侧脉弓形弯曲。圆锥状聚伞花序近于塔形,顶生;花白色,花瓣条状披针形至披针形。核果球形,蓝黑色。

图 5-146　毛梾

分布:湖北、湖南、贵州、四川、广东、广西。

3)红瑞木 *Swida alba* Opiz(见图 5-147)

形态:落叶灌木,高 3 m。树皮暗红色,小枝血红色,常被白粉,髓大白色。叶对生,卵形至椭圆形,叶端尖,叶基圆形或广楔形,全缘,叶表暗绿色,叶背粉绿色,两面散生贴伏毛。花小黄白色,顶生伞房状聚伞花序。核果斜卵圆形,成熟时白色或稍带蓝紫色。花期 5—6 月,果期 8—9 月。

习性:喜光,耐寒,喜凉爽湿润气候及半阴环境。喜湿润、肥沃、排水良好的砂壤土或冲积土。

繁殖:用播种、扦插和压条法繁殖。

应用:红瑞木秋叶鲜红,小果乳白带蓝,落叶后枝干红艳如珊瑚,是少有的观花、观果、观枝、观叶灌木,也是良好的切枝材料。园林中多丛植草坪;林缘及建筑物前或与常绿乔木相间种植,产生红绿相映之效果。如与绿枝棣棠、金枝瑞木配置,形成五彩的观枝效果,在冬季衬以

白雪则相映成趣,色彩更为显著。又可作自然式绿篱,赏红枝白果。还可植于河边、湖畔、堤岸,起护岸固土的作用。

(2)灯台树属 _Bothrocaryum_ Pojark

灯台树(瑞木) _Bothrocaryum controversum_ (Hemsl.)Pojark

形态:落叶乔木,高达20 m。树皮暗灰色,枝条紫红色。叶互生,常集生枝梢,卵状椭圆形至广椭圆形,先端骤渐尖,基部圆形,叶表深绿,叶背灰绿色,疏生贴伏柔毛。伞房状聚伞花序顶生,花小,白色。核果球形,紫红色至蓝黑色。花期5—6月,果期9—10月。

分布:主要产于中国长江流域及西南地区,北达东北南部,南至两广及台湾地区。属珍贵稀有乡土树种。

习性:喜光,耐侧面阴。喜温暖湿润气候及半阴环境,有一定耐寒性。对土壤要求不严,宜在肥沃湿润疏松排水良好的砂质土壤中生长。

图5-147　红瑞木

繁殖:以播种为主。北方栽培,苗期越冬需防寒。

应用:灯台树树形整齐,树干端直,大侧枝呈层状生长宛若灯台。其以树姿优美奇特,枝条紫红,叶形秀丽,花白素雅,花后累累圆果紫红鲜艳而独具特色,为园林中绿化珍品。宜独植于庭院草坪观赏,也可作庭荫树及行道树。其木材材质好,可供建筑及雕刻。

(3)山茱萸属 _Cornus_ L.

山茱萸 _Cornus officinalis_ Sieb. et Zucc.

形态:落叶灌木或小乔木,高10 m。枝黑褐色,嫩枝绿色。叶对生,卵状椭圆形,叶端渐尖,基部楔形,两面有毛,背面脉腋密生黄褐色簇毛。伞形花序腋生;序下有4小总苞片;花黄色,花萼4裂,花瓣4枚。核果椭圆形,熟时红色,花期5—6月,果期8—10月。

习性:喜光,喜温暖湿润气候,较耐寒,喜肥沃湿润而排水良好的砂壤土。

繁殖:播种繁殖。

应用:其果似玛瑙,是很好的观花、观果树种,宜在草坪、林缘、路边、亭际及庭院角隅处丛植,也适于在自然风景区成丛种植。果实(称萸肉)为重要中药。

(4)四照花属 _Dendrobenthamia_ Hutch.

灌木或小乔木。花两性,头状花序,序下有大总苞片。核果椭圆形或卵形。

四照花属中国有15种,分布于长江以南。

1)四照花 _Dendrobentnamia japohica_ var. _chinensis_ Fang.(见图5-148)

形态:落叶灌木或小乔木,高9 m。嫩枝有白色柔毛。叶对生,卵形或卵状椭圆形,叶背粉绿色,两面有白柔毛,叶背脉腋簇生白色或黄色毛。头状花序近球形,序基有4枚白色花瓣状总苞片,卵形或卵状披针形;萼4裂;花瓣4枚,黄色;雄蕊4枚;花盘垫状。果球形,紫红色。花期5—6月,果期9—10月。

分布:原产于中国长江流域及西南各省区,陕西、甘肃、山西、河南也有分布。

习性:喜光,耐半阴,喜温暖、湿润气候,有一定耐寒力,适生于湿润而排水良好的沙质土壤。

繁殖:常用分蘖、扦插及播种法繁殖。

应用:枝条疏散,树姿优美,初夏开花,白色总苞覆盖满树,光彩耀目;绿叶光亮,入秋变红;

秋季红果满枝,玲珑剔透,为著名观赏花木。配置时可用常绿树为背景而丛植于草坪、路边、林缘、池畔、亭、榭旁,夏观玉花,秋赏红果和红叶。果可生食及酿酒。

2) **香港四照花** *Dendrobenthamia hongkongensis*(Hemsl.)Hutch.

形态:常绿乔木或灌木。幼枝被褐色柔毛,后脱落。叶对生,厚革质,矩圆形、倒卵状矩圆形,顶端渐尖,基部宽楔形或钝尖,幼叶疏被褐色细毛;嫩叶粉红色或浅黄色后转绿色,冬季及早春叶紫红色。头状花序近球形,4 枚白色花瓣状总苞片宽椭圆形,顶端锐尖;花瓣 4 枚,黄色;雄蕊 4 枚;花盘环状。果序球形,黄色或红色。花期 5—6 月,果期 11—12 月。

分布:浙、赣、湘、闽等省。

习性:抗寒抗旱,耐贫瘠耐移植。

图 5 - 148　四照花

应用:树形优美,花白色,有香味,非常雅致。果色鲜艳美观。香港四照花是集观叶、观花、观果于一体的优良景观树木。尤其是冬季及早春全树紫红色,极其壮观。其是极具开发前景的乡土彩叶、赏花、观果树种。果实可食及酿酒。

(5) **桃叶珊瑚属** *Aucuba* **Thunb.**

桃叶珊瑚属约有 12 种,中国有 10 种,分布于长江以南。

1) **桃叶珊瑚** *Aucuba chinensis* Benth.(见图 5 - 149)

形态:常绿灌木。单叶对生,有齿或全缘。小枝被柔毛,老枝有白色皮孔。叶薄革质,矩圆形,先端具尾尖,基部楔形,全缘或中上部有疏锯齿,叶背有硬毛。花紫色,总状圆锥花序。浆果状核果,深红色,花柱宿存。花期 3—4 月,果期 10—11 月。

图 5 - 149　桃叶珊瑚

分布:主要分布于台湾地区及福建、广东、广西、海南、云南、四川、湖北等省。

习性:耐阴,喜温暖湿润气候,不耐寒。在林下肥沃湿润而排水良好的土壤中生长良好。

应用:桃叶珊瑚枝繁叶茂,极耐阴,为良好的耐阴观叶、观果树种,宜配置于林下极阴处,也可配置于假山石边作花灌木的陪衬,或作林缘树丛的下层配置,亦甚协调得体。又可盆栽供室内观赏,枝叶可用作插瓶材料。

2) **洒金桃叶珊瑚(花叶青木)** *Aucuba japonica* var. *variegata* Rehd.

形态:常绿灌木。小枝粗圆。叶椭圆状卵圆形至长椭圆形,叶面生有不规则小黄色斑点,先端尖,边缘疏生锯齿。圆锥花序顶生,花小,紫红色或暗紫色。浆果状核果,鲜红色。花期 3—4 月。果熟期 11 月至翌年 2 月。

习性:喜湿润、排水良好、肥沃的土壤。极耐阴,夏季怕光曝晒。不甚耐寒。

繁殖:扦插极易成活,也可用播种繁殖。

应用:叶色青翠光亮,密有黄色斑点,果实鲜艳夺目,适宜庭院、池畔、墙隅和高架桥下点缀,还可盆栽于室内、厅堂陈设。

14. 蓝果树科 Nyssaceae

落叶乔木,稀为灌木。单叶互生,全缘,稀有疏齿。花单性或杂性,异株或同株,头状、总状或伞形花序;萼小;花瓣 5 枚或更多,覆瓦状排列。

蓝果树科共 2 属,约 11 种,分布于亚洲东南部和北美东部。中国有 2 属,约 10 种,分布于西南和长江以南各省区。本科多为高大乔木,树冠圆形,生长迅速,为优良的庭园树和行道树。

(1) 蓝果树属 *NyssaGronov. ex L.*

落叶乔木。花单性异株或杂性,伞房、伞形或总状花序。雄花多数,腋生;萼杯状,5 齿裂;花瓣 5 枚,着生于花盘的边缘;雄蕊 5 ~ 10 枚。雌花基部有小苞片,1 至数朵簇生于花序梗上;萼钟状,5 齿裂;花瓣小;雌蕊 5 ~ 10 枚,花盘不太发达。核果。

蓝果树属约有 10 种,分布于北美和亚洲,中国有 6 种。

蓝果树(紫树) *Nyssa sinensis* Oliv.(见图 5 - 150)

形态:落叶乔木,高 30 m。树皮灰褐色,浅纵裂;小枝紫绿色,有毛。叶互生,纸质,椭圆形或长卵形。聚伞状短总状花序,花小,绿白色。核果深紫蓝色,后转深褐色。花期 4 月,果期 9 月。

分布:产于长江流域及华南地区。

习性:喜温暖向阳,在土层深厚肥沃酸性土壤上生长良好。

繁殖:播种繁殖。

应用:本树高耸挺拔,枝叶荫浓。新叶萌发及深秋落叶时均呈红色,十分鲜艳,是优良的景观绿化彩叶树种,也是中国南方著名的秋色叶树种。适宜在草地孤植、丛植,亦可作为庭荫树或行道树,也造合在森林公园和自然风景区营造风景园林。应与常绿树配合种植,秋季红绿相衬,显得格外美丽。其果实成熟时呈现紫蓝色,也非常美观。

图 5 - 150　蓝果树

(2) 喜树属 *Camptotheca* Decne.

喜树属仅 1 种,中国特产。

喜树(旱莲木、千丈树) *Camptotheca acuminate* Decne.(见图 5 - 151)

形态:落叶乔木,高达 30 m。单叶互生,长卵形,叶背疏生短柔毛,叶柄常带红色。花单性同株,头状花序具长柄;雌花序顶生,雄花序腋生;花小,淡绿色;萼 5 齿裂,花瓣 5 枚。坚果香蕉形,有窄翅,集生成球形。花期 7 月,果熟期 11 月。

分布:喜树为国家重点保护野生植物。中国西南部和中南部,东部、中部常见栽培。

习性:喜光,稍耐阴。喜温暖湿润气候,不耐寒,喜深厚肥沃湿润土壤,较耐水湿,不耐干旱瘠薄土地,酸性、微碱性土都能适应。

繁殖:播种繁殖。

图 5 - 151　喜树

应用:喜树生长迅速,树姿雄伟,叶荫浓郁,花清雅,果集生,为中国阔叶树中的珍品之一,具有很高的观赏价值。作庭荫树、行道树或供公园、庭园、居民新村绿化美化。

15. 珙桐科 Davidiaceae

珙桐科仅有 1 属,1 种,中国特产。

珙桐属 *Davidia* Baill.

珙桐(鸽子树、水梨子) *Davidia involucrata* Baill.(见图 5 - 152)

形态:落叶大乔木,高 15 ~ 20 m。树冠圆锥形;树皮深灰褐色,呈不规则薄片状脱落。单叶互生,宽卵形,先端渐尖,基部心形,缘有粗锯齿,叶背密生短柔毛。花杂性同株;由多数雄花

和一朵两性花组成顶生头状花序;花序下有 2 白色大苞片;核果长卵形,紫绿色,有黄色斑点。花期 4—5 月,果期 10 月。

分布:甘肃、陕西、湖北、湖南、四川、贵州和云南等 40 多个县。

习性:喜半阴、温凉湿润气候,尤喜空气湿度高。略耐寒,宜深厚、湿润、肥沃而排水良好的酸性或中性土壤。

繁殖:播种繁殖,播前应除去果肉,催芽处理。出苗后应搭荫棚。本种早已引入欧洲,在西欧、北欧生长良好,开花繁盛。国内目前引种至许多城市,但只能盆栽,无露地栽培的经验。

应用:珙桐为国家一级保护树种。树体高大,树形优美,花形似鸽子展翅,白色的大苞片似鸽子的翅膀,暗红色的头状花序如鸽子的头部,绿黄色的柱头像鸽子的嘴,盛花时节,远观似白鸽万羽栖树端,蔚为壮观,故有"中国鸽子树"之称。它是世界著名的庭荫树、行道树,宜植于温暖地带较高海拔地区的庭院、山坡、池畔、溪旁及疗养所、宾馆、展览馆附近,并有和平的象征意义。

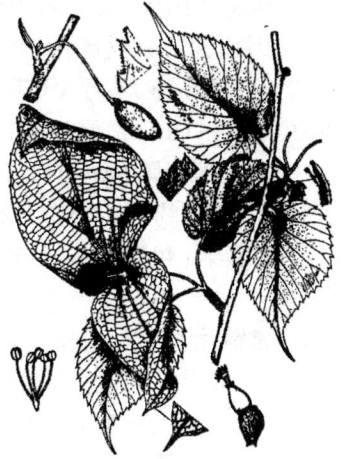

图 5 - 152　珙桐

16. 五加科 Araliaceae

五加科约有 80 属,900 多种,分布于热带至温带地区。中国约有 22 属,160 余种,除新疆未发现外,分布于全国各地,以西南地区较多。

(1) 五加属 *Acanthopanax* Miq.

五加属约 50 种,主要产于亚洲东部。我国有 26 种,分布几遍及全国。

五加(细柱五加、五加皮) *Acanthopanax gracilistylus* W. W. Smith (见图 5 - 153)

形态:灌木,高 2～5 m。有时蔓生状。无刺或在叶柄基部有刺。掌状复叶在长枝上互生,在短枝上簇生;小叶 5 枚,中央 1 片最大,倒卵形至披针形,缘有细齿。伞形花序腋生,或单生短枝上;花 5 朵,黄绿色。浆果紫黑色,扁球形。花期 5 月,果 10 月成熟。

习性:喜光、喜肥沃疏松的腐殖土。

应用:孤植、丛植或与其他乔灌木配置于庭院路边、假山边,亦可作绿篱材料。根皮泡酒有祛风湿强筋骨的药效。

(2) 刺楸属 *Kalopanax* Miq.

刺楸 *Kalopanax septemlobus* (Thunb.) Koidz. (见图 5 - 154)

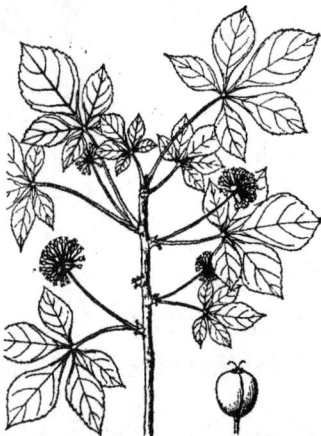

图 5 - 153　五加

图 5 - 154　刺楸

形态:落叶乔木,高达 30 m。枝具粗硬皮刺。叶在长枝互生,在短枝簇生;掌状 5～7 裂,缘有齿。复花序顶生;花白色或淡绿色。核果球形,篮黑色。花期 7—8 月;果熟 10 月。

分布:中国从东北南部、华北、长江流域至华南、西南均产。

习性:喜光,对气候适应性强。喜土层深厚湿润的酸性或中性土壤。

应用:树冠伞形,叶大干直,树形壮观并富野趣,宜自然风景区绿化种植,也可在园林作庭荫树、孤植树。在低山区是重要造林树种。

(3)鹅掌柴属 *Schefflera* Forst.

鹅掌柴属约有 200 种,主要产于热带及亚热带地区。中国约 37 种,广布于长江以南。

鹅掌柴(鸭脚木) *Schefflera octophylla*(Lour.)Harms(见图 5-155)

形态:常绿乔木或灌木,高达 15 m。掌状复叶互生,小叶 6～9,长卵圆形或椭圆形,革质。花白色,芳香;伞形花序集成大圆锥花序,顶生;萼 5～6 裂;花瓣 5 枚,肉质。果球形。花期 11—12 月,果期 12 月至翌年 1 月。

分布:广布于华南各省区和台湾地区。

习性:喜暖热湿润气候和肥沃的酸性土壤。

繁殖:播种繁殖。

应用:植株紧密,树冠整齐优美,可作草地丛植或盆栽室内观赏,或作园林中的掩蔽树种用。

图 5-155　鹅掌柴

(4)常春藤属 *Hedera* L.

常绿攀援灌木,茎上具气生根。单叶互生,全缘或浅裂,有柄。花两性,单生或总状伞形花序顶生;花萼全缘或 5 裂,花瓣 5 枚,浆果状核果。

常春藤属约有 5 种,中国野生 1 变种,引入 1 种。

常春藤(中华常春藤) *Hedera nepalensis* var. *sinensis*(Tobl.)Rehd.(见图 5-156)

形态:常绿藤本,长 20～30 m。茎借气生根攀援生长,嫩枝有锈色斑片。叶互生,2 型性,不育枝上叶三角状卵形或戟形,全缘或 3 裂;花枝上叶椭圆状披针形或披针形,全缘。伞形花序单生或 2～7 顶生,花淡绿白色,芳香。核果球形,熟时红色或黄色。花期 8—9 月,果期翌年 4—5 月。

分布:华中、华南、西南及西北的甘肃、陕西。

习性:适应性强,极耐阴,较耐寒。对土壤和水分要求不严,宜中性或微酸性土壤。

繁殖:极易生根,以扦插繁殖为主。

图 5-156　常春藤

应用:常春藤是优美的攀援植物,叶形秀美,四季常青,极耐室内环境。在庭院中可用于攀援假山、岩石,或在建筑物阴面垂直绿化。也可盆栽供室内观叶,令其攀附或悬垂均较雅致。小型植株可作为桌饰。还可作插花切枝或作荫处地被。

(5)树参属 *Dendropanax* Decne et Planch.

树参属约有 80 种,分布于热带美洲和亚洲东部,中国有 14 种和 1 变种,产于西南部至东南部。

树参 *Dendropanax dentiger* (Harms) Merr.

形态:乔木或灌木。叶有许多半透明红棕色腺点,2型,不裂或掌状深裂;不裂叶生于枝下部,椭圆形、椭圆状披针形至披针形;分裂叶生于枝顶,倒三角形,有2~3掌状深裂;全缘或有锯齿,三出脉。伞形花序顶生、单生或2~5聚成复伞形花序;萼5小齿,花瓣5枚,淡绿白色;雄蕊5枚,花柱5根,基部合生,顶端分离,果期离生部分向外反曲。果几球形,有5棱,每棱各具纵脊3。花期8—10月,果期10—12月。

习性:喜温暖、潮湿和适当庇荫的环境。要求酸性土壤,忌积水,畏寒冻。

繁殖:用播种繁殖。

应用:树参四季常青,可作风景区的骨干树种和林层下的辅佐树种。根、树皮及叶可入药。

(6)八角金盘属 *Fatsia* Decne et Planch.

常绿灌木或小乔木。叶大,掌状5~9裂,叶柄基部膨大。花两性或杂性,伞形花序再集成大圆锥花序顶生;花部5数,花盘宽圆锥形。果近球形,黑色,肉质。

八角金盘属共2种,分别产于日本和中国台湾。

八角金盘 *Fatsia japonica* Decne et Planch. (见图5-157)

形态:常绿灌木,高5 m,常数干丛生。叶掌状7—9深裂,基部心形或截形,裂片卵状长椭圆形,缘有齿,表面有光泽;叶柄长10~30 cm。花小白色,伞形花序集成大型圆锥花序,顶生。夏秋间开花,翌年5月果熟。

分布:原产于日本,现中国南方多有栽培,华北地区温室盆栽。

习性:喜阴湿或半阴环境及温暖湿润的气候,不耐旱,耐寒性不强,长江以南地区可露地冬。

繁殖:常扦插繁殖。

应用:八角金盘是优美的观叶树种。叶形特殊而优雅,叶色浓绿光亮,耐阴。其是美化宾馆、饭店,会场布置、家庭装饰的理想植物。江南暖地可露地栽培,布置在庭前、门旁、篱下、水边、桥侧、建筑物或山体背明面,或大片植于草地边缘和林下,也适合工厂绿地种植。

图5-157　八角金盘

17. 忍冬科 Caprifoliaceae

忍冬科约有15属;450种,分布于温带,中国有12属约270种,分布于全国各地。

(1)锦带花属 *Weigela* Thunb.

落叶灌木,髓心坚实,冬芽有数片尖锐的芽鳞。单叶对生,有锯齿,无托叶。花较大,聚伞花序。花冠漏斗状钟形,两侧对称,顶端5裂;雄蕊5枚,短于花冠;子房2室,伸长,每室有胚珠多数。蒴果长椭圆形,有喙,开裂为2果瓣,种子多数,常有翅。绵带花属约有12种,产于亚洲东部。中国有6种,产于中部、东南部及东北部。

1)锦带花 *Weigela florida* (Bunge) A. DC. (见图5-158)

形态:灌木,高达3 m。枝条开展,幼枝具2列短柔毛。叶椭圆形或卵状椭圆形,顶端渐尖,基部圆形至楔形,缘有锯齿,表面脉上有毛,背面

图5-158　锦带花

毛密。花大,鲜紫玫瑰色,1~4 朵成聚伞花序;萼片 5 裂,花冠漏斗状钟形,裂片 5 枚。蒴果柱形,花期 4—6 月,果熟期 10 月。

分布:中国东北、河北、山西、江苏北部。

习性:喜光,耐半阴。耐寒、忌积水。对土壤要求不严,但以深厚肥沃土壤中生长最佳。萌芽、萌蘖力强,生长迅速,对氯化氢等有毒气体抗性较强。

繁殖:扦插、分株、压条,也可播种繁殖。

应用:枝叶繁茂,花色艳丽,花期长达两个月之久,是华北地区春季主要观花灌木之一。可丛植或群植于草坪、庭院角隅、湖畔、坡地、林缘或密植为花篱。

2)**半边月(水马桑)** *Weigela japonica* Thunb. var. *sinica* (Rehd.) Bailey. (见图 5-159)

形态:灌木至小乔木。叶卵形似椭圆形,顶端渐尖至长渐尖,基部圆形至纯,边有锯齿,上面疏生短柔毛,下面毛较密。花大,白色至红色,花冠漏斗状钟形。

3)**海仙花** *Weigeld coraeensis* Thunb.

形态:灌木。小枝粗壮,无毛或近无毛,叶阔椭圆形或倒卵形,顶端尾状,基部阔楔形,边缘具钝锯齿。花冠漏斗状钟形,初时白色,岩变深红色,花期 5—6 月。

图 5-159 半边月

(2)忍冬属 *Lonicera* L.

灌木或藤本。皮部老时呈纵裂剥落。单叶对生,全绿稀有裂,无托叶。花成对腋生,稀 3 朵顶生,有苞片 2 枚及小苞片 4 枚;花萼 5 裂,裂齿常不相等;花冠管状,基部常弯曲,唇形或近整齐 5 裂;雄蕊 5 枚,花柱细长,柱头头状。聚果肉质。

忍冬属约有 200 种,分布于温带和亚热带。中国约 140 种,南北各省均有分布,以西南最多。

1)**金银花(忍冬)** *Lonicera japonica* Thunb. (见图 5-160)

形态:半常绿缠绕藤本,长可达 9 m,茎皮条状剥落,枝细长中空。叶卵形或椭圆状卵形,全缘,少幼时有毛。花成对腋生,苞片叶状;花冠唇形,上唇 4 裂而直立,下唇反转,花初开为白色略带紫晕,后转为黄色,芳香。浆果球形,黑色。花期 5—7 月,果熟期 8—10 月。

变种、变型及品种如下:

白金银花 var. *halliana* Nichols 花开为纯白色,后转黄色。**黄脉金银花** var. *aureo-reticulata* Nichols 叶较小,网脉黄色。

分布:中国南北各地均有分布。

习性:适应性强,喜光亦耐阴。耐寒、耐旱、耐水湿,对土壤要求不严,以湿润、肥沃、深厚的砂壤土生长最好。根系发达,萌蘖力强。

繁殖:播种、扦插、压条、分株均可。

应用:藤蔓缭绕,翠绿成簇,冬叶微红,花先白后黄白,清香宜人,是色香兼备的藤本植物。可缠绕篱垣、花架、走廊等作垂直绿化,也可作庭院和屋顶绿化树种,老桩作盆景。

2)**金银木(金银忍冬)** *Lonicera maackii* (Rupx.) Maxim. (见图 5-161)

形态:落叶灌木,高达 5 m,枝中空。叶多具毛,基部常楔形。花成对腋生,苞片线形,相邻

两花的萼筒分离,花先白后黄,芳香,浆果红色。花期5月,果熟期9月。

用途:树势旺盛,枝叶丰满,初夏观花闻香,秋季红果缀枝,是良好的观花、观果树种。宜丛植、孤植于林缘、路边、建筑物周围。

图5-160　金银花　　　　图5-161　金银木

3)郁香忍冬 *Lonicera fragrantissima* Lindl. et paxt.

形态:半常绿灌木,高达2 m,枝髓充实,幼枝有刺刚毛。花成对腋生,苞片线状披针形,相邻两花萼筒合生达中部以上。花冠白色或带粉红色,芳香,浆果红色。

4)贯月忍冬(穿叶忍冬) *Lonicera sempervirens* L.

形态:常绿缠绕藤本,全体无毛。花顶生穗状花序,花序下1~2对叶基部合生。花橘红色至深红色,浆果球形,花期晚春至秋季陆续开花。

5)盘叶忍冬 *Lonicera tragophylla* Hemsl.(见图5-162)

形态:落叶缠绕藤本。花为头状花序,淡黄色,花序下的1~2对叶片基部合生。浆果红色。

图5-162　盘叶忍冬

(3)接骨木属 *Sambucus* L.

落叶灌木或小乔木,稀草本。奇数羽状复叶,小叶有锯齿或分裂。顶生聚伞花序或由聚伞花序组成圆锥花序;花小,辐射对称;雄蕊5枚,浆果状核果。

接骨木属约有20种,产于温带、亚热带。中国约5种,南北均产。

接骨木 *Sambucus williamsii* Hance.(见图5-163)

形态:落叶灌木至小乔木,高达6 m。髓心淡黄棕色。奇数羽状复叶,小叶5~7枚,椭圆状披针形,基部不对称,边缘有锯齿,揉碎后有臭味。圆锥花序顶生,花小,白色至淡黄色,浆果状核果球形,黑紫色或红色,花期4—5月,果6—7月成熟。

分布:中国南北各地广泛分布。

习性:喜光,耐寒,耐旱,根系发达,萌蘖力强。

繁殖:扦插繁殖,也可用播种、分株繁殖。

应用:枝叶繁茂,春季白花满树,夏季红果累累,且经久不落,是良好的观花灌木,可配置于

图5-163　接骨木

草坪、林缘、水溪等处。还可作防护林及落叶性花果篱。

(4)荚蒾属 *Viburnum* L.

落叶或常绿,灌木,少有小乔木。单叶对生。花少,组成伞房状、圆锥状聚伞花序;花冠辐射对称,通常辐状,若为钟状或筒状,则花柱极短。浆果状核果,具种子1粒。

荚蒾属有200余种,分布于温带和亚热带地区,中国以西南地区最多。

1)**日本珊瑚树(法国冬青)** *Viburnum odoratissimum* Ker-Gawl. Var. *awabuki*(K. Koch)Zabel ex Rumpl. (见图5-164)

形态:常绿灌木或小乔木,树干挺直,全体无毛。叶长椭圆形,端急尖或钝,基部阔楔形,全缘或近顶部有不规则的浅波状钝齿,革质,表面暗绿有光泽,背面浅绿色。花白色,芳香,圆锥状聚伞花序顶生,核果倒卵形先红后黑,花期5—6月,果期9—10月。

图5-164 珊瑚树

分布:中国长江流域以南广泛栽培。

习性:喜光亦耐阴,喜温暖、不耐寒,喜湿润肥沃土地、喜中性土。根系发达,萌发力强,耐修剪,病虫害少,抗二氧化硫等有毒气体,抗烟尘。

繁殖:扦插繁殖,也可播种繁殖。

应用:枝叶茂密,叶质厚实,四季常青,花繁芬芳。红果累累状如珊瑚故名珊瑚树。日本珊瑚树是叶、花、果俱美的观赏植物,园林中常作绿篱绿墙或庭院绿化。还可作防火隔离树带、工厂绿化树。

2)**绣球荚蒾(木绣球)** *Viburnum macrocephalum* Fort. (见图5-165)

形态:落叶灌木,树冠呈球形,冬芽裸露,幼及叶背密被星状毛。叶卵形或椭圆形,叶表面羽状脉不下陷。大型聚伞花序呈球形,全由白色不孕花组成,花期4—6月,不结实。

图5-165 绣球荚蒾

应用:木绣球花序硕大、色洁白,团团如球满树盛开,为中国传统珍贵观赏花木,如孤植于草坪及空旷地,可丰富园景,体现个体美;如群植一片,则其景观效果非常壮观。

3)**琼花(八仙花)** *Viburnum macroephalum* Fortune f. *keteleeri* (Carr.)Rehd. (见图5-166)

形态:聚伞花序,花序周边为8朵白色大型不孕花,中部为数量众多的小型可孕花,核果椭圆形,先红后黑,果熟期10月左右。琼花花型扁圆,边缘着生洁白不孕花,宛如群蝶起舞,招人喜爱。

4)**雪球荚蒾(粉团)** *Viburnum plicatum* Thunb.

形态:落叶灌木,鳞芽,枝叶疏生星状毛;叶表面羽状脉甚凹下,花序中全为大型白色不孕花。

5)**蝴蝶荚蒾** *Viburnum plicatum* Thunb. var. *tomentosum*(Thunb.)Rehd. (见图5-167)

形态:与雪球荚蒾的区别是,花序外围有大型白色不孕花,中央的花可孕,形如蝴蝶。

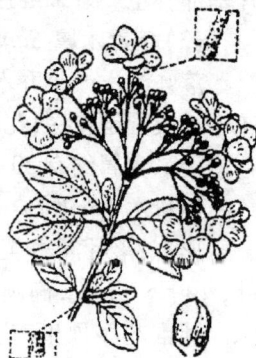

图5-166 琼花

6)**天目琼花** *Viburnum opulus* L. var. *calvescens*(Rehd.)Hara(见图5-168)

形态:落叶灌木,树皮暗灰色,浅纵裂,略带木栓质,叶3裂,裂片有不规则的齿,掌状三出

脉,花药紫色。核果近球形,红色,花期5—6月,果熟期8—9月。

7)南方荚蒾 *Viburnum fordiae* Hance.(见图5-169)

图5-167　蝴蝶荚蒾　　　　图5-168　天目琼花　　　　图5-169　南方荚蒾

形态:灌木,叶卵形至矩圆状卵形,叶缘有齿,叶下面毛较密,近基部两侧具少数腺体,羽状脉,花序复伞形状,无大型不孕边花,花冠白色,核果红色,近圆球形。

8)欧洲荚蒾 *Viburnum opulus* L.

形态:灌木,树皮浅灰色,光滑;叶3裂,裂片有不规则的齿,掌状三出脉。聚伞花序,有大型白色不孕边花,花药黄色,果近球形,红色。花期5—6月,果熟期8—9月。

18.金缕梅科 Hamamelidaceae

金缕梅科约有27属,140余种,主要产于东亚温暖地区。中国有17属,约76种。

(1)枫香树属 *Liquidambar* L.

落叶乔木,树液芳香。叶3~5裂掌状分裂,缘有齿,托叶早落。花单性同株,雄花头状花序常数个排成总状,雌花常有数枚刺状萼片,头状花序单生,子房半下位,2室。果序球形,蒴果,每果有宿存花柱,针刺状,果内有1~2粒具翅膀发育种子,其余为无翅的不发育种子。

枫香树属共6种,产于北美及亚洲,中国有2种。

图5-170　枫香树

枫香树 *Liquidambar formosana* Hance.(见图5-170)

形态:乔木,高达40 m,树干挺直,皮深灰色,不规则深裂。叶常为掌状3裂,基部心形或截形,裂片先端尖,有锯齿。花单性同株,雄花总状花序,雌花头状花序。果序下垂,具多数鳞片及由花柱变成的刺状物。花期3—5月,果熟期10月。

分布:中国长江流域及以南地区,日本也有分布。

习性:喜光,喜温暖湿润气候及深厚湿润土壤,耐干旱瘠薄,不耐长期水湿。萌蘖性强,对二氧化硫、氯气等有较强抗性。

繁殖:播种繁殖,也可扦插或压条繁殖。

应用:树干通直,树冠宽阔,入秋叶色红艳,是南方著名的秋色叶树种。园林中宜作庭荫树、观赏树、工厂绿化树,可孤植、丛植,或与其他常绿树混植。

(2)檵木属 *Loropetalum* R. Br.

常绿,灌木或小乔木,有锈色星状毛。叶互生,全绿。花两性,头状花序顶生,萼筒与子房愈合,子房半下位。蒴果木质,熟时2瓣裂,每瓣2浅裂,具2粒黑色、有光泽的种子。

檵木属约有 4 种,中国有 3 种。分布于东亚的亚热带地区。

1) 檵木 *Loropetalum chinense*(R. Br.)Oliv.(见图 5 - 171)

形态:常绿灌木或小乔木。小枝、嫩叶及花萼均有锈色星状毛。叶革质,卵形或椭圆形,顶端锐尖,基部歪斜,不对称,全缘,下面密生星状毛。花两性,3~8 朵簇生,呈顶生头状花序,花黄白色。蒴果木质,褐色,花期 5 月,果熟期 10 月。

2) 红花檵木 *Loropetalum chinense* Oliv. var. *rubrum* Yieh

形态:小枝被暗红色星状毛。叶革质互生,卵形,全缘,嫩叶淡红色,越冬老叶暗红色。花瓣 4 枚,淡紫红色,带状线形。为中国特有的珍稀花木树种。生长快,寿命长。

分布:中国长江中下游及以南地区。

习性:适应性强,喜光,耐半阴,喜温暖气候,喜土层深厚、肥沃、排水良好的酸性土,不耐瘠薄,较耐寒,耐旱,发枝力强,耐修剪。

繁殖:播种、压条繁殖。

图 5 - 171　檵木

应用:树枝优美,叶密花繁,花瓣带状奇特,初夏开花如覆雪,颇为美丽。宜片植或丛植于草坪、林缘、园路转角,亦可植为花篱。

(3) 蜡瓣花属 *Corylopsis* Sieb. et Zucc.

落叶灌木,单叶互生,有锯齿;具托叶。花两性,先叶开放,黄色,总状花序,基部有数枚大形刀鞘状苞片,花瓣 5 枚,倒卵形,雄蕊 5 枚,蒴果木质,2 或 4 瓣裂,内有 2 黑色种子。

蜡瓣花属约有 30 种,主产于东亚。中国约 20 种,分布于西南至东南部。

蜡瓣花 *Corylopsis sinensis* Hemsl.(见图 5 - 172)

形态:落叶灌木或小乔木,高 2~5 m。小枝密被短柔毛。叶倒卵形至倒卵状椭圆形,先端短尖或稍钝,基部斜心形,边缘锐锯齿,背面有星状毛。花为下垂的总状花序,黄色,具芳香,先叶开放。蒴果卵圆形,花期 3 月,果熟期 9—10 月。

分布:中国长江流域及以南各地。

习性:喜光,耐半阴,较耐寒。喜温暖湿润气候及肥沃、湿润、排水良好的酸性土壤,萌蘖力强。

繁殖:播种、扦播、分株、压条等方法繁殖。

应用:春天先花后叶,花序下垂,色如黄蜡而芳香、清丽,为优美的园景花木。宜丛植于草地、林缘、路边,或作基础种植,也宜盆栽和切枝插瓶。

(4) 金缕梅属 *Hamamelis* L.

落叶灌木或小乔木,有星状毛。叶互生,叶缘有波状齿,基部心形,两侧不等;托叶大而早落。花两性,花萼 4 裂;雄蕊 4 枚,花药 2 室,药隔不突出,蒴果 2 瓣裂,花萼宿存。

金缕梅属约有 8 种,产于北美和东亚。中国有 2 种,多早春开花,秋叶常变黄或红色,常作观赏树。

金缕梅 *Hamamelis mollis* Oliv.(见图 5 - 173)

形态:落叶灌木或小乔木,高可达 9 m。小枝有星状毛。叶宽倒卵形,先端急尖,基部歪心形,边缘有波状齿,上面略粗糙,下面密生茸毛。穗状花序,花瓣金黄色,狭长如带,基部带红色,有香味,花期 1—3 月,先于叶开花,果熟期 10 月。

分布:广西、湖南、湖北、安徽、江西、浙江等地。

习性:喜光,耐半阴。喜温暖湿润气候,较耐寒,畏炎热,对土壤要求不严,以肥沃、湿润、排水良好且富含腐殖质土壤最好。

繁殖:播种,也可压条、嫁接繁殖。

应用:花期早,早春先于叶开放,花瓣金黄色,有香味,为园林中重要早春观花树种。适宜孤植庭园角隅、溪畔、山石旁以及树丛边缘。也可盆栽或制作切花。

图5-172 蜡瓣花 图5-173 金缕梅

(5)阿丁枫属(蕈树属)Altingia Noronha

细柄蕈树 Altingia gracilipes Hemsl.

形态:乔木,高20 m。叶革质,披针形或狭卵形,顶端尾状渐尖,基部楔形,全缘。雄蕊近无柄,多数雄花排成穗状花序,生于枝顶。雌花头状花序有花5~6朵,单生或聚成总状,雌花无瓣,萼齿不存在,子房近下位,2室。头状果序,蒴果,不具宿存花柱。

分布:中国广东、福建、浙江等地,杭州植物园有栽培。

19.悬铃木科 Platanaceae

悬铃木科仅1属,6~7种,分布于北温带和亚热带地区,中国引入栽培3种。

悬铃木属 Platanus L.

悬铃木属的形态特征同科。

(1)二球悬铃木 Platanus acerifolia(Ait)Willd.

形态:乔木,高达35 m,树皮光滑,常成不规则大薄片状剥落。叶片广卵形至三角状广卵形,掌状3~5裂,中部裂片长宽近相等,裂片三角形、卵形或宽三角形,叶柄长3~10 cm,球果通常2个球一串,花期4—5月,果熟期9—10月。

二球悬铃木(英桐)是三球悬铃木(法桐)和一球悬铃木(美桐)的杂交种。

(2)一球悬铃木(美桐)Platanus occidentalis L.

形态:大乔木,树冠圆形或卵圆形,叶3~5浅裂,球果多数单生,无刺毛。

图5-174 三球悬铃木

(3)三球悬铃木(法桐)Platanus orientalis L.(见图5-174)

形态:乔木,高20~30 m,树冠阔钟形,叶掌状5~7裂,果球3~6个一串。

分布:在长江中下游各城市普遍栽培。

习性:喜光,喜温暖气候,较耐寒,在北京可露地栽培于背风向阳处,对土壤适应性强,耐旱、耐瘠薄。萌芽力强,耐修剪,抗烟尘、抗有毒气体能力强。

繁殖:可用播种和扦插繁殖。

应用:树体雄伟挺拔,叶大荫浓,生长迅速,耐修剪,具有极强的抗烟、抗尘能力,是理想的行道树和工厂绿化树种,有"行道树之王"的美称。

20. 黄杨科 Buxaceae

常绿灌木或小乔木。单叶,对生或互生,无托叶。花单性,整齐,萼片 4～5 枚或无,无花瓣;雄蕊 4～6 枚,子房上位,多 3 室,每室 1～2 颗胚珠。蒴果或核果,种子黑色。

黄杨科共 6 属 100 余种,分布于热带至温带,中国产 3 属 20 余种,主要产于西南至东南部。

黄杨属 *Buxus* L.

常绿灌木或小乔木。多分枝,单叶对生,羽状脉,全缘,革质而有光泽。花单性同株,无花瓣,簇生叶腋或枝顶,顶端生 1 朵雌花,其余为雄花;蒴果,3 瓣裂,每室种子 2 粒。

本属共约 70 种,以东南亚最多,中国有 17 种,主要产于长江流域以南。

(1) 黄杨 *Buxus sinica*(Rehd. et Wils.)Cheng. (见图 5 – 175)

形态:常绿灌木或小乔木,高可达 7 m,枝叶较疏散,小枝有四棱,微有柔毛。叶倒卵形或椭圆形,先端圆或微凹,叶柄及叶背中脉基部有毛。花簇生叶腋或枝端,黄绿色,蒴果球形。花期 4 月,果熟期 7 月。

分布:原产于中国中部,现各地均有栽培。

习性:喜温暖湿润气候,耐半阴,畏强光,在肥沃湿润排水良好的土壤及庇荫环境下枝茂叶繁,生长缓慢,人称"千年矮",萌芽力强,耐修剪,寿命长。

繁殖:扦插和播种繁殖。

应用:枝条繁密,四季常青,是中国传统的观叶配置材料。多植为矮篱,用于花坛镶边、行道树下、建筑物周围,也可植于草坪、花坛中心等处,或作盆栽。

(2) 小叶黄杨(鱼鳞黄杨、鱼鳞木) *Buxus sinica* var. *parvifolia* M. Cheng.

形态:常绿灌木。分枝密集,节间短。叶细小,椭圆形,深绿而有光泽,入秋渐变红色。

(3) 雀舌黄杨 *Buxus bodinieri* Levl. (见图 5 – 176)

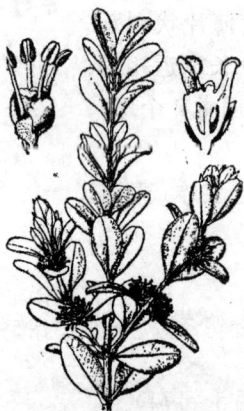

图 5 – 175　黄杨　　　　图 5 – 176　雀舌黄杨

形态:常绿小灌木,小分枝多而密集,叶狭长,倒披针形或倒卵状长椭圆形,叶两面中脉及侧脉均明显凸出,蒴果卵圆形。

(4)锦熟黄杨 *Buxus sempervirens* L.

形态:常绿灌木或小乔木,叶椭圆形至卵长椭圆形,最宽部在中部或中部以下,蒴果三足鼎状。

21.杨柳科 Salicaceae

杨柳科共有 3 属,540 余种,产于温带、亚寒带及亚热带。中国有 3 属,约 226 种,遍及全国。

(1)杨属 *Populus* L.

乔木。小枝较粗,髓心五角状,有顶芽,芽鳞数枚,常有树脂;花序下垂,苞片有不规则缺刻,花盘杯状,典型的无被花。

杨属约有 100 种以上,中国约有 50 种,分布于北纬 25°~50°。

1)毛白杨 *Populus tomentosa* Carr. (见图 5 - 177)

形态:乔木,高 30~40 m,树皮幼时青白色,老时暗灰色,纵裂。长枝之叶三角状卵形,缘具缺刻或锯齿,背面密被白绒毛,叶柄扁平,先端常具腺体;短枝之叶三角状卵圆形,缘具波状缺刻,叶柄常无腺体。雄株大枝多斜生,花大而密集,雌株大枝较平展,花芽小而稀疏。花期 3—4 月,先花后叶,蒴果小,三角形,4 月下旬成熟。

分布:以中国黄河中下游为分布中心,北至辽宁南部,南至长江流域,西至甘肃乃至昆明附近。

习性:喜光,喜温暖、凉爽气候,在土层厚深、湿润肥沃的土壤中生长良好。较耐寒冷。深根性,萌蘖性强,寿命长。抗烟尘和污染力强。

繁殖:埋条法,扦插、留根、嫁接、分蘖等方法也可。

应用:树形高大广阔,绿荫如盖,在园林中宜作行道树和庭荫树,可孤植、丛植。因抗烟尘和污染,也可作工厂绿化树。

2)响叶杨 *Populus adenopoda* Maxim. (见图 5 - 178)

形态:树皮深灰色,纵裂;叶卵状圆形或卵形,叶缘有内弯钝锯齿,齿端有腺体,叶柄先端具明显腺点,花苞片条裂,有长缘毛,蒴果椭圆形。

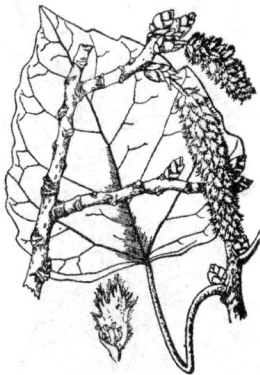

图 5 - 177　毛白杨　　　　　图 5 - 178　响叶杨

3）**小叶杨（南京白杨）** *Populus simonii* Carr.

形态：树皮灰绿色，老时粗糙，纵裂。小枝有棱，叶菱状卵形、菱状椭圆形或菱状倒卵形，中部以上较宽，先端短尖，基部楔形，缘有细钝齿，无毛，叶柄短而不扁，带红色，无腺体。

4）**银白杨** *Populus alba* L.

形态：乔木，树冠广卵形或圆球形。树皮灰白色，光滑，仅基部粗糙。幼枝芽密被白色绒毛。长枝之叶广卵形或三角状卵形，3~5裂掌状浅裂，缘有粗齿或缺刻；短枝之叶较小，卵形或椭圆状卵形，缘有不规则状钝齿；叶柄微扁，无腺体。

5）**新疆杨** *Populus alba* var. *Pyramidalis* Bge.

形态：乔木，树冠圆柱形，树皮灰绿色，老时灰白色，光滑、少裂。短枝之叶近圆形，有缺刻状粗齿，长枝之叶边缘缺刻较深或呈掌状深裂。

（2）柳属 *Salix* **L.**

落叶乔木或灌木，小枝细，无顶芽，芽鳞仅1枚。叶互生，稀对生，通常较狭长。叶柄较短。花序直立，苞片全缘，花无杯状花盘，有腺体，花丝较长。蒴果2裂。

柳属约有500种，主要产北半球温带及寒带。中国约有200种。

1）**垂柳** *Salix babylonica* L.（见图5-179）

形态：落叶乔木，高达18 m。树冠倒广卵形。小枝细长下垂，无毛。叶狭披针形至线状披针形，先端渐尖或长渐尖，缘具细锯齿，叶柄长，雄花具雄蕊2枚，2个腺体，雌花子房仅腹面具1个腺体。花期3—4月，果熟期4—5月。

分布：主要分布于长江流域及其以南各省平原地区，华北、东北也有栽培。

习性：喜光。温带树种，喜温暖湿润气候和肥沃湿润的酸性及中性土壤，较耐寒、耐水湿。对有毒气体抗性强。

繁殖：扦插，也可用种子繁殖。

应用：枝条细长，柔软下垂，随风飘荡，具有特殊的潇洒风姿，植于河岸、湖边最为理想，自古即为重要的庭院观赏树。也可作固岸护堤、工厂绿化树种。

2）**旱柳（柳树）** *Salix matsudana* Koidz（见图5-180）

形态：乔木，树冠卵圆形或倒卵形，树皮灰黑色，纵裂。小枝直立或斜展，叶狭长，披针形至狭披针形，边缘有明显锯齿，叶柄短，雄花有雄蕊2枚，雌花子房背腋面各具1个腺体。

图5-179 垂柳

图5-180 旱柳

3）龙爪柳 *Salix matsudana* f. *tortuosa* Rehd.

形态:龙爪柳为旱柳的观赏变型,树冠倒卵形,枝条扭曲下垂。单叶互生,披针形;花单生,葇荑花序,雄雌异株,花期3月,果熟期4月,蒴果。

4）腺柳(河柳) *Salix chaenomeloides* Kimura. (见图5-181)

形态:乔木,小枝红褐色或褐色,叶较宽大,卵形、椭圆状披针形或近椭圆形,边缘有具腺的内弯细齿,雄花有腺体2个,雄蕊3~5枚,雌花序下垂,仅腹面有1个腺体。

5）簸箕柳 *Salix suchowensis* Cheng.

形态:灌木,叶披针形,基部楔形至宽楔形,边缘有锯齿,叶柄短。花先叶开放,苞片匙状矩圆形,紫黑色,雄蕊1枚,子房被柔毛,无柄,花柱明显,柱头2裂。果有毛。

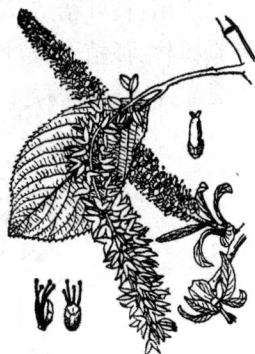

22. 桦木科 Betulaceae

桦木科有2属,约130种,中国有2属,约40种。

图5-181　河柳

(1) 桤木属 *Alnus* Mill

落叶乔木或灌木,树皮鳞状开裂。冬芽具柄,单叶互生,叶具单锯齿。萼片4裂,雄蕊4枚;雌花序每苞片内有雌花2朵,无花被。果序球果状,果苞木质,5裂,宿存,每果苞内含2枚具翅的小坚果。

桤木属30余种,产于北半球寒温带至亚热带地区。中国11种,除西北外各省均有分布。

1）桤木(水冬瓜) *Alnus cremastogyne* Burk. (见图5-182)

形态:乔木,高25 m,树皮褐色,幼时光滑,老时呈斑状开裂。叶倒卵形至椭圆状卵形,先端短尖,叶基阔楔或近圆形,叶缘具疏细锯齿,幼叶有毛,后渐脱落。雌、雄花序均单生。果序下垂,果翅膜质,膜质翅宽仅为果的1/2。花期3月,果熟期8—10月。

分布:分布在中国西南重庆、四川中部及贵州北部等地。

习性:喜光及温湿气候,耐水湿,有一定耐旱及耐瘠薄能力,以在深厚、肥沃、湿润的土壤上生长最佳。根系发达,生长迅速。

繁殖:播种,也可分蘖繁殖。

应用:树干端直,圆满,生长快,可作行道树、庭荫树,也可作风景林及岸边绿化树种。

2）赤杨(日本桤木) *Alnus japonica* Siet. et Zucc.

形态:与桤木的最主要区别为小枝上具有树脂点,果序2~6个集生于一总柄上。

(2) 桦木属 *Betula* L.

落叶乔木和灌木,树皮常有横向皮孔,皮呈纸状剥落;冬芽无柄,芽鳞多数。雄花有花萼,1~4齿裂,雄蕊2枚,花丝2深裂,各具1花药;雌花无花被,每3朵生于大苞片腋内。坚果两侧具膜质翅,果苞革质,3裂,成熟时自果序柄脱落。

桦木属约有100种,中国约有29种,主要分布于东北、华北至西南高山地区,福建武夷山也有分布。

1）白桦 *Betula platyphylla* Suk. (见图5-183)

形态:落叶乔木,高达25 m,树皮白色。纸状分层剥落,皮孔黄色。叶三角状卵形或菱状卵形,先端渐尖,基部广楔形,边缘有不规则重锯齿,叶背疏生油腺点,果序单生,圆柱状,下垂。坚果小而扁,两侧具宽翅。花期5—6月,果熟期8—10月。

分部:中国东北、西北和西南各地。

习性:喜光,耐严寒;喜酸性土壤,耐瘠薄及水湿。深根性,萌芽性强。

繁殖:播种繁殖。

应用:枝叶稀疏,姿态优美,树皮光滑洁白,十分引人注目,有独特的观赏价值。可栽培作风景树林,孤植、丛植均可。

图5-182 桤木

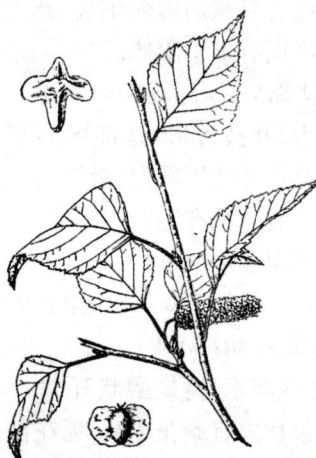
图5-183 白桦

2)红桦(纸皮桦) *Betula albosinensis* Burkill

形态:落叶乔木,树皮红褐色,层状剥落。叶卵形至椭圆状卵形,果翅较坚果稍窄。

23. 榛科 Corylaceae

落叶灌木或乔木。单叶互生,叶具不规则之重锯齿或缺刻。雄花无花被,雄蕊4~8枚,花丝2叉,花药有毛;雄花簇生或单生。坚果较大,球形或卵形,部分或全部为叶状、裹状或刺状总苞所包。

榛属 *Corylus* L.

榛属约有20种,中国有7种,分布于西南、西北、华北及东北。

(1)榛 *Corylus heterophylla* Fisch.(见图5-184)

形态:落叶灌木或小乔木,高达7 m。树皮灰褐色,有光泽。小枝有腺毛。叶圆卵形至宽倒卵形,先端凸尖,基部心形,边缘有不规则重锯齿,并在中部以上特别是先端常有小浅裂,下面有短柔毛。坚果常3枚簇生;总苞钟状,端部6~9裂。花期4—5月,果熟期9月。

分布:中国东北、华北、内蒙古、西北等地。

习性:喜光,耐寒、耐旱,喜肥沃之酸性土壤。萌芽力强。

繁殖:播种或分蘖法。

应用:榛是北方山区绿化及水土保持的重要树种。

(2)毛榛 *Corylus mandshurica* Maxim.

形态:灌木。叶矩圆状卵形或矩圆形,先端骤尖,边缘有粗锯齿,中部以上通常有浅裂,总苞管状,外面密生黄色刚毛和白色短柔

图5 184 榛

毛,坚果藏于其内。

（3）华榛 *Corylus chinensis* Franch.

形态:落叶大乔木,叶广卵形至卵状椭圆形,先端渐尖,缘有钝锯齿,总苞瓶状,外面疏生短柔毛,上部深裂,裂片 3 ~ 5 枚,坚果近球形。

24. 壳斗科 Fagaceae

壳斗科共 8 属,约 900 种,分布于温带、亚热带及热带。中国有 6 属,约 300 种。

（1）栗属 Castanea Mill.

落叶乔木,稀灌木。枝无顶芽,芽鳞 2 ~ 3。叶 2 裂,缘有芒状锯齿。雄花序直立或斜伸,葇荑花序;雌花生于雄花基部或另成花序,总苞密被长刺针,熟时开裂,坚果。栗属约 12 种,主要产北温带。中国有 3 种。

图 5 - 185　板栗

1）板栗 *Castanea mollissima* Bl.（见图 5 - 185）

形态:乔木,高 20 m,树冠扁球形,树皮灰褐色,交错纵深裂。幼枝有灰色绒毛,无顶芽。叶椭圆形至椭圆状披针形,先端渐尖,基部圆形或广楔形,边缘锯齿尖芒状,叶背被灰白色星状毛及绒毛。雄花序直立;雌花 3 朵集生在总苞内,生于雄花序基部。总苞球形,外具长针刺,内含 1 ~ 3 枚坚果,花期 6 月,果熟期 9—10 月。

分布:中国分布广泛,北起辽宁南部,南至两广,西达甘肃、四川、云南等均有栽培,但以华北和长江流域栽培较集中,产量最大。

习性:喜光,北方品种较耐寒、耐旱,南方品种则喜温暖而不怕炎热,但耐寒、耐旱性较差。对土壤要求不严。深根性,萌蘖力强,寿命长,对有毒气体有较强抵抗力。

繁殖:播种、嫁接为主,也可用分株繁殖。

应用:树冠圆阔、枝叶稠密,为著名干果,被誉为"铁杆庄稼"。可作庭荫树、山区绿化造林和水土保持树种,孤植和丛植均可,是园林绿化结合果实生产的优良树种,果实味美,可食且营养丰富。

图 5 - 186　茅栗

2）茅栗 *Castanea seguinii* Dode.（见图 5 - 186）

形态:落叶小乔木,常呈灌木状。叶长椭圆形或倒卵状长椭圆形,叶柄短,不足 1 cm,叶背面有鳞片状腺毛。壳斗近球形,坚果常为 3 个。

（2）锥属（栲属、苦槠属）Castanopsis Spach

常绿乔木,稀灌木,叶常 2 列状互生,全缘或有齿,基部不对称。雄花序直立,雄蕊 10 ~ 12 枚;雌花子房 3 室,总苞多近球形,细杯状,有或无针状刺,坚果翌年或当年成熟。

锥属约 130 种,以东亚的亚热带为分布中心,中国有 70 种,主要分布于长江以南温暖地区。

图 5 - 187　苦槠

1）苦槠 *Castanopsis sclerophylla*（Lindl.）Schott.（见图 5 - 187）

形态:常绿乔木,高达 20 m,树皮纵裂。小枝无毛,有棱沟。叶长椭圆形,顶端渐尖或短渐尖,基部圆形至楔形,边缘中部以上有锐锯齿,背面有灰白色或浅褐色蜡层,革质。花单生,雄花序穗状,直立,雌花单生于总苞内,壳斗杯形,坚果近球形,花期5月,果熟期10月。

分布:主要产于中国长江以南各地。

习性:喜光,稍耐阴,喜雨量充沛和温暖气候,喜深厚、湿润的酸性和中性土,也耐干旱、瘠薄。萌芽力强,对二氧化硫等有毒气体抗性强。

繁殖:播种繁殖。

应用:树体高大,树冠圆浑,枝叶茂密,颇为壮观。可孤植,或片植、群植为风景林,或为花灌木的背景树,也可作工厂绿化林和防护林。

2)甜槠 *Castanopsis eyrei*(Champ.)Tutch.(见图5-188)

形态:乔木,叶卵形、卵状长椭圆形至披针形,基部圆形至楔形,歪斜,全绿或上部有疏钝齿,无毛。壳斗卵形至近球形,顶端狭,坚果宽卵形至近球形,无毛。

图5-188 甜槠

(3)柯属(石栎属) *Lithocarpus* Bl.

常绿乔木。芽鳞和叶片均螺旋状排列,不为2裂,叶全缘,稀有齿。雄花序较粗,直立,雌花在雄花序下部,子房3室,每室2枚胚株。总苞盘状或杯状,内含1枚坚果,翌年成熟。

石栎属约有300种,主要于产东南亚。中国约有100种,分布于长江以南各地。

1)石栎(柯) *Lithocarpus glaber*(Thunb.)Nakai.(见图5-189)

形态:常绿乔木,高达20 m。树干灰色,不裂,小枝密生灰黄色绒毛。叶长椭圆形,先端短,尾尖,基部楔形,全缘或近顶端有时具几枚钝齿,厚革质,背面有灰白色蜡层。总苞浅碗状,坚果椭圆形,具白粉,基部和壳斗愈合,花期8—9月,果熟期翌年9—10月。

分布:中国长江流域以南各地。

图5-189 石栎

习性:喜光,稍耐阴,喜温暖气候及湿润、深厚土壤,能耐干旱、瘠薄、较耐寒。柯为本属中分布偏北的树种。萌芽力强,对有毒气体抗性强。

繁殖:播种繁殖。

应用:四季常青、枝叶浓密、树姿雄伟。宜孤植作观赏树,也可片植、群植或作其他树种的背景树,也可作工矿绿化树。

2)东南石栎(港柯) *Lithocarpus harlandii*(Hance)Rehd.

形态:枝叶均无毛;叶缘上部有钝裂齿,或波浪状,叶片最窄处在中部以上;小枝、叶面及叶柄无蜡层;壳斗浅碗状或碟状。坚果宽圆锥形至长圆锥形,无白粉。

(4)青冈属 *Cyclobalanopsis* Oerst.

常绿乔木,有顶芽,芽鳞多数,覆瓦状排列。雄花序下垂,雌花序穗状、直立,子房3室。壳斗杯状或盘状,鳞片结合数条环带;坚果单生,当年或翌年成熟。

青冈属有100多种,主要产于亚洲热带和亚热带,中国有70余种,多分布于秦岭及淮河以南

图5-190 青冈栎

各地。

1) **青冈栎** *Cyclobalanopsis glauca* (Thunb) Oerst. (见图 5 - 190)

形态:常绿乔木,高达 20 m,树皮平滑不裂口,叶呈椭圆形或倒卵状长椭圆形,先端浅尖,基部广楔形,边缘上半部有疏齿,中部以下全缘,背面灰绿色,有平伏毛。总苞杯状,鳞片结合成 5~8 条环带。坚果卵形或近圆形,无毛。花期 4—5 月,果熟期 10—11 月。

分布:长江流域及其以南各地,是青冈属中分布范围最广且最北的一种。

习性:稍耐阴,喜温暖多雨气候,对土壤要求不严,在肥沃、湿润土壤中生长旺盛。萌芽力强,耐修剪,对有毒气体抗性强,抗烟尘力强。

繁殖:播种繁殖。

应用:树姿优美,枝叶茂密,四季常青,是良好的绿化、观赏及造林树种,因其耐阴,宜丛植、群植或与其他树种混交林,不宜孤植。因抗污染、抗有毒气体、抗火,萌芽力强,可作道旁绿化、工厂绿化、防火林、绿篱等树种。

2) **青栲(小叶青冈)** *Cyclobalanopsis myrsinifolia* (Blume) Oerst.
(见图 5 - 191)

形态:常绿乔木,叶披针形至矩圆状披针形,基部或中部以上有锯齿,无毛,壳斗半球形,苞片合生成 6~9 条同心环带,环带全缘,坚果卵形。

(5) 栎属 *Quercus* L.

落叶或常绿乔木,稀灌木。枝有顶芽,芽鳞较多。叶缘有锯齿或呈波状,稀全缘。雄花序下垂,葇荑花序。壳斗杯状或盘状,其鳞片离生,不结合成环状。坚果单生,近球形或椭圆形。

栎属约有 350 种,主要产于北半球温带及亚热带,中国约 90 种,南北均有分布。

1) **麻栎** *Quercus acutissima* Carr. (见图 5 - 192)

形态:落叶乔木,高达 25 m,树皮交错深纵裂;幼枝有黄色绒毛,后变无毛。叶长椭圆状披针形,基部近圆形,边缘具芒状银齿,叶背绿色,无毛或近无毛。雄花序下垂,壳斗杯形,包围坚果 1/2,鳞片木质刺状,反卷果卵状球形或长卵形。花期 5 月,果熟期为翌年 10 月。

分布:自辽宁、河北至西南、华南等地。

习性:喜光,喜湿润气候,耐寒,耐旱。对土壤要求不严,在湿润、肥沃、深厚、排水好的中性至微酸性土壤中生长最好。深根性,萌芽力强,寿命长,抗火,抗烟能力强。

繁殖:播种繁殖为主。

应用:树干通直,枝条开展,树姿雄伟,可作庭荫树和行道树。园林中孤植、群植或与其他树种混交成林。因抗火、抗烟,又深根性,故适宜为防火林、工厂绿化及水土保持树种。

2) **栓皮栎** *Quercus variabilis* Bl. (见图 5 - 193)

形态:落叶乔木,树皮木栓层发达。小枝淡褐黄色,无毛,叶长椭圆

图 5 - 191　青栲

图 5 - 192　麻栎

图 5 - 193　栓皮栎

形或长椭圆状披针形,基部镆形,边缘有芒状锯齿,叶背面密被灰白色星状毛。壳斗杯状,包围坚果2/3,坚果卵形或近球形。果翌年成熟。

3)小叶栎 *Quercus chenii* Nakai

形态:落叶乔木,幼枝密生黄色柔毛,后变无毛。叶披针形至卵状披针形,基部稍斜,边缘有锯齿。齿端芒状,两面无毛。壳斗半球形,包围坚果1/4~1/3,位于壳斗上部的苞片条形,长且伸直,位于基部的宽披针形,短,具细毛,坚果椭圆形。

4)白栎 *Quercus fabri* Hance.(见图5-194)

形态:落叶乔木,小枝密生灰褐色绒毛。叶倒卵形至椭圆状倒卵形,边缘有波状粗钝齿,无芒齿,叶背面灰白色,密被星状毛,叶柄短,3~5 mm。壳斗杯形,包围坚果约1/3,果熟期为当年10月。

5)槲栎 *Quercus aliena* Bl.(见图5-195)

图5-194 白栎

图5-195 槲栎

形态:落叶乔木,小枝无毛。叶倒卵状椭圆形。边缘疏有波状钝齿,无芒刺,下面密生灰白色星状细绒毛,叶柄长1~3 cm。壳斗杯状,包围坚果1/2,果熟期为当年10月。

变种类型:

锐齿槲栎 *Quercus aliena* Bl. var. *acutiserrata* Maxim.

形态:落叶乔木,小枝无毛。叶长椭圆形至卵形,边缘有粗齿,齿端尖锐,内弯,下面密生灰白色星状细绒毛,壳斗杯形,坚果椭圆状卵形至卵形。

6)蒙古栎 *Quercus mongolica* Fisch.

形态:落叶乔木,小枝无毛。叶倒卵形。边缘具8~9对深波状钝齿,无芒刺,叶背无毛或仅沿脉有疏毛,叶柄有毛。壳斗杯形,鳞片背部呈瘤状突起,坚果当年成熟。

25. 胡桃科 Juglandaceae

胡桃科有8属,约50种,主要产于北温带。中国有7属,25种,引入2种,南北均有分布。

(1)枫杨属 *Pterocarya* Kunth

落叶乔木,枝髓片状;冬芽有柄,鳞芽或裸芽。奇数羽状复叶,小叶有锯齿。

枫杨属约有12种,分布于北温带,中国有7种。

枫杨(麻柳)*Pterocarya stenoptera* C. DC.(见图5-196)

图5-196 枫杨

形态:乔木,高达 30 m,树冠广卵形。小枝髓心片状分隔,裸芽密被锈褐色毛。羽状复叶,叶轴有翅,顶生小叶有时不发育,叶缘具细锯齿。花单性,雌雄同株,雄荑黄花序单生于叶痕腋内,下垂;雌荑黄花序顶生,俯垂。果序下垂,坚果近球形,具 2 个长圆状或长圆状披针形果翅。花期 4—5 月,果熟期 8—9 月。

分布:分布于中国华北、华中、华南和西南各地。

习性:喜光,稍耐阴,喜温暖潮湿气候,较耐寒、耐水湿,但不宜长期积水,对土壤要求不严。深根性,萌芽力强。对烟尘、二氧化硫等有毒气体有一定抗性。

繁殖:种子繁殖。

应用:树冠开展,枝叶茂密,遮荫效果好,园林中宜作庭荫树和行道树。因适应性强,耐水湿,抗性强,常作水边护岸固堤及防风林树种以及工厂绿化树种。

(2) 胡桃属 *Juglans* L.

落叶乔木,小枝粗壮,具片状髓,鳞芽。奇数羽状复叶,揉之有香味。雄蕊 8 ~ 40 枚,子房不完全 2 ~ 4 室。核果大型,无翅,肉质,果核具不规则皱沟。

胡桃属共 16 种,产于北温带,中国产 4 种,引入 2 种。

1) 核桃 *Juglans regia* L.(见图 5 - 197)

图 5 - 197　核桃

形态:落叶乔木,高达 30 m,树冠广卵形至扁球形,树皮灰白色,幼时光滑,老时深纵裂。小叶 5 ~ 9 枚,椭圆形至椭圆状卵形,基部钝圆或歪斜,全缘,幼树及萌芽枝上的叶有锯齿,上面无毛,下面仅侧脉腋内有 1 簇短柔毛。花单性,雌雄同株,雄花为荑黄花序。核果球形。花期 4—5 月,果熟期 9—10 月。

分布:全国分布广泛,以西北、华北最多。

习性:喜光,喜温暖凉爽气候,耐干冷,不耐强热。喜深厚、肥沃、湿润而排水良好的土壤,在瘠薄、盐碱、酸性较强及地下水位过高处生长不良。深根性,寿命长。

繁殖:播种、嫁接繁殖。

应用:树体雄伟高大,枝叶茂密,树皮银灰色,是良好的庭荫树,孤植、丛植均可;因花序、果、叶具挥发性芳香物,有杀菌、杀虫的保健作用,可成片栽植于风景疗养区,果实是优良的干果,是绿化结合生产的好树种。

2) 胡桃楸 *Juglans mandshurica* Maxim.

形态:乔木,小叶 9 ~ 17 枚,矩圆形或椭圆状矩圆形,缘有细锯齿,上面初有稀疏柔毛,后仅中脉有毛,背面密被星状毛。花单性同株。核果卵形或椭圆形,有腺毛。

3) 野核桃 *Juglans cathayensis* Dode(见图 5 - 198)

形态:乔木,树皮灰褐色。小枝、叶柄、果实均密被褐色腺毛。小叶 15 ~ 19 枚,无柄,卵状长椭圆形,缘有细齿,两面有灰色星状毛,背面尤密。核果卵形。

(3) 山核桃属 *Carya* Nutt.

落叶乔木,小枝髓心充实。奇数羽状复叶,互生,小叶有银齿。雄荑黄花序常 3 条成一束,下垂,腋生于 3 裂的苞片内,雄蕊 3 ~ 10 枚;雌花 2 ~ 10 朵成穗状花序,顶生,花无萼,子房 1室,外有 4 裂的总苞。核果,外果皮近木质,熟时 4 瓣裂,果核有纵棱脊。

山核桃属约有 21 种,产于北美及东亚,中国有 4 种,并引入 1 种。

1) **薄壳山核桃** *Carya illinoensis* K. Koch. (见图 5 – 199)

形态:落叶乔木,在原产地高达 55 m,树冠长圆形或广卵形,主干耸直,树皮灰色,粗糙,纵裂。幼枝和鳞芽皆被灰色毛。奇数羽状复叶,小叶 11~17 枚,为不对称的卵状披针形,常成镰状弯曲,具锯齿。果长椭圆形,较大,核壳较薄。花期 5 月,果熟期 10—11 月。

图 5 – 198 野核桃   图 5 – 199 薄壳山核桃

分布:原产于北美。中国以福建、浙江、江苏栽培较多。

习性:喜光,喜温暖湿润气候,在深厚、疏松、排水良好、腐殖质丰富的沙壤土中生长良好。较耐寒,耐水湿,不耐干燥瘠薄。土壤酸碱性以 pH 值为 6 时最宜。深根性,根萌蘖力强。

繁殖:播种、嫁接、扦插、分根繁殖均可。

应用:树体高大,枝叶茂密,树姿优美,宜作庭荫树、行道树,因结果丰盛,又是绿化结合生产的优良树种。又因根系发达,耐水湿,适于河岸、湖泊周围及平原地区"四旁"绿化及防护林带。

2) **山核桃** *Carya cathayensis* Sarg.

形态:落叶乔木,树冠开展,呈扁球形。干皮光滑,灰白色。裸芽、幼枝、叶背及果实均密被褐黄色腺鳞。单数羽状复叶,小叶 5~7 枚。果卵圆形,核壳较厚。

(4) 化香树属 *Platycarya* Sieb. et Zucc.

化香树属共 2 种,产于中国和日本。

化香树 *Platycarya strobilacea* Sieb. et Zucc. (见图 5 – 200)

形态:落叶乔木,一般高 4~6 m,树皮灰色,浅纵裂,髓部实心。小叶 7~23 枚,卵状至矩圆状披针形,基部偏斜,边缘有细尖重锯齿。花单性,雌雄同株,穗状花序直立,伞房状排列于小枝顶端;果序球果状,小坚果扁平,有 2 个窄翅。花期 5—6 月,果熟期 10 月。

分布:长江流域及西南各省,朝鲜半岛、日本也有分布。

习性:极喜光,耐干旱瘠薄,在酸性土及钙质土上均能生长。萌蘖力强。

繁殖:种子繁殖,也可分蘖繁殖。

应用:对土壤适应性强,为重要的荒山绿化树种,园林中可列植为较小庭园内行道树。

(5) 青钱柳属 *Cyclocarya* Iljinskaja

青钱柳 *Cyclocarya paliurus*(Batal.)Iljinskaja(见图 5 – 201)

图 5 – 200　化香树　　　　　图 5 – 201　青钱柳

形态:乔木,髓部薄片状。小叶 7～9 枚,革质,上面有盾状腺体,下面网脉明显,有灰色细小鳞片及盾状腺体,两面,中、侧脉皆有短绒毛。雄荑荑花序 2～4 条成一束,集生在短总梗上;雌荑荑花序单独顶生。果实有革质水平圆盘状翅。

分布:长江流域以南。

26. 榆科 Ulmaceae

榆科约 16 属,230 种左右,主要产于北半球温带,中国有 8 属,分布于全国各地。

(1)榆属 *Ulmus* L.

乔木,稀灌木。芽鳞紫褐色,花芽近球形。叶多为重锯齿,羽状脉。花两性,簇生或成短的总状花序。翅果扁平,翅在果核周围,顶端有缺口。

榆属约有 45 种,主要产于北半球。中国有 25 种,分布广泛。

图 5 – 202　家榆

1)榆树(家榆、白榆)*Ulmus pumila* L.(见图 5 – 202)

形态:落叶乔木,高达 25 m,树冠圆球形。树皮纵裂、粗糙,小枝灰色,细长,排成 2 列状。叶椭圆状卵形至椭圆状披针形,先端渐尖,基部稍不对称,缘具不规则单锯齿,花先叶开放,多数成簇状聚伞花序,生于去年生枝的叶腋。翅果近圆形或宽倒卵形,无毛;种子位于翅果的中部或近上部。花期 3—4 月,果熟期 4—5 月。

分布:产于中国东北、华北、西北,南至长江流域,以华北、淮北平原地区尤为常见。

习性:喜光,耐寒,抗旱性强,能适应干凉气候,不耐水湿,喜肥沃、湿润而排水良好的土壤。萌芽力强,耐修剪,生长较快。对烟尘、有毒气体抗性强。

繁殖:播种繁殖为主,分蘖也可。

应用:树干挺直,树冠浓荫,生长快,适应性强,在城乡绿化中宜

图 5 – 203　榔榆

作行道树、庭荫树、防护林及"四旁"绿化,还可修剪作绿篱,老茎残根还可制作桩景和盆景。

2)榔榆 *Ulmus parvifolia* Jacq.(见图 5 – 203)

形态:落叶或半常绿乔木,叶形与白榆相近,但树皮呈不规则片状剥落。花簇生于当年枝的叶腋,翅果长椭圆形至卵形,花秋季 8—9 月开放,果熟期 10—11 月。

3)瑯玡榆 *Ulmus chenmoui* Cheng

形态:当年生枝幼叶密被柔毛,其后脱落迟缓,小枝无木栓翅与木栓层,叶上面密生硬毛,粗糙,下面密被柔毛;花多数在去年生枝上的叶腋处排成聚伞花序或呈簇生状;翅果两面及边缘多少有毛,或果核部分被毛而果翅无毛或有疏毛。

4)糙叶榆(毛榆、醉翁榆)*Ulmus gaussenii* Cheng

形态:树皮纵裂,粗糙,暗灰色或灰黑色。当年生枝密被柔毛;叶矩圆状倒卵形、椭圆形、倒卵形或菱状椭圆形,先端钝、渐尖或具短尖,边缘常具单锯齿;花排成簇状聚伞花序,生于去年生枝的叶腋;翅果圆形,两侧对称。

5)大果榆 *Ulmus macrocarpa* Hance

形态:树皮纵裂,粗糙,暗灰色或灰黑色;当年生枝被疏毛或无毛;叶宽倒卵状或椭圆状倒卵形,先端常突尖,边缘具钝单锯齿或重锯齿,花排成簇状聚伞花序,生于去年生枝的叶腋;翅果宽倒卵状圆形、近圆形,两侧偏斜或近对称。

(2)榉属 *Zelkova* Spach

落叶乔木。冬芽卵形,叶具羽状脉,单叶互生,羽状侧脉先端直达锯齿。花单性同株,雄花簇生于新枝下部,雌花单生或簇生于新枝上部,单被,萼 4～5 裂。坚果小而歪斜,无翅。本属约 6 种,产于亚洲各地,中国有 4 种。

榉树(光叶榉)*Zelkova serrata*(Thunb.)Makino(见图 5 – 204)

形态:落叶乔木,高达 25 m,树冠倒卵状伞形,树皮灰白色或褐灰色,不裂,老时薄鳞片状剥落后仍光滑。小枝有毛。叶卵状长椭圆形,先端尖,基部广楔形,单锯齿整齐,叶表面粗糙,叶背密生淡灰色柔毛。坚果小,上部斜歪。花期 3—4 月,果熟期 10—11 月。

分布:黄河流域以南,华中、华东、华南、西南各地分布。

习性:喜光,喜温暖气候和肥沃、湿润土壤,在酸性、中性及钙质土上均能生长。忌水湿。抗烟尘、抗有毒气体、抗病虫能力强,深根性,寿命长。

繁殖:播种繁殖。

应用:树体高大雄伟、树冠整齐,枝细叶美,观赏价值比一般榆树高,可作庭荫树和行道树,还可作工厂绿化树、防护林树种,也是制作盆景及桩景的好材料。

(3)青檀属 *Pteroceltis* Maxim.

青檀属仅 1 种,为中国特产。

青檀 *Pteroceltis tatarinowii* Maxim.(见图 5 – 205)

形态:落叶乔木,高达 20 m,树皮淡灰色,裂成长片脱落。叶卵形,边缘有锐锯齿,三出脉,侧脉不直达齿尖,先端长尖或渐尖,基部广楔或近圆形,背面脉腋有簇毛。花单性同株,生于叶腋,雄花簇生,雌花单生。小坚果周围具薄翅。花期 4 月,果熟期 8—9 月。

分布:主要产于中国黄河及长江流域,南达两广及西南。

习性:喜光,耐干旱瘠薄,适于在石灰性土质中生长,根系发达,萌芽力强。

繁殖:播种繁殖。

应用:树体高大,树冠开阔,在园林上可作庭荫树、行道树和"四旁"绿化树种,可孤植、丛植于溪边,特别适应作为石灰岩山地绿化造林树种。木材坚硬,纹理直,结构细,可作建筑、家具等用材;树皮纤维优良,为中国著名"宣纸"原料。

图 5 – 204　榉树

图 5 – 205　青檀

(4) 糙叶树属 *Aphananthe* Planch

糙叶树属共 8 种,中国有 1 种及 1 变种,分布于华东、华中、华南、西南及山西。

糙叶树 *Aphananthe aspera*(Thunb.)Planch.（见图 5 – 206）

形态:落叶乔木,高达 22 m,树冠圆球形,树皮灰棕色,老时成纵裂。单叶互生,叶卵形至椭圆状卵形,具三出脉,基部以上有单锯齿,两面均有糙状毛,上面粗糙,侧脉直伸至锯齿先端。花单性,雌雄同株,核果近球形。花期 4—5 月,果熟期 9—10 月。

分布:长江流域及其以南地区。

习性:喜光,略耐阴,喜温暖湿润气候,在潮湿、肥沃而深厚的酸性土中长势好。病虫害少,寿命长。

繁殖:播种繁殖。

应用:树干挺拔,树冠广展,枝叶茂密,是良好的庭荫树及谷地、溪边绿化树。

(5) 朴属 *Celtis* L.

落叶乔木,稀灌木,树皮不裂,老时皮糙。单叶互生,基部全缘,其上有较粗或较疏锯齿,三出脉,侧脉不伸入齿端。花杂性同株,果实长梗。核果近球形,果肉味甜。

朴属约有 80 种,分布于北温带至热带。中国产 21 种,南北各地均有分布。

1) **朴树** *Celtis sinensis* Pers.（见图 5 – 207）

形态:落叶乔木,高达 20 m,树皮平滑,灰色;一年生枝被密毛。叶革质,宽卵形至狭卵形,中部以上边缘有浅锯齿,三出脉,下面无毛或有毛。花杂性,1~3 朵生于当年枝的叶腋。核果近球形,红褐色;果柄与叶柄近等长。花期 4 月,果熟期 10 月。

分布:淮河流域、秦岭以南至华南各省区。

习性:喜光,稍耐阴。适应性强,喜深厚、肥沃、湿润、疏松的土壤,深根性,抗风力强,寿命长,抗烟尘及有毒气体。

繁殖:播种繁殖。

应用：树体高大，雄伟，绿荫浓郁，园林中宜作庭荫树、行道树，因其抗烟尘、有毒气体、深根性，可作工矿区绿化树、防风树、护堤树种，也可作桩景材料。

图 5-206　糙叶树

图 5-207　朴树

2）珊瑚朴 *Celtis julianae* Schneid.（见图 5-208）

形态：落叶乔木，小枝、叶背、叶柄均密被黄褐色绒毛。叶厚，宽卵形至卵状椭圆形。核果卵球形，较大，熟时橙红色，味甜可食。

（6）山黄麻属 **Trema Lour.**

山黄麻 *Trema tomentosa*（Roxb.）Hara（见图 5-209）

形态：小乔木，当年枝密被白色柔毛。叶基部三出脉明显，侧出的一对达叶的中上部，边缘有小锯齿，叶上面有短硬毛而粗糙，下面密被银灰色或微带淡黄色柔毛。聚伞花序常成对腋生，花单性，核果卵圆形。

图 5-208　珊瑚朴

图 5-209　山黄麻

分布：西南、两广及福建等地。

繁殖：播种繁殖。

应用：由于茎绿色，故四季常青，可作地被及固沙植物，亦可供园林观赏用。木材供建筑、器具及薪炭用；叶表皮粗糙，可作砂纸用。

27. 桑科 Moraceae

桑科约有 60 属,100 余种分布于热带、亚热带地区,中国有 18 属,150 余种。

(1)构属 Broussonetia L' Her. ex Vent.

本属约 4 种,中国有 3 种,南北均有分布。

构树 Broussonetia papyrifera(L.)L' Her. ex Vent. (见图 5-210)

形态:落叶乔木,高达 16 m,树皮浅灰色,有乳汁。单叶互生,卵形,先端渐尖,基部圆形或近心形,缘具粗锯齿,不裂或有不规则 2~5 裂,表面有糙毛,下面密生柔毛,三出脉。雌雄异株,聚花果球形,熟时橙红色。花期 5 月,果熟期 8—9 月。

分布:中国黄河、长江及珠江流域各省区均有分布。

习性:喜光,适应性强,耐干冷和湿热气候,耐干旱瘠薄,喜钙质土,也能生长在酸性、中性土中,萌芽力强,根系分布浅。抗烟尘、抗有毒气体、抗病虫害能力强。

图 5-210　构树

繁殖:种子繁殖,也可埋根、分蘖繁殖。

应用:枝叶茂密,适应性强,抗烟尘、抗有毒气体,可作庭荫树、工矿区绿化树及防护林树。

(2)榕属 Ficus L.

常具气生根。托叶合生,包被顶芽,脱落后在枝上留下环状托叶痕,叶多互生,稀对生,多全缘,偶有锯齿或分裂。

榕属约有 1 000 种,多为常绿,主要产热带地区。中国约有 120 种,主要产长江以南各省区。

1)榕树(细叶榕、小叶榕)Ficus microcarpa L. f. (见图 5-211)

形态:常绿乔木,高 20~25 m,富含乳汁,树冠庞大,枝干具气生根,叶革质,椭圆形至倒卵形,先端钝尖,基部楔形或圆形,全缘或浅波状,羽状脉,侧脉 5~6 对,隐花果腋生,扁倒卵球形,初时乳白色,成熟时黄色或淡红色。花期 5—6 月,果熟期 9—10 月。

分布:中国西南、广东、广西、福建、浙江等地。

习性:喜暖热多雨气候,对土壤要求不严,生长快,寿命长。

繁殖:扦插繁殖。

应用:树体高大,姿态雄伟,绿荫浓郁,宜作庭荫树及行道树,在风景区宜群植成林。

2)印度榕(橡皮树)Ficus elastica Roxb. (见图 5-212)

图 5-211　榕树

图 5-212　印度榕

形态:乔木,高达30 m,树冠开展,树皮平滑,有乳汁,全体无毛。叶较大,厚革质,有光泽,长椭圆形,长10~30 cm,基部钝圆形,全缘,侧脉多而细,并行。

3) 黄葛树 *Ficus virens* Ait. Var. *sublanceolata*(Miq.)Corner

形态:落叶乔木,有时具气根。薄革质,侧脉7~10对,长椭圆形至椭圆状卵形,长8~16 cm,全缘。花序托单生或2~3个簇生于老枝上。隐花果近球形,熟时黄色或红色。

4) 薜荔 *Ficus pumila* L. (见图5-213)

形态:常绿攀援或匍匐灌木,以气根攀援。叶2型;在无花序托枝上的叶薄而小,心状卵形,基部斜;在有花序托枝上的叶大而宽,革质,卵状椭圆形,叶全缘,隐花果梨形或倒卵形,熟时暗绿色。

5) 无花果 *Ficus carica* L. (见图5-214)

图5-213 薜荔   图5-214 无花果

形态:落叶小乔木,或成灌木状。小枝粗壮无毛。叶掌状3裂,端钝,基部心形,边缘波状或有粗齿,上面粗糙,背面有柔毛,托叶三角形,早落。隐花果较大,梨形,可食用。

(3) 桑属 *Morus* L.

落叶乔木或灌木,枝无顶芽。叶互生,有锯齿或缺裂。花单性,同株或异株,葇荑花序,花被4片,雄蕊4枚。小瘦果包藏于肉质花被内,集成圆柱形聚花果(桑椹)。

桑属约有12种,产于北温带,中国有9种。

桑树 *Morus alba* L. (见图5-215)

形态:叶灌木或乔木,高15 m,嫩枝及叶含乳汁。叶卵形或宽卵形,先端尖,基部近心形,边缘有粗锯齿,有时不规则分裂,上面无毛,有光泽,下面脉上有疏毛。

花单性,雌雄异株。聚花果长卵形至圆柱形,熟时紫黑色、红色,多汁味甜。花期4月,果熟期5—7月。

变种、变型及品种如下:

龙爪桑 cv. *tortuosa* 枝条扭曲如龙游。**垂枝桑** cv. *pendula* 枝细长下垂。

图5-215 桑树

分布:中国南北各地均有分布,长江中下游各地为多。

习性:喜光,喜温暖亦耐寒,适应性强,耐干旱瘠薄、耐水湿,对土壤要求不严,深根性,根系

发达,萌芽性强、耐修剪,抗烟尘、抗有毒气体能力强。

繁殖:可播种、扦插、压条、分株、嫁接繁殖。

应用:树冠宽阔,枝叶繁密,夏季红果累累,入秋叶黄色,宜作观赏树、庭荫树。因抗烟尘,抗有毒气体,可作工厂绿化树、防护林树种。此外,桑叶可饲养家蚕。

28. 大风子科 Flacourtiaceae

大风子科约有93属,1 000多种,分布于热带至亚热带地区。中国有15属,50多种,主要分布于中南、西南地区。

(1)柞木属 *Xylosma* G. Forst

单性花组成总状花序腋生,雌雄异株,萼片覆瓦状排列,基部合生,花瓣缺;雄蕊下位,子房1室。

柞木属约100种,中国有3种,分布于秦岭及长江以南地区。

柞木 *Xylosma racemosum*(Sieb. et Zucc.)Miq. (见图5-216)

形态:常绿灌木或小乔木,高2~10 m。树冠内部枝条上生有许多枝状短刺,幼枝有时有腋生小刺,叶小,卵形革质,边缘有稀锯齿,叶柄与嫩叶呈红色。

分布:陕西秦岭以南和长江以南各省。

习性:喜温暖湿润的气候,也较耐寒,喜光,稍耐阴,喜肥,耐贫瘠土,耐干旱,不耐水湿。萌发力强,极耐修剪。

繁殖:多用种子繁殖,亦可扦插。

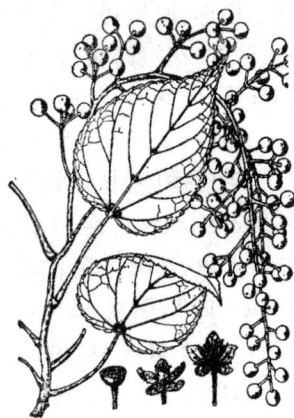

应用:柞木四季常青,茎枝发达,强劲有力。树皮灰褐色,古色古香,为园林优良树种,亦适宜制作盆景。

(2)山桐子属 *Idesia* Maxim.

落叶乔木,叶互生,边缘有锯齿,叶柄与叶片基部常有腺体,大型顶生圆锥花序,花单性异株,无花瓣,萼片常5个,或多或少,密生细毛,雄蕊多数;雌花子房上位1室,花柱5根,柱头大。胚珠多数。果实浆果;种子卵圆形。山桐子1种1变种,分布于中国中西部及日本等。

图5-216 柞木

山桐子(山梧桐、水冬瓜) *Idesia polycarpa* Maxim. (见图5-217)

形态:乔木,高8~15 m。树皮灰白色,光滑。冬芽无毛,被数片芽鳞。叶卵形至卵状心形,长8~16 cm,宽6~14 cm,先端锐尖至短渐尖,基部心形或近心形,叶缘有疏锯齿。表面无毛,背面被白粉,掌状基出脉5~7条,脉腋密生柔毛;叶柄长6~15 cm,圆柱形,无毛,顶端有2腺体。圆锥花序长12~20 cm,下垂;花黄绿色,芳香;萼片常5个,长卵形,被毛;雄花有多数雄蕊;雌花有多数退花雄蕊;子房有3~6个侧膜胎座。浆果球形,红色,直径6~8 mm,有多数种子。花期5—6月;果熟期9—10月。

图5-217 山桐子

分布:分布于浙江、江西、台湾、陕西、湖北、广东、广西、四川、贵州、云南等省区。日本、朝鲜半岛也产。

习性:喜温暖湿润的气候,较耐寒。侧枝生长旺盛,栽培时注意去枝留干。

繁殖:多用种子繁殖,亦可扦插。

应用:秋季红果晶莹剔透,甚为美观可爱。可作行道树及庭院观赏树。

29. 瑞香科 Thymelaeaceae

瑞香科约有 50 属,500 余种;中国有 9 属,90 余种。

(1) 瑞香属 *Daphne* L.

灌木或亚灌木,冬芽小;叶全缘互生,有时近对生或群集于枝上部。花两性,排成短总状花序或簇生成头状,通常有苞片;花萼 4(5) 裂;无花瓣;雄蕊 8(10) 枚,成 2 轮着生于萼管的近顶部;花柱极短,柱头头状。核果,有种子 1 枚。

瑞香属约 95 种,分布于欧亚的温带和亚热带;中国约有 37 种,主要产于西南和西北地区。

1) 芫花 *Daphne genkwa* Sieb. et Zucc.

形态:落叶灌木,高达 1 m。茎多分枝细长,老枝褐色带紫,幼枝及幼叶背面密被淡黄色绒毛。叶纸质对生,长椭圆形至宽披针形,长 3~4 cm,宽 1~1.5 cm,先端急尖,基部阔楔形,全缘,叶背面被淡黄色绒毛,沿中脉较密,叶柄短。花先叶开放,3~5(7) 朵簇生叶腋,淡紫色。花被筒状,长 1.5 cm,4 裂片,雄蕊 8 枚排成 2 轮。核果白色,长圆形,肉质。花期 3 月,果期 6—7 月。

习性:分布于长江流域以南以及山东、河南、陕西等地。喜光,耐旱,耐寒,喜生于排水良好的轻沙土中。萌蘖力较强。

繁殖:以扦插为主,也可播种、分株繁殖。

应用:早春叶前开花,鲜艳美丽,可群植于花坛,或点缀于假山岩石之中。茎皮纤维为优质纸和人造棉的原料。根、花蕾可入药。

2) 瑞香 *Daphne odora* Thunb. (见图 5-218)

形态:常绿灌木,高达 2 m,小枝细长,带紫色。叶互生,长椭圆形至倒披针形,长 5~8 cm,宽 1.5~3.5 cm,先端钝或短尖,基部窄楔形,厚纸质。头状花序,顶生,具总花梗,花白色或带紫红色,芳香,花被筒状,长 1 cm,4 裂片,雄蕊 8 枚排成 2 轮。果肉质,圆球形,成熟时红色。花期 2—3 月,果期 7—8 月。

变种、变形及品种如下:

毛瑞香(紫枝瑞香) var. *atrocaulis* Rehd. 小枝深紫色,花被筒外侧有绢状毛。**金边瑞香** var. *marginata* Thunb. 叶边缘金黄色。花淡紫色,花萼先端 5 裂、白色,基部紫红,香味浓烈,为瑞香中之珍品。**白花瑞香** var. *leucantha* Makino. 花纯白色。**蔷薇红瑞香** var. *rosacea* Mak. 花淡红色。

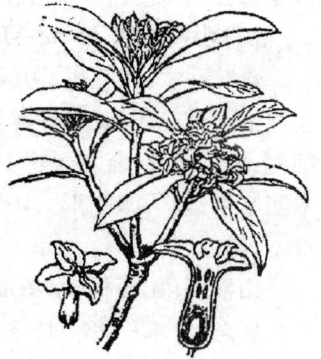

图 5-218 瑞香

习性:分布长江流域以南各地。喜阴凉通风环境,不耐阳光暴晒及高温、高湿。耐寒性差,喜排水良好、富含腐殖质的土壤;不耐积水。萌芽力强,耐修剪,易造型。

繁殖:以扦插为主,亦可压条、嫁接或播种繁殖。

应用:枝干丛生,四季常绿,早春开花,香味浓郁,具较高观赏价值。宜配置于建筑物、假山、岩石的阴面及树丛的前侧。可盆栽和制作盆景。根、叶可入药。

(2) 结香属 *Edgeworthia* Meisn.

落叶灌木。单叶互生,全缘,集生于枝上部,有时近对生。花两性,排成短总状花序或簇生成头状,腋生或顶生,通常有总苞;花先叶或与叶同放,花萼 4(5) 裂,无花瓣;雄蕊 8 枚,成 2 轮着生

于萼管筒的中上部;花盘环状或杯状。子房1室1倒生珠。核果,外果皮革质,内有种子1枚。

结香属约有5种,中国有4种,多分布于中国西南,只有1种分布广泛。

结香(打结树) *Edgeworthia chrysantha* Lindl.(见图5-219)

形态:落叶灌木,枝条粗壮柔软,有皮孔,常三叉分枝,棕红色。叶簇生枝顶,长椭圆形至倒披针形,长8~16 cm,宽2~3.5 cm,先端急尖,基部楔形并下延。上面疏生柔毛,背面被长硬毛。花黄色,有浓香,40~50朵集成下垂的花序,萼筒花瓣状,长1.5 cm,外面密生绢状柔毛。子房花柱细长,果卵形,状如蜂窝。花期3月,果期5—6月。

习性:分布于河南、陕西及长江流域以南等地区。喜阴,喜温暖、湿润气候和肥沃而排水良好的土壤,耐寒性不强。根肉质,不耐积水,根茎处易萌蘖。

繁殖:分株或扦插繁殖。

图5-219　结香

应用:枝条柔软,弯之可打结而不断,故可曲枝造型;花多成簇,芳香浓郁。可孤植、对植、丛植于庭前、路边、墙隅或作疏林下木,或点缀于假山岩石之间、街头绿地小游园内。也可盆栽。茎皮可供制打字蜡纸、人造棉。根、茎、花均可入药。

30. 海桐花科 Pittosporaceae

海桐花科约有9属,360余种,主要广布于大洋洲;中国仅产1属,约44种。

海桐花属 *Pittosporum* Banks

常绿灌木或乔木。单叶互生,有时轮生状,常聚生枝顶,全缘或具波状齿。花较小,单生或成顶生圆锥或伞房花序;花瓣离生或基部合生,先端常向外反卷;子房通常为不完全的2室。蒴果,具2至多枚种子;种子藏于红色果肉中。

海桐花属约300种,主要产于大洋洲等地;中国有44种。

(1)**海桐** *Pittosporum tobira*(Thunb.)Ait.(见图5-220)

形态:常绿灌木或小乔木,高2~6 m;树冠圆球形,幼枝被柔毛。叶全缘革质无毛,表面深绿有光泽,倒披针形,长5~12 cm,先端圆钝或微凹,基部楔形,边缘反卷,叶柄长达1 cm。伞房花序顶生,花白色或淡黄绿色,径约1 cm,芳香。蒴果球形,长1~1.5 cm,有棱角,熟时3瓣裂,木质;种子鲜红色。花期5月;果熟期10月。

分布:中国江苏、浙江、福建、台湾、广东等地,朝鲜半岛、日本亦有分布。黄河以南各地庭园悉见栽培。

栽培品种:**银边海桐** cv. *Variegatum* 叶边缘有白斑。

习性:喜光,略耐阴;喜温暖湿润气候,不耐寒。对土壤要求不严,耐盐碱。萌芽力强,耐修剪。抗风及二氧化硫能力强。

繁殖:可播种、扦插繁殖。移植一般在春季,也可秋季进行,需带土球,成活容易。

图5-220　海桐

应用:海桐枝叶茂密,树冠圆满;绿叶常青,初夏花朵清丽芳香,入秋果熟开裂露出红色种子,颇为美观,是常见绿化观赏树种。常作基础种植及绿篱材料,孤植、丛植、对植、列植均可。

(2)**崖花海桐(海金子)** *Pittosporum illicioides* Makino

形态:灌木。幼枝无毛。叶薄革质,倒披针形至倒卵状披针形,长 6~10 cm,宽 2~5 cm,先端急渐尖,基部窄楔形,无毛,侧脉 6~8 对,背面网脉明显,叶柄长 5~10 mm。伞形花序,有 2~10 朵,花梗无毛;长 1.5~3 cm;子房被毛,几无柄。蒴果近圆形,长 9~12 mm,多个三角形或有 3 条纵沟,3 瓣裂,果片薄木质;种子暗红色,长约 3 mm。花期 4~5 月,果熟期 7—9 月。

分布:四川、江苏、浙江、安徽、江西、湖南、湖北、贵州、福建等省及中国台湾地区。

其他类同于海桐。

31. 椴树科 Tiliaceae

椴树科约有 60 属,400 余种,多布于热带、亚热带地区;中国有 9 属,约 80 余种。

(1)椴树属 Tilia L.

落叶乔木。单叶互生,有长柄。叶基常不对称。聚伞花序下垂,总梗约有一半与舌状苞片合生;花小,黄白色,有香气,萼片、花瓣各 5 枚。

椴树属约有 50 种,主要产于北温带;中国约有 35 种,南北均有分布。

1)毛糯米椴 Tilia henryana Szyszyl.

形态:乔木。幼枝被黄色星状茸毛。叶近圆形,直径 6~10 cm,先端宽圆,有短尾尖,基部为心形或偏斜,有时截形,背面被黄色柔毛或星状茸毛,边缘具 3~5 mm 的芒刺,叶柄 3~5 cm。聚伞花序,有花 30 朵以上;苞片窄倒披针形,长 7~10 cm,宽 1~1.3 cm,两面被黄色星状毛,萼片外面有毛。果实倒卵形,长 7~9 mm,被星状毛,具 5 棱。花期 6 月;果熟期 8 月。

习性:喜光,耐寒耐阴,深根性,萌蘖性强,不耐烟尘。

繁殖:多用种子繁殖,唯种子后熟期较长,达 1 年。亦可分株、压条。

应用:树冠整齐,枝叶茂密,花颇芳香,可作庭园绿化树种,亦是良好的蜜源树种。

变种:**光叶糯米椴** var. *subglabra* V. Engl. 与正种区别为:除叶背面脉腋有簇毛外,幼枝及芽均无毛或近无毛。苞片背面星状毛稀疏。

分布:江苏、浙江、江西、安徽等省区。

2)南京椴 Tilia miqueliana Maxim.(见图 5-221)

形态:乔木,高达 8 m,树皮灰白色。小枝密被星状毛。叶卵形或阔卵形,长 3~8 cm,宽 3~10 cm,先端急锐尖,基部近整齐,表面无毛,背面被灰色或黄色星状毛,边缘密生锯齿;叶柄长 3~5 cm,几无毛。聚伞花序,有 6~15 朵花,苞片窄倒披针形,长 6~10 cm,宽 1~2 cm,表面中脉有毛。果实椭圆形,被毛,具棱或仅下部具棱。花期 6—7 月;果熟期 8—9 月。

分布:甘肃、陕西、四川、湖北、湖南、江西、江苏、浙江。

繁殖:种子繁殖。

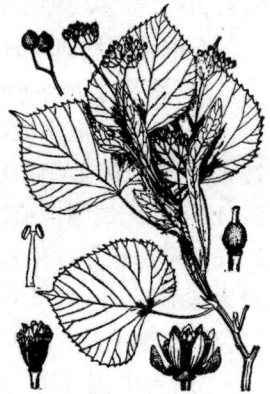

图 5-221 南京椴

3)华东椴(日本椴)Tilia japonica Simonk.

形态:乔木。小枝幼时有长柔毛。叶革质,圆形或扁圆形,长 5~10 cm,宽 4~9 cm,先端急渐尖,基部为心形,整齐或稍偏斜,有时截形,边缘有尖锐细锯齿,仅背面脉腋有簇毛;叶柄 3~4.5 cm,纤细,无毛。聚伞花序,有 6~16 朵花或更多;苞片斜倒披针形或狭长圆形,长 3.5~6 cm,宽 1~1.5 cm,无毛,柄长 1.5 cm。果实卵圆形,被星状毛,无棱。花期 6—7 月;果熟期 8—9 月。

分布:山东、安徽、江苏、浙江。

繁殖:种子繁殖。

应用:材质优良,树姿优美,是十分美观的观赏树种。

4)蒙椴 *Tilia mongolica* Maxim.(见图 5 - 222)

形态:落叶小乔木,树皮红褐色;小枝光滑无毛。叶宽卵形至三角状卵形,长 3 ~ 10 cm,叶缘具不整齐粗锯齿,有时 3 浅裂,先端凸渐尖或近尾尖,基部截形或宽楔形,仅背面脉腋有簇毛,侧脉 4 ~ 5 对;叶柄细,长 3 cm。花 6 ~ 12 朵排成聚伞花序;苞片长 5 cm,花黄色,雄蕊多数,坚果倒卵形,长 6 mm,外被黄色绒毛。花期 6—7 月;果熟期 8—9 月。

应用:蒙椴是北方优良的庭荫树,唯因树体较矮,不适于作行道树。

分布:主要产于中国华北、东北及内蒙。

图 5 - 222 蒙椴

(2)扁担杆属 *Grewia* L.

落叶乔木或灌木,有星状毛。冬芽小,单叶互生,基出脉 3 ~ 5 条。花单生或聚伞花序;花萼明显,花瓣基部有腺体,雄蕊多数,子房 5 室。核果,2 ~ 4 裂。

扁担杆属约有 150 种,产于亚洲、非洲的热带和亚热带。中国约有 30 种。

扁担杆(棉筋条) *Grewia biloba* G. Don.(见图 5 - 223)

形态:落叶灌木,小枝有星状毛。叶狭菱状卵形,长 4 ~ 10 cm,先端尖,基部三出脉,宽楔形至近圆形,缘有细重锯齿,上面几无毛,下面疏生星状毛。花序与叶对生;花淡黄绿色,径不足 1 cm。果橙黄至橙红色,径约 1 cm,无毛,2 裂,每裂有 2 核。花期 6 ~ 7 月,果熟 9—10 月。

分布:主要产于中国长江流域及以南各省区。

变种:扁担木(小花扁担杆) var. *parviflora* Hand. -Mazz.

形态:叶较宽大,有星状短柔毛,背面毛更密;花较大,径约 2 cm。主要产于中国北部,华东、西南也有。

繁殖:播种或分株繁殖。

应用:果实橙红美丽,宿存枝头达数月之久,是良好的观果树种。

图 5 - 223 扁担杆

32. 杜英科 Elaeocarpaceae

杜英科有 12 属,约 400 种,分布于热带和亚热带地区。中国有 2 属,51 种。

杜英属 *Elaeocarpus* L.

常绿乔木。单叶互生,落前常变成红色。腋生总状花序;萼片 5 枚,分离;花瓣 5 枚,先端常呈撕裂状;雄蕊多数,花丝短,花药顶孔开裂,药隔突出;花盘常有 5 ~ 10 枚腺体;子房 2 ~ 5 室,每室有 2 ~ 6 枚下垂胚珠;花柱线形。核果,3 ~ 5 室,内果皮骨质,常有沟纹。种子胚乳肉质,子叶薄。

杜英属约有 200 种,分布于东亚、东南亚和大洋洲。中国有 38 种,6 变种。

山杜英 *Elaeocarpus sylvestris*(Lour.)Poir.(见图 5 - 224)

形态:常绿乔木,嫩枝无毛。叶倒卵形或倒卵状披针形,长 4 ~ 8 cm,宽 2 ~ 4 cm,先端钝,基部窄楔形,无毛,侧脉 5 ~ 6 对,具波状锯齿;叶柄 1.5 cm。花序长 4 ~ 6 cm;花萼片 5 枚,无毛;花瓣倒卵形,上部 10 ~ 14 裂,外面被毛;雄蕊 13 ~ 15 枚,花药有微毛;花盘 5 裂,分离;子房无毛,2 ~ 3 室。果椭圆形,长 1 cm,果核具 3 条纵沟。

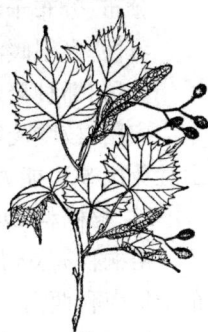

图 5 - 224 山杜英

分布:分布于江南。越南、老挝、泰国也有分布。

习性:喜温暖湿润的气候条件。较耐寒,忌积水。根系发达,耐修剪。

繁殖:播种繁殖。

应用:枝叶茂密,郁郁葱葱,老叶落前绯红,红绿相间,颇为悦目,为优良的庭院观赏树种。山杜英抗 SO_2 能力强,适于工矿厂区绿化。

33. 梧桐科 Sterculiaceae

梧桐科有 68 属,约 1 100 种,多分布于热带和亚热带地区。中国共有 19 属,82 种,主要分布于华南和西南。

梧桐属 *Firmiana* Marsili

落叶乔木或灌木。单叶,掌状 3~5 裂,或全缘。顶生或腋生圆锥花序,稀为总状花序;花单性同株,萼 5 深裂,萼片向外反卷,无花瓣;雄花具 10~15 枚雄蕊,集生成筒状;雌花 5 心皮,基部离生,花柱合生,柱头与心皮同数而分离,子房有柄。蓇葖果,果皮膜质,成熟前沿腹缝线开裂呈叶状。种子圆球形,着生于叶状果皮的内缘,成熟时褐色,有皱纹。

梧桐属约有 15 种;分布于亚洲和非洲东部;中国有 3 种,主要产于广东、广西和云南。

梧桐(青桐) *Firmiana platatanifolia*(L. f.) Marsili(见图 5-225)

形态:落叶乔木,树皮青绿色,平滑。叶心形,长达 15~25 cm,掌状 3~5 裂,裂片三角形,全缘,两面均无毛或略被短柔毛,基出脉 7 条;叶柄与叶片近等长。圆锥花序顶生,长 20~50 cm;花淡黄绿色,萼片线形,长 10 mm,反卷;子房圆球形,被毛。蓇葖果革质,果皮开裂成叶状,匙形,长 6~11 cm,宽 2 cm,网脉显著。种子 2~4 粒,圆球形,径约 7 mm;花期 6 月,果期 10—11 月。

分布:中国黄河流域以南,日本也有。

习性:梧桐喜光,耐旱,喜温暖湿润气候,耐寒性较差。喜肥沃、深厚且排水良好的钙质土壤,忌水湿及盐碱地。生长快,寿命长,对多种有毒气体有较强的抗性。

繁殖:播种繁殖,也可扦插或分根繁殖。

图 5-225 梧桐

应用:梧桐树冠圆满,干直皮绿,叶大形美,且秋季转为金黄色,洁净可爱。为优美的庭荫树和行道树。与棕榈、竹子、芭蕉等配置,点缀假山石景园,协调古雅,具有我国民族风格。"栽下梧桐树,引来金凤凰"即为此树。对多种有毒气体有较强的抗性,可作为厂矿绿化树种。

34. 锦葵科 Malvaceae

锦葵科约有 50 属,1 000 种。广布于世界各地。中国产 18 属,约 80 余种。

木槿属 *Hibiscus* L.

亚灌木、灌木或小乔木,植株常被星状毛。叶互生,全缘或具缺刻,或 3~5 掌状分裂,主脉通常具蜜腺;托叶 2 枚,早落。花常单朵腋生,副萼有 3~12 枚小苞片,通常宿存;花萼钟状或碟状,5 浅裂或 5 深裂,宿存;花冠大,花瓣 5 枚;具雄蕊管,先端截平或 5 齿裂;子房 5 室或每室具假隔膜而呈 10 室,每室具 2 至多枚胚珠。柱头 5 裂。蒴果室背开裂;种子肾形或球形。

木槿属约有 250 种,分布于热带、亚热带地区,主要产于非洲。中国有 20 余种,大多栽培常见。

(1)木芙蓉 *Hibiscus mutabilis* L.(见图 5-226)

形态:落叶灌木或小乔木,高 2~5 m。小枝密被星状灰色短柔毛。叶大,互生,宽卵形至卵圆

形,掌状 5 ~ 7 裂,边缘有钝锯齿,两面均被黄褐色星状毛。花径 8 cm,大而美丽,单生枝端叶腋,单瓣或重瓣,初放时白色或粉红色,后变为深红色,花梗长 5 ~ 8 cm,副萼由 8 枚小苞片组成,萼短,钟形。蒴果球形,直径 2.5 cm,果瓣 5 枚。种子肾形;花期 10—11 月;果熟 12 月。

分布:秦岭淮河以南常见栽培,尤以成都最盛,历史悠久,有"蓉城"之称。

习性:喜光,略耐阴,性喜温暖湿润的气候,对土壤要求不严,适应性较强。

繁殖:播种、扦插、压条和分株繁殖。

应用:花朵颇大,深秋开花,多栽于池畔,水滨或庭园观赏,有"照水芙蓉"之说;苏东坡亦有"溪边野芙蓉,花水相媚好"诗句形容。

(2) **木槿** *Hibiscus syriacus* L.(见图 5 – 227)

形态:落叶灌木,高 3 ~ 5 m。茎直立,嫩枝密被绒毛,小枝灰褐色。叶三角形至菱状卵形,长 3 ~ 6 cm,先端有时 3 浅裂,基部楔形,边缘有缺刻。花单生叶腋,钟状,直径 5 ~ 8 cm,单瓣或重瓣,有白、粉红、紫红等色,花瓣基部有时红或紫红,雄蕊较多,心皮较多,螺旋状排列于延长花托上,有香气;蒴果卵圆形,直径 2 cm,密被星状绒毛。种子成熟时黑褐色。花期 6—9 月;果 10—11 月成熟。

栽培品种主要有大花木槿(五色木槿)、白花重瓣木槿、红花重瓣花木槿和黄槿等。

分布:中国特有树种,分布于中国长江流域各省区。各地广为栽培。

习性:喜光,喜温暖湿润气候和深厚、富于腐殖质的酸性土壤,稍耐阴和低温,适应性强,不耐水湿。萌蘖力强,耐修剪。抗烟尘和有害气体能力强。

繁殖:常用扦插繁殖,播种、压条亦可。

应用:枝繁叶茂,夏、秋开花,满树花朵,花大有香气,花期长,为良好园林观赏树种。韩国国花。

图 5 – 226　木芙蓉

图 5 – 227　木槿

(3) **扶桑(朱槿、大红花)** *Hibiscus rosa-sinensis* L.(见图 5 – 228)

形态:落叶灌木。直立多分枝,树冠椭圆形。叶互生,长卵形,长 4 ~ 9 cm,先端渐尖,边缘有粗齿,基部全缘,三出叶脉,上面有光泽。花大,腋生,副萼片 6 ~ 7 枚,线状,分离,萼绿色,长约 2 cm,裂片卵形或披针形;花冠直径 10 cm,花倒卵形,端圆向外扩展,通常玫瑰红色、淡红、淡黄、白色等,有时重瓣,雄蕊柱超出花冠外,花梗长而有关节。蒴果卵形,有喙。花期 5—11 月。

分布:分布于中国南部,现各地均有栽培。

习性:喜光,喜温暖湿润气候。不耐阴、不耐寒及不耐旱,耐修剪。繁殖:多以扦插繁殖,也可进行嫁接繁殖。

应用:扶桑花大色艳,花期长,是著名的观赏花卉。北方多盆栽观赏。

(4)吊灯扶桑(吊灯花) *Hibiscus schizopetalus* Hook. f.(见图5 - 229)

形态:灌木,高2～4 m。小枝和叶均无毛。叶卵形、长卵形或椭圆形,长4～7 cm,先端急尖或短渐尖,基部圆钝或宽楔形,上半部叶缘具锯齿;托叶线形。花单生于叶腋,花梗下垂,长10～14 cm,中部具关节;小苞片7～8枚,线形,花萼筒状,长约1.5 cm,2或3浅裂;花冠红色,花瓣长5～7 cm,上半部分裂成流苏状,外卷;雄蕊及花柱伸出花冠之外。雄蕊管细长,长9～11 cm,上半部具多数分离的花丝;花柱枝5枚,柱头头状。蒴果圆柱状,无毛;种子无毛。花期3—11月。

图5 - 228 扶桑

分布:原产于非洲东部。中国华南一带可露地栽培,北方温室栽培。

习性:喜高温、不耐寒,需在高温温室越冬。不耐阴。

繁殖:扦插繁殖。

应用:花形奇特、美丽,几乎全年开花,是极美丽的观赏植物。

35.木棉科 Bombacaceae

木棉属 *Gossampinus* Buch. -Ham.

木棉属约有50种,主要分布于美洲热带。中国有2种。

木棉(攀枝花) *Gossampinus malabarica* Merr.(见图5 - 230)

图5 - 229 吊灯扶桑

图5 - 230 木棉(攀枝花)

形态:落叶大乔木,高达40 m。树干粗大端直,大枝轮生,平展;幼树树干及枝条具圆锥形皮刺。掌状复叶互生,小叶5～7枚,卵状长椭圆形,长7～18 cm,先端近尾尖,基部楔形,全缘,无毛,小叶柄长1.5～3.5 cm。花红色,径约10 cm,簇生枝端;花萼厚,杯状,长3～4.5 cm,常5浅裂;花瓣5枚;雄蕊多数,合生成短管,排成3轮,最外轮集生为5束。蒴果长椭球形,长10～15 cm,木质,5瓣裂,内有棉毛;种子倒卵形。花期2—3月,先叶开放;果6—7月成熟。

分布:云南、贵州、广西、广东等省区。产于亚洲南部至大洋洲。

习性:喜光,喜暖热气候,较耐干旱,不耐寒。深根性,萌芽性强。树皮厚,耐火烧。

繁殖:可用播种、分蘖、扦插法繁殖。

应用:树形高大雄伟,树冠整齐,早春先叶开花,如火如荼,十分红艳美丽。在华南常作行道树、庭荫树及庭园观赏树栽培。杨万里有"即是南中春色别,满城都是木棉花"的诗句。木棉是广州市花。

36.大戟科 Euphorbiaceae

大戟科约有 300 属,8 000 余种,广布于全球,主要产于热带和亚热带。中国有 70 余属,约 460 种,分布于中国各地,主要产于西南至台湾地区。

(1)重阳木属(秋枫属) Bischofia Bl.

秋枫属有 2 种,分布于亚洲南部及东南部至澳大利亚。中国有 2 种。

重阳木 Bischofia polycarpa Levl. Airy Shaw(见图 5 – 231)

形态:落叶乔木,高达 15 m,胸径达 1 m;树皮褐色,纵裂;树冠伞形状,大枝斜展,小枝无毛,有皮孔,冬芽小,具少数芽鳞,全株均无毛。三出复叶;叶柄长 9 ~ 13 cm;小叶片纸质,卵形或椭圆状卵形,长 5 ~ 9(14) cm,宽 3 ~ 6(9) cm,先端凸尖或短渐尖,基部圆形,叶缘具钝细锯齿;托叶小,早落。花雌雄异株,与叶同放,总状花序着生于新枝的下部,下垂,雄花序长 8 ~ 13 cm;雌花序 3 ~ 12 cm,雌花子房 3 ~ 4 室,每室 2 枚胚珠。浆果圆球形,径 5 ~ 7 mm,成熟时褐红色。花期 4—5 月,果期 10—11 月。

分布:产于中国秦岭、淮河流域以南,南亚、东南亚、日本、澳大利亚也有。

图 5 – 231　重阳木

习性:喜湿润肥沃土壤,稍耐旱,不耐寒。根系发达,抗风力强,抗二氧化硫能力强。

繁殖:通常用播种法繁殖。自然生长分枝较低,需修剪。

应用:重阳木枝叶茂密,树姿优美,早春嫩叶鲜绿光亮,秋叶变红,是优良的行道树、庭荫树,材质坚韧,结构细匀。有光泽,耐水湿。

(2)乌桕属 Sapium P. Br.

乌桕 Sapium sebiferum Roxb.(见图 5 – 232)

形态:落叶乔木,高 15 m;叶互生,菱状卵形,先端尾状渐尖,长 3 ~ 9 cm,全缘,叶柄细长,顶端有 2 黄绿色腺体;花单性,雌雄同株,顶生穗状圆锥花序,长 6 ~ 12 cm,上部为雄花,1 ~ 4 朵雌花生于雄花序基部,雌花有短柄并有肾形腺体,子房光滑,3 室;蒴果球形,直径种子圆形。黑色,外被白色蜡层。

分布:产于中国中南、华南、西南各省,日本、印度亦有分布。

习性:喜光、喜温暖气候及深厚肥沃的微酸性土壤,有一定的耐旱、耐涝和抗风能力。主根发达,寿命长,抗火烧,抗 SO_2 能力强。

繁殖:以播种为主,也可用于嫁接。

应用:树冠整齐,叶形秀丽,秋叶紫红,白色果实悬于枝顶,"喜看柏树梢头白,疑是红梅小着花"。适宜在园林中配置池畔、河边、草坪中央或边缘。油料树种。

图 5 – 232　乌桕

(3)山麻杆属 Alchornea Sw.

山麻杆 Alchornea davidii Franch.(见图 5 – 233)

形态:落叶丛生灌木,高 2～3 m。老枝红棕色,新枝绿色密生茸毛。叶宽卵形至扁圆形,长 7～15 cm,宽 9～17 cm,基部心形,边缘有粗锯齿,三出脉,叶背面紫色,密被绒毛叶柄长 3～9 cm。花小单性,雌雄同株,雄花为密集穗状花序,雌花为疏生总状花序;蒴果扁球形。花期 4—5 月,果期 7—8 月。

分布:原产于中国华中、华南及西南各省。

习性:喜光,稍耐阴,喜温暖湿润气候,不耐寒,对土壤要求不严,萌蘖性强。

繁殖:分株繁殖,扦插及播种均易成功。

应用:幼叶紫红色,鲜艳夺目,后渐变为绿色,但背面仍为紫色,随风反卷,茎秆亦美,宜成片种植,或盆栽。

图 5-233　山麻杆

(4)算盘子属 *Glochidion* T. R. et G. Forst

乔木或灌木。单叶互生,2 列,全缘,有短柄;托叶宿存。花雌雄同株或异株,腋生成簇;无花瓣,萼片 6 个,排成 2 轮;雄花雄蕊 3～8 个,无柄;雌花萼宿存,子房 3～15 室,每室有 2 个胚珠,花柱于花后通常伸长,合成筒状,顶端略分裂。蒴果室背开裂;种子红色,有胚乳。

算盘子属有 180 种,产于亚洲热带和大洋洲。中国有 25 种,广布于长江以南各省(区)。

算盘子 *Glochidion puberum*(L.) Hutch. (见图 5-234)

形态:落叶灌木,高 1～4 m。小枝灰褐色,密被黄褐色短柔毛。叶长圆形至长圆状披针形或倒卵状长圆形,长 3～5 cm,宽达 2 cm,先端稍急尖,基部楔形,表面中脉有柔毛,背面密被短柔毛;叶柄长 1～2 mm,有柔毛。花雌雄同株;雄花无退化雌蕊,雄蕊 3 个;雌花子房有毛,5～8 室,稀有 10 室。蒴果扁球形,直径 10～15 mm,有明显纵沟,被短柔毛;种子橙色。花期 6～9 月,果熟期 7—10 月。

分布:分布于陕西、山西、安徽、江苏、浙江、湖北、贵州、四川等省(区)。

繁殖:播种繁殖。

应用:枝叶扶疏,叶形秀丽,果形独特,常作绿化点缀之用,或做盆景。

图 5-234　算盘子

(5)白饭树属(一叶萩属)*Flueggea* Wild.

落叶灌木,分枝多。单叶互生,常排成 2 列全缘,有短柄,具托叶。绿白色花小,单性,雌雄同株或异株,无花瓣;雄花萼片 4～7 个,雄蕊 4～7 个,着生于 5 裂花盘的基部;雌花花盘全缘,子房 3(稀 2 或 4)室,花柱 3 个 2 裂。蒴果 3 裂,基部有宿存萼片;种子 3～6 个。

白饭树属约有 10 种,分布于温带和亚热带地区。中国约有 4 种。

叶底珠(一叶萩)*Flueggea suffruticosa*(Pall.) Rehd.

形态:灌木,小枝绿色,无毛,有棱角。叶卵形或卵状长圆形,长 1.5～5 cm,宽 1～2 cm,基部楔形,两面无毛,全缘或有不整齐波状齿或细钝齿。花雌雄异株,雄花簇生叶腋;雌花单生或簇生叶腋;花盘儿不分离,花柱 3 裂。蒴果近球形,有 3 棱,直径约 5 mm,红褐色,无毛,3 瓣裂。花期 7—8 月;果熟期 9 月。

分布:东北及河北、山西、甘肃、宁夏、江苏、浙江、湖北、贵州、四川等省(区)。

繁殖:播种繁殖。

应用:枝叶扶疏,叶形秀丽,常作绿化点缀之用。

(6)油桐属 *Vernicia* Lour.

落叶乔木,有白色乳汁。单叶互生,叶柄先端有2枚腺体。花单性,雌雄同株或异株,聚伞花序,或再组成伞房状圆锥花序;花萼2~3裂;花瓣5枚,基部爪状;腺体5枚;雄蕊8~20枚,2轮;子房密被柔毛,3~8室,每室1胚珠,花柱3~4枚,各2裂。蒴果核果状,果皮壳质,有种子3~8颗。

油桐属有3种,分布于亚洲东部地区。中国有2种,分布于秦岭以南各省区。

油桐 *Vernicia fordii*(Hemsl.) Airy Show(见图 5 – 235)

形态:落叶小乔木,高9~10 m 树冠伞形,分枝平展有层次,树皮黑灰色,平整。叶宽卵形,先端尖,基部心形,全缘或3~5裂,长5~15 cm,宽3~12 cm,叶柄粗长,顶端有2枚暗红色腺体。花单性同株,集生成圆锥状聚伞花序或伞房花序,花瓣白色,基部有棕红色条纹或斑点,花径5 cm,雄蕊8~12枚,雌花子房上位,花柱2~5裂。果球形,先绿色后变暗红色至黑褐色,种子3~5粒,富含桐油。花期4月;果熟10月。

图 5 – 235 油桐

分布:油桐原产于中国;长江流域及以南省区广泛栽培。

习性:性喜温暖湿润、避风向阳的环境,适生于微酸性疏松肥沃土壤,不耐贫瘠。

繁殖:播种或嫁接繁殖。

应用:绿荫如盖,花果均美,是长江以南的优良行道树和经济树种。

37.山茶科 Theaceae

山茶科约有28属,700余种,广布于热带和亚热带。中国约有15属,500余种,主要产于长江流域以南。

(1)山茶属 *Camellia* L.

常绿灌木或乔木,叶革质,叶缘有锯齿。花两性,顶生或腋生,常为单生;苞片2~6枚;萼片5~6枚,有时较多,脱落或宿存;花瓣5~12枚,白色、红色或黄色,基部多少连生,覆瓦状排列;雄蕊较多,花药2室,纵裂,背部着生;子房上位,3~5室,花柱3~5条或连生成单花柱,每室有胚珠数个。果为木质蒴果;种子圆球形、半球形或多角形,种皮角质。

1) 油茶(白花茶)*Camellia oleifera* Abel.(见图 5 – 236)

形态:灌木至小乔木,高7~8 m。嫩枝略有长毛,叶革质,椭圆形或倒卵形,长4~10 cm,宽2~4 cm,先端尖,基部楔形,叶面光亮,上面中脉和下面常有毛;侧脉5~6对;边缘有细锯齿,叶柄有毛。花白色顶生,无柄;苞片与萼片8~12枚,宽卵形,长3~12 mm,被绢毛,脱落;花瓣5~7枚,长2~3 cm,先端凹,近离生;雄蕊长1.5 cm,分离或下部连生;子房有毛,具3室,花柱长1 cm,3裂。蒴果球形,果皮木质,3室或1室,每室有1~2粒种子。因栽培花、果形态不同常有很多变化。

图 5 – 236 油茶

分布:分布于中国秦岭、淮河以南。印度、越南也有。

习性:喜温暖湿润的气候环境和肥沃疏松、微酸性的土壤或腐殖土,喜半阴,亦耐寒。深根性,生长慢,寿命长。

繁殖:播种、扦插、嫁接繁殖。

应用:油茶枝叶密茂,繁花洁白,观赏与经济价值俱备,也常作盆栽,是优良的防火树种。

2)茶(茶树)*Camellia sinensis*(L.)O. Ktze.

形态:乔木,高达 15 m,常呈丛生灌木状。嫩枝无毛或微有毛。叶革质,长圆形或椭圆形,长 5～12 cm,宽 2～4 cm,先端急尖或钝,基部楔形,上面有光泽;侧脉 6～9 对;叶缘有锯齿,叶柄 3～8 mm。花常 1～3 朵腋生,白色,直径 2～4 cm,花梗长 4～6 mm,下弯;苞片 2 枚,早落;萼片 5～7 枚,长 3～4 mm,宿存;花瓣 5～9 枚,长 1～2 cm,基部略合生;雄蕊长 1 cm,略合生;子房有毛,花柱 3 裂。蒴果三角状球形,每室有种子 1～2 粒。花期 10 月至翌年 2 月。

分布:中国长江流域及其以南各省区有栽培。日本、印度、越南等国均有栽培。

习性:喜温暖气候和肥沃疏松的酸性黄壤土,喜光。深根性,生长慢,寿命长。

繁殖:播种、扦插或嫁接繁殖。

应用:枝叶茂密,终年常绿,作绿化观赏,也可盆栽。嫩叶制茶,为世界著名饮料。

3)山茶(耐冬、海石榴)*Camellia japonica* L. (见图 5-237)

形态:常绿灌木或小乔木,高 3～15 m。嫩枝淡褐色,无毛。叶厚革质,卵形、椭圆形或倒卵形,长 5～11 cm,宽 3～5 cm,先端渐尖或钝,基部楔形,上面深绿色,两面无毛。花单生或对生于叶腋或枝顶,红色,径 6～8 cm;苞片与萼片 7～10 枚;花瓣 5～6 枚;雄蕊较多,花丝下部连合,并与花瓣合生,子房柱头 3 裂。果近球形,径 2～3 cm;种子近球形或有棱角,有光泽。花期 2—4 月,果期 9—10 月。

分布:原产于中国东部、日本、朝鲜半岛。现中国各地均有栽培。

习性:喜温暖湿润、排水良好的酸性土壤。深根性。忌强光直射,不耐酷热严寒。

图 5-237 山茶

繁殖:播种、扦插、压条、嫁接等法繁殖。

应用:株形优美,叶光亮浓绿;花色艳丽,花期较长,为中国栽培历史悠久的名贵观赏植物,园艺品种多达 3 000 个。

4)茶梅 *Camellia sasanqua* Thunb.

形态:常绿灌木或小乔木,高 3～13 m。树皮粗糙,条状剥落,枝条细密,幼枝有毛。叶椭圆形、卵圆形至倒卵形,长 3～8 cm,先端渐尖或急尖,叶缘有齿,基部楔形或钝圆,上面绿色有光泽;花白色,直径 3～7 cm,顶生或腋生,无柄,萼片内部有毛,脱落,花瓣 6～8 枚,有香气,子房密生白色丝状毛,花期 10 月至翌年 1 月;蒴果球形,直径 1.8 cm,1～3 室,每室 1～2 粒种子。

分布:分布于中国东南各省;日本有栽培。

习性:性强健,喜温暖湿润、富腐殖质的酸性土,喜光,稍耐阴,有一定的抗旱性。

繁殖:播种、扦插或嫁接繁殖。

应用:花小但繁,且有香气,宜作花篱或基础种植。

5)金花茶 *Camellia nitidissima* Chi.(见图 5-238)

形态:常绿灌木至小乔木,高 2～6 m。叶长圆形至长圆状披针形,长 11～16 cm,宽 2～5 cm,先端尾状渐尖或急尖,基部楔形至宽楔形,表面侧脉显著下陷。花单生叶腋或近顶生,径 6～8 cm,花瓣 8～10 枚,肉质,金黄色,带有蜡质光彩;花柱 3 根,完全分离,无毛。蒴果扁球形,径 4～5 cm,每室有种子 1～2 粒。

分布:特产于中国广西;近年各地均有引种。

习性:性喜温暖湿润、排水良好的肥沃酸性土壤,耐半阴。

繁殖:播种、扦插或嫁接繁殖。

应用:金花茶是中国最早发现开黄花的茶花,特别稀有名贵,被誉为"茶族皇后"。目前所知 20 多种黄色茶花中,金花茶最富有观赏及育种价值。

(2)木荷属 *Schima* Reinw.

常绿乔木,树皮不整齐块状纹裂。叶全缘或有钝锯齿,有柄。花大,两性,单生于枝顶叶腋,有时多朵排成总状花序,有长梗;苞片 2～7 枚;早落;萼片 5 枚,革质,覆瓦状排列,宿存;离生花瓣 5 枚,白色,蕾时 1 枚近帽状包被其他花瓣;雄蕊较多,离生花丝扁平,花药 2 室;子房 5 室,每室胚珠 2～6 枚。木质蒴果近球形,室背开裂,中轴宿存;种子扁平,肾形,周围有薄翅。

木荷属约有 30 种。分布于东南亚,中国约有 20 种。

木荷(荷树) *Schima superba* Gardn. et Champ.(见图 5－239)

形态:常绿乔木,高 20～30 m。枝无毛。叶薄革质或革质,椭圆形,长 6～15 cm,宽 4～6 cm,先端尖,基部楔形,侧脉 7～9 对,叶缘有钝齿,叶柄 1～2 cm;花多朵生于枝顶,常排成总状花序,直径 3 cm,花梗 1～2.5 cm;苞片 2 枚,长 4～6 mm;萼片半圆形,长 2～3 mm,外面无毛,内面有绢毛;花瓣白色长 1～1.5 cm;子房有毛。蒴果直径 1～2 cm。花期 6—8 月,果期 9—11 月。

分布:分布于中国浙江、福建、江西、湖南及贵州等地。

习性:喜湿润暖热气候,喜光稍耐阴,较耐寒耐旱,深根性,寿命长。

繁殖:播种繁殖。幼苗极需庇荫且忌水湿。

应用:木荷树干端直,树冠宽广,树姿雄伟,秋日白花芳香,入冬叶色渐红,十分可爱。对有害气体有一定抗性,耐火烧可作防火树种。

(3)红淡比属 *Cleyera* Thunb.

常绿灌木或乔木。冬芽裸露,无毛。单叶互生,革质,排成 2 列,有锯齿或全缘。花两性,单生或 2～3 朵簇生叶腋;有花梗,常直立、不弯曲;苞片有或无;萼片 3 个,宿存;花瓣 5 个,基部多少连合,雄蕊多数,2 至数轮,花丝无毛,花药顶端有透明刺毛;子房 2～3 室,每室胚珠多数,花柱顶端 2～3 裂,柱头线形。果为浆果;种子少数,胚乳肉质。

红淡比属约有 20 种,分布于亚洲及北美洲地区。中国约有 8

图 5－238 金花茶

图 5－239 木荷(荷树)

图 5－240 红淡比

种,分布在西南和南部各省区。

红淡比 *Cleyera japonica* Thunb.(见图 5-240)

形态:灌木或小乔木,全株无毛。幼枝红褐色,略具 2 棱,小枝灰褐色。叶革质,长圆形至椭圆形,长 6~9 cm,宽 3 cm,先端短尖或渐尖,基部楔形或阔楔形,全缘,侧脉 6~8 对,叶柄长 7~10 mm。花两性,白色,通常单生或 2~3 朵簇生叶腋,花梗长 1~2 cm,直立;苞片 2 个,早落;萼片卵圆形,边缘有纤毛;花瓣倒卵形,长约 8 mm;子房 2 室,无毛,花柱顶端 2 裂。浆果球形,直径 8~10 mm,成熟时紫黑色;种子扁圆形。花期 5—6 月,果熟期 10—11 月。

分布:湖广、四川、江西、浙江、安徽、江苏等地。朝鲜半岛、日本等也有分布。

习性:多生于海拔 200~1 200 m 的山地、沟谷林中或山坡沟各溪边灌丛中或路旁。

繁殖:种子繁殖。

应用:可作庭院绿化树木。

(4)厚皮香属 *Ternstroemia* Mutis ex L. f.

常绿乔木或灌木。叶革质,全缘,常聚生于枝顶,有腺点。花通常两性有柄,苞片 2 枚,宿存;萼片 5 枚,宿存,花瓣 5 枚,覆瓦状排列;雄蕊 30~45 个,1~2 轮,基生花药 2 室,子房上位,2~5 室,每室胚珠 2~4 个,花柱 1 根,柱头 2~5 裂。果为浆果状,种子扁,有胚乳。

厚皮香属约有 150 种,产于中南美洲及亚洲热带和亚热带地区。中国约有 20 余种。

厚皮香 *Ternstroemia gymnanthera*(Wight et Arn.)Beddome(见图 5-241)

形态:灌木至小乔木,高 3~8 m。叶倒卵状长圆形,长 5~10 cm,宽 3~5 cm,先端锐尖,基部楔形,叶面光亮,中脉下陷明显,侧脉 7~9 对,全缘,叶柄 1.2 cm。花单生叶腋,花柄 2~3 cm;苞片长 5 mm,萼片长 7~8 mm,花瓣长 10 mm;雄蕊长 7 mm;子房无毛。浆果球形,直径 1~1.5 cm,2 室,每室种子 1~2 枚。

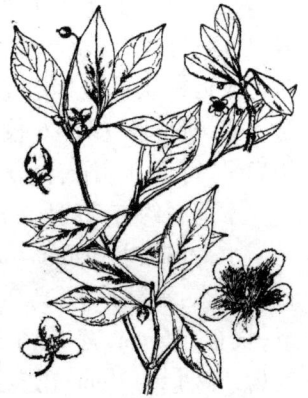
图 5-241 厚皮香

分布:湖广、云贵、江西、浙江、福建、台湾等地。日本、印度等也有。

习性:性喜温热湿润气候,喜光,耐阴,不耐寒。

繁殖:播种繁殖。

应用:叶色浓绿,树冠整齐,四季常青,可作庭园风景树用。

38. 猕猴桃科 Actinidiaceae

猕猴桃科约有 13 属,370 余种,分布于热带及亚热带。中国有 4 属,90 余种。

猕猴桃属 *Actinidia* Lindl. 落叶攀缘藤木;冬芽甚小,包被于叶柄内。叶互生,具长柄,叶缘常有齿;托叶小而早落,或无托叶。花杂性或单性异株,单生或成腋生聚伞花序;雄蕊较多;子房上位,多室;花柱多为放射状;浆果;种子细小且多。猕猴桃属约有 56 种,主要产于东亚;中国产 55 种,主要产于黄河流域以南地区。

图 5-242 猕猴桃

中华猕猴桃(猕猴桃、羊桃) *Actinidia chinensis* Planch.(见图 5-242)

形态:落叶缠绕藤本。小枝幼时密生灰棕色柔毛,髓大,白色片状。叶纸质,圆形、卵圆形

或倒卵形,长5~17 cm,宽7~15 cm,叶缘有刺毛状细齿,上面仅脉上有疏毛,下面密生灰棕色星状毛。花乳白色,后变黄色,径4 cm,1~3朵成聚伞花序,浆果椭圆形黄褐色,长3~6 cm,密被棕色绒毛。花期5—6月;果熟期8—10月。

分布:产于陕西、河南等省以南。

习性:喜光,略耐阴;喜温暖气候,喜深厚肥沃、湿润且排水良好的土壤。

繁殖:常播种,亦可扦插繁殖。

应用:花大,美丽,芳香,是良好的棚架材料。果实富含维生素C,为优质果品。

39. 杜鹃花科 Ericaceae

杜鹃花科约有70属,1 500余种,主要产于温带和寒带,少数分布于热带高山。中国约有20属,800余种,多分布于西南高山。

(1) 杜鹃属 *Rhododendron* Linn.

杜鹃属约800种,主要分布于北半球。中国约有650种,本属中均为观赏树种。

1) 石岩钝叶杜鹃 *Rhododendron obtusum* Planch.

形态:常绿或半常绿灌木,有时平卧状,高1~3 m。分枝多,幼枝上密生褐色毛。叶片椭圆形,先端钝,基部楔形,边缘有纤毛,叶两面均有毛;秋叶狭长,质厚而有光泽。花2~3朵与新梢发自顶芽,萼片小,卵形,淡绿色,有细毛,花冠橙红至亮红色,上瓣有浓红色斑,漏斗形,直径2.5~4 cm;雄蕊5枚,药黄色;蒴果卵形,长0.6~0.7 cm。花期5月。

本种原为日本育成的栽培杂交种,有多数变种和大量的园艺品种。著名的变种、变型有**石榴杜鹃(山牡丹)** var. *kaempferi* Wils. 花色暗红多重瓣,上海、杭州有露地栽培。**矮红杜鹃** f. *amoenum* Komastu,花顶生,紫红色,有1轮花瓣,叶小。**久留米杜鹃** var. *sakamotoi* Koniatsu,为日本久留米地方所栽的杜鹃总称,品种繁多,按其叶形、花色及花型进行分类,不下数百种。

分布:原产于日本;中国引种与本地栽培种杂交。

习性:适生于酸性、腐殖质多的土壤。

繁殖:播种、扦插繁殖。

应用:花冠橙红色至亮红色,有深红色斑点,花药黄色,极富观赏价值,是优良的盆栽或园林绿化树种。

2) 羊踯躅(黄杜鹃、闹羊花) *Rhododendron molle* G. Don. (见图5-243)

形态:落叶灌木,小枝柔弱稀疏,被柔毛和刚毛。叶片纸质,淡绿色,长椭圆状披针形,长6~12 cm,宽2~5 cm,先端钝,有凸尖头,基部楔形,两面及叶柄均被柔毛。顶生总状伞形花序,5~9朵,花冠宽钟形,5裂,直径5 cm,金黄或橙黄,雄蕊5枚,基部有柔毛,花柱光滑;子房5室,有柔毛。蒴果圆柱形,花期5月,果熟9—10月。

分布:产于中国江浙、安徽、福建、江西、湖南、湖北、广东、贵州等区域。

应用:先叶后花,花朵大而密集,其金黄鲜亮的花朵于葱翠嫩绿的叶片中鲜艳夺目,在杜鹃花属中十分特殊,具较高的园林观赏价值。

(3) 满山红(卵叶杜鹃、山石榴、三叶杜鹃) *Rhododendron mariesii* Hemsl. et Wils. (见图5-244)

图 5－243 羊踯躅

图 5－244 满山红

形态:落叶灌木,高 1～2 m。幼枝和嫩叶被黄褐色毛,脱落,枝近轮生。叶片革质或厚纸质,通常每 3 片聚生于枝端,椭圆形或宽卵形,长 4～6 cm,宽约 3 cm,先端短尖,基部宽楔形,边缘外卷;叶柄 4～14 mm,花序通常有花 2 朵,先叶开放,花萼小,有 5 枚裂片;花冠淡紫红色,稍歪,斜漏斗状,长 3 cm,花径 4～5 cm,裂片 5 枚,上部裂片有紫红色斑,雄蕊 10 枚,短于 3 cm 长的花柱;蒴果圆柱形,长 1.5 cm,密被毛,果梗直立。花期 2—3 月,果期 8—10 月。

分布:中国长江以南。

4)映山红(杜鹃花、杜鹃、红花杜鹃) *Rhododendron simsii* Planch.

形态:半常绿灌木,高 1～3 m,枝干细直,光滑,淡红色至灰白色,质坚而脆。分枝多,近轮生,小枝和叶被棕色扁平糙伏毛。叶纸质,全缘,椭圆状卵形或倒卵形,春叶阔而薄,长 3～5 cm,夏叶小而厚。总状花序顶生,有花 2～6 朵;花冠宽漏斗形,5 裂,长约 4 cm,直径 3～5 cm,红色至深红色。雄蕊 10 枚,花药紫色,花柱伸出花冠之外。蒴果卵圆形,密被毛,长 0.8 cm。花期 4—6 月;果期 9—10 月。

分布:范围广,河南、山东以南均产。

映山红有许多栽培品种,花色上有白、红、粉红、紫、朱红、洋红等,花瓣有单瓣、重瓣之别。

习性:喜气候凉爽、土壤疏松肥沃酸性的环境。耐热,不耐寒;耐瘠薄,不耐积水。

繁殖:可分株、压条、扦插、播种等。

应用:花色红艳灿烂,适用于园林坡地、花境、花坛、花篱及盆栽等。

(2)马醉木属 *Pieris* D. Don

常绿灌木或小乔木。叶互生,很少对生,无柄,有银齿,罕全缘。顶生圆锥花序,罕小总状花序,萼片分离;花冠壶状,有 5 个短裂片;雄蕊 10 枚,内藏,花药在背面有一对下弯的芒。蒴果近球形,室背开裂为 5 个果瓣。种子小,多数,锯屑状。

马醉木属约有 8 种,分布于北美、东亚和喜马拉雅山区,中国有 6 种,产于东部至西南部。

马醉木 *Pieris japonica*(Thunb.)D. Don ex G. Don(见图 5－245)

图 5－245 马醉木

形态:常绿灌木,高 2～4 m。叶簇生枝顶,革质,披针形至倒披针形,长 7～12 cm,直立;花

冠坛状,白色,长7~8 mm,口部裂片短而直立;雄蕊10枚;花柱长等于花冠。蒴果球形。

　　分布:福建、浙江、江西、安徽等省区。

　　习性:性喜温暖气候和半阴地点,喜生于富含腐殖质排水良好的砂质土壤。

　　繁殖:繁殖可用扦插、压条法,亦可播种。

40.越橘科 Vacciniaceae

　　常绿或落叶灌木;叶互生全缘或有齿;花单生或总状花序,顶生或腋生,花两性,辐射对称,花萼、花冠4~5浅裂,雄蕊8~10枚,花药常有芒状距,顶孔开裂;子房下位,4~10室,浆果球形,顶端有宿存萼片。

　　越橘科有300余种,分布于北温带至热带高山。中国有80余种,南北均产。

越橘属 Vaccinium L.

(1)南烛(乌饭树) Vaccinium bracteatum Thunb.(见图5-246)

　　形态:常绿灌木,高1.5 m。分枝多,嫩枝有柔毛。叶革质,卵形至椭圆形,长2.5~6 cm,宽1~2 cm,叶端短尖,叶基楔形,叶缘有尖硬细齿,叶背中脉略有硬毛。总状花序腋生,苞片披针形,长约1 cm,宿存,萼钟状,5浅裂,有毛;花冠白色,筒状卵形,有毛。浆果球形,径约0.5 cm,熟时紫黑色,略被白粉。花期6—7月;果10—11月成熟。

　　分布:广布于长江以南各省区。朝鲜半岛、日本、越南、泰国等亦有分布。

　　习性:性喜温暖气候及酸性土壤。

　　繁殖:播种或扦插繁殖。

　　应用:可作地被植物。

(2)无梗越橘 Vaccinium henryi Hemsl.(见图5-247)

　　形态:落叶灌木,高1.4~4 m,分枝密;当年生枝密生淡黄色短柔毛,生花的枝细而短,并左右曲折。叶纸质,有极短柄,卵状矩圆形,长4~6 cm,宽1.5~2 cm(在下部和花枝上的叶远较小),近急尖,有1短尖头,基部圆,全缘,叶脉上下两面隆起,仅中脉、侧脉和叶柄有柔毛。花腋生,单一,有时成假总状;花梗长约2 mm,近顶处有2大苞片,长等于或大于花,有毛;花萼钟状,5裂,有密毛;花冠钟状,淡绿色,长宽约3 mm,无毛,5裂片短,顶端反折;雄蕊10枚,花丝略有毛,药室背部无距,无毛;子房下位。浆果深红色,直径约6 mm,无毛。

　　分布:广布于浙江、福建、湖南、湖北、四川、陕西南部。生灌丛中。

图5-246　乌饭树　　　　　图5-247　无梗越橘

41. 桃金娘科 Myrtaceae

桃金娘科约有75属,3 000余种,主要分布于热带美洲和大洋洲。中国约有8属65种,引种约6属50余种。

蒲桃属 Syzygium Gaertn.

常绿乔木或灌木。叶常对生,革质,羽状脉常较密,有透明腺点,常具叶柄。花3朵至多朵,常先排成顶生或腋生聚伞花序式,后再组成圆锥花序;苞片细小脱落;萼齿4~5枚,通常钝而短;花瓣4~5枚,分离或连合成帽状,早落;雄蕊多数,着生于花盘外围,在花芽时卷曲;子房下位,2或3室,每室有胚珠多数,花柱线形。果为浆果或核果状,顶部有残存的环状萼痕;种子通常1~2粒,种皮多少与果皮黏合;胚直,有时为多胚,子叶厚,常黏结成块。

图5-248 赤楠

蒲桃属有500余种,主要分布于热带亚洲。中国约有70种,多见于两广和云南。

赤楠 Syzygium buxifolium Hook. et Arn.(见图5-248)

形态:灌木或小乔木;嫩枝有棱,干后黑褐色。叶革质,宽椭圆形或宽倒卵形,长1.5~3 cm,宽1~2 cm,先端圆钝,有时有短尖,基部宽楔形或圆形,上面干后暗褐色,无光泽,下面色稍浅,有腺点,侧脉多而密,叶缘处结合成边脉;叶柄长约2 mm。聚伞花序顶生,长约1 cm,有花数朵,萼齿浅波状,花瓣4枚,分离,长2 mm。果球形,直径5~7 mm。花期6—8月。

分布:中国安徽、浙江、福建、江西、湖南、广西、贵州等省区。

42. 石榴科 Puniaceae

石榴科仅有1属,2种。分布于地中海至亚洲西部;中国引入1种。

石榴属 Punica L.

石榴属的特征与科同。

石榴(安石榴、番石榴、海榴)Punica granatum L.(见图5-249)

形态:落叶小乔木或灌木,高6 m,树冠常不整齐,全株无毛。幼枝具棱角,枝端常呈尖刺状。叶纸质,长圆状披针形,长2~9 cm,先端短尖或微凹,基部稍钝,上面绿色有光泽,嫩叶常红色,侧脉稍细密,下面中脉隆起,常有透明腺点;叶柄短。花大,径约3 cm,1朵至数朵顶生或腋生,萼筒钟形,常红色或淡黄色,先端5~8裂,外侧近先端有一黄色腺体,边缘有小疣点;花瓣较大,与萼片同数互生,红色、黄色或白色;雄蕊较多。浆果近球形,红色至乳白色。花期5—7月,果期9—11月。

图5-249 石榴

分布:原产于中亚。据传为汉代张骞出使西域时引入,现东北以南各地均有栽培。

常见观赏品种有**月季石榴 var. nana Pers.**又名**四季石榴**。矮小灌木;枝条细密而上升。叶线状披针形。花红色,多单瓣,花期5—7月。果小,成熟时粉红色。重瓣者称**重瓣月季石榴**。**白石榴 var. albescens DC.** 花白色,单瓣;有"**重瓣白石榴**"。**黄石榴**

var. *flavescens* Sweet. 花黄白色。**玛瑙石榴** var. *legrellei* Vanh. 花重瓣,较大;花瓣有异色条纹。**重瓣红石榴** var. *pleniflora* Hayne. 花大型,重瓣,红色。**墨石榴** var. *nigra* Hort. 植株矮小,枝细柔。花红色,较小,多单瓣。果小,熟时紫黑褐色。外种皮酸不可食。

习性:喜光,喜温暖气候,不耐严寒和水湿,耐一定的干旱瘠薄。萌芽性强。

繁殖:播种、扦插、分株、压条、嫁接均可繁殖,以扦插较普遍。

应用:石榴枝繁叶茂,株形紧凑,花大艳丽,为优良的观赏树种。有诗云"春花落尽海榴开,阶前栏外遍植栽。红艳满枝染夜月,晚风轻送暗香来。"石榴是西班牙、利比亚国花。

43. 冬青科 Aquifoliaceae

冬青科有 4 属,400 多种,分布于热带至暖温带,中国有 1 属约 140 种,分布于秦岭以南。

冬青属 *Ilex* L.

冬青属约有 400 种,分布较广。中国约有 140 种。

(1) 冬青(紫花冬青、红冬青、观音茶)*Ilex chinensis* Sims(见图 5 - 250)

图 5 - 250 冬青

形态:常绿乔木,高达 18 m。树皮暗灰色,光滑不裂,小枝灰绿色无毛。叶薄革质,窄椭圆形至披针形,稀卵形,长 5 ~ 12 cm,宽 2 ~ 5 cm,先端渐尖,基部宽楔形,叶缘有疏钝齿,中脉在上面扁平,侧脉 8 ~ 9 对,网脉在下面明显,两面无毛,上面有光泽。雌雄异株,复聚伞花序单生于当年生枝叶腋;花淡紫色或紫红色,4 ~ 5 数,有香气。果椭圆形,长 6 ~ 12 cm,深红色;分核 4 ~ 5 枚。花期 4—6 月,果期 11—12 月。

分布:分布于中国长江流域以南及陕西、河南。日本也有。

习性:喜光,亦耐阴,喜温暖湿润气候;不耐严寒和水湿,但能耐一定的干旱瘠薄。深根性,萌芽性强,耐修剪,具较强的病虫害抵抗力。

繁殖:种子繁殖或扦插繁殖,扦插生根较慢。

应用:枝繁叶茂,四季常青,树形整齐美观。果红色光亮,宛如丹珠,经冬不落,鲜艳悦目,秋叶变红,亦增加美感,是优良的庭荫树种和观果树种亦可制成观赏盆景。对 SO_2 抗性强,并有防尘抗烟功能,可用于城镇、厂矿绿化。

(2) 铁冬青 *Ilex rotunda* Thunb.(见图 5 - 251)

图 5 - 251 铁冬青

形态:常绿乔木,高达 20 m。树皮淡灰色,小枝无毛,红褐色,具棱,叶薄革质,椭圆形至长圆形,长 4 ~ 10 cm,宽 2 ~ 4.5 cm,先端短渐尖,基部楔形,全缘,稀在萌芽枝上有少数锐齿,表面中脉下陷,侧脉 6 ~ 9 对,两面无毛,腹面深绿色有光泽。花序腋生,总花梗与花梗均无毛;花黄白色,芳香,4 数。果球形,直径 6 ~ 8 mm,熟时红色;分核 5 ~ 7 颗。花期 3—4 月,果期 9 月—翌年 2 月。

分布:分布于中国长江流域以南。日本、朝鲜半岛也有。

变种:**毛梗铁冬青(小果铁冬青)**var. *microcarpa* (Lindl. ex Paxt.) S. Y. Hu 与原种的主要区别为总花梗和花均被短柔毛,果较小,径约 5 mm。分布与原种大致相同。

习性:耐阴树种,喜温暖湿润气候和疏松肥沃的酸性土壤。适应性较强,耐瘠、耐旱、耐霜冻。繁殖:常采用播种法。

应用:秋冬时节,绿叶滴翠,红果满枝,十分悦目,是理想的庭园绿化观赏树种。

(3)枸骨(鸟不宿、猫儿刺) *Ilex cornuta* Lindl. ex Paxt.(见图5-252)

形态:常绿灌木或小乔木,高3~8 m。树皮灰白色,平滑。小枝粗壮,开展密生,当年生枝具纵脊,无毛;叶硬革质,长圆形,叶缘具1~3对宽三角形的尖硬刺齿,先端亦为刺状,通常向下反曲,叶长4~8 cm,宽2~4 cm,基部圆形或截形,腹面深绿色,有光泽。花序簇生于二年生枝叶腋;花黄绿色,4数。核果球形,熟时鲜红色,径8~10 mm;分核4枚。花期4—5月,果9—11月成熟。

分布:分布于长江以南,各地庭园常有栽培。

变种主要有**无刺枸骨** var. *fortunei* S. Y. Hu,叶缘无刺齿。**黄果枸骨** cv. *luteocarpa*,果暗黄色。另有叶缘呈银边的类型,尤为美丽。

习性:喜光,稍耐阴,耐干旱瘠薄,萌芽力强,耐修剪。

繁殖:种子繁殖或扦插、分根繁殖。

图5-252 枸骨

应用:枝叶浓密,叶形奇特,深绿光亮,红果累累,经冬不落,树冠常自然呈球形或倒卵形,是十分常见和重要的园林观叶、观形、观果树种。老桩可制作盆景。

(4)大叶冬青(菠萝树、苦丁茶) *Ilex latifolia* Thunb.

形态:常绿乔木,高达20 m。树皮灰黑色,全株无毛。小枝粗壮,有棱和纵裂纹。叶厚革质,长圆形或卵状长圆形,长9~20 cm,宽4.5~7.5 cm,先端短渐尖或钝,基部宽楔形或圆形,缘有疏锯齿,中脉在上面下陷,侧脉明显,上面深绿色,有光泽,下面淡绿色,叶柄粗壮稍扁。花序簇生叶腋,圆锥状,花4数。果球形,熟时鲜红色,径约7 mm;分核4枚。花期4—5月,果期9—11月。

分布:分布于中国长江流域各省。日本也有。

习性:喜光耐阴,喜温暖湿润气候,不耐寒,不耐积水。

繁殖:种子繁殖或扦插、分根繁殖。

应用:耐阴树种。树姿雄伟端庄,叶大质厚,枝繁荫浓,叶绿果红,是优良的园林绿化树种。

(5)齿叶冬青 *Ilex crenata* Thunb.(见图5-253)

形态:常绿灌木,高3~5 m。多分枝,小枝灰褐色,有棱,密生短柔毛。叶革质,倒卵形或椭圆形,稀卵形,长1~3 cm,宽0.5~1.5 cm,先端圆钝,基部楔形或钝,缘有浅钝齿,背面有褐色腺点,侧脉不明显。雄花3~7朵成聚伞花序生于当年生枝的叶腋,雌花单生,花绿白色。果球形,径约6~7 mm,熟时黑色;分核4。花期5—6月,果期10月。

分布:分布于中国山东、江浙、福建、广东等省,庭园多有栽培。日本也有种植。

变种:**龟甲冬青(豆瓣冬青)** var. *convexa* Makino 树冠低矮,枝叶密集;叶较小,长1~2 cm,椭圆形,叶面凸起形如龟甲。常作盆景树种或栽于庭园供观赏。

习性:钝齿冬青喜阳耐阴,也能耐湿、耐干旱。萌芽力强,耐修剪。

繁殖:种子或扦插繁殖。

图5-253 齿叶冬青

应用:树冠球形或卵形,枝密叶小,适于庭园各处配置,常作绿篱、盆栽或作下木配置。适

于整形。

44. 卫矛科 Celastraceae

卫予科约有 40 属,430 余种,分布广泛。中国有 12 属,200 种。

(1) 卫予属 *Euonymus* L.

卫予属约有 220 种,中国约有 120 种,广布全国,以黄河以南各省区较多。

1) 冬青卫矛 (大叶黄杨、正木) *Euonymus japonicus* Thunb. (见图 5-254)

形态:常绿灌木或小乔木,高可达 8 m。小枝绿色,稍四棱形。叶革质而有光泽,椭圆形至倒卵形,长 3~6 cm,先端尖或钝,基部广楔形,缘有细钝齿,两面无毛,叶柄长 6~12 mm。花绿白色,4 基数,5~12 朵成密集聚伞花序,腋生枝条端部。蒴果近球形,径 8~10 mm,淡粉红色,熟时 4 瓣裂,假种皮橘红色。花期 5—6 月,果期 9—10 月。

图 5-254　冬青卫矛

分布:原产于日本南部,中国南北各省均有栽培,长江流域各城市尤多。

常见栽培品种有**金边大叶黄杨** cv. *ovatus aureus* 叶缘金黄色。**金心大叶黄杨** cv. *aureus* 叶中脉附近金黄色,有时叶柄及枝端也变为黄色。**银边大叶黄杨** cv. *albo-marginatus* 叶缘有窄白条边。**银斑大叶黄杨** cv. *latifolius albo-marginatus* 叶阔椭圆形,银边甚宽。**斑叶大叶黄杨** cv. *duc d' anjou* 叶较大,深绿色,有灰色和黄色斑。

习性:喜光,但也能耐阴,喜温暖湿润的海洋性气候及肥沃湿润土壤,也能耐干旱瘠薄,耐寒性不强,温度低达 -17 ℃ 左右即受冻害,黄河以南地区可露地种植。极耐修剪整形,生长较慢,寿命长。对各种有毒气体及烟尘有很强的抗性。

繁殖:繁殖主要用扦插法,嫁接,压条和播种法也可。

应用:本种枝叶茂密,四季常青,叶色亮绿,且有许多花叶、斑叶变种,是美丽的观叶树种。园林中常用作绿篱及背景种植材料,亦可丛植草地边缘或列植于园路两旁,若加以修剪成形,更适合用于规则式对称配置。通常将其修剪成圆球形或半球形,用于花坛中心或对植于门旁,亦是基础种植、街道绿化和工厂绿化的好材料。其花叶,斑叶变种更宜盆栽,用于室内绿化及会场装饰等。

2) 卫矛 (鬼箭羽) *Euonymus alatus* (Thunb.) Sieb. (见图 5-255)

形态:落叶灌木,高达 3 m,多分枝,丛生。小枝四棱形,常具 2~4 条薄片状木栓翅,单叶对生,倒卵状长椭圆形,长 3~5 cm,先端尖,基部楔形,缘具细锯齿,两面无毛;叶柄极短。花黄绿色,径约 6 mm,常 3 朵组成一具短梗的聚伞花序。蒴果分裂,紫棕色,常 1~2 心皮发育。种子椭圆形,褐色,外包橘红色假种皮。花期 5—6 月,果期 9—10 月。

图 5-255　卫矛

分布:产于中国东北、华北及长江中下游各省区。朝鲜半岛、日本亦产。

习性:喜光,稍耐阴;对气候和土壤适应性强,能耐干旱、瘠薄和寒冷。萌芽力强,耐修剪,对 SO_2 有较强抗性。

繁殖:繁殖以播种为主,扦插、分株繁殖也可。

应用:枝翅奇特,早春嫩叶及秋叶均为紫红色,十分艳丽,落叶后红色果实悬垂枝间,颇为美观,是优良的观叶观果树种,也是制作盆景的好材料。带翅嫩枝入药,称"鬼箭羽"。

3) 丝棉木(白杜、明开夜合) *Euonymus maakii*.(见图5-256)

形态:落叶乔木,高达10 m,树冠圆形或卵圆形,树皮灰色,幼时光滑,老时浅纵裂。小枝细长无毛,绿色,微四棱;叶对生,卵形至卵状椭圆形,长5~10 cm,宽2~5 cm,先端急长尖,基部近圆形,缘有细锯齿,两面无毛;叶柄细,长2~3.5 cm。花3至多朵成二歧聚伞花序,花序梗长1~2 cm;花淡绿色,径约8 mm,4数,花瓣长圆形;花盘肥厚近方形;雄蕊花丝细长,花药紫红色;子房下部与花盘贴生。蒴果倒卵形,粉红色,径约1 cm,4深裂。种子具橘红色假种皮。花期5—6月;果期9—10月。

图5-256 丝棉木

分布:产于中国北部、中部及东部,栽培遍及全国。

习性:喜光,稍耐阴;耐寒;耐干旱,也耐水湿;对土壤要求不严,深根性。

繁殖:繁殖可用播种、分株及硬枝扦插等法。

应用:枝叶秀丽,粉色蒴果高悬枝头,是优良的园林绿化及观赏树种,宜丛植于草坪、坡地、林缘、石隙、溪边、湖畔。也可用作防护林及工厂绿化树。

4) 肉花卫矛 *Euonymus carnosus* Hemsl.

形态:半常绿乔木或灌木。叶对生,近革质,呈长圆状椭圆形或长圆状倒卵形,长5~15 cm,先端突短渐尖,基部圆阔,侧脉稀疏,叶柄长达2 cm。聚伞花序有5~7花,总花梗长达5 cm;花黄白色,直径达2 cm,4数;花瓣圆形,雄蕊花丝细长,花盘肥大,直径达1 cm,子房每室有6~12个胚珠。蒴果近球形,常有4条翅状窄棱,种子亮黑色,有盔状红色假种皮。花期5—6月;果期9月。

分布:湖北东部、江西、安徽、江苏、浙江、福建等省及台湾地区。

繁殖:种子繁殖。

应用:庭院绿化优良树种。

5) 扶芳藤 *Euonymus fortunei* (Turcz.) Hand.-Mazz. (见图5-257)

形态:常绿藤木,高达10 m,枝上常有不定根;小枝绿色,密生小瘤状突起。叶对生,薄革质,长卵形至椭圆状倒卵形,长2~7 cm,宽1.5~4 cm,先端尖或短渐尖,基部宽楔形,边缘有细钝锯齿,叶腹面通常浓绿色,有时带紫色,背面淡绿色,叶脉明显;叶柄长5 mm。聚伞花序腋生,花绿白色,径约5 mm,4基数;萼片半圆形,花瓣卵形,雄蕊着生于花盘边缘,花柱柱状。蒴果近球形,淡红或黄红色,常具4浅沟,径约1 cm。种子有橘红色假种皮。花期6—7月;果期10月。

分布:产于黄河以南。北京有栽培。朝鲜半岛、日本也有分布。

变种:**爬行卫矛** var. *radicans* Rehd. 叶小而厚,背面叶脉不明显。**花叶爬行卫矛** cv. *gracilis*

叶缘黄色、白色或粉色。

习性:喜温暖不耐寒,耐阴、耐旱、耐瘠薄,对土壤要求不严。

繁殖:扦插极易成活,播种、压条亦可。

应用:本种叶色油绿光亮,入秋红艳可爱,攀援能力强。园林中可掩护墙面、山石;可攀岩枯树、花架;可匍匐地面蔓延生长作地被,亦可种植于阳台、栏杆等处,任其枝条自然垂挂,以丰富垂直绿化,是优良的垂直绿化树种。

6)胶州卫矛 *Euonymus kiautschovicus* Loes. (见图5-258)

形态:直立或蔓性半常绿灌木,高达6 m,基部枝条匍地生根。小枝绿色,无毛;叶薄革质,椭圆形至倒卵形,长5~8 cm,宽2~4 cm,先端渐尖或钝,基部楔形,缘有锯齿;叶柄长1 cm。花浅绿色,径约1 cm,花梗较长,成疏散之二歧聚伞花序,多具13朵花,4基数。蒴果扁球形,粉红色,径约1 cm,有4条浅沟。花期5月,果期10月。

分布:产于山东、江苏、安徽、江西、湖北等省,常生于山谷林中岩石旁。

习性及应用与扶芳藤相似。

图5-257　扶芳藤

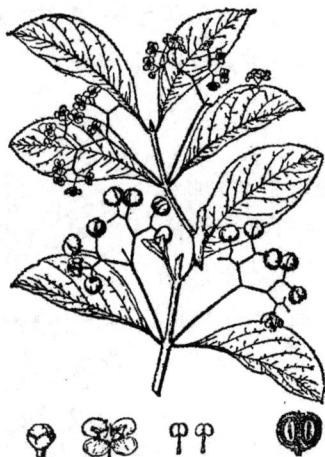

(2)**南蛇藤属** *Celastrus* **L.**

藤状灌木。小枝圆柱形或有纵棱,皮孔明显。单叶互生,缘有齿。花小,单性或杂性,异株,稀两性,成总状或圆锥状聚伞花序;花5基数,内生杯状花盘;子房上位,常3室,每室2胚珠,花柱短,柱头3裂。蒴果近球形,通常黄色,3瓣裂,每瓣有种子1~2粒,具肉质红色假种皮。

南蛇藤属约有50种,分布于热带和亚热带;中国约有30种,以西南分布较多。

南蛇藤 *Celastrus orbiculatus* Thunb. (见图5-259)

图5-258　胶州卫矛

图5-259　南蛇藤

形态:落叶藤状灌木,小枝圆柱形或微有棱,髓心充实白色,皮孔大而隆起。叶近圆形或椭圆状倒卵形,长4~10 cm,宽3~9 cm,先端钝尖或凸尖,基部宽楔形或近圆形,边缘有疏钝锯齿,两面无毛或下面脉上有稀短柔毛。雌雄异株,聚伞花序,花3~7朵,在雄株上腋生或顶生,在雌株上腋生;花黄绿色,径约 5 mm,花梗短。蒴果近球形,鲜黄色,径 0.8 ~ 1 cm;种子白色,外包肉质红色假种皮。花期 5 月;果期 9—10 月。

分布:中国广布。朝鲜半岛、日本也有种植。

习性:南蛇藤适应性强,喜光,耐半阴,耐寒冷。

繁殖:通常采用播种法,扦插及压条均可。

应用:入秋叶色变红,黄色果实开裂后露出鲜红色假种皮,颇为悦目,是园林中优良的棚架绿化材料。

45. 胡颓子科 Elaeagnaceae

胡颓子科约有 3 属,80 余种,分布于北半球温带至亚热带。中国 2 属,约 60 种。

胡颓子属 *Elaeagnus* L.

植株常具枝刺,被黄褐色或银白色盾状鳞片。单叶全缘互生,具短柄。花常两性,单生或簇生叶腋,萼筒长,先端 4 裂,雄蕊 4 枚,花丝极短,着生于萼筒喉部,不外露,子房上位,花柱单一,细弱而伸长;具密腺,虫媒传粉。坚果,常呈核果状,长圆形或椭圆形,核具条纹。

(1) 胡颓子 *Elaeagnus pungens* Thunb.

形态:常绿灌木,高 3 ~ 4 m。具棘刺,小枝开展,密被锈褐色鳞片。叶革质,椭圆形或长圆形,长 5 ~ 7 cm,宽 2 ~ 5 cm,叶端钝或尖,叶基圆形,叶缘微波状,上面初时有鳞片后变绿色而有光泽,下面银白色,被褐色鳞片,侧脉 7 ~ 9 对。花 1 ~ 3 朵簇生叶腋,银白色,下垂,芳香,萼筒较裂片长。果长椭圆形,长 1.2 ~ 1.5 cm,被锈色鳞片,熟时红色。果核内面具白色丝状棉毛。花期 9—12 月;果翌年 4—6 月。

分布:产于中国长江以南。日本也有。

习性:性喜光,耐半阴,喜温暖气候,不耐寒。对土壤适应性强,耐干旱且耐水湿。对有毒气体抗性强。

繁殖:播种或扦插繁殖。

应用:枝叶扶疏,色彩斑斓,花香果红,银白色叶片在阳光下闪闪发光,且其变种叶色美丽,挂果时间长,是理想的观叶、观果树种,可用于公园、街头绿地,常修剪成球形丛植于草坪,还可植于庭园观赏或制作盆景。

(2) 牛奶子(秋胡颓子、甜枣)*Elaeagnus umbellata* Thunb.

形态:灌木,高 1 ~ 4 m,常具刺。幼枝密被银白色鳞片。叶卵状椭圆形至长椭圆形,长 3 ~ 8 cm,宽 1 ~ 3 cm,上面幼时有银白色鳞片,下面银白色杂有少量褐色鳞片,侧脉 5 ~ 7 对花 1 ~ 7 朵成伞形花序,腋生,黄白色,有香气,萼筒部较裂片长。果近球形,径 5 ~ 7 mm,幼时绿色具鳞片,成熟时红色或橙红色。花期 4 ~ 5 月,果期 8—10 月。

分布:中国华北至长江流域各省。朝鲜半岛、日本、印度亦有种植。

习性:喜光,略耐阴。

繁殖:多采用播种繁殖。

应用:可作绿篱及防护林的下木。

(3) 木半夏 *Elaeagnus multiflora* Thunb.(见图 5 - 260)

形态:灌木,高 2 ~ 3 m,常无刺。枝密被褐色鳞片。叶椭圆形至

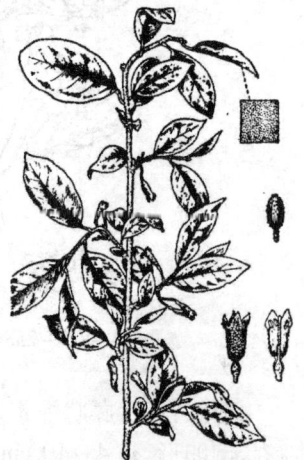

图 5 - 260 木半夏

倒卵状长椭圆形,长3~7 cm,宽1.2~4 cm,叶端尖,叶基阔楔形,幼叶表有银色鳞片,叶背银白色杂有褐色鳞片。花黄白色,1~3朵腋生,萼筒与裂片等长或稍长。果实椭圆形至长倒卵形,密被锈色鳞片,熟时红色,果梗细长达3 cm。花期4—5月,果期6—7月。

分布:河北、河南、山东、江苏、安徽、浙江、江西等省。

习性及应用与牛奶子相同。

46. 鼠李科 Rhamnaceae

鼠李科约有50属,600余种,广布于温带至热带各地。中国有14属,130余种,各地均有分布。

（1）鼠李属 *Rhamnus* L.

鼠李属约有150种,分布于北温带。中国约有50种,遍布全国。

1）鼠李（大绿）*Rhamnus davurica* Pall.（见图5-261）

形态:落叶灌木或小乔木,高可达10 m。树皮灰褐色;小枝粗壮,褐色无毛,近对生,先端具芽,少为针刺状。叶对生或近对生于长枝或簇生于短枝顶端,椭圆形或卵状椭圆形,长4~10 cm,宽2~6 cm,先端凸尖或渐尖,基部楔形或圆形,边缘具圆齿状细锯齿,侧脉4~5对,弧形弯曲。上面绿色无毛,下面灰绿色,仅沿脉被疏柔毛;叶柄长0.6~3 cm。花单性,黄绿色,常2~5朵簇生于叶腋;雌雄异株;4基数,有花瓣。核果近球形,熟时紫黑色,径约6 mm,具2分核,各具1粒种子。花期5—6月,果期8—9月。

图5-261　鼠李

分布:产于中国东北、华北;朝鲜半岛、蒙古、俄罗斯也有分布。

习性:适应性强,耐寒,耐阴,耐干旱、瘠薄。种子繁殖。无需精细管理。

应用:枝密叶繁,入秋累累黑果,可植于庭园观赏。材质致密,可作家具。种子可榨油;嫩叶可代茶;果肉入药;树皮可作黄色染料。

2）小叶鼠李（琉璃枝）*Rhamnus parvifolia* Bunge

形态:落叶灌木,高达2 m。树皮灰色,小枝对生或近对生,光滑,顶端和分叉处常具针刺。叶对生或近对生,或于短枝上簇生,菱状椭圆形或菱状卵形,长1.2~4 cm,先端钝尖或圆形,基部楔形或近圆形,边缘具细锯齿,齿端有腺点,两面无毛,侧脉常2~3对。花单性,聚伞花序,腋生,4基数,花冠钟形。核果近球形,径3~4 mm,熟时黑色,具3分核,各有1粒种子。花期5—6月;果期8—9月。

分布:产于中国辽宁、内蒙古、河北、山西、山东、甘肃等省区。朝鲜半岛、俄罗斯也有分布。

应用:可作水土保持及防沙树种。根可用于根雕,为优良盆景材料。

3）长叶冻绿（长叶鼠李）*Rhamnus crenata* Sieb. et Zucc.（见图5-262）

形态:落叶灌木,不具刺针。幼枝红褐色,初被锈色柔毛。叶互生,椭圆状倒卵形或披针状椭圆形,长5~10 cm,宽3 cm,先端短凸尖或长渐尖,基部圆形或宽楔形,边缘有细或圆锯齿,背面沿脉有锈色短柔毛;叶柄长5~10 mm,被锈色毛。聚伞花序腋生,花两性,5基数,9核果近球形,有2~3核。花期6月,果期8—9月。

图5-262　长叶冻绿

分布:陕西、河南、安徽、江苏等以南省区。朝鲜半岛、日本、越南也有分布。

习性及应用近于前种。

4)圆叶鼠李 *Rhamnus globosa* Bunge

形态:落叶灌木。小枝细长,对生或近对生,顶端具刺,被短柔毛。叶对生或近对生,稀互生,倒卵形或近圆形,长 2~4 cm,宽2.5 cm,先端凸尖至渐尖,基部宽楔形,边缘有细钝锯齿,表面初被柔毛,背面全部或沿脉有柔毛,侧脉 3~5 对,网脉在背面明显,叶柄长 4~7 mm,上面有沟,被柔毛;花单性异株,簇生短枝顶端或长枝叶腋,4 基数。核果近球形,直径约6 mm,常具 2 核,种子背面或背侧有长为种子 3/5 的纵沟。花期 5—6 月,果期 8 月。

分布:辽宁、河北、山西、陕西、山东、安徽、江苏、浙江、江西、湖南、甘肃。

习性及应用近于长叶冻绿。

(2)枳椇属 *Hovenia* Thunb.

枳椇属共 7 种,分布于东亚温暖地区。中国有 6 种。

1)北枳椇(枳椇、拐枣、甜半夜、鸡爪梨) *Hovenia dulcis* Thunb.(见图 5-263)

形态:落叶乔木,高达 15~25 m,胸径达 1 m。树皮灰黑色,深纵裂;小枝红褐色,无毛。叶片纸质,卵圆形或卵状椭圆形,长 8~15 cm,宽4~8 cm,先端渐尖,基部心形或近圆形,边缘具不整齐粗钝锯齿,基部 3 出脉,无毛或仅下面沿脉被疏短柔毛,叶柄长2~5 cm。花黄绿色,径6~8 mm,常成顶生聚伞花序,二歧分枝常不对称。核果,近球形,成熟时黑色;花序梗结果时膨大肉质化,经霜后味甜可食。花期 5—7 月;果期 9—10 月。

分布:中国华北南部至长江流域。日本也有分布。

习性:喜光,有一定耐寒能力;对土壤要求不严,深根性,萌芽力强。

繁殖:主要用播种繁殖,亦可用扦插、分蘖繁殖。

图 5-263 北枳椇

应用:树态优美,叶大荫浓,生长快,适应性强,是优良的庭阴树及行道树树种。花序梗肥大富含糖分,可生食、酿酒、制醋和熬糖;果实为清凉利尿药。

2)南枳椇 *Hovenia acerba* Lindl.

形态:乔木,高 10~25 m。小枝褐色或黑紫色,被棕褐色柔毛或无毛。叶厚纸质或纸质,宽卵形、椭圆状卵形或心形,长8~17 cm,宽 6~12 cm,先端渐尖或短渐尖,基部截形或心形,稀近圆形或宽楔形。边缘具整齐细钝锯齿,两面无毛或背面沿脉或脉腋有柔毛,叶柄长2~5 cm。二歧聚伞圆锥花序顶生和腋生;花柱半裂、稀浅裂或深裂。核果成熟时黄褐色或棕褐色,直径 5~6.5 mm。花期 5—7 月;果期 8—10 月。

分布:陕西、甘肃、安徽、浙江、江西、福建、广东、广西、湖南、湖北、四川、云南、贵州。

繁殖:种子繁殖。

应用同北枳椇。

(3)枣属 *Ziziphus* Mill.

图 5-264 枣

枣属约有 100 种。其主要分布于亚洲和美洲的热带及亚热带地区。中国有 12 种及 3

变种。

枣(枣树、大枣) *Ziziphus jujuba* Mill. (见图 5 – 264)

形态：落叶乔木，高达 10 m。树皮灰褐色，条裂；枝有长枝、短枝和无芽小枝之分，长枝(生产上称枣头)开展，呈之字形曲折，红褐色，光滑，有托叶刺，长 3 cm；短枝(生产上称枣股)在 2 年生枝上互生；无芽小枝(生产上称枣吊)绿色，纤细下垂，秋后脱落，常 3 ~ 7 簇生于短枝上。叶卵形至卵状长椭圆形，长 3 ~ 7 cm，先端钝尖，基部楔形或近圆形，稍偏斜，基生三出脉，侧脉明显，两面光滑。花小，黄绿色，2 ~ 4 朵簇生叶腋，或成短聚伞花序。核果，熟时暗红色，卵圆形、椭圆形或长圆形；果核坚硬，两头尖。花期 5—6 月，果期 9—10 月。

分布：原产于中国，分布广。欧洲、蒙古、日本亦有分布。

变种：**龙爪枣(龙枣)** cv. *tortuosa*，树体矮小，通常不超过 4 m，枝条扭曲。生长缓慢，见植于庭园观赏。**酸枣(棘)** var. *spinosa* Hu，常成灌木状，叶较小，长 2 ~ 3.5 cm，核果小，近球形，味酸，果核两端钝。

习性：强阳性，抗热，耐寒；对土壤适应性较强，耐干瘠、弱酸性和轻度盐碱土壤，喜深厚肥沃沙质土，忌黏土和湿地；根系发达，萌蘖力强，抗风沙。寿命长达 200 ~ 300 年。

繁殖：主要用分蘖或扦插法繁殖，嫁接也可。

应用：枣树是中国栽培历史悠久的果树，结果早，寿命长，产量稳定，号称"铁杆庄稼"。树冠整齐，枝叶扶疏，果期佳实累累，具有较高观赏价值，是园林结合生产的良好树种，可栽作庭荫树及园路树。也是优良的蜜源树种。木材坚韧致密，纹理细，是雕刻、家具、细木工优良用材。

(4) 马甲子属 *Paliurus* **Tourn ex Mill.**

马甲子属共 6 种，分布于亚洲和欧洲南部。中国有 4 种，分布于西南、中南和华东各省区。

1) 铜钱树(乌不宿) *Paliurus hemsleyanus* Rehd. (见图 5 – 265)

形态：落叶乔木，高达 15 m。树皮暗灰色，小枝无毛，常具刺。单叶互生，卵状椭圆形或宽卵形，长 4 ~ 10 cm，先端尖，基部圆形至宽楔形，稍偏斜，边缘有细钝尖，两面无毛，基生三出脉。聚伞花序腋生或顶生；黄绿色花小，两性；5 基数；核果，周围有近圆形薄木质阔翅，形似铜钱，直径 2.5 cm 以上，无毛，紫褐色。花期 5 月，果期 6—7 月。

图 5 – 265　铜钱树

分布：产于中国长江流域至华南，是酸质土的指示植物。

繁殖：播种繁殖或分蘖繁殖。

应用：铜钱树树冠整齐，枝叶扶疏，具翅核果形似铜钱，颇为奇特，可作庭园庭荫及观赏树种。

2) 马甲子 *Paliurus ramosissimus*(Lour.)Poir.

形态：灌木。小枝具刺，幼时密被锈褐色短柔毛，老枝灰褐色无毛。叶卵形或卵状椭圆形，长 3 ~ 5 cm，宽 2 ~ 4 cm，先端钝或微凹，基部圆形或宽楔形，缘具锯齿，幼时背面密被锈色绒毛；叶柄长 5 mm，被柔毛。腋生聚伞花序，被柔毛，花浅绿黄色，花盘黄色显著。核果盘状，周围有木栓质窄翅，直径约 1.5 cm。花期 7 月，果期 9—10 月。

分布：长江以南各地。

繁殖:常采用种子繁殖。

应用:枝多刺,可作绿篱,也可作庭院观果树木。

(5)勾儿茶属 *Berchemia* Neck.

落叶缠绕藤本或直立灌木。叶互生,全缘,具明显的羽状平行脉,托叶钻形,花小,两性,5 基数,排成顶生总状或聚伞圆锥花序;花瓣匙形或兜状,两侧常内卷;花盘齿轮状;子房 2 室,每室 1 粒种子,核果长圆形。

勾儿茶属有 31 种,分布于亚洲东部或东南部。中国约有 18 种。

多花勾儿茶 *Berchemia floribunda* (Wall.) Brongn. var. *floribunda*(见图 5 - 266)

形态:藤状或直立灌木。幼枝黄绿色,无毛。叶纸质,卵形、卵状椭圆形或宽椭圆形,长 4 ~ 9 cm,宽 2 ~ 4 cm,先端短渐尖,基部圆形或近心形,背面被粉块,苍绿白色,被乳头状柔毛,侧脉 9 ~ 12 对;叶柄长 1 ~ 2.5 cm。宽聚伞圆锥花序,顶生。核果近圆柱状,长 1 cm,直径 4 ~ 5 mm,花柱宿存或脱落。花期 7—10 月,果期翌年 4—7 月。

图 5 - 266 多花勾儿茶

分布:陕西、甘肃、山西以南。印度、越南、日本亦产。

繁殖:播种,扦插亦可。

应用:叶片秀美,可作垂直绿化树种。

47. 葡萄科 Vitaceae

葡萄科共 12 属,约 700 种,分布于热带至温带,中国产 7 属,有 110 余种,南北均有分布。

(1)葡萄属 *Vitis* L.

落叶木质藤本,卷须与叶对生,髓褐色。单叶互生,托叶早落。花小,两性或单性,由聚伞花序再组成圆锥花序与叶对生,萼片小,花瓣常 5 个,顶端连接成帽状并早脱落,花盘下位,有 5 条蜜腺,子房 2 室,每室 2 枚胚珠。浆果,种子梨形。

葡萄属有 70 种,主要产于北温带,中国约 30 种。

葡萄 *Vitis vinifera* L. (见图 5 - 267)

形态:落叶藤木。茎皮红褐色,老时条状剥落,小枝光滑或幼时有柔毛;卷须间歇性与叶对生,有分枝。叶互生,近圆形,长 7 ~ 15 cm,3 ~ 5 掌状裂,基部心形,缘具粗齿,两面无毛或背面稍有短柔毛;叶柄长 4 ~ 8 cm。花小,黄绿色,圆锥花序大而长。浆果球形,熟时黄绿色或紫红色,有白粉。花期 4—5 月,果期 8—9 月。

分布:原产于亚洲西部,中国在 2 000 多年前就自新疆引入内地栽培。现辽宁中部以南各地均有栽培,但以长江以北栽培为较多。

习性:葡萄品种很多,对环境条件的要求和适应能力随品种而异。总的来说是性喜光,喜干燥及夏季高温的大陆性气候;冬季需要一定低温,严寒时又必须埋土防寒。以土层深厚、排水良好而湿度适中的微酸性至微碱性沙质壤土生长最好。耐干旱,怕涝。深根性,生长快,结果早。寿命较长。

图 5 - 267 葡萄

繁殖:繁殖可用扦插、压条、嫁接或播种等法。

应用:葡萄是很好的园林棚架植物,既可观赏、遮荫,又可结合果实生产。庭院、公园、疗养院及居民区均可栽植,以选用栽培管理较粗放的品种为好。

(2) 蛇葡萄属 *Ampelopsis* Michaux

落叶木质藤本,卷须与叶对生,髓白色。单叶、掌状或羽状复叶互生,花小,两性,成二歧状聚伞花序与叶对生,常 5 基数,花盘杯状,子房上位 2 室,每室 2 枚胚珠。浆果小,内含 1~4 粒种子。

蛇葡萄属约有 25 种,主要产于北温带,中国约 15 种。

蛇葡萄(蛇白蔹) *Ampelopsis bodinieri* (Maxim.) Trautv.(见图 5-268)

形态:落叶藤本;幼枝有柔毛,卷须常分叉。单叶,纸质,广卵形,长 6~12 cm,基部心形,通常 3 浅裂,缘有粗齿,表面深绿色,背面色稍淡并有柔毛。聚伞花序与叶对生,梗上有柔毛;花黄绿色浆果近球形,径 6~8 mm,成熟时鲜蓝色。花期 5—6 月,果期 8—9 月。

分布:产于亚洲东部及北部,中国自东北至长江流域、华南均有分布。

习性:强健耐寒。

应用:在园林绿地及风景区可用作棚架绿化材料,颇具野趣。

图 5-268 蛇葡萄

(3) 地锦属 *Parthenocissus* Planch.

本质藤本;卷须顶端常扩大成吸盘。叶互生,掌状复叶或具裂单叶,具长柄。花两性,稀杂性,聚伞花序与叶对生;花常 5 数,花盘不明显或无,花瓣离生,子房 2 室,每室 2 枚胚珠。浆果,内含 1~4 粒种子。

地锦属约有 15 种,产于北美洲及亚洲;中国约有 9 种。

1) 地锦(爬山虎、爬墙虎) *Parthencissus tricuspidata* (S. et Z) Planch.(见图 5-269)

形态:落叶藤本;卷须短而多分枝。叶广卵形,长 8~20 cm,宽 8~17 cm,通常 3 裂,基部心形,缘有粗齿,表面无毛,背面脉上常有柔毛;幼苗期叶常较小,多不分裂;下部枝的叶有分裂成 3 枚小叶者。聚伞花序通常生于短枝顶端两叶之间,花淡黄绿色。浆果球形,径 6~8 mm,熟时蓝黑色,有白粉。花期 5—8 月,果期 9—10 月。

分布:广布全国;日本也产。

习性:喜光,耐阴、耐寒,对土壤及气候适应能力极强;生长快。对氯气抗性强。常攀附于岩壁、墙垣和树干上。

繁殖:用播种或扦插、压条等法繁殖。

应用:地锦是一种优良的攀缘植物,能借助吸盘爬上墙壁或山石,枝繁叶茂,层层密布,秋叶变红。常垂直绿化于建筑物的墙壁、围墙、假山、老树干等上,生长快,短期内能收到良好的绿化、美化效果。夏季对墙面的降温效果显著。

图 5-269 地锦

2) 五叶地锦(五叶爬山虎) *Parthenocissus quinquefolia* (L.) Planch.

形态:落叶藤本,幼枝无毛常带紫红色。掌状复叶,具长柄,小叶 5 枚,质较厚,卵状长椭圆形至倒长卵形,长 4~10 cm,先端尖,基部楔形,缘具大齿,表面暗绿色,背面稍具白粉并有毛。卷须与叶对生,5~10 条分枝,顶端吸盘大。圆锥状聚伞花序。浆果近球形,径约 6 mm,成熟时蓝黑色,稍带白粉,具 2~3 粒种子。花期 7—8 月,果期 9—10 月。

分布:原产于美国东部;中国也有栽培。

习性:喜温暖气候,喜光耐阴,有一定耐寒能力。生长势旺盛,但攀缘力较差。

繁殖:通常用扦插、播种、压条法繁殖。

应用:本种秋季叶色红艳,甚为美观,常用作垂直绿化建筑墙面、山石及老树干等,也可用作地面覆盖材料。

48. 紫金牛科 Myrsinaceae

紫金牛科约有35属,1 000余种,分布于热带及亚热带地区;中国产6属,约120余种。

紫金牛属 *Ardisia* Swartz

紫金牛属约有260种,中国约有60余种。

(1) 朱砂根(红铜盘、大罗伞) *Ardisia crenata* Sims. (见图5-270)

形态:常绿灌木,高30~150 cm,茎直立不分枝,无毛,具肥壮匍匐根状茎,断面有小红点,故称朱砂根。单叶互生,纸质,有柄,椭圆状披针形至倒披针形,长6~13 cm,宽2~3 cm,叶端钝尖,叶基楔形,叶缘有皱波状圆齿,齿间有黑色腺点,叶两面有稀疏的突起大腺点,侧脉10~20余对。花序伞形或聚伞状,总花梗细长;花小,淡紫白色,有深色腺点;花萼5裂,花冠5裂,裂片披针状卵形,急尖,有黑腺点;雄蕊5枚短于花冠裂片,花药箭形大;子房上位,1室。核果球形,直径6~7 mm,熟时红色,具斑点。花期5—6月,果期7—10月。

图5-270 朱砂根

分布:产于陕西、长江流域以南各省区。朝鲜半岛、日本有分布。

习性:喜温暖潮湿气候,较耐阴,喜生于肥沃、疏松、富含腐殖质的沙质土壤上,忌干旱。

繁殖:用种子繁殖,扦插亦可。

应用:四季翠绿,秋冬果实鲜红,经久不落,为优良的观叶、观果树种。

(2) 紫金牛(矮地茶、千年矮、平地木、四叶茶、野枇杷叶) *Ardisia japonica* (Thunb) Blume(见图5-271)

形态:常绿小灌木,高30 cm。根状茎长而横走,暗红色,下面生根,地上茎直立,不分枝,表面紫褐色,具短腺毛。叶常成对或多枚集生茎顶,坚纸质,椭圆形,长4~7 cm,叶端急尖,叶基楔形或圆形,叶缘有尖锯齿,两面有腺点,侧脉5~6对,叶背中脉处有微柔毛。短总状花序近伞形,通常2~6朵,腋生或顶生,萼片5枚;花冠青色,径1 cm,先端5裂,裂片卵形,有红色腺点,雄蕊5枚,着生于花冠喉部,花丝短,子房上位。核果球形,径5~6 mm,熟时红色,有黑色腺点。花期4—5月,果期6—11月。

分布:江苏、浙江、四川、贵州、云南、福建、广西、广东等省区。

习性:喜温暖潮湿气候,较耐阴。

繁殖:播种或扦插法繁殖。

应用:本种果实繁多、鲜红可爱且经久不落,可作林下地被或盆栽观赏,亦可与岩石相配作小盆景用。

图5-271 紫金牛

49. 柿科 Ebenaceae

柿科共 7 属,300 余种,分布于热带及亚热带。中国有 1 属,约 57 种。

柿属 *Diospyros* Linn.

柿属约有 200 种,分布于热带至温带;中国有 40 余种。

(1) 柿树 *Diospyros kaki* Thunb. (见图 5 - 272)

形态:落叶乔木,高达 15 m。树冠开阔,树皮暗灰色,小块状开裂;小枝初密被黄褐色短柔毛。叶近革质,椭圆形或倒卵形,长 6 ~ 18 cm,宽 3 ~ 9 cm,先端尖,基部楔形或近圆形,上面深绿色而有光泽,下面淡绿色,沿脉有黄褐色柔毛。雌雄异株或杂性同株;花黄白色,萼及花冠皆 4 裂,萼大有毛,果熟时增大;雌花有 8 个退化雄蕊,子房上位,8 室,花柱自基部分离,有柔毛。浆果扁球形、卵圆形或扁圆方形,径 4 ~ 10 cm,熟时鲜黄色或橙黄色。花期 5—6 月,果期 9—10 月。

图 5 - 272　柿树

分布:原产于中国,分布极广。

习性:性强健,对土壤的适应性强,深根性,耐干旱、瘠薄,不耐严寒、不耐涝。寿命长。

繁殖:用嫁接法繁殖。砧木多用君迁子、油柿、老鸦柿及野柿。

应用:柿树树形优美,叶大浓绿而有光泽,秋季变红色,累累佳实悬于绿阴丛中,极为美观,是良好的庭荫树。果实营养价值极高,有"木本粮食"之称,是观叶、观果和园林结合生产的优良树种。材质坚韧,不翘不裂,耐腐。

(2) 油柿 *Diospyros oleifera* Cheng

形态:落叶乔木,高达 14 m。树皮暗灰色或褐灰色,裂成大块薄片剥落,内皮白色。幼枝密生绒毛,初时白色后变浅棕色。叶较薄,长圆形至长圆状倒卵形,长 7 ~ 16 cm,两面密生棕色绒毛,叶端渐尖,叶基圆形或阔楔形;叶柄长约 1 cm。雄花序有 3 ~ 5 花。果扁球形或卵圆形,径 4 ~ 7 cm,有 4 纵槽,幼果密生毛,近熟时有黏液渗出故称油柿。花期 5 月,果期 10—11 月。

分布:安徽南部、江苏、浙江、江西、福建等省。

习性:适应性强,较耐水湿,不耐寒。

应用:暗灰色树皮与剥落后的白色内皮相间颇有一定的观赏价值,可作庭荫树及行道树。果实皮厚味甜,可食。

图 5 - 273　君迁子

(3) 君迁子(黑枣、软枣) *Diospyros lotus* L. (见图 5 - 273)

形态:落叶乔木,高达 20 m。树冠卵形或卵圆形,树皮灰黑色,呈方块状深裂;小枝被灰色毛,后脱落,线形皮孔明显。叶薄革质,椭圆形至长圆形,长 6 ~ 13 cm,宽 2.5 ~ 5 cm,先端渐尖或微凸尖,基部宽楔形或圆形,幼时叶上面密被毛,后脱落,下面灰绿色,沿脉有毛。花黄白色。浆果球形或卵圆形,径 1.2 ~ 2 cm,熟时变为蓝黑色,外被蜡质白粉,萼宿存先端钝圆形。花期 4—5 月;果期 10—11 月。

分布:同柿树。

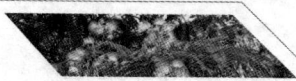

习性:性强健,喜光、耐半阴,耐寒及耐旱性比柿树强,耐水湿,寿命长。

繁殖:种子繁殖。

应用:君迁子树干挺直,树冠圆整,荫浓,可作庭荫树、行道树。

(4)瓶兰花 *Diospyros armata* Hemsl.

形态:常绿灌木或小乔木,高2~4 m。幼枝黄褐色,被短柔毛,有刺。叶密生于枝顶,革质,倒披针形至长椭圆形,长3~6 cm,宽1~3 cm,先端钝,基部楔形,最宽处在叶片上部,边缘反卷,叶面暗绿色有光泽,背面微被短柔毛,叶柄短被黄褐色柔毛。单性异株,雄花为聚伞花序;花冠乳白色,壶形,芳香。浆果球形,径1~2 cm,熟时黄色,果柄长约1 cm,有刚毛,宿存花萼略宽。

分布:产于浙江、湖北。

习性:性强健,适应性强,较耐阴耐旱。

繁殖:播种、扦插均可。

应用:赏其香花及果实,常作盆栽或作树桩盆景用。

50. 芸香科 Rutaceae

芸香科约有150属,1 700种,主要产于热带和亚热带,少数产于温带;中国产28属,约150种。

(1)吴茱萸属 *Evodia* J. R. et G. Forst.

落叶或常绿乔木或灌木。常奇数羽状复叶、3出复叶,稀或单叶,对生,小叶全缘或有齿,具半透明油点。花单性,稀两性;圆锥花序或伞房花序;萼片及花瓣各4或5个,雄蕊4或5个,常生于花盘外侧;心皮4~5个,离生或中部以下合生,4~5室,每室多为2粒胚株。聚合蓇葖果由4~5裂瓣组成,裂瓣先端具喙或无;每果瓣有2或1粒种子,有胚乳。

吴茱萸属约有150种,分布于热带和亚热带地区。中国约有25种,分布于西南和南部各省区。

1)吴茱萸(辣子树)*Evodia rutaecarpa*(Juss.)Benth.

形态:灌木或小乔木,高3~10 m。小枝紫褐色,幼时被柔毛,后脱落而有细小皮孔。奇数羽状复叶,小叶5~9个,纸质或厚纸质,椭圆形至卵形,长6~15 cm,宽3~7 cm,先端骤短尖或急尖,基部宽楔形或圆形,全缘,稀有不明显圆锯齿,表面被疏柔毛,脉上较密,背面密被长柔毛,具粗大腺点,叶柄长4~8 cm。聚伞圆锥花序顶生,花轴被长柔毛,花小,白色。蓇葖果紫红色,有粗大腺点,顶端无喙,每室有1个种子。花期6—8月;果期9—10月。

分布:陕西、甘肃及长江流域以南各省区。

习性:喜光性树种,适宜温暖气候及低海拔、排水良好的湿润肥沃土壤生长。

繁殖:种子繁殖或扦插、分根繁殖。

应用:可作为庭院观赏树种。

2)臭辣树(臭辣吴萸)*Evodia fargesii* Dode(见图5-274)

形态:乔木,高达17 m。枝紫褐色,有圆形或长形皮孔。奇数羽状复叶,小叶通常7个(5~11个),椭圆状披针形或卵状长圆形至狭披针形,长6~11 cm,宽2~6 cm,先端长渐尖,基部楔形,边缘有不明显钝锯齿,背面灰白色,叶轴及两面沿脉被柔毛,叶柄长3~8 cm,聚伞圆锥花序顶生,花轴及花梗被疏毛,花小,萼片、花瓣及雄蕊各5个。蓇葖果紫红色或淡红色,略皱褶,无喙,每室有1个种子。花期6—8月;果期8—10月。

分布:西北、华中、华东、两广、云贵等地。

(2)花椒属 *Zanthoxylum* L.

花椒属约有250种,广布于热带、亚热带,温带较少;中国产45种,主要产于黄河流域以南。

1) 花椒 *Zanthoxylum bungeanum* Maxim.（见图 5-275）

图 5-274　臭辣树

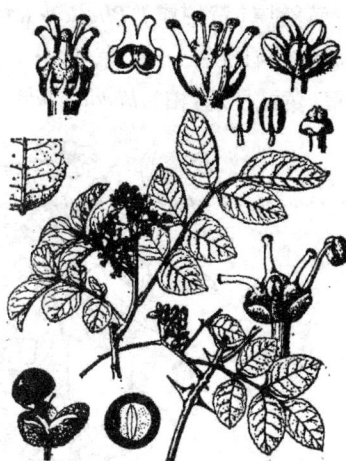

图 5-275　花椒

　　形态:落叶灌木或小乔木,高 3~8 m。枝具宽扁而尖锐皮刺。小叶 5~11 个,卵形至卵状椭圆形,长 1.5~6 cm,宽 1~3 cm,先端尖,基部近圆形或广楔形,锯齿细钝,齿缝处有大的透明油腺点,表面无刺毛,背面中脉基部两侧常簇生褐色长柔毛;叶轴具窄翅。聚伞状圆锥花序顶生;花单性,花被 4~8 片,1 轮;子房无柄。蓇葖果球形,红色或紫红色,密生疣状腺体。花期 3—5 月;果期 7—10 月。

　　分布:原产于中国北部及中部;今广栽培,尤以黄河中下游为主要产区。

　　习性:喜光,大树较耐严寒,对土壤要求不严,但在过分干旱瘠薄、冲刷严重处生长不良。萌蘖性强,寿命长,耐修剪,不耐涝。

　　繁殖:繁殖以播种为主,扦插和分株均可。

　　应用:花椒为著名香料及油料树种,因枝干多刺,耐修剪,可做刺篱,是绿化栽植结合经济生产的良好树种。

　　2) 竹叶花椒（刺椒、狗椒）*Zanthoxylum armatum* DC.

　　竹叶椒与花椒的主要区别是叶柄及叶轴有宽翅;小叶 3~9 个,椭圆状披针形。

　　（3）九里香属 *Murraya* Koenig ex L.

　　无刺灌木或小乔木。奇数羽状复叶,小叶互生,有柄。腋生或顶生的聚伞花序;花萼小,5 深裂;雄蕊 10 枚,生于伸长花盘的周围;子房 2~5 室,每室具 1~2 粒胚珠。浆果肉质,有种子 1~2 粒。

　　九香里属约有 12 种,产于亚洲热带地区及马来西亚。中国有 9 种。

　　九里香（千里香）*Murraya exotica* L.（见图 5-276）

　　形态:灌木或小乔木,高 3~8 m,小枝无毛,嫩枝略有毛。奇数羽状复叶;小叶 3~9 枚,互生,小叶形变异大,由卵形、倒卵形至菱形,长 2~7 cm,宽 1~3 cm,全缘。聚伞花序短,腋生或顶生,花大而少,白色,极芳香,长 1.2~1.5 cm,萼极小,5 片,宿存,花瓣 5 枚,有透明腺点。果肉质,红色长 8~12 mm,内含种子 1~2 粒。花期 4—8 月,有时秋冬亦开。

　　分布:亚洲热带及亚热带,中国的南部及西南部山野间有野生,多生于疏林下。

　　习性:性喜暖热气候,喜光亦较耐阴、耐旱,不耐寒,稍耐阴。

　　繁殖:可用种子及扦插繁殖。

应用：分枝多，四季常青，花香袭人，园林中可植为绿篱，北方多盆栽。

（4）黄檗属（黄柏属）Phellodendron Rupr.

黄檗属约有 9 种，产于东亚，中国产 3 种。

黄檗（黄波罗、黄柏） *Phellodendron amurense* Rupr.（见图 5－277）

图 5－276　九里香

图 5－277　黄檗

形态：乔木，高达 22 m，树冠广阔形，枝开展。树皮厚，浅灰色，木栓质发达，网状深纵裂，内皮鲜黄色。2 年生小枝淡黄色，无毛。小叶 5～13 枚，卵状椭圆形至卵状披针形，长 5～12 cm，宽 3～4.5 cm，叶端长尖，基部稍不对称，叶缘有细钝锯齿，齿间有透明油点，叶表光滑，叶背中脉基部有毛。花小，黄绿色，5 基数。核果球形，黑色，径约 1 cm，有香味。花期 5—6 月；果期 10 月，成熟时由绿变黄再变黑。

分布：产于中国东北及河北省；朝鲜半岛、俄罗斯、日本亦有分布。

习性：性喜光，耐寒，不耐阴。喜适当湿润、排水良好的中性或微酸性土壤，在黏土及瘠薄土地上生长不良。深根性，抗风力强。萌生能力强。生长速度中等，寿命长。

繁殖：多用播种法繁殖，亦可利用根蘖行分株繁殖。

应用：树冠宽阔，秋叶变黄很美丽。木材坚实而有弹性，纹理十分美丽而有光泽，耐水、耐腐，不变形，是制造高级家具、飞机、轮船的良材。本树亦是良好的蜜源植物。

（5）金橘属 Fortunella Swingle

金橘属共 4 种；原产于中国，分布于浙江、福建、广东等省，**现各地金橘（罗浮、金枣）** *Fortunella margarita*（Lour.）Swingle（见图 5－278）

形态：常绿灌木，高可达 3 m，通常无刺。单小叶，长椭圆状披针形，两端渐尖，长 4～11 cm，宽 2～4 cm，全缘但近叶尖处有不明显浅齿；叶柄具极狭翼。花 1～3 朵腋生，白色，花瓣 5 枚，子房 5 室。果倒卵形，长约 3 cm，熟时橙黄色；果皮肉质。

分布：台湾地区及福建、广西等地。

习性：性较强健，对旱、病的抗性均较强；亦耐瘠薄土，易

图 5－278　金橘

开花结实。

繁殖:可扦插或嫁接繁殖。

应用:枝叶繁茂,树姿优美,花白如玉,金果累累,故常用作盆栽观赏果实。市面上最常见的品种为羊奶桔。

(6)柑橘属 *Citrus* L.

柑橘属约有 20 种,产于东南亚;中国约产 10 种。

1)香橼(枸橼、香圆) *Citrus medica* L.

形态:常绿小乔木或灌木,枝有短刺。叶长椭圆形,长 7 ~ 15 cm,宽 3 ~ 6 cm,叶端钝或短尖,叶缘有钝齿,油点显著;叶柄短,无翼,柄端无关节。花单生或 3 ~ 11 朵成总状花序;花白色,外面淡紫色,雄蕊约 60 枚。果近球形,长 10 ~ 25 cm,顶端有 1 乳头状突起,柠檬黄色,果皮粗厚而芳香。种子小,种皮光滑。花期 4—5 月,果期 9—11 月。

分布:产于中国长江以南地区;北方常温室盆栽。

变种:**佛手** var. *sarcodactylis* Swingle 叶长圆形,长约 10 cm,叶端钝,叶面粗糙,油点极显著。果实先端裂如指状,或开展伸张,或拳曲如拳,富芳香。

习性:性喜光,喜温暖气候。喜肥沃适湿而排水良好土壤。不耐寒,忌干旱。

繁殖:可用扦插及嫁接法,砧木可用原种。

应用:枸橼及佛手一年中可开花数次,芳香宜人,果实金黄,悬垂枝头,为著名的观果树种,但果实酸苦不堪,可入药或作蜜饯。

2)柚(文旦) *Citrus maxima*(Burm.)Merr.

形态:常绿小乔木,高 5 ~ 10 m。小枝有毛,刺较大。叶卵状椭圆形,长 6 ~ 17 cm,叶缘有钝齿;叶柄具宽大倒心形的翼。花两性,白色,单生或簇生叶腋。果极大,球形、扁球形或梨形,径 15 ~ 25 cm,果皮平滑,淡黄色,油腺密生。花期 3—4 月,果期 9—10 月。

分布:原产于印度,华南,陕西,秦岭以南有栽培。

习性:喜暖热湿润气候。喜深厚、肥沃而排水良好的中性或微酸性砂质土壤或黏质土壤。

繁殖:可用播种、嫁接、扦插、空中压条等法进行。

应用:四季常青,素花芳香,为亚热带重要果树之一,可做庭院观果树种,北方多盆栽。根、叶、果皮均可入药。

3)酸橙 *Citrus aurantium* L.

形态:常绿小乔木或灌木,枝三棱状,有长刺,无毛。叶卵状长圆形,长 5 ~ 10 cm,宽 2.5 ~ 5 cm,全缘或微波状齿,叶柄有宽翼。花 1 朵至数朵簇生于当年新枝顶端或叶膝。花白色,有芳香;雄蕊约 25 枚,花丝基部部分结合。果近球形,径约 7 ~ 8 cm,果皮粗糙。

分布:产于长江以南各省。

栽培品种:**代代** cv. *daidai* 叶卵状椭圆形,长 7.5 ~ 10 cm,叶柄翼宽。花白色而极香,单生或簇生。果呈扁球形,径 7 ~ 8 cm,当年冬季变橙黄色,至次年夏又变绿色,能数年不落。

繁殖:通常用枸橼作砧木行嫁接或用扦插法繁殖。

应用:在华北及长江下游各城市常行温室盆栽观赏。为著名的香花,常用于熏茶,果味酸不堪食。

4)甜橙(广柑) *Citrus sinensis*(L.)Osbeck

形态:常绿乔木;小枝无毛,枝刺短或无。叶椭圆形至卵形,长 6 ~ 10 cm,全缘或有不显著钝齿;叶柄常具狭翼,宽2~5 mm,柄端有关节。花白色,1朵至数朵簇生叶腋。果近球形,径5~10 cm,橙黄色,果皮不易剥离,果瓣10枚,果心充实。花期5月;果11月至次年2月成熟。

习性:喜温暖湿润气候。喜深厚肥沃的微酸性或中性沙质土壤。不耐寒,是中国南方著名果树之一。

5)柑橘 *Citrus reticulata* Blanco

形态:常绿小乔木或灌木,高约3 m。小枝细弱且无毛,通常有刺。叶长椭圆形,长4~10 cm,宽2~3 cm,叶端渐尖而钝,叶基楔形,全缘或有细钝齿,叶柄近无翼。花黄白色,单生或簇生叶腋。果扁球形,径3~7 cm,橙黄色或橙红色,果皮薄易剥离。春季开花,10~12月果熟。

分布:原产于中国,广布于长江以南各省。

习性:喜温暖湿润气候,耐寒性较柚、酸橙、甜橙稍强。

繁殖:用播种和嫁接法繁殖。

应用:柑橘四季常青,枝叶茂密,树姿整齐,春季满树盛开香花,秋冬黄果累累,黄绿色彩相间极为美丽,既有观赏效果又获经济效益。

(7)枳属 *Poncirus* Raf.

枳属仅1种,为中国特产。

枳(枸橘)*Poncirus trifoliate*(L.)Raf.

形态:落叶小乔木或灌木,高达7 m。小枝绿色有棱。3枚小叶复叶,小叶长椭圆形,长2.5~6 cm,叶端钝,叶基楔形,叶缘波状浅齿,侧生小叶较小,叶基偏斜。花白色,径3.5~5 cm,雌蕊绿色。果球形,径3~5 cm,黄绿色,芳香。春季叶前开花,10月果熟。

分布:原产于中国,广布于黄河流域以南各省。

习性:性喜温暖湿润气候,喜光,耐寒性较强。萌生性强,耐修剪。

繁殖:用播种和扦插法繁殖。

应用:枸橘枝条四季青绿,枝叶茂密,春季满树盛开香花,秋冬黄果累累,黄绿色彩相间极为美丽,在园林中多用作绿篱或屏障树。

51. 苦木科 Simarubaceae

苦木科约30属,200余种;中国有5属,10余种。

臭椿属 *Ailanthus* Desf.

臭椿 *Ailanthus altissima*(Mill.)Swingle(见图5-279)

形态:落叶乔木,高30 m。树皮灰褐色、灰色或黑色,平滑或略有浅纵纹。树冠卵圆形或扁球形;小枝红褐色或褐黄色,初被薄细毛,后脱落,现出疏生的灰黄色皮孔。小叶13~25片或更多,有短柄,披针形或卵状披针形,顶端渐尖;基部偏斜,略成楔形或截形,叶缘近波状,上部全缘,下部近1/4处常有1~4枚缺齿,齿端具腺,能散发臭味,上面绿色,下面淡绿,被白粉或白柔毛。花杂性,雄花与两性花异株,花序直立。翅果扁平,长椭圆形,初黄绿色,有时微带红色,成熟时多浅绿色或褐色。花期6—7月,果期9—10月。

分布:华北各地都有生长,华东、华中、华南及西北也有。垂直分布在海拔1 500 m以下。

图5-279 臭椿

习性:喜光。适应较干冷的气候,耐寒;深根性,极耐干旱、瘠薄土壤,能在石缝中生长;喜

肥沃深厚的土壤、沙壤土,在微酸性、中性及石灰性土壤中发育良好,耐盐碱,不耐水淹,抗风沙,抗烟尘能力强,根蘖力强,寿命长。

繁殖:播种或分根繁殖,以播种繁殖为主。

应用:臭椿树干通直高大,树冠开阔,新春嫩叶红色,秋季翅果红黄相间,是优良的庭荫树、行道树;可孤植、列植或和其他树种混植;由于臭椿适应性强,常用于荒山造林、盐碱地绿化、工矿区和街道绿化。

52. 楝科 Meliaceae

楝科约有 47 属,870 余种;中国产 15 属,约 50 种。

(1)楝属 *Melia* L.

1)楝 *Melia azedarach* L.(见图 5-280)

形态:落叶乔木,高 15~20 m;枝条广展,树冠近于平顶。树皮暗褐色,浅纵裂。小枝粗壮,皮孔多而明显,幼枝有星状毛。2~3回奇数羽状复叶,小叶卵形至卵状长椭圆形,先端渐尖,基部楔形或圆形,缘有锯齿或裂。花淡紫色,有香味;成圆锥状复聚伞花序;核果近球形,熟时黄色,宿存树枝,经冬不落。花期 4—5 月;果 10—11 月成熟。

图 5-280 楝

分布:产于华北南部至华南,西至甘肃、四川、云南均有分布;印度、巴基斯坦及缅甸等国亦产。多生于低山及平原。

习性:喜光,不耐庇荫;喜温暖、湿润气候,耐寒力不强;稍耐干旱、瘠薄,水边及盐碱土中均可生长;但以在深厚、肥沃处生长最好。萌芽力强,抗风,生长快,寿命短,耐烟尘,对二氧化硫抗性较强,对氯气抗性较弱。根性浅,侧根发达,须根少。

繁殖:播种法繁殖和分株繁殖。

应用:楝树树形优美,叶形秀丽,春夏之交开淡紫色花朵,有淡香,冬季果实不落,颇为美丽,宜作庭荫树及行道树,在草坪孤植、丛植或配置于池边、路旁、坡地都很合适。因楝树耐烟尘、抗二氧化硫,因此也可用于城市、街道及工矿区绿化树种和四旁绿化及速生用材树种。木材供家具、建筑、乐器等用。树皮、叶和果实均可入药;种子可榨油,供制油漆、润滑油等。

2)川楝 *Melia toosendan* Sieb. et Zucc.

形态:落叶乔木,高达 15 m;叶互生,二回奇数羽状复叶,小叶 5~11 片,椭圆状披针形或卵形,两侧不对称,全缘或部分具稀疏锯齿,幼时被星状鳞片;幼枝密被星状鳞片,后脱落。圆锥花序腋生,被带白色小鳞片;花淡紫色或紫色,花瓣 5~6 枚,雄蕊为花瓣的 2 倍,花丝连合成筒。核果椭圆形或近球形,黄色或黄绿色。花期 4 月,果 10—12 月成熟。

分布:产于甘肃、四川、云南、湖南、湖北、河南等地;越南、日本、老挝、泰国也有分布。

(2)香椿属 *Toona* Roem.

1)香椿 *Toona sinensis*(A. Juss.)Roem.(见图 5-281)

形态:落叶乔木,高达 25 m。树皮暗褐色,条片状剥落。小枝粗壮;叶痕大,扁圆形,内有 5 个维管束痕。偶数稀奇数羽状复叶,有香气。小

图 5-281 香椿

叶10~20枚,椭圆形或椭圆状披针形,基部歪斜,先端渐长尖。花白色,芳香。子房、花盘均无毛。蒴果长椭球形,长1.5~2.5 cm,5瓣裂;种子一端有膜质长翅。花期5~6月;果9~10月成熟。

分布:原产于中国中部,辽宁南部、河北、山东等,华北至东南和西南各地均有栽培。

习性:喜光,不耐庇荫;适生于深厚、肥沃、湿润沙质土壤,在中性、酸性及钙质土上均生长良好,也能耐轻盐渍,较耐水湿,有一定的耐寒力。深根性,萌芽、萌蘖力均强;生长速度中等偏快。对有害气体抗性较强。

繁殖:播种、分株、扦插、埋根等法。

应用:香椿枝叶茂密,树干耸直,树冠庞大,嫩叶红艳,宜作庭荫树及行道树。在庭前、院落、草坪、斜坡、水畔均可栽植,也是良好的用材及"四旁"绿化树种,种子榨油,可供食用或制肥皂、油漆;根皮及果均有药效。嫩芽、嫩叶可食。

2)红椿 *Toona ciliata* Roem.

形态:落叶或半常绿乔木,高可达35 m。小枝粗壮;叶痕大,扁圆形,偶数稀奇数羽状复叶小叶11~20枚,椭圆形或椭圆状披针形,全缘,下面被柔毛,脉上尤密。花序顶生,花白色,芳香。子房、花盘被黄色粗毛;蒴果长椭圆形,长2.5~3.5 cm,种子褐色,上端具长翅,下端具短翅;花期3—4月;果10—11月成熟。

分布:产于四川、贵州、湖南、广东、福建、江西、浙江、安徽等地;生于低海拔林中。

习性:喜光,不耐阴,喜暖热气候,耐寒性不如香椿,对土壤条件要求较高,适生于深厚、肥沃、湿润而排水良好的酸性土或钙质土中,生长迅速。

繁殖:用播种、埋根法,也可在原圃地留根育苗。

应用:红椿树体高大,树干通直,树冠开展,可作庭荫树及行道树。生长迅速,材质优良,是中国南方重要速生用材树种。

(3)米仔兰属 *Aglaia* Lour.

米仔兰(米兰)*Aglaia odorata* Lour.(见图5-282)

形态:常绿灌木或小乔木,多分枝,高4~7 m;树冠圆球形。顶芽、小枝先端常被褐色星形盾状鳞。羽状复叶,叶轴有窄翅,小叶3~5枚,倒卵形至长椭圆形,先端钝,基部楔形,全缘。花黄色,径约2~3 mm,极芳香,圆锥花序腋生。浆果近球形,无毛。夏秋开花。

分布:原产于东南亚,现广植于世界热带及亚热带地区。华南庭园习见栽培观赏,长江流域及其以北各大城市常盆栽观赏,温室越冬。

习性:喜光,略耐阴,喜暖怕冷,喜深厚肥沃土壤,不耐旱。

繁殖:可用嫩枝扦插和高压法繁殖。

应用:米兰是深受人民喜爱的树种,它枝叶繁茂常青,花香浓郁,花期较长,可布置庭院,作闻香园,亦可室内盆栽观赏。

图5-282 米仔兰

53.无患子科 Sapindaceae

无患子科约有150属,2 000种;中国产25属,56种。

(1)栾树属 *Koelreuteria* Laxm.

1)栾树(灯笼树、摇钱树、元宝树)*Koelreuteria paniculata* Laxm.(见图5-283)

形态:落叶乔木,高达15 m;树冠近圆球形。树皮灰褐色,细纵裂;小枝稍有棱,无顶芽,皮孔明显。1~2回奇数羽状复叶,小叶7~17枚,卵形或卵状椭圆形,缘有不规则粗齿,近基部常有深

裂片,背面沿脉有毛。花小,金黄色;圆锥花序顶生。蒴果三角状卵形,顶端尖,成熟时红褐色或橘红色。花期6—7月,果期9—10月。

分布:产于中国北部及中部,北自东北南部,南到长江流域及福建,西到甘肃东南部及四川中部均有分布,而以华北较为常见;日本、朝鲜半岛亦产。

习性:喜光,耐半阴;耐寒,耐干旱、瘠薄,喜生于石灰性土壤,但在微酸或微碱性土壤上也能生长,能耐盐渍及短期水涝。深根性,萌蘖力强;生长速度中等。有较强的抗烟尘能力。

繁殖:繁殖以播种为主,分蘖、根插也可。

应用:本种树形端正,树冠整齐,枝叶茂密而秀丽,春季嫩叶多为红色,入秋叶色变黄;夏季开花,满树金黄,十分美丽,是理想的绿化、观赏树种,也是中国国庆期间较喜庆的树种之一,宜作庭荫树、行道树及园景树,也可用作防护林、水土保持及荒山绿化树种。因有较强的抗烟尘能力,故适合厂矿绿化。

图 5-283　栾树

2) 复羽叶栾树 *Koelreuteria bipinnata* Franch.

形态:落叶乔木,高达 20 m;2 回羽状复叶,羽片 5~10 对,每羽片具小叶 5~15 枚,卵状披针形或椭圆状卵形,先端渐尖,基部圆形,缘有锯齿。花黄色,顶生圆锥花序;蒴果卵形,红色。花期7—9月;果10月成熟。

分布:产于中国中南部及西南部,多生于海拔 300~1 900 m 的干旱山地疏林中。

习性:喜光,耐干旱,有一定的耐寒力。

应用:树体高达,叶片较大,夏季有黄花,秋季有红果,硕果累累,异常美观,宜作庭荫树、园景树及行道树。

3) 全缘叶栾树(黄山栾树、山膀胱)*Koelreuteria bipinnata* Franch. var. *integrifoliola*(Merr.)T. Chen(见图 5-284)

形态:落叶乔木,高达 20 m;树冠广卵形。树皮暗灰色,片状剥落;小枝暗棕色,无顶芽,密生皮孔。2 回奇数羽状复叶,小叶 7~11 枚,长椭圆状卵形,基部圆形或广楔形,全缘或偶有锯齿,两面无毛或背脉有毛。花黄色;顶生圆锥花序。蒴果椭球形,长 4~5 cm,顶端钝而有短尖。花期8—9月,果期10—11月。

分布:产于江苏南部、浙江、安徽、江西、湖南、广东、广西等省区。现北京小气候良好处也有栽培。多生于丘陵、山麓及谷地。

习性:喜光,幼年期耐阴;喜温暖湿润气候,稍耐寒;对土壤要求不严,在微酸性、中性土上均能生长。深根性,不耐修剪。

繁殖:以播种繁殖为主,也可以分根育苗。

图 5-284　黄山栾树

应用:全缘叶栾树树体高大,枝叶茂密,冠大荫浓,初秋开花,金黄灿灿,夺人眼目,其后硕果累累,像淡红色的灯笼挂满树梢,十分惹人喜爱。宜作庭荫树、行道树及园景树,既可以对植也可以列植、孤植,还可用于居民区、工厂绿化。

(2) 无患子属 *Sapindus* L.

乔木或灌木。缺顶芽,侧芽叠生。偶数羽状复叶,互生,小叶全缘。花小,杂性,圆锥花序;萼片、花瓣各为 4~5 枚;雄蕊 8~10 枚;子房 3 室,每室具 1 粒胚珠,通常仅 1 室发育成核果。

果球形,中果皮肉质,内果皮革质;种子黑色,无假种皮。

无患子(皮皂子) *Sapindus mukurossi* Gaertn.（见图 5 – 285）

形态:落叶或半常绿乔木,高达 20 ~ 25 m。枝开展,广卵形或扁球形树冠。树皮灰白色,平滑不裂;小枝无毛,芽两个叠生。羽状复叶互生,小叶 8 ~ 14 枚,互生或近对生,卵状披针形或卵状长椭圆形,先端尖,基部不对称,全缘,薄革质,无毛。花黄白色或带淡紫色,圆锥花序顶生,有茸毛。核果近球形,熟时黄色或橙黄色;种子球形、黑色、坚硬。花期 5—6 月,果期 9—10 月。

分布:产于长江流域及其以南各省区;越南、老挝、印度、日本亦产。常生活在低山、丘陵及石灰岩山地。

习性:喜光,稍耐阴;喜温暖湿润气候,耐寒性不强;对土壤要求不严,在酸性、中性、微碱性及钙质土上均能生长,而以土层深厚、肥沃而排水良好之地生长最好。深根性,抗风力强,萌芽力弱,不耐修剪。生长快,寿命长。对二氧化硫抗性较强。

繁殖:用播种法繁殖。

图 5 – 285　无患子

应用:无患子树形高大,树冠广展,绿阴浓密,秋叶金黄,颇为美观。宜作庭荫树及行道树。孤植、丛植在草坪、路旁或建筑物附近都很合适。若与其他秋色叶树种常绿树种配置,更可为园林秋景增色。病虫害较少,对二氧化硫抗性较强,适合于街道厂区的绿化。

(3)文冠果属 *Xanthoceras* Bunge

文冠果属仅 1 种,中国特产。

文冠果 *Xanthoceras sorbifolium* Bunge（见图 5 – 286）

形态:落叶小乔木或灌木,高达 8 m。树皮灰褐色,粗糙条裂,小枝有短绒毛,奇数羽状复叶互生,小叶 9 ~ 19 枚,对生,长椭圆性至披针形,缘具尖锐单锯齿,基部楔形,下部着生星状柔毛。花杂性,整齐,圆锥花序,基数 5,白色,基部红色或黄色。

蒴果椭圆球形,径 4 ~ 6 cm,果皮木质,3 裂,种子球形,径约 1 cm,暗褐色。花期 4—5 月,果期 8—9 月。

分布:原产于中国北部;河北、山东、山西、陕西、河南、甘肃、辽宁及内蒙古等省区均有分布。

习性:喜光,也耐半阴;耐严寒和干旱,不耐涝;对土壤要求不

图 5 – 286　文冠果

严,在沙荒、石砾地、黏土及轻盐碱土上均能生长,但以深厚、肥沃、湿润而通气良好的土壤中生长最好。深根性,主根发达,萌蘖力强。根系愈伤能力较差,损伤后易造成烂根。

繁殖:主要用播种法繁殖,分株、压条和根插也可。

应用:文冠果树姿秀丽,花序大而花朵繁密,春天白花满树,衬以绿叶,更显美观,花期长,是优良的观赏兼重要木本油料树种。在园林中配置于草坪、路边、山坡、假山旁或建筑物前都很合适,也适于厂区、山地、水库周围风景区大面积绿化造林,能起到绿化、护坡固土作用。

54. 漆树科 Anacardiaceae

漆树科约有 66 属,500 余种。中国产 16 属,34 种,另引种 2 属,4 种。

（1）黄连木属 *Pistacia* **L.**

乔木或灌木。偶数羽状复叶,稀 3 枚小叶或单叶,互生,小叶对生,全缘。花单性异株,腋生总状或圆锥花序,无花瓣,雄蕊3～5枚,子房 1 室。核果近球形;种子扁。

黄连木（楷木、黄连茶、药树） *Pistacia chinensis* Bunge（见图 5－287）

形态:落叶乔木,高达 30 m。树冠近圆球形,冬芽红色。1 回偶数羽状复叶,互生,小叶10～14 枚,卵状披针形,全缘,先端渐尖,基部偏斜。花叶前开放,雌雄异株,雄花序淡绿色,雌花序紫红色。核果初为黄白色,后变红色至蓝紫色,蓝紫色为实种。红色为空粒种。花期3～4 月,果期9～10 月。

分布:黄连木原产于中国,分布很广,北自河北、山东,南至广东、广西,东到台湾,西南至四川、云南,都有野生和栽培,其中以河北、河南、山西、陕西等省最多。

图 5－287　黄连木

习性:喜光,幼时耐阴;不耐严寒;对土壤要求不严,在酸性、中性、微碱性土壤上均能生长,喜石灰性土壤。耐干旱瘠薄,抗病性也强;根性深,抗风;萌芽力强;对二氧化硫和烟的抗性较强。

繁殖:用播种繁殖。

应用:黄连木树干通直,树冠开阔,枝叶繁茂而秀丽,入秋变鲜红色或橙红色,常用作庭荫树、行道树、风景园、片林树种,也适于栽植到草坪、山坡、寺庙中,也可和色叶树种、常绿树种配置,是"四旁"绿化树种。

（2）盐肤木属 *Rhus*（Tourn.）**L. emend. Moench**

灌木或小乔木。叶互生奇数羽状复叶、3 小叶或单叶。圆锥花序顶生;花小、杂性,花萼 5 裂,覆瓦状排列,宿存;花瓣、雄蕊 5 枚,子房上位,1 室,1 粒胚株,花柱 3 根,核果小,果肉蜡质,种子扁球型。

1）盐肤木 *Rhus chinensis* Mill.（见图 5－288）

形态:落叶小乔木或灌木,高达 8～10 m;枝开展,树冠圆球形,小枝有毛,密布皮孔和残留的三角形叶痕。单数羽状复叶;小叶7～13 枚,叶轴和叶柄常有狭翅;小叶无柄,卵形至卵状椭圆形,先端急尖,基部圆形至楔形,边缘有粗锯齿,背面有灰褐色柔毛。顶生圆锥花序,花序梗密生棕褐色柔毛,花乳白色。核果扁圆形,红色,密被柔毛。花期7—8 月,果期10—11 月。

分布:各地均产,生于山坡林中,除新疆、青海外,全国均有分布。朝鲜半岛、日本、越南、马来西亚也有分布。

图 5－288　盐肤木

习性:喜光,喜温暖湿润气候。对土壤适应性强,不耐水湿,能耐寒和干旱。深根性,萌蘖性强,生长快,寿命短。

繁殖:用播种、分蘖、扦插均可繁殖。

应用:盐肤木冠形整齐,枝叶鲜红,红果伸出枝端,甚为美观,可种植于庭院观赏,也可点缀绿地或与其他树种组成风景林。是重要的经济树种,寄生在叶上的虫瘿,即五倍子,可供药用,种子榨油,根入药。

2）火炬树（鹿角漆）*Rhus typhina* L.（见图 5 – 289）

形态：落叶小乔木，高达 8 m。火炬树树皮灰褐色，幼枝浅褐色，老枝表皮生有灰白色茸毛，小枝生长黄色的茸毛，芽鳞上密生褐色茸毛；奇数羽状复叶互生，小叶背面生有茸毛，长椭圆形至披针形，叶缘具有锯齿，叶轴无翅。雌雄异株，圆锥花序，顶生直立，密生茸毛，花小而密，呈火炬形。核果，深红色，扁球形，聚成紧密的火炬形果穗，种子扁圆，黑褐色。花期 6—7 月，果期 9 月，不易脱落。

分布：火炬树原产于北美，现中国各地都有栽培。

习性：火炬树为阳性树种，适应性强，喜温，耐旱，耐盐碱，耐瘠薄，较耐寒。水平根系发达，根萌发力强。寿命短，但根蘖自繁能力强。

繁殖：常用播种繁殖，也可用分蘖法或埋根法，火炬树是先锋树种，根蘖自繁能力强。

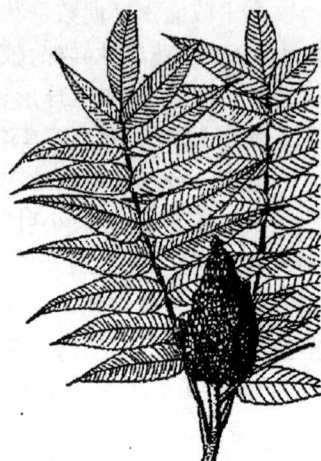

图 5 – 289　火炬树

应用：火炬树叶形优美，秋季叶色变红，雌花序和果序影红似火炬，且冬季果序不落，是著名的秋色叶树种。宜植于园林观赏，或用于点缀山林秋色，可作行道树，也可和其他树种配置，植成片林。可为护坡、固堤、固沙的水土保持和薪炭林树种，是荒山绿化的好树种。

（3）漆属 *Toxicodendron*（Tourn.）Mill.

乔木或灌木，多数种类体内含乳液。叶互生，常为奇数羽状复叶；无托叶。花单性异株或杂性同株，圆锥花序；花萼 5 裂，宿存，花瓣 5 枚；子房上位，1 室，核果小，果肉蜡质，种子扁球形。

1）野漆 *Toxicodendron succedaneum*（L.）O. Kuntze

形态：落叶小乔木，高达 10 m；全株无毛；顶芽粗大。奇数羽状复叶，小叶 9～15 枚，对生，长圆状椭圆形或卵状披针形，顶端长尖，基部楔形而偏斜，全缘，下面稍被白粉。腋生圆锥花序；花黄绿色，花瓣外卷，脉纹不明显；核果偏斜，无毛不裂。花期 5—6 月，果期 10 月。

分布：产于河北、河南、长江以南各地。

习性：喜光，稍耐阴，喜温暖，稍耐寒，耐干旱，耐贫瘠，萌蘖性强。

繁殖：播种繁殖，也可分株繁殖。

应用：野漆秋季叶色变红，可植成片林，增添秋季景色，与其他树种植成风景林，也可栽植到草坪、林缘或山石旁边，形成直线和竖线的对比，增加层次感，到秋季还可丰富色彩。叶和茎可提取栲胶，果皮可制蜡烛；种子油可制肥皂；根、叶和果供药用，能解毒、止血、散淤、消肿，主治跌打损伤。

2）木蜡树 *Toxicodendron sylvestre*（Sieh. et Zucc.）O. Kuntze（见图 5 – 290）

形态：落叶小乔木，高达 10 m；嫩枝和顶芽被黄色绒毛。奇数羽状复叶，小叶 7～13 枚，叶轴和叶柄密被黄褐色绒毛，小叶卵状椭圆状形或卵状披针形，顶端长尖，基部圆或宽楔形，全缘，上面中脉密被卷曲微柔毛，下面密被柔毛，脉上较密。腋生圆锥花序；密被锈色绒毛，花黄绿色，花梗具卷曲微柔毛，花瓣长圆形，具暗色脉纹；核果偏斜，无毛不裂。

分布：产于长江以南各省。朝鲜半岛、日本也有分布。

图 5 – 290　木蜡树

习性：喜光，喜温暖，不耐寒，耐干旱、贫瘠和砾质土，忌水湿，萌蘖性强。

繁殖：主要以分蘖法和播种法繁殖。

应用：同野漆树。

（4）南酸枣属 *Choerospondias* Burtt et Hill

乔木。奇数羽状复叶，互生，小叶对生或近对生，全缘。花杂性异株，组成圆锥花序（单性花）或总状花序（两性花），腋生；萼5片，花瓣5枚，雄蕊10枚，子房5室。核果椭圆状卵形，核端有5个孔。

南酸枣 *Choerospondias axillaris* （Roxb.）Burtt et Hill.（见图5-291）

形态：落叶乔木，高30 m，树皮灰褐色，纵裂呈片状剥落。奇数羽状复叶，互生，小叶对生，7~15枚，卵状披针形，顶端长渐尖，基部不等而偏斜，全缘，背面脉腋内有束毛。雄花花瓣淡紫色，直径3~4 mm；雌花较大，单生于枝条上部叶腋。核果卵形，成熟时黄色。花期4—5月，果期8—10月。

图5-291　南酸枣

分布：产于华南及西南，浙江、安徽、江西、四川、云南、贵州、两湖、两广均有分布。南京有引种。

习性：喜光，稍耐阴，喜温暖湿润的气候，不耐寒，喜土层深厚、排水良好的酸性及中性土壤，不耐水淹及盐碱，萌芽力强，根性深。

繁殖：用播种繁殖。

应用：本种树干端直，树冠宽大，可作庭荫树和行道树，或孤植、丛植于草坪、水边，也可和其他树种混植成片林、风景林。它对二氧化硫、氯气抗性强，可用于厂矿的绿化和"四旁"绿化。树皮及叶可提制栲胶；果可食和酿酒；种壳可做活性炭原料；茎皮纤维可做绳索；树皮和果供药用。

（5）黄栌属 *Cotinus*（Tourn.）Mill

落叶灌木或小乔木。单叶互生，全缘。花杂性或单性异株，圆锥花序，顶生；花萼、花瓣、雄蕊各5枚，子房1室。核果歪斜，果序上有许多羽毛状不育花的伸长花梗。

黄栌 *Cotinus coggyria* Scop.（见图5-292）

形态：落叶灌木或小乔木，高可达5~8 m。树冠圆形，树皮暗灰色，小枝有短柔毛；单叶互生，全缘，叶近圆形，先端圆或微凹，侧脉顶端常两叉状，叶柄细长，叶及叶脉两面密生灰白色绢状短柔毛。花小，杂性，黄绿色；圆锥花序，顶生；果序上有许多羽毛状不育花的伸长花梗。花期4月，果期6月。

分布：多分布于山西、河南、河北。华中、西南、西北也有。

习性：喜光，耐阴，耐干旱瘠薄，对土壤要求不严，中性、酸性、石灰性土壤均能生长，尤以石灰岩山地生长较好，根系发达，侧须根多而密布，萌芽力强，对二氧化硫有较强的抗性，对氯化物抗性差。

图5-292　黄栌

繁殖：以播种为主，压条、根插、分株繁殖也可。

应用：黄栌初夏花后有淡紫色羽毛状的伸长花梗，宿存树梢较久，观之如烟似雾，美不胜收。秋季叶片变红，鲜艳夺目，中国著名的香山红叶便是黄栌经过秋霜后逐渐变红的，在园林中宜丛

植于草坪、山坡、石间,也可混植于其他树群,尤其是常绿树群中,能为园林增添色彩。也是荒山造林的好树种。木材可制器具,并含黄色素,可提取染料,叶、树皮可提取栲胶。枝叶入药。

55. 槭树科 Aceraceae

槭树科共 2 属,约 200 种。中国产 2 属,约 140 余种。

槭属 *Acer* Linn.

(1)华北五角枫(元宝槭、平基槭)*Acer truncatum* Bunge(见图 5 - 293)

形态:落叶小乔木,高达 10 ~ 13 m;树冠伞形或倒广卵形。干皮灰黄色,浅纵裂;小枝浅土黄色,光滑无毛。叶掌状 5 裂,有时中裂片又 3 裂,裂片先端渐尖,叶基通常截形,两面无毛;叶柄细长。花黄绿色,伞房花序顶生,翅果扁平,两翅展开约成直角,翅较宽,其长度等于或略长于果核。花期 4 月,叶前或稍前于叶开放;果 10 月成熟。

分布:主要产于黄河中、下游各省,东北南部、江苏北部、安徽南部。

习性:弱阳性,耐半阴,喜生于阴坡及山谷;喜温凉气候及肥沃、湿润且排水良好的土壤,在酸性、中性及钙质土上均能生长;有一定的耐旱力,但不耐水湿。

(2)茶条槭 *Acer ginnala* Maxim.(见图 5 - 294)

图 5 - 293 华北五角枫

图 5 - 294 茶条槭

形态:落叶小乔木,高 6 ~ 10 m。树皮灰色,粗糙。叶卵状椭圆形,通常 3 裂,中裂特大,有时不裂或具不明显的羽状 5 浅裂,基部圆形或近心形,缘有不整齐重锯齿,表面通常无毛,背面脉上及脉腋有长柔毛。花杂性,子房密生长柔毛;顶生圆锥状伞房花序。果核两面突起,果翅张开成锐角或近于平行,紫红色。花期 5 ~ 6 月,果 9 月成熟。

习性:弱阳性,耐半阴,在烈日下树皮易受灼害;耐寒,也喜温暖;喜深厚而排水良好的沙质壤土。萌蘖性强,深根性,抗风雪;耐烟尘,较能适应城市环境。

分布:产于东北、华北及长江中下游各省;日本也有分布。

繁殖:繁殖用播种法。

应用:茶条槭树干直,花有清香,夏季果翅红色美丽,秋叶又很易变成鲜红色,故宜植于庭园观赏,尤其适合作为秋色叶树种点缀园林及山景,也可栽作行道树及庭荫树。嫩叶可代茶,种子榨油可供制肥皂等用;木材可作细木工用。

(3)鸡爪槭 *Acer palmatum* Thunb.(见图 5 - 295)

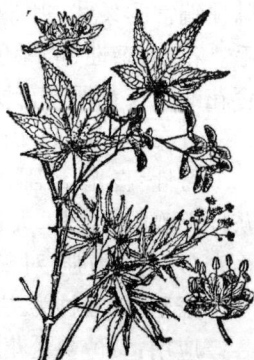

图 5 - 295 鸡爪槭

形态：落叶小乔木，高可达8～13 m。树冠伞形。树皮平滑，灰褐色。枝开张，小枝细长，光滑。叶掌状5～9深裂，基部心形，裂片卵状长椭圆形至披针形，先端锐尖，缘有重锯齿，背面脉腋有白簇毛。花杂性，紫色，萼背有白色长柔毛；顶生伞房花序，无毛。翅果无毛，两翅展开成钝角。花期5月，果10月成熟。

分布：产于中国、日本和朝鲜半岛；中国分布于长江流域各省，山东、河南、浙江也有。

形态：叶掌状深裂几乎达到基部，裂片狭长有羽状细裂；树冠开展，枝条稍下垂，树体较小。中国华东各城市庭院常栽植。

习性：弱阳性，耐半阴，在阳光直射处孤植易受日灼；喜温暖湿润气候及肥沃、湿润、排水良好的土壤，耐寒性不强；酸性、中性及石灰土均能适应。生长速度中等。

繁殖：一般用播种法繁殖。变种用嫁接法繁殖。

应用：鸡爪槭树姿优美，叶形秀丽，且有多种园艺品种，有些常年红色，有些平时为绿色，但入秋叶色变红，色艳如花，均为珍贵的观叶树种。植于草坪、土丘、溪边、池畔，或于墙隅、亭廊、山石间点缀，均十分得体，若以常绿树或白粉墙作背景衬托，尤感美丽多姿。制成盆景或盆栽用于室内美化也极雅致。

（4）樟叶槭 *Acer cinnamomifolium* Hayata.

形态：落叶乔木，高达20 m。树皮淡黑褐色或淡黑灰色，小枝密被绒毛。叶长圆状椭圆形，或长圆状披针形，基部圆楔形或宽楔形，先端钝，全缘或近全缘，下面被白粉或淡褐色绒毛，后脱落，上面中脉凹下，淡紫色，被绒毛，果期7—9月。

分布：产于浙江南部、福建、江西、湖北西南部、湖南、贵州等地；生于海拔300～1 200 m的阔叶林中。

习性：喜光，耐寒性不强，稍耐旱。

繁殖：用播种法繁殖

应用：本种树干直，树姿优美，叶形秀丽栽作庭荫树和行道树，也可在荒山造林或营造风景林中做伴生树种。

（5）青榨槭 *Acer davidii* Franch.（见图5－296）

形态：落叶乔木，高达10～15 m。树皮暗褐或灰褐色，纵裂，多形成蛇皮状斑纹。小枝紫褐色，无毛。单叶厚纸质；卵圆形或长圆状卵形，先端急尖或尾尖，基部圆形或近心形，边缘有不整齐细尖锯齿，通常不分裂；掌状脉，上面深绿色，无毛，下面粉绿色，嫩时沿脉也有褐色短柔毛，后脱落无毛。花杂性，雄花与两性花异株；顶生总状花序；子房

图5－296　青榨槭

具红褐色短毛。果熟时黄褐色；果体略扁平；两果翅张开角度大，上部外倾，接近水平开展。花期4—5月，与叶同时开放；果期8—10月。

分布：产于北京、河北、山西、河南，生于海拔2 000 m以下的山地。

习性：喜温暖气候及湿润肥沃土壤；适应性较强，常生长于山沟路旁及山坡疏林中。

应用：本种冠大荫浓，枝干颜色奇异，秋叶变色，红橙紫相间，是重要的秋色叶树种。可作庭荫树和行道树，在堤岸、湖边、草地及建筑附近配置皆甚雅致；也可在荒山造林或营造风景林中作伴生树种。由于适应性较强，还可作工厂绿化和"四旁"绿化树种。木材是优良的建筑、家具及雕刻用材，树皮纤维可造纸。

(6) **羽叶槭(复叶槭)** *Acer negundo* L.

形态:落叶乔木,高达20 m;树冠圆球形。小枝粗壮,绿色,有时带紫红色,无毛,有白粉。奇数羽状复叶对生,小叶3~5枚,稀7~9枚,卵形或长椭圆状披针形,缘有不规侧缺刻;顶生小叶常3浅裂,叶背沿脉或脉腋有毛。花单性异株,黄绿色,无花瓣及花盘;雄花有长梗,成下垂簇生状;雌花为下垂总状花序。果翅狭长,展开成锐角。花期3—4月,叶前开放;果8—9月成熟。

分布:原产于北美东南部;中国东北、华北、内蒙古、新疆及华东都有栽培。

习性:喜光,喜冷凉气候,耐干冷,喜深厚、肥沃、湿润土壤,稍耐水湿。在中国东北地区生长良好,华北尚可生长,但在湿热的长江下游生长不良,多遭病虫危害。生长较快,寿命较短,抗烟尘能力强。

繁殖:主要用种子繁殖,扦插、分蘖也可。

应用:本种枝叶茂密,入秋叶色金黄,颇为美观,宜作庭荫树、行道树及防护林树种。因具有速生优点,在北方也常用作"四旁"绿化树种。木材可作家具及细木工用材;树液可制糖;树皮可供药用。

(7) **羽扇槭(日本槭)** *Acer japonicum* Thunb.

形态:落叶小乔木;幼枝、叶柄、花梗及幼果均被灰白色柔毛。叶较大,掌状7~11裂,基部心形,裂片长卵形,边缘有重锯齿,幼时有丝状毛,不久即脱落,仅背面脉上有残留。花较大,紫红色,萼片大而花瓣状,子房密生柔毛;雄花与两性花同株,伞房花序顶生下垂。两果翅长而展开成钝角或平角。花期4—5月,与叶同时开放;果熟期9—10月。

分布:原产于日本;中国华东一些城市有栽培。

习性:弱阳性,耐半阴,耐寒性不强。生长较慢。

繁殖:用播种或扦插法繁殖。

应用:本树种春天开花,花大而紫红色,花序下垂,树态优美,秋季叶色又变为深红,是极优美的庭园观赏树种。除用于庭园布置外,特别适合作盆栽、盆景及与假山石配置。

(8) **葛萝槭** *Acer grosseri* Pax

形态:落叶乔木,高达15 m。树皮绿色,具纵纹。小枝黄绿色,无毛。单叶厚纸质;宽卵形或卵圆形,3~5裂或不明显的分裂,中裂突出几乎占全叶的一半,两侧及近基部的裂小或不明显先端钝尖,缘有较密贴的细尖重锯齿,基部宽楔形、圆形或近心形;花杂性,雄花与两性花异株;总状花序顶生,细而下垂;子房花柱较长。果熟时褐色;果体稍隆起;两果翅张开成钝角或平角。花期5月,果期8—9月。

分布:产于北京、河北、山西、河南,多见于海拔700~1 500 m山沟或谷底。

习性:喜温暖湿润的环境,喜光,较耐阴。

应用:本种树干直,树姿优美,叶形秀丽,花序下垂,秋季叶色又变为红色,栽作庭荫树和行道树,也可在荒山造林或营造风景林中做伴生树种,可供家具及细木工用,树皮纤维可造纸。

(9) **秀丽槭** *Acer elegantulum* Fang et P. L. Chiu

形态:落叶乔木,高达15 m。树皮粗糙,深褐色;叶基部深心形或近心形,5裂,裂片卵形或三角状卵形,先端骤减尖,有较密贴的细圆齿,下面淡绿色;脉腋被黄色丛毛,其余无毛。花绿色,果核凸起近球形,两果翅张开近水平。花期5月,果期9月。

分布:产于浙江西北部、安徽南部、江西,生于海拔700~1 000 m的疏林中。

习性:喜温暖湿润的环境,喜光,稍耐阴。

应用:本种树干直,树姿优美,叶形秀丽,秋季叶色又变为红色,可作庭荫树和行道树,也可在荒山造林或营造风景林中做伴生树种。可体现季相变化。

（10）三花槭（拧筋槭、伞花槭）*Acer triflorum* Kom.

形态:落叶乔木,高达 25 m。树皮暗褐色,薄条片状剥落。小枝紫色或淡紫色,幼时有疏柔毛,后变无毛;小叶长圆卵形或圆状披针形,先端锐尖,中部以上有 2～3 枚粗钝齿,稀全缘,基部楔形或宽楔形,叶上面嫩时沿脉被疏柔毛,稀无毛,下面稍有白粉,沿脉被白色疏柔毛,伞房花序,有柔毛。两果翅张开成锐角或近于直角。花期 4 月,果 9 月成熟。

分布:产于黑龙江、吉林、辽宁,生于海拔 400～1 000 m 林中,朝鲜半岛也有分布。

习性:喜光,喜冷凉气候,耐寒性强,喜深厚、肥沃、湿润土壤。

应用:树干直,树姿优美,小枝紫色或淡紫色,耐寒性强,秋季叶变色,适合于北方绿化。可做行道树、庭荫树,既可以孤植,也可以对植、列植,还可以片植体现秋季景观。

（11）三叶槭 *Acer henryi* Pax

形态:落叶乔木,高达 10 m。树皮浅褐色。小枝紫绿色,幼时有疏柔毛,后脱落;小叶椭圆形或长圆状椭圆形,先端渐尖,基部楔形或宽楔形,全缘或先端具 3～5 枚疏钝齿。伞房花序下垂,有柔毛。花近无梗,花瓣短于萼片不发育;翅果嫩时淡紫色,熟时黄褐色,两果翅张开成锐角或近于直角。花期 4 月,果 9 月成熟。

分布:产于山西南部、河南、陕西、甘肃、浙江、湖南、四川等地。

56. 七叶树科 Hippocastanaceae

七叶树科共 2 属,约 30 余种;中国产 1 属,约 10 种。

七叶树属 *Aesculus* L.

落叶乔木,稀灌木。掌状复叶具长柄,小叶 5～9 枚,有锯齿。圆锥花序直立而多花;花萼钟状或管状,花瓣具爪。

（1）七叶树（娑罗树、天师栗）*Aesculus chinensis* Bunge（见图 5-297）

形态:落叶乔木,高达 25 m。树冠庞大圆球形;树皮灰褐色,片状脱落。小枝粗壮,栗褐色,光滑无毛,髓心大;顶芽大;掌状叶,小叶 5～7,倒卵状长椭圆形至长椭圆形倒披针形,基部楔形,先端渐尖,边缘有细锯齿,仅背面脉上疏生柔毛。花小,花瓣 4 枚,白色,上面两瓣常有橘红色或黄色斑纹,雄蕊通常 7 枚;成顶生直立圆锥花序,近圆柱形。蒴果球形,径 3～5 cm,黄褐色,密生疣点,种子深褐色。花期 5 月,果期 9—10 月。

图 5-297　七叶树

分布:原产于黄河流域,山西、陕西、河北、江苏、浙江等地有栽培。

习性:喜光,稍耐阴,喜温暖气候,也耐寒,喜深厚、肥沃而排水良好的土壤。深根性,萌芽力不强;生长速度中等偏慢,寿命长。

繁殖:主要用播种法,扦插、高压法也可。

应用:本种树干耸直,树冠开阔,姿态雄伟壮丽,冠如华盖,叶大而形美,遮荫效果好,初夏又开白花,硕大的花序竖立于叶簇中,似一个华丽的大烛台,蔚然可观,是世界上著名的观赏树种之一,与悬铃木、鹅掌楸、银杏、椴树共称为"世界五大行道树",也是五大佛教树种之一,最宜栽作庭荫树及行道树用。中国许多古刹名寺,如杭州灵隐寺、北京大觉寺、卧佛寺等处都有大树,可列植、对植、孤植和丛植,如以其他树种陪衬,则更显雄伟壮观。

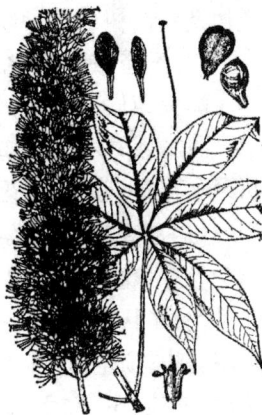

七叶树种子可入药,榨油可供制肥皂等。木材细,可供小工艺品及家具等用材。

(2)**欧洲七叶树** *Aesculus hippocastanum* L.

形态:落叶乔木,通常高25～30 m。小枝幼时有棕色长柔毛,后脱落;冬芽卵圆形,有丰富树蜡。小叶5～7枚,无柄,倒卵状长椭圆形至倒卵形,基部楔形,先端短急尖,边缘有不整齐重锯齿,背面绿色,幼时有褐色绒毛,后仅近基部脉腋留有簇毛。花较大,径约2 cm,花瓣4枚或5枚,白色,基部有红、黄色斑;成顶生圆锥花序。蒴果近球形,径约6 cm,褐色,果皮有刺。花期5～6月,果9月成熟。

分布:原产于希腊北部和阿尔巴尼亚地区。上海、青岛、北京等地有引种栽培。

习性:喜光,稍耐阴,耐寒,喜深厚、肥沃且排水良好的土壤。

繁殖:主要用播种法,变种可用芽接繁殖。

应用:本种树体高大雄伟,树冠广阔,绿荫浓密,花序美丽,在欧洲、美洲各国广泛栽作行道树及庭园观赏树。木材良好,可制家具。

(3)**日本七叶树** *Aesculus turbinate* Bl.(见图5－298)

形态:落叶乔木,高达30 m,胸径2 m。小枝淡绿色,幼时有短柔毛;冬芽卵形,有丰富的树脂。小叶无柄,5～7枚,倒卵状长椭圆形,先端短急尖,基部楔形,缘有不整齐重锯齿,背面略有白粉,脉腋有褐色簇毛。花较小,花瓣4枚或5枚,白色或淡黄色,有红色斑纹;圆锥花序顶生,直立。蒴果近洋梨形,顶端常突起,深棕色,有疣状突起。花期5—6月,果9月成熟。

分布:原产于日本;上海、青岛等地也有引种栽培。

习性:性强健,喜光,耐寒,不耐旱。

繁殖:播种繁殖。

应用:本种树体高大雄伟,树冠广阔,绿荫浓密,花序美丽,宜作行道树及庭荫树。木材细密,可作器具及建筑用材。

图5－298 日本七叶树

57. 醉鱼草科 Buddlejaceae

醉鱼草属 *Buddleja* L.

灌木或乔木。植物体被绒毛。叶对生,托叶在叶柄间连生,或退化,花簇生或组成圆锥、穗状聚伞花序;萼4裂,花冠管状或漏斗状,4裂;蒴果2瓣裂;种子多数。

(1)**醉鱼草** *Buddleja lindleyana* Fort.

形态:灌木,高达2 m。小枝四棱形,幼时被棕黄色星状毛。单叶对生,卵状披针形,先端尖或渐尖,基楔形,全缘或疏生波状锯齿,花序穗状;顶生;花萼4裂,密被细鳞毛;花冠紫色。蒴果长圆形,被鳞片。花期6—8月,果10月成熟。

分布:产于长江以南地区。

习性:性强健,耐寒性差,不耐水湿,喜温暖湿润的气候及肥沃而排水良好的土壤。萌蘖性强。

繁殖:用压条、分蘖、扦插及播种均可。

应用:醉鱼草枝繁叶茂,夏季开花,花朵儿颜色清新,使人感觉凉爽,常栽植在庭院中观赏,也可在路旁、草坪边缘、山石旁边、墙

图5－299 大叶醉鱼草

角、林缘丛植,花、叶可药用,有毒,尤其是对鱼类,还可制成农药。

(2)大叶醉鱼草 *Buddleja davidii* Franch.(见图 5 - 299)

形态:直立灌木,小枝圆柱形,幼时密被白色或浅黄色毛。单叶对生,披针形,先端渐尖,基楔形,全缘或有细锯齿,表面无毛,背面密被白色或浅黄色毛。圆锥或总状花序;密被绒毛;花冠白色,芳香,蒴果卵形,花期 10 月到翌年 2 月。

分布:产于中国西南、中部及东南部。

习性:喜温暖湿润的气候,耐寒性差,不耐水湿,喜肥沃而排水良好的土壤。萌蘖性强。

应用:枝繁叶茂,冬季开花,花序长而潇洒,常栽植在庭院中观赏,也可在路旁、草坪边缘、山石旁边、墙角、林缘丛植。也可作冬季插花材料。

58.木犀科 Oleaceae

木犀科约有 29 属,600 余种,中国有 12 属,200 种左右。

(1)木犀属 *Osmanthus* Lour.

常绿灌木或小乔木。冬芽具 2 枚芽鳞。单叶对生,全缘或有锯齿,具短柄。花两性、单性或杂性,白色至橙黄色,簇生或成短的总状花序,腋生;花萼 4 枚齿裂;花冠筒短,裂片 4 枚,覆瓦状排列;雄蕊 2 枚,稀 4 枚;子房 2 室。核果。

木犀属约有 40 种,中国约有 25 种,产长江流域以南各地,西南、台湾均有。

图 5 - 300　桂花

1)木犀(桂花、岩桂)*Osmanthus fragrans* Thunb. Lour.(见图 5 - 300)

形态:常绿灌木至小乔木,树皮灰色,不裂。芽叠生。叶对生,黑色,硬革质,长椭圆形,全缘或上部有细锯齿,花序聚散状生于叶腋,花小,黄白色,浓香。核果椭圆形,紫黑色。花期 9—10 月,果期翌年 4—5 月。

分布:原产于中国西南部,黄河以南地区广泛栽培,广西桂林最多,华北多行盆栽。

桂花品种很多,据南京林业大学向其柏教授等人研究,可划分为两类 4 个品种群:

四季桂类 Fragrans Division 植株较矮,常为丛生灌木状,花期长,以春季和秋季为盛花期,其他生长季节有时也有少量开花。仅一个品种群。

四季桂品种群 Fragrans Group 特征同上。包括月月桂、天香台阁等 12 个品种。

秋桂类 Autumn Division 植株较高大,多为中小乔木,常有明显的主干,高达 3 ~ 8 m(间或高达 12 m 以上),少数品种呈丛生灌木状。花序多腋生,为簇生聚伞状花序,无总梗。花期短,集中于秋季 8—11 月间。包括 3 个品种群。

银桂品种群 Latifolius Group 花色浅,白色、浅黄色、柠檬黄色至中黄色。包括籽银桂、宽叶籽银桂等 11 个品种。

金桂品种群 Thunbergii Group 花色为黄色至浅橙黄色。包括早好黄、苏金桂、墨叶金桂等 75 个品种。

丹桂品种群 Auramiacus Group 花色最深,为橙黄色、橙色至红橙色。包括籽丹桂、大叶丹桂等 14 个品种。

习性:喜光,稍耐阴;喜温暖湿润和通风好的环境,不耐寒,喜微酸性土壤(pH 值为 5.5 ~ 6.5)喜沙壤土,忌水涝、碱地和黏重土;对二氧化硫、氯气等中等抗力;有二次开花习性。萌芽

力强,寿命长。

繁殖:多用嫁接繁殖,还可用压条、扦插和播种繁殖。

应用:桂花树干端直,树冠圆整,四季常青,开花期正值仲秋,浓香四溢,是中国传统的花木,中国十大名花之一,常孤植、对植或丛植成片林;古代的"双桂当庭"即是在庭前两株桂花对植,与梅花、牡丹、荷花、山茶等配置,可使花开四季;与秋色叶树种间植,有色有香,是点缀秋景的极好树种;淮河以北地区盆栽,常用来布置会场、大门。桂花花可做香料,食用;叶、果、根可入药。

2) 刺桂 *Osmanthus heterophyllus* P. S. Green

形态:常绿灌木或小乔木,高 1~6m。幼枝有短柔毛。叶硬革质,卵形至长椭圆形,顶端尖刺状,基部楔形,边缘每边有 1~4 对刺状牙齿,很少全缘。花簇生叶腋,芳香,白色。核果卵形,蓝黑色。花期6—7月。

分布:产于中国台湾地区和日本。中国南方城市有栽培。

应用:可栽植于道路两侧、假山、院落、草坪等地,叶形奇特,可孤植观赏;叶有刺可作刺篱。

(2) 连翘属 *Forsythia* Vahl

连翘属共 17 种,分布于欧洲至日本;中国有 4 种,产于西北至东北和东部。

1) 连翘(黄寿丹、黄花杆)*Forsythia suspense*(Thunb.)Vahl(见图 5-301)

形态:落叶灌木,高可达 3 m。干丛生,直立;枝开展,拱形下垂;小枝黄褐色,稍四棱,皮孔明显,髓中空。单叶或有时为 3 枚小叶,对生,卵形、宽卵形或椭圆状卵形,无毛,先端锐尖,基圆形至宽楔形,缘有粗锯齿。花先叶开放,通常单生,稀 3 朵腋生;花萼裂片 4 枚;花冠黄色,裂片 4 枚,倒卵状椭圆形;雄蕊 2 枚。蒴果卵圆形,表面散生疣点。花期4—5月,果期7—8月。

分布:产于中国北部、中部及东北各省;现各地均有栽培。

习性:喜光,有一定程度的耐阴性;耐寒;耐干旱、瘠薄,忌涝水;不择土壤;抗病虫害能力强。根系发达,萌蘖性强。

繁殖:以扦插为主,也可用压条、分株、播种繁殖。

应用:连翘枝条拱形,满枝金黄,宛如鸟羽初展,极为艳丽,花期较

图 5-301 连翘

早,极易表现早春的繁花景象,是北方著名的早春观花灌木,宜丛植于草坪、角隅、岩石假山下,篱下基础种植,或作花篱,或成片种植;点缀于其他花丛之间,还可以起到增加色彩和引起色彩对比的效果。另外连翘还可以护坡使用。种子可入药。

2) 金钟花 *Forsythia viridissima* Lindl.

形态:落叶灌木,枝直立,拱形下垂;小枝黄绿色,四棱,髓薄片状。单叶对生,椭圆状矩圆形,先端尖,上部缘有粗锯齿。花先叶开放,1~3朵腋生;花萼裂片 4 枚;花冠深黄色,裂片 4 枚,倒卵状椭圆形;雄蕊 2 枚。蒴果卵圆形。花期4—5月,果期7—8月。

分布:产于中国中部、西南,华北各地园林广泛栽培。

习性、繁殖、应用均同连翘。

3) 东北连翘 *Forsythia mandschurica* Uyeki

形态:落叶灌木,高可达 1.5 m。小枝开展,当年生枝绿色,无毛,疏生白色皮孔,髓心片状。叶宽卵形或近圆形,先端尾尖、短尾尖或钝,具锯齿、牙齿状锯齿或牙齿;上面无毛,下面疏被柔毛;叶脉在上面凹下。花单生叶腋;花萼、裂片 4 枚;花冠黄色,裂片 4 枚,卵圆形,下面紫

色。蒴果长卵圆形,先端喙状渐尖至长渐尖。花期5月,果熟期9月。

分布:产于辽宁,生于山坡,沈阳有栽培。

习性、繁殖、应用均同连翘。

(3) 丁香属 *Syringa* L.

丁香属约有30种,中国产24种。

1) 紫丁香(丁香、华北紫丁香) *Syringa oblata* Lindl. (见图5-302)

形态:灌木或小乔木,高可达4 m;枝条粗壮无毛。叶广卵形至肾形,通常宽度大于长度,先端锐尖,基心形或截形,全缘,两面无毛。圆锥花序;花萼钟状,有4枚齿;花冠堇紫色,端4裂开展;花药生于花冠筒中部或中上部。蒴果长圆形,顶端尖,平滑。花期4月,果期9—10月。

分布:产于东北南部、华北、西北、山东、四川等地。朝鲜半岛也有。生于海拔300~2 600 m的山地或山沟。

2) 什锦丁香 *Syringa × chinensis* Schmidt

形态:灌木,高达5 m。枝细长拱形,无毛。叶卵状披针形,先端锐尖,基部楔形,光滑无毛。花序大而疏散,长8~15 cm;花冠淡紫红色。有白、粉、堇紫、重瓣等园艺变种。

分布:产于欧洲,中国有栽培。

图5-302　紫丁香

(4) 流苏树属 *Chionanthus* L.

流苏树属共2种,东亚、北美各产1种;中国有1种。

流苏树(缘花木、茶叶树) *Chionanthus retusus* Lindl. et Paxt. (见图5-303)

形态:灌木或乔木,高可达20 m;树干灰色,大枝开展,皮常纸状剥裂,小枝初时有毛。叶卵形至倒卵状椭圆形,先端钝圆或微凹,全缘或有时有小齿,叶柄基部带紫色。花白色,4枚裂片狭长,长1~2 cm,花冠筒极短。核果卵圆形。花期3—6月,果期6—11月。

分布:产于西南、东南至北部地区。河北、山东、山西、河南、甘肃及陕西,南至云南、福建、广东、台湾等地均有栽培。日本、朝鲜半岛也有。

习性:喜光;耐寒;抗旱;花期怕干旱风。生长较慢。

繁殖:播种、扦插、嫁接繁殖。

应用:流苏树花密优美、花形奇特、秀丽,花期可达20天,是优美的观赏树种;栽植于安静休息区,或以常绿树衬托列植,栽植于庭院、草坪、路边都十分相宜。嫩叶代茶。现已成为推荐的园林树种之一。

图5-303　流苏树

(5) 女贞属 *Ligustrum* L.

女贞属约有50种,中国产30余种,多分布于长江以南及西南。

1) 女贞(大叶女贞、蜡树) *Ligustrum lucidum* Ait. (见图5-304)

形态:常绿乔木,高达25 m;树皮灰色,光滑。枝开展,无毛,具皮孔。叶革质,宽卵形至卵状披针形,基部圆形或阔楔形,全缘,无毛,上面深绿色,有光泽,背面淡绿色。圆锥花序顶生,长10~20 cm;花白色,几乎无柄,花冠裂片与花冠筒近等长,有芳香。核果长圆形,蓝黑色,被白粉。花期6—7月,果期7月至翌年5月。

分布:产于长江流域及以南各省区。甘肃南部及华北南部多有栽培。

习性:喜光,稍耐阴;喜温暖,不耐寒;喜湿润,不耐干旱;适合生长于微酸性至微碱性的湿润土壤,不耐瘠薄;根系发达、萌蘖、萌芽力强,耐修剪、整形;对二氧化硫、氯气、氟化氢等有毒气体抗性较强。

繁殖:播种、扦插繁殖。

应用:女贞枝叶清秀,夏日满树白花,终年常绿,苍翠可人,是长江流域常见的绿化树种;可孤植、列植于绿地、广场、建筑物周围,栽植于庭院,或作园路树,或修剪作绿篱用;还可做行道树;由于女贞对多种有毒气体抗性较强,可作为工矿区的抗污染树种。果、树皮、根、叶入药;木材可为细木工用材;枝叶可放养白蜡虫。

图 5 - 304　女贞

2) 日本女贞 *Ligustrum japonicum* Thunb.

形态:常绿灌木,高 3 ~ 6 m。小枝幼时具短粗毛,皮孔明显。叶革质,卵形或卵状椭圆形,先端短锐尖或稍钝,中脉及叶缘常带红色。花序顶生;花白色,花冠裂片略短于花冠筒。核果椭圆形,黑色。花期 6—7 月,果期 11 月。

分布:原产于日本。中国长江流域以南省区有栽培。

习性:喜光,稍耐阴;喜温暖,耐寒;喜湿润,不耐干旱;适生于微酸性至微碱性的湿润土壤,不耐瘠薄;根系发达,萌蘖、萌芽力强,耐修剪、整形;对二氧化硫、氯气、氟化氢等有毒气体抗性较强。

应用:日本女贞株形整齐,四季常青,常栽植于庭园中观赏。也可列植于规则式绿地、广场、建筑物周围。

3) 小叶女贞 *Ligustrum quihoui* Carr.

形态:落叶或半常绿灌木,高 2 ~ 3 m。枝条散,小枝具短柔毛。叶革质,椭圆形至倒卵状长圆形,无毛,顶端钝,基部楔形,全缘,边缘略向外反卷;叶柄有短柔毛。圆锥花序,花白色,芳香,无梗,花冠裂片与筒部等长;花药超出花冠裂片。核果紫黑色,宽椭圆形。花期 7—8 月,果期 8—11 月。

分布:产于中国中部、东部和西南部。华北地区也有栽培。

习性:喜光,稍耐阴;较耐寒;萌枝力强,耐修剪;对有毒气体抗性强。

繁殖:播种、扦插繁殖。

应用:株形圆整,庭院中可栽植观赏;萌枝力强,耐修剪,可以做绿篱;对有毒气体抗性强,可用来进行工厂绿化和用作抗污染树种。

4) 小蜡 *Ligustrum sinense* Lour.(见图 5 - 305)

形态:半常绿灌木或小乔木,高 2 ~ 7 m;小枝密生短柔毛。叶革质,椭圆形,先端锐尖或钝,基部阔楔形或圆形,背面沿中脉有短柔毛。圆锥花序,花轴有短柔毛;花白色,芳香,化梗细而明显,花冠裂片长于筒部;雄蕊超出花冠裂片。核果近圆形。花期 3—6 月,果期 9—12 月。

分布:产于长江以南各省区。

习性:喜光,稍耐阴;较耐寒,北京小气候良好地区能露地栽植;抗多种有毒气体。耐修剪。

繁殖:播种、扦插繁殖。

图 5 - 305　小蜡

应用:常植于庭园观赏,栽植于林缘、池边、石旁都可。

可作绿篱、绿墙,修剪成各种图形;可作树桩盆景。

5)水蜡树 *Ligustrum obtusifolium* Sieb. et Zucc.(见图5-306)

形态:落叶灌木,高2~3 m。幼枝具短柔毛。叶纸质,长椭圆形,顶端锐尖或钝,基部楔形,背面有柔毛。圆锥花序下垂;花白色,无梗,花冠裂片明显短于筒部;花药和花冠裂片近等长。核果黑色。花期7月。

分布:产于中国中部、东部。华北地区也有栽培。

习性:喜光,稍耐阴;较耐寒;萌枝力强,耐修剪;对有毒气体抗性强。

繁殖:播种、扦插繁殖。

应用:同小蜡。

图5-306　水蜡树

(6)素馨属 *Jasminum* L.

落叶或常绿灌木,直立或攀援状。枝条绿色,多为四棱形。奇数羽状复叶或单叶,对生,稀互生,全缘。花两性,稀单生,聚伞或伞房花序顶生或腋生;花冠高脚碟状,4~9裂;雄蕊2枚,内藏。浆果。

素馨属约有300种,中国有44种。

1)茉莉花 *Jasminum sambac*(L.)Ait.(见图5-307)

形态:常绿灌木,枝细长呈藤木状。高0.5~3 m。幼枝有短柔毛。单叶对生,薄纸质,仅背面叶腋有簇毛,椭圆形或宽卵形,基圆形,全缘6枚通常花3朵成聚伞花序,顶生或腋生,有时多朵;花萼裂片8~9枚,线形;花冠白色,浓香。花期5—8月。

分布:原产于印度、伊朗、阿拉伯。中国多在广东、福建及长江流域江苏、湖南、湖北、四川栽培。

习性:喜光,稍耐阴,喜温暖气候,喜肥,以肥沃、疏松的沙壤土为宜,pH值为5.5~7.0。不耐干旱,怕渍涝和碱土。

繁殖:扦插、压条、分株均可。

应用:茉莉枝叶繁茂,叶色翠绿,花朵秀丽,花期长,花朵多,花香清雅、持久,是世界著名的香花树种,可植于路旁、山坡及窗下、墙边,也可作树丛、树群之下木,或作花篱。花朵可熏制花茶和提炼香精。北方多行盆栽。

2)迎春花 *Jasminum nudiflorum* Lindl.(见图5-308)

形态:落叶灌木。枝细长拱形,绿色,四棱。叶对生,三出复叶,缘有短刺毛。花单生在头年生枝的叶腋,叶前开放,由叶状狭窄的绿色苞片;萼裂片5~6枚;花冠黄色,常6裂,约为花冠筒长的1/2,花期2~4月。

分布:产于中国北部、西北、西南各地。

习性:喜光,稍耐阴,喜温暖气候,较耐寒,耐干旱,怕渍涝,耐碱,喜肥,对土壤要求不严,根部萌发力强,根系浅。

繁殖:扦插、压条、分株均可。

应用:开花早,绿枝垂弯,金花满枝,为人早报新春,迎春植株铺散,冬季枝条鲜绿婆娑,宜植于路缘、山坡、池畔、岸边、悬崖、草坪边缘、窗下,或作花篱密植;或作开花地被,或栽植于岩石园内,观赏效果极好。与蜡梅、水仙、山茶号称"雪中四友"。也可作护坡固堤水土保持树种。也可盆栽。花、叶、嫩枝均可入药。

图 5 - 307　茉莉花

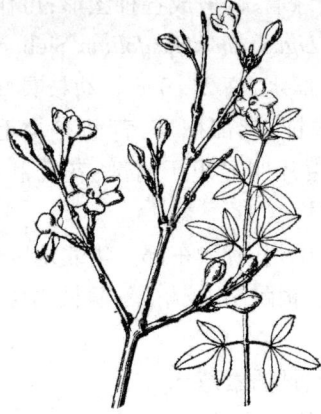

图 5 - 308　迎春花

3)云南素馨(南迎春) *Jasminum yunnanense* Jien ex P. Y. Bai

形态:常绿灌木,高可达 3 m;树形圆整。枝细长拱形,柔软下垂、绿色,有四棱。叶对生,小叶 3 枚,纸质,叶面光滑。花单生于具总苞状单叶的小枝端;萼片叶状;花冠黄色,裂片 6 枚或更多,成半重瓣,较花冠筒为长。花期 4 月,延续时间长。

分布:原产于云南,南方地区多有栽植。北方常温室盆栽。

习性:喜光,稍耐阴,喜温暖气候,不耐寒,耐干旱,怕渍涝,喜肥,对土壤要求不严,根部萌发力强。

繁殖:同迎春花。

应用:云南黄馨枝条细长拱形,四季长青,春季黄花绿叶相衬,艳丽可爱,最宜植于水边驳岸,细枝拱形下垂水面,疏影横斜,有阴柔飘逸之美感,还可遮蔽驳岸;植于路缘、石隙等处均极优美;或作花篱密植;温室盆栽常编扎成各种形状供观赏。

4)探春花(迎夏) *Jasminum floridum* Bunge. (见图 5 - 309)

形态:半常绿灌木,枝直立或平展,幼枝绿色有棱。叶互生,小叶多为 3 枚,卵状长圆形,先端渐尖,边缘反卷。顶生聚散花序,花萼裂片 5 枚,线形,与筒等长;花冠黄色。浆果近圆形。花期 5—6 月,果期9—10 月。

分布:产于中国北部及西部,浙江一带有栽植。

习性:喜光,稍耐阴,喜温暖气候,稍耐寒,耐干旱,怕渍涝,耐碱,喜肥,对土壤要求不严,根部萌发力强,根系浅。

繁殖、应用同迎春花。

(7)梣属(白蜡属) *Fraxinus* L.

梣属约有 70 种,中国有 20 余种。

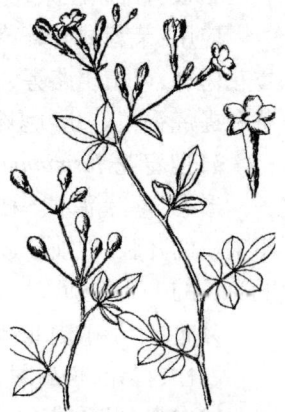

图 5 - 309　探春花

1)水曲柳(满洲白蜡) *Fraxinus mandschurica* Rupr. (见图 5 - 310)

形态:落叶乔木,高达 30 m,树干通直,树皮灰褐色,浅纵裂。13 枚,无柄,叶轴具狭翅,叶椭圆状披针形或卵状披针形,锯齿细尖,先端长渐尖,基部连叶轴处密生黄褐色绒毛。侧生圆锥花序,生于去年生小枝上;花单性,雌雄异株,无花被。翅果扭曲,矩圆状披针形。花期

5—6 月，果期 8—9 月。

分布：东北、华北广为栽培，以小兴安岭为最多。朝鲜半岛、日本、俄罗斯也有。

习性：喜光，幼时稍耐阴；耐寒，稍耐盐碱，喜潮湿但不耐水涝；喜肥。主根浅、侧根发达，萌蘖性强，生长快，寿命长。抗性强。

繁殖：用播种、扦插、分株法繁殖。

应用：树体端正，树干通直，秋季变叶，是优良的行道树和遮阴树，还可用于河岸和工矿区绿化，也是优良的用材树种。

2) 美国红梣(毛洋白蜡、毛白蜡) *Fraxinus pennusylvanica* Marsh.

形态：落叶乔木，高 20 m，树皮灰褐色，纵裂。小叶通常 7 枚，卵状长椭圆形至披针形，长 8~14 cm，先端渐尖，基部阔楔形，缘具钝锯齿或近全缘。圆锥花序生于去年生小枝；花单性，雌雄异株，无花瓣。果翅披针形，下延至果实基部。

分布：原产于加拿大、美国，中国东北、西北、华北至长江下游以北多有引进。

图 5－310　水曲柳

习性：喜光；耐寒；耐水湿，也稍耐干旱，根浅，生长快，发叶晚而落叶早。对城市环境适应性强。

繁殖：播种繁殖。

应用：本种树干通宜，枝叶繁茂，叶色深绿而有光泽，秋叶金黄，是城市绿化的优良树种，常用作行道树、遮荫树及防护林树种，也可用作湖岸绿化及工矿区绿化。

变种：洋白蜡 var. *lanceolata.* (Borkh.)Sarg 与毛洋白蜡的区别是叶缘有不整齐锯齿，两面无毛或下面中脉被短柔毛。

3) 绒毛白蜡(津白蜡) *Fraxinus veluina* Torr

形态：落叶乔木，高 18 m，树冠伞形，树皮灰褐色，浅纵裂。幼枝、冬芽上均生绒毛。小叶 3~7 枚，通常 5 枚，顶生小叶较大，狭卵形，先端尖，基宽楔形，叶缘有锯齿，下面有绒毛。圆锥花序生于 2 年生枝上；无花瓣。翅果长圆形。花期 4 月；果 10 月成熟。

分布：原产于北美。黄河中、下游及长江下游均有引种，天津栽培最多。

习性：喜光；耐寒，耐旱，耐水涝，耐盐碱，不择土壤，抗有害气体能力强，抗病虫害能力强。

繁殖：播种繁殖。

应用：本种枝繁叶茂，树体高大，对城市环境适应性强，具有耐盐碱、抗涝、抗有害气体和抗病虫害的特点，是城市绿化的优良树种，尤其对土壤含盐量较高的沿海城市更为适用。可作行道树、遮阴树及防护林树种，也可用作湖岸绿化及工矿区绿化。

4) 白蜡树(青梣木、白荆树) *Fraxinus chinensis* Roxb.（见图 5－311）

形态：落叶乔木，高达 15 m，树冠卵圆形，树皮黄褐色。小枝光滑无毛。小叶 5~9 枚，通常 7 枚，卵圆形或卵状椭圆形，先端渐尖，基部窄，不对称，缘有齿及波状齿，表面无毛，背面沿脉有短柔毛。圆锥花序，疏松；无花瓣。翅果倒披针形。花期 3—5 月；果 10 月成熟。

分布：各地均有分布。

习性：喜光，稍耐阴；喜温暖湿润气候，耐寒；耐旱，喜湿耐涝，对

图 5－311　白蜡树

土壤要求不严,在碱性、中性、酸性土壤上均能生长;抗烟尘,对二氧化硫、氯气、氟化氢有较强抗性。萌芽、萌蘖力均强,耐修剪;生长较快,寿命长。

繁殖:播种或扦插繁殖。

应用:白蜡树形体端正,树干通直,枝叶茂密而鲜绿,秋叶橙黄,是优良的行道树和遮荫树;其又耐水湿,抗烟尘,可用于湖岸绿化和工矿区绿化。材质优良,还可放养白蜡虫。

(8)雪柳属 *Fontanesia* Labill.

落叶乔木或灌木;冬芽有鳞片2~3对。小枝四棱形。单叶,对生。花小,两性,圆锥花序腋生或顶生于当年生枝上,花序间具叶;萼小,4深裂;花瓣4枚,分离。翅果扁平,周围有窄翅。

雪柳属共2种,中国有1种。

雪柳 *Fortanesia fortunei* Carr.(见图5-312)

形态:灌木,高达5 m。小枝四棱。树皮灰黄色。叶卵状披,针形至披针形,全缘。花序顶生;花白色或淡绿色,微香。翅果扁平,周围有窄翅。花期4—6月,果期9—10月。

分布:生于中国中部至东部,辽宁、广东也有栽培。

习性:喜光,稍耐阴;喜温暖,耐旱,耐寒;对土壤要求不严,除盐碱地外,各种土壤均能适应。萌芽力强,生长快。

繁殖:以扦插、播种繁殖为主,也可用压条繁殖。

应用:雪柳叶细如柳,枝条稠密柔软,晚春白花满树,宛如积雪,颇为美观。可丛植于庭园观赏,群植于公园,散植于溪谷沟边,更显潇洒自然。为自然式绿篱,花开时节甚为壮观,雪柳防风抗尘,可作厂矿绿化树种。

图5-312 雪柳

59. 夹竹桃科 Apocynaceae

夹竹桃科约有250属,2 000余种,中国有46属,约176种。本科植物一般有毒,尤以种子和乳汁毒性最强。

(1)夹竹桃属 *Nerium* L.

夹竹桃 *Nerium indicum* Mill.(见图5-313)

形态:常绿直立大灌木,高达5 m,含乳液。嫩枝具棱,被微毛,老时脱落。叶革质,3~4枚轮生,枝条下部为对生,窄披针形,顶端急尖,基部楔形,叶缘反卷,叶面光亮,中脉明显。花序顶生;花冠深红色或粉红色,具芳香,单瓣5枚或重瓣,喉部具5片撕裂状副花冠。蓇葖果细长,顶端有黄褐色种毛。花期6—10月。

分布:原产于伊朗、印度、尼泊尔。中国长江以南各省区广为栽植,北方各省栽培需在温室越冬。

(2)络石属 *Trachelospermum* Lem.

络石属约有30种,中国有10种。

络石(万字茉莉、白花藤、石龙藤)*Trachelospermum jasminoides*(Lendl.)Lem.(见图5-314)

图 5 - 313　夹竹桃

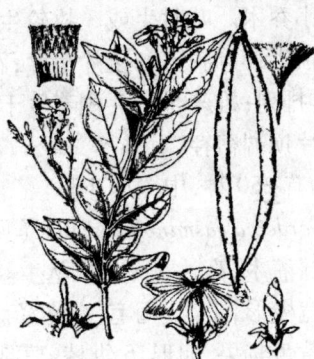

图 5 - 314　络石

形态:常绿藤本,茎长达 10 m,含乳汁,具气生根,茎红褐色,幼枝有黄色柔毛,叶卵状披针形,全缘,表面无毛,背面有柔毛。脉间常呈白色;聚伞花序腋生;花萼 5 深裂,花后反卷;花冠白色,芳香,花冠筒中部以上扩大,喉部有毛,5 裂片开展并右旋,形如风车。蓇葖果,对生。种子线形,有白毛。花期 5—6 月,果期 9—10 月。

分布:主要产于长江流域,在中国分布极广,华南、华东、华北地区均有栽培。朝鲜半岛、日本也有。

习性:喜光,耐阴,稍耐寒,在阴湿而排水良好的酸性、中性土壤上生长旺盛,耐寒,不耐水淹,生长快,萌蘖性强,抗海潮风。

繁殖:以扦插、压条繁殖为主,也可播种繁殖。

应用:藤蔓攀援,叶色浓绿,四季常青,且具芳香,是优美的垂直绿化和林下绿化地被材料,多植于枯树、假山、墙垣之旁,令其攀援而上,优美自然,也可用于搭花架、花廊,华北地区常盆栽或做盆景。根、茎、叶、果可入药。乳汁有毒。

60. 茜草科 Rubiaceae

茜草科约有 500 属,6 000 余种,中国产 75 属,477 种。

(1) 水团花属 *Adina Salisb.*

小乔木或灌木,顶芽不明显,由托叶疏散包被。叶对生;托叶窄三角形,2 深裂,达 2/3 以上。头状花序单生枝顶和叶腋。花 5 数,近无梗,萼筒分离;花冠高碟杯状或漏斗状;雄蕊着生在花冠筒上部;子房 2 室,蒴果,裂片宿存中轴顶部。

水杨梅(细叶水团花) *Adina rubella* Hance

形态:落叶灌木。叶卵状披针形或卵状椭圆形,侧脉 5～7 对,被疏毛。头状花序顶生,稀兼腋生;花冠紫红色,花冠筒 5 裂,裂片三角形。花、果期 5—12 月。

分布:产于河南、陕西、长江流域以南及中国台湾地区。多生于溪沟两边或山坡潮湿地。

习性:喜温暖湿润和阳光充足环境,较耐寒,不耐高温和干旱,耐水淹,以肥沃酸性的沙壤土为佳。萌生性强。

繁殖:常用播种、压条和扦插繁殖,也可采用分蘖、嫁接等法。

应用:水杨梅枝条披散,婀娜多姿,紫红球花满吐长蕊,秀丽夺目,适用于低洼地、池畔和塘边布置,也可作花径绿篱。

（2）栀子属 *Gardenia* Ellis.

灌木，稀小乔木。叶对生或 3 枚轮生，托叶膜质，鞘状，生于叶柄内侧。花单生或成伞房状花序，腋生或顶生；萼筒有棱，裂片宿存；花大，白色或黄色，花冠高脚杯状或漏斗状，5～11 裂，在花蕾时旋转排列；雄蕊 5～11 枚着生于花冠喉部，内藏；花盘环状或圆锥状；子房 1 室，浆果，有纵棱，萼裂片顶端宿存。

栀子属约有 250 种，中国产 4 种。

栀子花 *Gardenia jasminoides* Ellis.（见图 5－315）

形态：常绿灌木，高达 3 m。枝丛生。干灰色，小枝深色，有垢状毛。叶革质，长椭圆形，先端渐尖，基部宽楔形，全缘，无毛，有光泽。花单生枝端或叶腋；花萼 5～7 裂；花冠高脚碟状，花白色，浓香。黄色浆果，卵形，6 纵棱，萼裂片顶端宿存。花期 6—8 月。

（3）六月雪属 *Serissa* Comm.

小灌木，枝叶揉之有臭味。叶小，对生，全缘，近无柄；托叶宿存。花小白色；花冠漏斗状，花单生或簇生，顶生或腋生；萼筒倒圆锥形，4～6 裂，宿存，花冠筒 4～6 裂，喉部有柔毛；雄蕊 4～6 枚；子房 2 室，每室具 1 粒胚珠。球形核果。共 3 种，中国均产。

六月雪（白马骨、满天星） *Serissa japonica* Thunb.（见图 5－316）

形态：常绿或半常绿矮生小灌木，高约 1 m，多分枝，嫩枝有微毛。单叶对生或簇生于短枝，长椭圆形，顶端有小凸尖，基部渐狭，全缘，两面叶脉、叶缘及叶柄上均有白色毛。花单生或数朵簇生；花冠白色或淡红白色。核果小，球形。花期 5—6 月。

分布：产于中国东南部和中部各省区。现各地均有栽培。

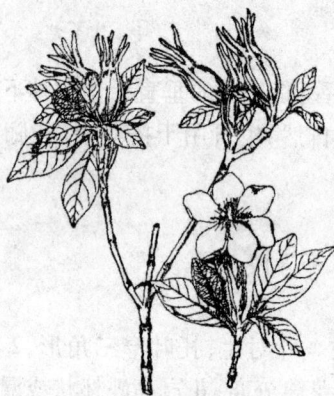

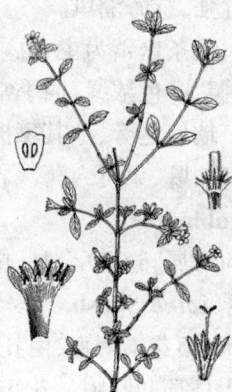

图 5－315　栀子花　　　图 5－316　六月雪

习性：喜温暖、阴湿气候，对土壤要求不严。中性、微酸性土均能适应，喜肥。不耐寒。萌芽力、萌蘖力均强，耐修剪，耐蟠扎。

繁殖：扦插、分株繁殖均可。

应用：六月雪树形纤巧，枝叶密集，夏日盛花，宛如白雪满树，清雅可人，适宜作花坛、花篱和下木；适宜点缀在山石、岩际或在庭园、路边及步道两侧作花径配置，极为别致；植株矮小，耐阴，也可作地被植物使用，适宜作盆景，也是很好的散状花材。全株入药。

61. 紫葳科 Bignoniaceae

紫葳科约有 120 属，650 种。中国引种 22 属，49 种。

（1）梓属 *Catalpa* Scop.

落叶乔木,无顶芽。单叶对生或 3 枚轮生,全缘或有缺裂,基出脉 3～5,叶背面脉腋常具腺斑。花大,呈顶生总状花序或圆锥花序;花萼不整齐,深裂或 2 唇形分裂;花冠钟状唇形;发育雄蕊 2 枚,内藏,中轴胎座;子房 2 室。蒴果细长;种子两侧有白色丝状毛。

梓属约有 14 种,中国产 4 种。

1）梓树（木角豆）*Catalpa ovata* D. Don. （见图 5－317）

形态:乔木,高 10～20 m,树干耸直,分枝开展,枝粗壮,树冠伞形;树皮灰褐色、纵裂。叶广卵形或近长圆形,通常 3～5 浅裂,有毛。顶生圆锥花序,花冠浅黄色,内有黄色线纹及紫色斑点;花萼紫色或绿色。果实细长,经冬不落。种子长椭圆形,有毛。花期 5—6 月,果期 9—10 月。

分布:主要生长在黄河流域和长江流域,北京、河北、内蒙、安徽、浙江均有分布。

习性:喜光,幼苗耐阴。喜温暖湿润气候,有一定的耐寒性,冬季可耐 -20 ℃低温。深根性,喜深厚、湿润、肥沃、疏松的中性土,微酸性土及轻度盐碱土也可生长。不耐干旱、贫瘠,对二氧化硫、氯气和烟尘抗性强。

繁殖:以播种为主,也可扦插或分蘖繁殖。

图 5－317 梓树

应用:梓树树姿优美,叶片浓密,树冠宽大,宜作行道树、庭荫树及"四旁"绿化树种。其花繁果茂,呈簇状长条形,果实挂满树枝,果期长达半年以上。它还有较强的消声、滞尘、忍受大气污染、抗二氧化硫、抗氯气、抗烟尘等能力,是良好的环保树种,可营建生态风景林。古人在房前屋后栽植桑树、梓树,"桑梓"即意故乡。木材轻,可做家具、乐器等。

2）黄金树（美国楸树）*Catalpa speciosa*（Barney）Engelm

形态:落叶乔木,株高 15 m。树冠圆锥形。树皮厚,灰色,有鳞片状开裂。单叶,多三叶轮生,也有对生叶片,叶宽卵形至卵状长圆形,全缘或偶有 1～2 浅裂,背面背白色柔毛,基部脉腋具绿色腺斑。圆锥花序顶生;花冠白色,内面有两条黄色条纹和淡紫色斑点。蒴果,粗如手指,长 20～45 cm。花期 5—6 月,果期 8—9 月。

分布:原产于美国中部、东部,各地城市均有栽培。

习性:强阳性,有一定的耐寒力,喜温暖、湿润、肥沃的平地,忌水涝,根性深。

繁殖:播种繁殖。

应用:黄金树株形优美,花大,宜作行道树、庭荫树。材质硬,可作用材树种。

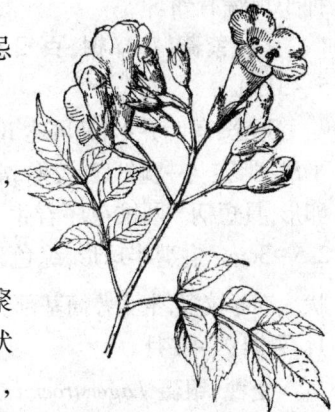

（2）凌霄属 *Campsis* Lour.

落叶藤木,借气生根攀援。奇数羽状复叶对生,小叶有齿。聚伞或圆被花序顶生;花萼钟状,革质,具不等的 5 齿裂;花冠漏斗状钟形,在萼以上扩大,5 裂,稍呈二唇形;雄蕊 4 枚,内藏;子房 2 室,基部具大型花盘。蒴果长,种子多数,具翅。

1）凌霄 *Campsis grandiflora*（Thunb.）Schum. （见图 5－318）

形态:落叶藤木,长达 10 m;树皮灰褐色,呈细条状纵裂,外皮常剥落;小枝紫褐色。奇数

图 5－318 凌霄花

羽状复叶互生,小叶7~9枚,卵形至卵状披针形。先端渐尖,叶缘有锯齿,基部不对称,两面光滑无毛。疏松聚伞状圆锥花序顶生;花萼5裂至中部;花冠唇状漏斗形,鲜红色或橘红色,无香味。蒴果长,先端钝,种子扁平。花期6~8月,果熟期10月。

分布:原产于中国中部、东部,各地有栽培。日本也产。

习性:喜光而稍耐阴;喜温暖湿润气候,有一定的耐寒性,耐旱,忌积水;喜微酸性、中性土壤。萌蘖力、萌芽力均强。

繁殖:扦插、压条、分株、播种、埋根均可繁殖,以扦插为主。

应用:凌霄干枝虬曲多姿,叶绿,花大,色艳,夏秋开花长达3个月,是垂直绿化的好材料。常令其常攀援美化棚架、拱门或庭院墙壁、围栏。在阳台或西晒墙面攀援生长,既可美化环境,又可遮挡夏日强烈的阳光,降低室内温度。此花也适宜作为盆栽观赏,为取得良好的观赏效果,可用竹木等材料构筑各种图形或动物形状,然后在生长过程中对其枝蔓作必要的扶持、导向和固定,使之按人的意愿攀援而上,可以生长成很美的形体。茎、叶、花均入药。

2) 厚萼凌霄(杜凌霄、美国凌霄) *Campsis radicans* (L.) Seem.

形态:落叶藤本,高达约10 m。小叶9~13枚,椭圆形至卵状长圆形,叶轴及叶背均生短柔毛,缘疏生4~5枚粗锯齿。花数朵集生成短圆锥花序;萼片裂较浅,花冠筒状漏斗形,较凌霄为小,径约4 cm,通常外面橘红色,裂片鲜红色。蒴果筒状长圆形,先端尖。花期6—8月。

分布:原产于北美。中国各地引入栽培。

习性:喜光,也稍耐阴;喜温暖,也较耐寒力,北京能露地越冬;耐干旱,也耐水湿;对土壤要求不严,能生长在偏碱的土壤上,又耐盐,深根性,萌蘖力、萌芽力均强,适应性强。具很多簇生的气生根,攀援能力强。

繁殖及应用同凌霄。

62. 千屈菜科 Lythraceae

紫薇属 *Lagerstroemia* L.

灌木或乔木,树皮光滑。冬芽先端尖,有2枚芽鳞。单叶对生或近对生;叶柄短。圆锥花序着生于当年生枝端,花萼半球形或陀螺形,5~9裂,边缘皱缩状,基部具长爪。雄蕊6枚或更多。果室被开裂,种子顶端有翅。

(1) 紫薇(痒痒树、百日红、满堂红) *Lagerstroemia indica* L. (见图5-319)

形态:落叶乔木,高可达10 m,枝干多扭曲,树皮呈长薄片状,剥落后平滑细腻。小枝略呈四棱形,常有狭翅。单叶对生或近对生,椭圆形至倒卵形,具短柄。圆锥花序着生于当年生枝端,花呈白、堇、红、紫等色,径2.5~3cm。花萼半球形,绿色,顶端6浅裂,花瓣6枚,近圆形,边缘皱缩

图5-319 紫薇

状。雄蕊较多,生于萼筒基部。子房上位。蒴果近球形,6瓣裂,花萼宿存;种子有翅。花期6—9月,果期9—10月。

变种:银薇 *Lagerstroemia indica* L. f. *alba* (Nichols.) Rehd 花白色或略带淡紫色;叶与枝淡绿。有纯白、粉白、乳白等品种。

分布:东至青岛、上海,南至台湾地区和海南,西至西安、四川,北京、太原等均可露地栽培。日本、朝鲜半岛、美国和南欧等地也有栽培。

习性:喜光而稍耐阴,喜温暖、湿润气候,有一定的抗寒力和耐旱力。喜肥,喜生于石灰性土壤和肥沃的砂壤土上,喜生于排水良好之地,稍耐涝。寿命长,可达 500 年以上。萌芽力强,耐修剪。对二氧化硫、氟化氢及氯气有较强的抗性,有较好的吸滞粉尘能力。

繁殖:播种、扦插、分蘖、根插、压条均可。

应用:紫薇树干古朴光洁,树身如有微小触动,枝梢就颤动不已,有"风轻徐弄影"的意境,炎热的夏季,正当缺花时节,其花开烂漫,自夏至秋,经久不衰,是少有的夏季观花树种。可培养独干,作为行道树,孤植或 3~5 株成群散植于草坪、假山上、人工湖畔及小溪边,也可在庭院堂前对植两株或种植于花坛内,由于紫薇对二氧化硫、氟化氢及氯气有较强的抗性,有较好的吸滞粉尘能力,还可用于厂矿、街道绿化。并可制作盆景。

(2) **南紫薇(马龄花、苞饭花)** *Lagerstroemia subcostata* Koehne

形态:落叶乔木或灌木状,高可达 14 m,树皮薄,灰色至茶褐色。小枝茶褐色,圆柱形或不明显呈四棱形,无毛或稍具硬毛。叶膜质,长圆形至长圆状披针形,具短柄。圆锥花序顶生,有褐色微柔毛,花密生;花呈白色、玫瑰红,径约 1 cm。花萼 10~12 枚,棱 5 裂,雄蕊 15~30 枚。蒴果椭圆形,3~6 瓣裂。花期 6—8 月,果期 7—10 月。

分布:产于台湾地区,分布于广东、广西、湖南、湖北、福建、浙江、江苏、安徽、四川等地。

习性:喜光而稍耐阴,喜温暖、湿润气候,耐寒性差。

繁殖、应用同紫薇。

63. 马鞭草科 Verbenaceae

灌木,稀小乔木或藤本,通常被星状毛或粗糠状短柔毛;裸芽。叶对生,有锯齿,背面有腺点。花小,4 数,聚伞花序腋生,浆果状核果,球形,成熟时常为紫色,有光泽。

紫珠属 Callicarpa L.

紫珠属约有 190 种,中国约有 46 种。

(1) **紫珠(珍珠枫)** *Callicarpa bodinieri* Levl.

形态:灌木。小枝、叶柄、花序被粗糠状星状毛。叶卵状长椭圆形或椭圆形,有锯齿,上面有柔毛,下面灰棕色,密被星状柔毛,两面密生暗红色或红色腺点,花序 4~5 次分歧,花萼被星状毛,具暗红色腺点,花冠紫色,被星状毛和暗红色腺点,核果球形,紫色,无毛。花期6—7 月,果熟期 8—11 月。

分布:产于河南。江苏、安徽、福建、贵州、云南等地也有,生于林缘、疏林灌丛中。

习性:喜光,喜温暖湿润环境,耐阴,对土壤要求不严。

应用、繁殖同紫珠。果、根、叶入药。

(2) **老鸦糊** *Callicarpa giraldii* Hesse ex Rehd.

形态:灌木,高达 3~5 m。小枝被星状毛。叶纸质,椭圆形或长圆形,有锯齿,上面稍有微毛,下面疏被星状毛和黄色腺点,花序 4~5 次分歧,花萼钟状,疏被星状毛,具黄色腺点,花冠紫色,稍有毛,具黄色腺点,果球形,紫色,花期 5—6 月,果熟期 7—11 月。

分布:甘肃、陕西、河南、安徽、福建、贵州等地,生于疏林灌丛中。

习性:喜光,喜温暖湿润环境,耐阴,对土壤要求不严。

繁殖、应用同紫珠。全株入药。

(3) **日本紫珠** *Callicarpa japonica* Thunb.（见图 5 - 320）

形态:灌木,高约 2 m。小枝幼时有绒毛,很快变光滑。叶倒卵形至椭圆形,先端急尖或长尾尖,基部楔形,无毛,缘有细锯齿。聚伞花序;花萼杯状;花冠白色或淡紫色。花药顶端孔裂。果球形色。花期6—7月,果期8—10月。

分布:产于东北南部、华北、华东、华中等地。日本、朝鲜半岛也有分布。

习性:喜光,喜温暖湿润环境,耐寒,耐阴,对土壤要求不严。

繁殖:播种繁殖,也可用扦插或分株。

应用:枝条柔细,植株矮小,株形蓬散,紫果累累,有光泽,适于基础栽植和草坪边缘、路旁、假山旁边栽植,可配置于高大常绿树前作衬托。根、叶入药。

图5-320　日本紫珠

(4)光叶紫珠 Callicarpa lingii Merr.

形态:灌木。小枝微有星状毛,后脱落。叶倒卵状长椭圆形或长椭圆形,基部近心形,上面有微毛,下面密生黄色腺点,具细齿或近全缘。花序2~3次分歧,被黄褐色星状毛,花萼无毛或微有星状毛。花冠紫红色,近无毛;药室孔裂。核果倒卵形或卵圆形,有黄色腺点。花期6月,果熟期7—10月。

分布:产于江西、安徽、浙江,生于海拔约300 m的丘陵山坡。

习性、应用同紫珠。

(5)华紫珠 Callicarpa cathayana H. T. Chang

形态:灌木。小枝纤细,幼枝疏被星状毛,后脱落。叶椭圆形或卵形,先端渐尖,基部楔形,锯齿细密,有红色腺点;侧脉稍凸起,网脉和细脉稍凹下。聚伞花序3~4歧分枝,花序梗较叶柄稍长或近等长;花萼杯状,被星状毛及红色腺点;花冠紫色,疏被星状毛及红色腺点;雄蕊与花冠等长或稍长,药室孔裂;子房无毛。核果球形,紫色。花期5—7月,果期8—11月。

分布:产于河南、江苏、安徽、浙江、福建、江西、湖北、广东、广西及云南。

习性、繁殖、应用同紫珠。

64. 木通科 Lardizabalaceae

木通科共8属。中国有6属,约35种。

木通属 Akebia Decne.

落叶或常绿藤本。掌状复叶,互生,稀羽状复叶;无托叶。花单性同株;总状花序腋生;萼片,花瓣状,雌花大,生于花序基部,雄花小,生于花序上部;雄蕊6枚;心皮3~12枚离生,浆果肉质,种子具胚乳,熟时沿腹线开裂。种子黑色。

(1)木通 Akebia quinata(Houtt.)Decne.(见图5-321)

形态:落叶缠绕藤本。长约9 m。枝灰色,有条纹,皮孔突起。掌状复叶,小叶片5枚,倒卵形或椭圆形。先端钝或微凹,基部宽楔形,全缘。花淡紫色,芳香;果实肉质,紫色,长椭圆形。

分布:主要产于华东地区,广布于长江流域、华南及东南沿海地区。

习性:喜湿润、郁闭且耐寒,生于山坡、灌丛或沟边,适宜冬冷夏热湿山地气候。植株缠绕于乔木或灌木上生长,寿命长。

繁殖:可用播种、压条和分株法繁殖。

应用:本种花叶美观,可作花架绿化材料,还可令其缠绕树木、山石,进行枯树绿化,点缀山石,可用支架搭成各种形状,令其缠绕,而形成所需形状,也可作荫棚树种。果实可食,果、藤入药。

(2)三叶木通 Akebia trifoliata(Thunb.)Koidz.

形态:落叶木质藤本。长达 6 m。三出复叶;小叶卵圆形、宽卵圆形或长卵形,先端钝圆、微凹或具短尖,边缘浅裂或波状。花序总状,腋生;花较小,雌花花被片紫红色,具 6 个退化雄蕊,心皮分离。果实长卵形。种子多数,卵形,黑色。花期 4—5 月,果期 8 月。

分布:主要产于浙江等地。分布于河北、山东、河南、陕西、浙江、安徽、湖北。

65. 小檗科 Berberidaceae

小檗科共 17 属,650 余种,中国有 11 属,200 余种。

(1) 小檗属 *Berberis* L.

落叶或常绿灌木或小乔木。枝具针状刺。单叶,在短枝上簇生,在幼枝上互生。花黄色,单生、簇生或呈圆锥、伞形或总状花序;花瓣 6 枚。浆果红色或黑色。

图 5 - 321　木通

1) 庐山小檗 *Berberis virgetorum* Schneid.

形态:落叶灌木。幼枝紫褐色,老枝灰黄色,无疣点,具刺,刺不分枝,稀 3 分叉。叶全缘,有时稍波状,长圆状菱形,基部渐下延,上部中脉稍凸起。总状花序具 3 ~ 15 朵花;花黄色,浆果椭圆形,红色,花柱脱落。花期 4—5 月,果期 6—10 月。

分布:产于陕西、浙江、安徽、两湖、两广等地。

习性:耐寒性稍差。

2) 日本小檗(小檗) *Berberis thunbergii* DC.(见图 5 - 322)

形态:落叶多枝灌木,高 2 ~ 3 m。幼枝紫红色,老枝灰褐色或紫褐色,有槽,具刺,刺不分枝。叶全缘,倒卵形或匙形,在短枝上簇生,表面暗绿色,背面灰绿色。花单生或 2 ~ 5 朵成短总状花序,黄色,下垂,花瓣边缘有红色纹晕。浆果红色,宿存。花期 4 月,果期9—10 月。

变种:紫叶小檗 var. *atropurpurea* Chenault 叶色常年紫红。需光照充足,不宜隐蔽处栽培,否则叶色不艳。

分布:产于日本及中国,中国南北均有栽培。

习性:喜光,稍耐阴,耐寒,对土壤要求不严,但以肥沃且排水良好的沙质壤土生长最好。萌芽力强,耐修剪。

图 5 - 322　日本小檗

3) 豪猪刺(三颗针) *Berberis julianae* Schneid.

形态:常绿灌木,幼枝淡黄色,疏被黑色疣点,茎刺粗,3 分叉。叶椭圆形、披针形或倒披针形,上部中脉凹下,叶缘 10 ~ 20 对刺齿。花黄色簇生。浆果长圆形,熟时蓝黑色,被白粉,花柱宿存。花期 3 月,果期 5—11 月。

分布:产于两湖、两广、四川、贵州等地。

习性:耐寒性稍差。

(2) 十大功劳属 *Mahonia* Nuttall

常绿灌木。奇数羽状复叶,互生,小叶缘具刺齿。花黄色,总状花序簇生;苞片 9 枚,3 轮,花瓣 6 枚,雄蕊 6 枚。浆果暗蓝色,外背白粉。

1) 十大功劳(狭叶十大功劳)*Mahonia fortunei*(Lindl.)Fedde(见图 5 - 323)

形态:常绿灌木,高达 2 m。全体无毛。叶互生,一回羽状复叶,小叶 5 ~ 9 枚,革质,有光泽,狭披针形,侧生小叶几等长,顶生小叶最大,均无柄,顶端急尖或略渐尖,基部狭楔形,边缘

有 6～13 枚刺状锐齿。总状花序直立,4～8 个簇生;花黄色。浆果近球形,蓝黑色,有白粉。花期 7—8 月。

分布:分布于四川、湖北和浙江等省。

习性:较耐阴;喜温暖,不耐寒;耐干旱,稍耐湿;一般土壤都能适应,但喜深厚肥沃土壤;萌蘖性强。对二氧化硫抗性强,对氟化氢敏感。

繁殖:本种在很多地区不结果,通常采用无性繁殖,常用扦插、根插、分株繁殖。在可结种地区,可用播种繁殖。

应用:本种树姿典雅,叶形美观,花果秀丽,常植于庭院、林缘、草地边缘、建筑物门口、窗下,也可用于基础种植和绿篱。还可制成小盆景,极具韵味。全株供药用。

2) **阔叶十大功劳** *Mahonia bealei* (Fort.)Carr. (见图 5 – 324)

形态:常绿灌木,高达 4 m。叶互生,1 回羽状复叶,小叶 9～15 枚,革质,有光泽,卵形至卵状椭圆形,叶缘反卷,每边有 2～5 枚刺状齿。侧生小叶基部歪斜。总状花序直立,6～9 个簇生;花黄色,有香气。浆果卵形,蓝黑色,有白粉。花期 4—5 月,果期 9—10 月。

图 5 – 323　十大功劳　　　　　　图 5 – 324　阔叶十大功劳

分布:产于陕西、河南、安徽、浙江、江西、福建、四川等地,华中、东南园林常见栽培,华北盆栽。习性、应用同十大功劳。

(3) 南天竹属 *Nandina* Thunb.

南天竹属仅 1 种,产于中国和日本。

南天竹 *Nandina domestica* Thunb.

形态:常绿灌木。高达 2 m,奇数羽状复叶,2～3 回,互生,总柄基部有褐色报茎的鞘;小叶 5～9 枚,椭圆状披针形,全缘,革质。圆锥花序顶生,花小,白色。花小,黄色,总状花序。浆果球形,鲜红色。花期 5—7 月。果期 10—11 月。

分布:产于中国和日本,江苏、安徽、浙江、江西、福建、四川、河北、山东等地均有栽培。

习性:喜半阴,但在强光下也能生长,只是叶片变红,不耐寒,黄河流域以南可陆地越冬;喜深厚、肥沃、排水良好的土壤;对水分要求不严;生长较慢。

繁殖:以播种、分株繁殖为主,也可扦插繁殖。

应用:南天竹枝干挺拔如竹,羽叶开展而秀美,秋冬时节转为红色,异常绚丽,穗状果序上红果累累,鲜艳夺目,经久不落,是观叶赏果的优良树种。可丛植于庭院、建筑物前、假山旁、草坪边缘、园路拐角处、林荫道旁、溪水边,也可与蜡梅、松树、杜鹃、沿阶草等配置。北方盆栽室内观赏,也可做插花材料。根、叶、果入药。

66. 玄参科 Scrophulariaceae

玄参科共 200 属,3 000 余种;中国有 59 种,600 余种。

泡桐属 *Paulownia* Sied. et Zucc.

(1)紫花泡桐(毛泡桐) *Paulownia tomentosa*(Thunb.)Steud.(见图 5 - 325)

形态:落叶乔木,植株高 15 m,枝条开展,树冠宽大伞形,树皮灰褐色,平滑,幼枝、幼叶及幼果均被黏质腺毛,后光滑无毛。单叶对生;叶片阔卵形或卵形,基部心形,全缘,有时呈 3 浅裂,顶端渐尖,表面具柔毛和腺毛,背面密被星状柔毛。春季先花后叶,聚伞圆锥花序顶生,小聚伞花序有花 3 ~ 5 朵;花萼钟状,5 裂至中部,裂片卵形,具绒毛;花冠紫色或蓝紫色,漏斗状。蒴果卵圆形,长顶端锐尖,萼宿存,不反卷。花期 4—5 月,果期 9—10 月。

图 5 - 325 紫花泡桐

分布:中国东部、南部及西南部都有分布。

习性:强阳性树种,不耐阴。耐旱,怕积水。耐风沙,不耐盐碱(pH 值为 6.0 ~ 7.5)喜肥。喜深厚、肥沃、湿润、疏松的土壤,根系发达对有毒气体抗性强。

繁殖:通常用埋根、播种、留根等方法,生产上普遍采用埋根育苗。

应用:毛泡桐树干端直,枝疏叶大,树冠宽大,花大而美,清香扑鼻,宜作行道树、庭荫树;能吸附大量烟尘及有毒气体,是城镇绿化及营造防护林的优良树种。也是重要的速生用材树种,"四旁"绿化,结合生产的优良树种。材质优异。毛泡桐是做乐器和飞机部件的特殊材料,根皮入药,治跌打伤。

(2)白花泡桐 *Paulownia fortunei*(Seem.)Hemsl.

形态:落叶乔木,植株高达 27 m,树冠宽卵形或圆形,树皮灰褐色。小枝粗壮,初有毛,后渐脱落。叶卵形至椭圆状长卵形,先端渐尖,全缘,稀浅裂,基部心形,表面无毛,背面被白色星状绒毛。花蕾倒卵状椭圆形;花萼倒圆锥状钟形,浅裂,毛脱落;花冠漏斗状,乳白色至微带紫色,内具紫色斑点及黄色条纹。蒴果椭圆形。花期 3—4 月;果 9—10 月成熟。

分布:主要产于长江流域以南各省。山东、河南及陕西均有引种栽培。越南、老挝也有。

习性:喜光稍耐阴;喜温暖气候,耐寒性稍差,对黏重瘠薄的土壤适应性较其他种强。主干通立,干形好,生长快。

繁殖、用途均与紫花泡桐相似。

67. 毛茛科 Ranunculaceae

多年生草本或木本、直立或攀援。单叶或羽状复叶,互生或对生。花多为两性,单生或为总状、圆锥状花序;雄蕊多数,心皮分离,通常多数。聚合蓇葖或聚合瘦果,稀为浆果或蒴果。

毛茛科约有 47 属,2 000 余种,主要产于温带。中国有 39 属,近 600 种,各地均有分布。

铁线莲属 *Clematis* L.

多年生草本或木本,攀援或直立。羽状复叶或单叶,对生。聚伞或圆锥花序,稀单生;多为两性花;无花瓣,花萼花瓣状,大而呈各种颜色 4 ~ 8 种;雄蕊多数;心皮多数,分离。聚合瘦果,通常有宿存的羽毛状花柱。

铁线莲属约有 300 种,广布于北温带,少数产于南半球。中国有 110 种左右,广布于南北各地,以西南部最多。

铁线莲属的许多种都具有较高的观赏价值,是园林垂直绿化的重要植物,枝叶扶疏,花大色艳,花期各不相同,自春至冬,不同种类相继开花,具有独特的风格。国外庭园栽培的铁线莲主要源于中国,并育出多种大花新品种。国内却极少栽培。因此该属野生资源的开发利用,将为丰富园林植物作出贡献。

(1)**绣毛铁线莲** *Clematis leschenaultiana* DC.(见图5-326)

形态:藤本。茎、叶柄和花序均密生伸展的锈色柔毛。叶对生,为三出复叶;顶生小叶椭圆状卵形,先端渐尖,基部圆形或浅心形,边缘生锯齿,基出脉3条,两面有贴生的锈色柔毛,侧生小叶较小;叶柄长4~10 cm。聚伞花序具3花,腋生,与叶等长或较短;苞片披针形;花梗长1~3.5 cm;花萼钟形,萼片4枚,狭卵形,长1.6 cm,外面密生锈色柔毛;无花瓣;雄蕊较多,花丝条形,密生长柔毛,花药无毛。瘦果纺锤形,长约3.5 mm,生紧贴的毛,羽毛状花柱长达3.5 cm。花期11—12月。

图5-326 **绣毛铁线莲**

分布:云南、广西、广东、福建、湖南、贵州、四川南部及中国台湾地区;越南,印度尼西亚也有。

习性:生于海拔1 600 m以下的山地灌木丛中。

应用:大中型藤本,花黄色,甚美丽,可用于园林垂直绿化。

(2)**山木通** *Clematis finetiana* Levl. Et Vaniot(见图5-327)

形态:藤本;茎长达4 m,无毛。叶对生,为三出复叶,无毛;小叶薄革质,狭卵形或披针形,长6~9 cm,宽2~3 cm,先端渐尖,基部圆形,脉在两面隆起,网脉明显;叶柄长5~6 cm。聚伞花序腋生或顶生,具1~3(5)朵花;总花梗长3~7 cm;苞片小,钻形;花梗长2.5~5 cm;萼片4枚,白色,展开,矩圆形或披针形,长1.4~1.8 cm,外面边缘有短绒毛;无花瓣;雄蕊较多,长约1 cm,无毛,花药狭矩圆形。瘦果纺锤形,长约5 mm,宿存花柱长达1.5 cm,有黄褐色羽状。

分布:四川、贵州、湖北、江西、广东、福建、浙江和安徽。

习性:生于海拔500~1 200 m的山地路边。

应用:茎为通经利尿药;叶可治关节肿痛。春天开花,花白色,适于做低矮藤架。

(3)**小木通** *Clematis armandii* Franch.(见图5-328)

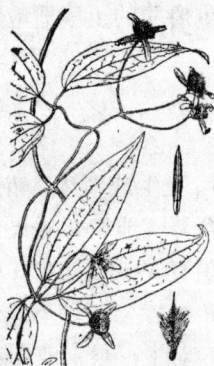

图5-327 **山木通**

图5-328 **小木通**

形态:常绿藤本,长达5 m。叶对生,为三出复叶;小叶革质,狭卵形至披针形,长8~12 cm,宽达4.8 cm,先端渐尖,基部圆形或浅心形,无毛,脉在上面隆起;叶柄长

5 ~ 7.5 cm。花序圆锥状,顶生或腋生,与叶近等长,腋生花序基部具多数宿存鳞片;总花梗长 3.5 ~ 7 cm;下部苞片矩圆形,常三裂,上部苞片小,钻形;花直径 3 ~ 4 cm;萼片 4 枚,白色,展开,矩圆形至矩圆状倒卵形,外面边缘有短绒毛;无花瓣;雄蕊多数,无毛,花药矩圆形;心皮多数。瘦果扁,椭圆形,长 3 mm,疏生伸展的柔毛,羽状花柱长达 5 cm。

分布:云南、四川、陕西南部、湖北、贵州、广西和广东。

习性:生于山地林边。

应用:园林用途同山木通。茎供药用,可利尿。

(4)**杯柄铁线莲** *Clematis trullifera* (Franch.) Finet et Gagn. (见图 5 –329)

形态:藤本;枝和叶柄无毛。叶对生,通常为一回羽状复叶,长达 26 cm;小叶 5 ~ 7 枚,心状卵形,长 6 ~ 15 cm,宽 3.2 ~ 6 cm,边缘有浅牙齿或锯齿,上面无毛,下面沿脉疏生微柔毛;叶柄长 4 ~ 7 cm,基部变宽与相邻叶柄合生并抱茎,宽在 1 cm 以上。花序圆锥状,腋生,超过叶长之半;花萼钟形,长 1.5 ~ 1.8 cm,宽达 5.5 mm,内面有微柔毛,外面有短绒毛;花丝条形,密生长柔毛。瘦果卵形,扁,长约 3 mm,羽状花柱长达 4 cm。

图 5 –329　杯柄铁线莲

分布:云南、四川和湖北西部。

习性:生于海拔 2 600 ~ 3 200 m 的山地。

应用:同锈毛铁线莲。

68.芍药科(牡丹科) Paeoniaceae

宿根性草本或落叶灌木。芽大,芽鳞数枚。叶互生,2 回羽状复叶或羽状分裂。花大,单生或数朵束生于枝顶,红色、白色或黄色,萼片 5 枚;雄蕊多数;心皮 2 ~ 5 枚,离生。蓇葖果型,成熟时沿一侧开裂,具数枚大粒种子。

芍药科仅 1 属,产于北半球。

芍药属(牡丹属) *Paeonia* L.

芍药属特征同科。

芍药属约有 40 种,产于北半球。中国 12 种,多数种花大而美丽,为著名的观花植物,兼作药用。

(1)**牡丹(富贵花、洛阳花)** *Paeonia suffruticosa* Andr. (见图 5 –330)

形态:落叶灌木,高达 2 m。分枝多而粗壮。2 回羽状复叶,小叶宽卵形至卵状长椭圆形,先端 3 ~ 5 裂,基部全缘,光滑无毛。花单生枝顶,径 10 ~ 30 cm,花型多样,花色丰富,有黄、白、粉、红紫、黑、绿、蓝 8 大颜色,除白色外,其他颜色又有深浅的不同。雄蕊较多;心皮 5 枚,被毛,有花盘。花期 4 月下旬至 5 月,果 9 月成熟。

分布:原产于中国西北高原,陕、甘盆地,秦岭及巴郡山谷,现各地均有栽培。

习性:牡丹性喜冷畏热,喜干燥、忌水涝,喜光但忌暴晒。湿度是牡丹生存的限制因素,因此牡丹总是喜生于干燥、排水良好之地,在低洼积水地或地下水位过高处,不但生长不良,还

图 5 –330　牡丹

会导致死亡;温度则是影响牡丹开花的重要因素,牡丹开花时所需的温度条件为16 ℃,当温度低于16 ℃时,牡丹不能正常开花,而20 ℃以上的高温可使其提前开花;积温不够,牡丹也不能正常开花;因此在同一地区,牡丹开花的早晚,总是温室比冷室开花要早,冷室比露地开花要早。控制温度是牡丹花期控制的主要途径之一。

繁殖:可用播种、分株和嫁接法。

应用:牡丹花大且美,香色俱佳,素有"国色天香"的美称。在园林中常作专类花园及供重点美化用,又可植于花台、花池观赏。亦可行自然式孤植或丛植于岩旁、草坪边缘或配置于庭院。

(2)**紫斑牡丹** *Paeonia papaveracea* Andr.

形态:灌木,高约1~2 m。2回羽状复叶,小叶不裂或稀3裂,叶背面沿脉疏生黄褐色柔毛。花单瓣,白色,基部有紫红色斑点,花径达15 cm;子房密生黄色短毛。

分布:四川北部、陕西南部、甘肃等地。为珍稀濒危植物。

(3)**四川牡丹** *Paeonia szechuanica* Fang.

形态:落叶灌木,高1~2 m。2回或3回羽状复叶;顶生小叶菱形,常3裂,裂片有稀疏粗齿。花单生于枝顶,单瓣,粉红色;或淡紫色;直径8~14 cm;子房光滑无毛。

分布:四川马尔康和金川一带海拔2 600~3 100 m的山坡或沟岩边。

(4)**野牡丹** *Paeonia delavayi* Franch.

形态:落叶灌木,高约1 m,全体光滑无毛。叶2回羽状深裂,裂片披针形或卵状披针形,基部下延,全缘或有时有锯齿,背面带苍白色。花常数朵簇生于枝顶,花瓣5~9枚,暗紫色或猩红色,直径5~6 cm;子房光滑无毛。

分布:云南北部、四川西南部及西藏东南部。

Ⅱ、双子叶植物纲

69. 百合科 Liliaceae

百合科约有30种,产于美洲,中国引入4种。

(1)**丝兰属** *Yucca* L.

1)**凤尾丝兰** *Yucca gloriosa* L.(见图5-331)

形态:灌木或小乔木。干短,有时分枝,高达5 m。密集,螺旋排列于茎端,剑形,有白粉,质坚硬,长40~70 cm,顶端硬尖,边缘光滑,老叶有时具疏丝。圆锥花序,花大而下垂,乳白色,常带红晕。蒴果,下垂,椭圆状卵形,不开裂。花期6—10月。

分布:原产于北美东部及东南部,现长江流域各地普遍栽植。

习性:适应性强,耐水湿。

繁殖:扦插或分株繁殖,地上茎可作桩景。

应用:花大叶绿,是良好的庭园观赏树木,常植于花坛中央、建筑前、草坪中及路旁,也可栽植成绿篱。

2)**丝兰** *Yucca smalliana* Fern.

形态:灌木,植株低矮;近无茎。叶丛生,线状披针形,长30~75 cm,先端尖呈针刺状,基部渐狭,边缘有卷曲白丝。圆锥花序宽大而直立,花白色、下垂。

分布:原产于北美,中国长江流域栽培。

（2）**朱蕉属** *Cordyline* Comm. ex Juss.

朱蕉属约有 15 种，产热带及亚热带，各国多栽植。

朱焦 *Cordyline fruticosa*（L.）A. Cheval.（见图 5－332）

形态：灌木，高达 3 m，茎通常不分枝。叶常聚生茎顶，绿色或紫红色，长矩圆形至披针状椭圆形，长 30~50 cm，中脉明显，侧脉羽状平行，叶端渐尖，叶基狭楔形，叶柄长 10~15 cm，腹面有宽槽，基部抱茎，圆锥花序。

分布：华南地区，印度及太平洋热带岛屿亦产。

应用：庭园观赏或室内装饰用，赏其常青不凋的翠叶或紫红斑彩的叶色。

图 5－331　凤尾丝兰

图 5－332　朱蕉

70. 棕榈科 Palmae（Arecaceae）

棕榈科有 217 属，约 2 500 种，主要分布于热带和亚热带地区，中国有 22 属 70 多种。

（1）棕竹属 *Rhapis* L. f. ex Ait.

棕竹属约有 15 种，分布于亚洲东部及东南部。

1）棕竹（筋头竹） *Rhapis excelsa*（Thunb.）Henry ex Rehd.

形态：<u>丛生灌木</u>。茎高 2 m 左右，叶片掌状，5~10 深裂；裂片条状披针形，长达 30 cm，宽 2~5 cm，有不规则齿缺，边缘和主脉上有褐色小锯齿，横脉多而明显，叶柄长 8~30 cm，稍扁平。肉穗花序，浆果，种子球形。花期 4—5 月。

分布：中国东南部及西南部，广东较多。

繁殖：播种、分株繁殖均可。

习性：生长强壮，适应性强。喜温暖湿润的环境，耐阴，不耐寒，在湿润而排水良好的微酸性土上生长良好。

应用：棕竹秀丽青翠，叶形优美，株丛饱满，亦可令其拔高，剥去叶鞘纤维，杆如细竹，为热带风光观赏植物。在植物造景时可作下木，常植于庭院及小天井中。北方地区室内盆栽或桶栽供室内布置观赏。

2）矮棕竹（竹棕） *Rhapis humilis* Bl.（见图 5－333）

形态：丛生灌木，高达 2 m，叶掌状深裂，裂片 10~24 枚，条形，宽 1~2 cm，端尖，并有不规则齿缺，缘有细锯齿。横脉疏而不明显。肉穗花序。果球形，种子球形。

分布:产于中国南部及西南部。

习性:生山地林下。

应用:同筋头竹。

(2)蒲葵属 _Livistona_ R. Br.

蒲葵(葵树) _Livistona chinensis_ (Jacq) R. Br.

形态:乔木,高达10～20 m。胸径15～30 cm。树冠密实,近圆球形,冠幅可达8%,叶阔肾状扇形,宽1.5～1.8 m,长1.2～1.5 m,掌状浅裂或深裂,下垂,裂片条状披针形,顶端长渐尖,再深裂为2枚;叶柄两侧具骨质的钩刺,叶鞘褐色,纤维甚多。肉穗花序,核果。

分布:原产于华南,在广东、广西、福建及台湾地区栽培普遍,湖南、江西、四川、云南亦多有引种。

习性:喜高温多湿气候,适应性强,耐0 ℃左右的低温和一定程度的干旱。

应用:树形美观,可丛植、列植、孤植。中国北方地区可室内盆栽观赏。嫩叶制葵扇,老叶制蓑衣、席子。叶脉可制牙签,树干可作梁柱。果实及根、叶均可入药。

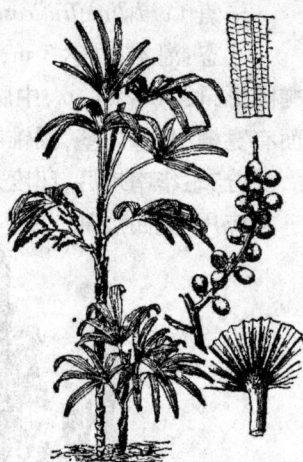

图5-333 棕竹

(3)棕榈属 _Trachycarpus_ H. Wendl.

棕榈属约有10种,中国约有6种。

棕榈(棕树、山棕) _Trachycarpus fortunei_ (Hook.) H. Wendl.(见图5-334)

形态:常绿乔木。树干圆柱形,高达10 m,干径达24 cm。叶簇竖干顶,近圆形,掌状裂深达中下部,叶柄长40～100 cm,两侧细齿明显。雌雄异株,圆锥状肉穗花序,花小而黄色。核果,蓝褐色,被白粉。花期4—5月,果10—11月成熟。

分布:中国分布很广,北起陕西南部,南到广东、广西和云南,西达西藏边界,东至上海和浙江。

习性:棕榈是棕榈科最耐寒的植物,喜肥。耐烟尘,对有毒气体抗性强。

应用:棕榈挺拔秀丽,一派南国风光,还是工厂绿化优良树种。可列植、丛植或成片栽植,也常用盆栽或桶栽作室内或建筑前装饰及布置会场之用。

(4)鱼尾葵属 _Caryota_ L.

中国有4种。

1)鱼尾葵(假桃榔) _Caryota ochlandra_ Hance.(见图5-335)

形态:乔木,高达20 m,叶2回羽状全裂,长2～3 m,宽1.15～1.65 m,每侧羽片14～20片,中部较长,下垂;裂片厚革质,有不规则齿缺,酷似鱼鳍,端延长成长尾尖,近对生,叶柄长仅1.5～3 cm;叶鞘巨大,长圆筒形,长约1 m。圆锥状肉穗花序,下垂。雄花花蕾卵状长圆形。雌花花蕾三角状卵形。果球形,径1.8～2 cm,熟时淡红色,有种子1颗。花期7月。

分布:广东、广西、云南、福建等地。

习性:生石灰岩山地及低海拔林中。耐阴,喜湿润酸性土。果实落地后,种子自播繁衍能

图5-334 棕榈

力很强,在沟谷雨林中常成为稳定的下层乔木。

应用:树姿优美,叶形奇特,供观赏。自广西桂林以南广泛作为庭园绿化树种,可作行道树、庭荫树。北方地区可室内盆栽观赏。茎含大量淀粉,可作桃榔粉的代用品,边材坚硬,可作家具贴面,手杖或筷子等工艺品。

2) 短穗鱼尾葵 *Caryota mitis* Lour.

形态:丛生小乔木,高 5 ~ 9 m,干竹节状,近地面有棕褐色肉质气根。叶长 2 ~ 3 m,2 回羽状全裂,叶鞘较短,下部厚被绵毛状鳞秕。肉穗花序稠密而短,总梗弯曲下垂,佛焰苞可多达 11 枚。果球形,熟时蓝黑色。有种子 1 颗,种子扁圆形。花期 7 月。

分布:产于广东、广西及亚洲热带地区。

习性:生山谷林中。

图 5 - 335 鱼尾葵

应用:为优美的观赏庭园树种。茎内含淀粉,可食;花序汁液含糖分,可制糖和制酒。

(5) 刺葵属 *Phoenix* L.

刺葵属约有 17 种,分布于亚洲和非洲的热带和亚热带地区。中国有 2 种,产于广东南部和云南南部。

枣椰子 *Phoenix dactylifera* L.

形态:乔木,高达 20 ~ 25 m。茎单生,基部萌蘖丛生。叶长 2.7 m 左右,羽状全裂;裂片条状披针形,端渐尖,缘有极细微之波状齿,互生,在叶轴两侧常呈 V 字形上翘,绿色或灰绿色,基部裂片退化成坚硬锐刺,叶柄长 68 cm 左右。雌雄异株,花单性。果长圆形,种子 1 颗,长圆形。

分布:原产于伊拉克、非洲撒哈拉沙漠及印度西部;中国两广、福建、云南有栽培。

习性:枣椰子为热带果树。喜高温干燥气候及排水良好轻软的沙壤土。

繁殖:用萌蘖繁殖和播种繁殖均可。

应用:为良好的行道树、庭荫树及园景树。果除生食外,可制蜜饯酿酒。种子可做饲料。叶可制席、扇笼、绳等。嫩芽可作蔬菜。干可作屋柱梁。

(6) 桄榔属 *Arenga* Labill.

桄榔属约有 17 种,分布于亚洲和澳大利亚热带地区。中国有 2 种。

桄榔(砂糖椰子、山椰子、莎木、羽叶糖棕)*Arenga pinnata*(Wurmb.)Merr.(见图 5 - 336)

形态:乔木,高 6 ~ 17 m。叶聚生干顶,斜出,长 4 ~ 9 m,羽状全裂,裂片每侧多达 140 枚以上,基部两侧耳垂状,一大一小,叶表深绿,背面灰白;叶柄粗壮,径 5.1 ~ 8.6 cm,叶鞘粗纤维质,黑色,缘具黑色针刺状附属物。肉穗花序,佛焰苞 5 ~ 6 枚,软革质。果倒卵状球形,棕黑色。种子 3 粒,阔椭圆形。

分布:产于广东、广西、云南、西藏等省(区)的南部。

习性:桄榔常野生于密林、山谷中及石灰质石山上。喜阴湿环境。

繁殖:播种繁殖。

应用:桄榔叶片巨大、挺直,树姿雄伟优美,宜孤植、对植、丛植,可做行道树。茎髓部含淀粉 44.5%,可制淀粉及粉丝,幼嫩花序割伤后流出汁液,可煎熬成砂糖。叶片坚韧,可编织凉帽、扇子等用,叶鞘上黑色纤维耐水浸,可做绳索、刷子和扫帚。

(7) 椰子属 *Cocos* L.

椰子属仅1种,现广布于热带海岸,而以东南亚最多。

椰子(椰树) *Cocos nucifera* L.（见图5-337）

形态:乔木,高15~35 m,单干,茎干粗壮,叶长3~7 m,羽状全裂;裂片外向折叠;叶柄粗壮,长1 m余,基部有网状褐色棕皮。肉穗花序,总苞舟形,肉穗花序雄花呈扁三角状卵形,雌花呈略扁之圆球形。坚果每10~20枚聚为一束,极大,几乎全年开花,果7—9月成熟。

分布:海南岛、台湾地区和云南南部栽培椰子已有2 000年以上的历史。

习性:在高温、湿润、阳光充足的海边生长发育良好。

繁殖:播种繁殖。

应用:椰子苍翠挺拔,在热带和南亚热带地区的风景区,尤其是海滨区为主要的园林绿化树种。可作行道树,或丛植、片植。

图5-336　桄榔　　　　　　　　图5-337　椰子

(8) 王棕属 *Roystonea* O. F. Cook

王棕属约有6种,产于热带美洲,中国引入栽培2种。

王棕(大王椰子) *Roystonea regia*(Kunth) O. F. Cook

形态:乔木,高达10~20 m。茎淡褐灰色,具整齐的环状叶鞘痕,幼时基部明显膨大,老时中部膨大。叶聚生茎顶,长约4 m,羽状全裂:裂片条状披针形,长85~100 cm,宽4 cm,软革质,端渐尖或2裂,基部外向折叠,通常4列排列,叶柄短,叶鞘长1.5 m,光滑。肉穗花序,佛焰苞2枚,果近球形,红褐色至淡紫色,种子扁卵形。

繁殖:播种繁殖,管理粗放。

分布:原产于古巴,现广植于世界各热带地区,中国广东、广西、台湾地区、云南及福建均有栽培。

应用:作行道树,园景树,可孤植、丛植和片植,均具良好效果。种子可作鸽子饲料。

(9) 假槟榔属 *Archontophoenix* H. Wendl. et Drude

假槟榔属有4种,原产于澳大利亚热带、亚热带地区。中国栽培1种。

假槟榔 *Archontophoenix alexandrae*(F. Muell.) H. Wendl. et Drude

形态:乔木,高达20~30 m,茎干具阶梯状环纹,干基部膨大;叶长约2.3 m,羽状全裂;裂片约140枚,长约60 cm,端渐尖而略2浅裂,边全缘,表面绿色,背面灰绿,有白粉,具明显隆起的中脉及纵侧脉,叶柄短,叶鞘长1 m,膨大抱茎,革质;肉穗花序,2枚总苞鞘状扁舟形,软革

质,果卵状球形,红色。

繁殖:播种繁殖。

分布:原产于澳大利亚昆士兰州,中国广东、广西、云南西双版纳、福建及台湾地区等有栽培。

应用:假槟榔为一树姿优美而管理粗放的观赏树木,大树移栽容易成活。

(10)散尾葵属 *Chrysalidocarpus* H. Wendl.

散尾葵属约有20种,原产于马达加斯加。中国引入栽培种。

散尾葵 *Chrysalidocarpus lutescens* H. Wendl.(见图5-338)

形态:丛生灌木,高可达8 m。干光滑黄绿色,嫩时被蜡粉,环状鞘痕明显。叶长1 m左右,羽状全裂,裂片条状披针形,端长渐尖,常为2短裂,背面主脉隆起;叶柄、叶轴、叶鞘均淡黄绿色,叶鞘圆筒形,包茎;肉穗花序,果近圆形,种子1~3枚,卵形至阔椭圆形。

分布:产于马达加斯加。中国广州、深圳、台湾地区等多用于庭园栽植。

习性:极耐阴,可栽于建筑阴面。喜高温,在广州有时会受冻。

应用:北方各地温室盆栽观赏,宜布置厅堂、会场。

图5-338 散尾葵

71. 竹亚科 Bambusoideae

乔木状,灌木状,藤本或草本。其中木本类群秆散生或丛生。地下茎又称竹鞭,常分为合轴型和单轴型,在单轴与合轴之间又有过渡类型(见图5-339)。竹鞭的节上生芽,不出土的芽生成新的竹鞭,芽长大出土称竹笋,笋上的变态叶称竹箨(又称秆箨);竹箨分箨鞘、箨叶、箨舌、箨耳等部分(见图5-340);笋发育成秆,秆具明显节和节间;节部有2环,下一环称箨环,上一环称秆玮,两环间称为节内,其上生芽,芽萌发成枝。分枝1个至更多(见图5-341)。花多组成复花序,小穗两侧扁,具脉,无芒,雄蕊3~6枚,鳞被2~3枚,柱头1~3根。

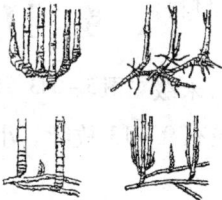

图5-339 竹亚科地下茎类型　　　图5-340 竹箨的构造　　　图5-341 分枝类型

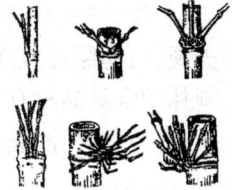

竹亚科有91属,其中木本50多属,约850种,分布于亚洲、美洲和非洲。中国竹类有23属约350种,也有学者认为是34属500种。长江流域、珠江流域、云南南部竹类资源非常丰富,北方竹类较少。竹类在中国林业生产和园林绿化中占有重要地位。

(1)箣竹属 *Bambusa* Retz. corr. Schreber

地下茎为合轴型;秆丛生,乔木状或灌木状,少有攀援,每节分枝较多,如不发育的枝硬化成刺时,则秆基部数节常仅有1个分枝。秆箨较迟落,箨耳发达,其上常生有流苏状继毛,箨叶直立或外翻。叶小型至中型,少有大型,线状披针形至长圆状披针形,小横脉常不明显。

簕竹属约有 100 余种,分布于亚洲中部和东部,马来半岛及澳大利亚。中国有 50 余种,主要产于华南。

1)佛肚竹 *Bambusa ventricosa* McCl.(见图 5-342)

形态:秆高达 5 m,直径 5.5 cm,秆有 2~3 种类型,正常类型节间圆筒形,长 10~20 cm,完全畸形的节间较短而密,呈扁球体或瓶状,长 2~3 cm,中间类型的节间呈棍棒状,长 3~5 cm,秆表面无毛,多少被白粉,箨鞘顶端作弧状隆起,箨背面无毛,箨耳极发达。鞘口具繸毛,箨叶直立,或上部的轩箨略向外翻。每节上生 1~3 枝,每小枝具叶 7~13 枚,叶片长 12~21 cm,宽 16~33 mm,次脉 5~9 对。

分布:产于广东、广西。

应用:多栽培为庭园观赏,亦可作盆景,是极美观的观赏竹种,但不耐寒。

栽培品种:**小佛肚竹** cv. *nana* 具两种秆形,正常秆常生于野外,高达 8~10 m,径 5~7 cm,节间长 20~60 cm;畸形植株常用于盆栽。两种秆均被薄白粉,光滑无毛,秆环下有一圈易脱落的棕灰色毯毛状毛环。

图 5-342　佛肚竹

分布:广西、广东、福建。

应用:优良庭园、盆栽观赏竹种。正常秆可作农具柄、家具等;畸形秆可作烟嘴等工艺品。

2)**孝顺竹** *Bambusa multiplex*(Lour.)Raeusch. ex Schult.(见图 5-343)

形态:秆高 3~7 m,直径 1~2 cm,基部节间长 20~40 cm,幼时节间上部有小刺毛,被白粉。箨鞘厚纸质,硬脆,无毛,向上渐狭。顶端近圆形,箨耳缺如,稀甚小,箨叶直立,三角形,基部沿箨鞘两肩下延,并与箨鞘顶端等宽,背面无毛或基部具极少量刺毛。出枝习性低。每小枝具叶 5~10 枚,叶片长 4~14 cm,宽 5~20 mm,次脉 4~8 对,无小横脉或在脉间具透明微点。

分布:产于长江以南各省,为丛生竹类最耐寒种类之一。

应用:秆材坚韧可编织工艺品,代绳索捆搏脚手架,也是造纸好材料,树形美观,可作绿篱或庭园观赏。

图 5-343　孝顺竹

园林中常见品种有**观音竹** cv. *riviereorum* R. Maire 秆绿色,实心,末级小枝是 12~23 叶。**凤尾竹** cv. *fernleaf* R. A. Young 秆中空,末级小枝有 9~13 枚叶。**小琴丝竹** cv. *Alphonse-Kar* R. A. Young 秆黄色具绿色条纹。

3)**龙头竹** *Bambusa vulgaris* Schrader ex Wendland

形态:秆直立,高 6~15 m,直径粗 4~6 cm,节间长 20~25 cm,箨鞘革质,早落,两肩高起略呈圆形,背面被贴生短刺毛,箨耳近等大,上举,具繸毛,箨舌高约 1.5 mm,箨叶直立,卵状三角形或三角形,背面具凸起细条纹,无毛或被稀的暗棕色刺毛。每小枝具叶 6~7 枚;叶片长 9~22 cm。宽 1.1~3 cm,基部近圆形或近截平,两面无毛。

分布:产于广东、广西、浙江、福建。印度、马来半岛有栽培。

应用:秆为建筑造纸用材,以下变种、变型为著名观赏竹种。

园林常见品种有**大佛肚竹** cv. *Wamin* 秆畸形,节间鼓胀而呈扁球状或瓶状。**黄金间碧玉竹** cv. *Vittata* 茎秆鲜黄间绿色纵条,光洁清秀,秆鞘初为绿色,被宽窄不等的黄色纵条纹。

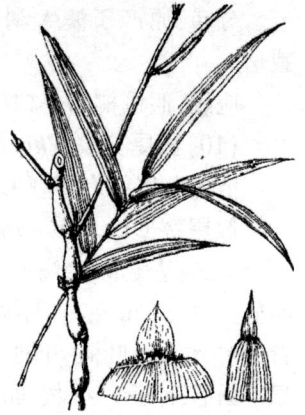

（2）箬竹属 *Indocalamus* Nakai

地下茎单轴型或复轴混生型。灌木状竹类。秆节间圆筒形,壁厚,秆环平,每节具1条分枝,或秆上部分枝数达3枚,分枝通常与主秆近等粗,常贴秆,秆箨宿存,质脆。叶片大型。宽2.5 cm以上,具数条至多条平行的侧脉及小横脉。圆锥花序,小穗有柄,每小穗具数条至多朵小花;鳞被3枚;雄蕊3枚;花柱2个,柱头2个,羽毛状。

箬竹属有20余种,分布于亚洲东部,中国约有17种,分布于秦岭、淮河流域以南各省区。常生于山坡或林下,组成小片纯林。

1）箬叶竹（长耳箬竹、粽粑竹）*Indocalamus longiauritus* Hand. -Mazz.（见图5－344）

形态:地下茎复轴混生型,秆高1～3 m,直径0.5～1 cm,中部最长节间长达40 cm或更长;新秆节间密被赭粉和灰白色柔毛,节下有一圈棕色的毛环;秆壁厚,中空小。笋绿色;秆箨短于节间,箨鞘革质,背面密被深棕色刺毛,箨耳、繸毛发达,长达1 cm,箨叶卵状披针形,直立,抱茎。每小枝1～3枚叶,叶片宽大,长15～35.5 cm,宽4～7 cm。笋期4—5月。

分布:生于林下或低海拔山地,常形成小片纯林。产于福建、河南、湖北、湖南、广西、贵州、四川、浙江、江西等地。

应用:秆可作毛笔杆、竹筷等用,叶片大,可用作制斗笠的衬垫或包粽子等。在庭院绿中,可供绿篱、丛植等用。

2）阔叶箬竹 *Indocalamus latifolius*（Keng）McCl.（见图5－345）

形态:地下茎复轴混生型,秆高约1 m或更高,直径约0.5 cm,中部节间长10～20 cm;新秆被白粉和灰白色细毛;秆箨绿褐色或淡黄褐色,宿存,短于节间或节间近等长,箨鞘背面密被深棕色刺毛。边缘具整齐的繸毛;无箨耳。每分枝具1～3叶,叶片长10～40 cm,宽2～8 cm,表面有光泽,侧脉小横脉明显。笋期4—5月。

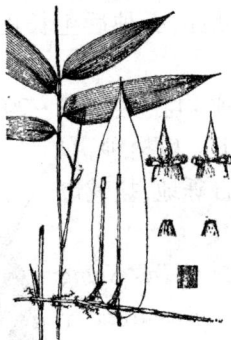

图5－344　箬叶竹

图5－345　阔叶箬竹

分布:江苏、浙江、安徽、福建、河南、陕西秦岭等地均产,多生于低山、丘陵向阳山坡,形成小片纯林。

应用:用途同箬竹。

3）箬竹 *Indocalamus tessellatus*（Munro）Keng f.（见图5－346）

形态:地下茎复轴混生型,秆高1 m或更高,直径0.5～1 cm,中部最长节间长达30 cm,新秆被蜡粉和灰白色细毛;秆箨绿色或绿褐色,宿存,长于节间,箨鞘革质,背面密被棕色刺毛。无箨耳;每小枝具1～3枚叶,叶片大,长10～45 cm,宽可达10 cm,下面沿中脉一侧被一行白色柔毛,近基部尤密;侧脉 15 ~ 18 对,小横脉明显。笋期 4—5 月。

分布:生于山坡、林下或路旁,组成小片纯林。广布于长江流域各地。

应用同箬叶竹。

(3)刚竹属 _Phyllostachys_ Sieb. et Zucc.

地下茎单轴型,秆散生,乔木状,节间分枝一侧有沟槽;每节通常 2 个分枝,秆箨早落;叶片较小,有细银或一边全缘,带状披针形或披针形小横脉明显。

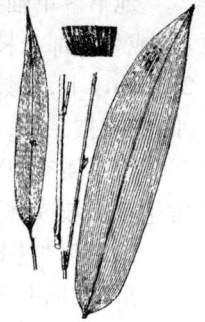
图 5 - 346　箬竹

刚竹属约有 50 种,主要产于中国黄河流域以南至南岭山地为分布中心。少数种类延伸至印度及中南半岛,日本、朝鲜半岛、俄罗斯、北非、北美、欧洲各国广为引种栽培。

1)**毛竹(楠竹、孟宗竹)** _Phyllostachys heterocycla_ (Carr.) Mitford cv. _Pubescens_(见图 5 - 347)

形态:秆高达 20 m,径达 16 cm 或更粗,秆基部节间短,中部节间可达 40 cm;新秆密被细柔毛,有白粉;分枝以下秆环不明显,箨环隆起。笋期 3 月下旬至 4 月;秆箨长于节间,褐紫色,密被棕碣色毛和深褐色斑点,斑点常块状分布;箨耳小,䍗毛发达;箨叶较短,长三角形至披针形,每小枝保留 2 ~ 3 叶;叶片较小,长 4 ~ 11 cm,宽 0.5 ~ 1.2 cm;复穗状花序具叶状佛焰苞;长 1.6 ~ 3 cm,背部有毛,每小穗具 2 朵小花,仅一朵发育。颖果长 2 ~ 3 cm。幼苗分蘖丛生,每小枝 7 ~ 14 枚叶;叶片大,长 10 ~ 18 cm,宽 2 ~ 4.2 cm。

图 5 - 347　**毛竹**

分布:产于秦岭,汉水流域至长江流域以南地区,江苏南部、安徽南部、河南东南部大别山区、浙江、福建、台湾地区、江西、湖南、湖北、四川、云南东北部、贵州、广西北部、广东北部;多生于海拔 1 000 m 以下山地。山东、河南、山西、陕西等地引种栽培,秦岭南坡汉中地区引种后生长正常。日本、美国、俄罗斯及欧洲各国有引种栽培。

习性:适生温暖湿润气候条件,在分布范围内,年平均温度为 15 ~ 20 ℃,1 月平均温度为 1 ~ 8 ℃,年降水量为 800 ~ 1 000 mm,对土壤要求高于一般树种,在厚层酸性土壤上生长良好;喜湿润,但不耐水淹;沙荒石砾地,盐碱地和低洼积水的地方生长不良。

应用:为优良绿化树种。园林常见品种有**花毛竹** cv. _Tao Kiang_ 秆节间绿色,具宽窄不一的黄色纵条纹。**绿槽毛竹** cv. _viridisulcata_ 秆节间黄色,沟槽绿色。

2)**桂竹(五月季竹、麦黄竹)** _Phrllostachys bumbusoides_ Sied et Zucc.(见图 5 - 348)

形态:秆高达 20 m,径可达 14 ~ 16 cm. ,中部最长节间长达 40 cm;新秆、老秆均为深绿色,无白粉,无毛,笋期 5 月中下旬;秆箨密被近黑色的斑点,疏生直立硬毛;两侧或一侧有箨耳,箨耳较小,有弯曲的长䍗毛,下部秆箨常无箨耳;箨舌先端有纤毛;箨叶带状,橘红色而有绿色边带,平直或微皱,下垂;每上枝 5 ~ 6 叶,有叶耳和长缝毛,后渐脱落;叶片长 7 ~ 15 cm。宽 1.3 ~ 2.3 cm。

图 5 - 348　**桂竹**

分布:产于黄河流域以南各地。日本、美国、俄罗斯及欧洲各地引种栽培。

习性:桂竹为中国竹类植物中分布最广的一种,适生范围大,抗性较强,能耐 - 18 ℃的低温,多生于山坡下部和平地土层深厚肥沃的地方,在黏重土壤上生长较差。

应用:竹秆粗大通直,材质坚韧,篾性好,用途很广,仅次于毛竹,供建筑、家具、柄材等用;桂竹早年引入日本,现世界各地广泛栽培,被誉为材质最佳竹种。在日本,桂竹林面积约占竹林总面积的 42% 。

桂竹易遭病菌危害,使竹杆具紫褐色或淡褐色斑点,俗称其为**斑竹**,并命名为 *Ph. bambusoides* Sieb. et Zucc,常栽培作为观赏竹种。斑竹实为病菌引起,一年生新竹均无斑点,其后逐渐感染,病斑增多,使观赏价值增高。

园林常见品种有**寿竹** f. *Shouzhu* Yi. 新秆被白粉,产于四川及湖南。**黄槽桂竹** cv. *castlloni-invefsa* 秆绿色,沟槽黄色。

3) 黄槽竹 *Phyllostachys aureosulcata* McCl.

形态:秆高 9 m,径 4 cm,中部节间长约 39 cm,新秆被白粉及柔毛,分枝一侧沟槽为黄色,笋期 4 月下旬至 5 月上旬,秆箨绿色,有淡黄色纵条纹,散生褐色小斑点,或近无斑点,箨耳由箨叶基部延伸而成,与箨鞘顶端明显相连,每小枝 2 枚叶,叶长 12 cm,宽 1.4 cm。

分布:产于北京、江苏、浙江,美国引种栽培。

应用:多栽培供观赏;笋可食用。

园林常见品种有**京竹** cv. *pekinensis* 全秆绿色,无黄色纵条纹。**金镶玉竹** cv. *specatabilis* 秆金黄色,沟槽绿色(见图 5 – 349)。

4) 人面竹 *Phyllostachys aurea* Carr. ex A. et C. Riv.(见图 5 – 350)

形态:秆高 5 ~ 8 m,径 2 ~ 3 cm,近基部或中部以下数节常呈畸形缩短,节间肿胀或缢缩,节有时斜歪,中部正常节间长 15 ~ 20 cm,笋期 4 月;秆箨淡褐色,微带红色,边缘常枯焦,无毛,仅基底部有细毛,疏被褐色小斑点或小斑块;无箨耳和繸毛;箨叶带状披针形或披针形,长 6 ~ 12 cm。宽 1 ~ 1.8 cm。

分布:产于西北、长江流域、华中、两广,多生于海拔 700 m 以下山地;日本、美国、俄罗斯、欧洲及拉丁美洲各国引种栽培。

习性:抗寒性较强,能耐 - 18 ℃低温,耐干旱瘠薄,适应性广。

应用:各地园林绿化广为栽培。竹杆可作手杖,钓鱼竿和制作小型工艺品等用;笋味鲜美,供食用。

图 5 - 349　金镶玉竹　　　　　图 5 - 350　人面竹

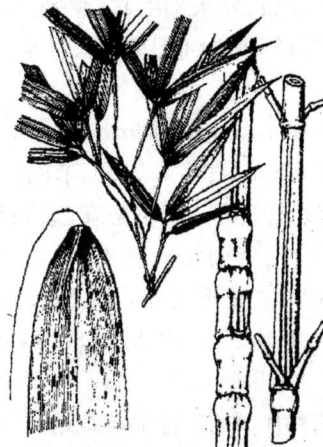

5）金竹 *Phyllostachys sulphurea*（Carr）. A. et C. Riv.（见图 5 – 351）

形态：秆高 7 ~ 8 m，径 3 ~ 4 cm，中部节间长 20 ~ 30 cm；新秆金黄色，节间具绿色纵条纹，分枝以下秆环不明显，秆壁在扩大镜下可见晶状小点。笋期 4 月下旬至 5 月上旬；秆箨底色为黄绿色或淡褐色，无毛，被褐色或紫色斑点，有绿色脉纹；无箨耳和繸毛；箨叶带状撤针形，有橘红色边带，平直，下垂，每小枝 2 ~ 6 叶，有叶耳和长繸毛，宿存或部分脱落；叶片长 6 ~ 16 cm，宽 1 ~ 2.2 cm。

分布：产于浙江、江苏、安徽、江西、河南等地。美国引种栽培。

应用：竹秆金黄色，颇为美观，栽培常供观赏。园林栽培品种有**刚竹** cv. *Viridis* 秆节间、沟槽均为绿色。**槽里黄刚竹** cv. *Houzeauana* 秆、节间绿色，沟槽绿黄色。

6）紫竹（乌竹、黑竹）*Phyllostachys nigra*（Lodd. ex Lindl.）Munro

形态：秆高 3 ~ 6 m，径 2 ~ 4 cm，中部节间长 25 ~ 30 cm；新秆密被细柔毛，有白粉；1 年后秆渐变为紫黑色。笋期 4 月下旬；秆箨短于节间，淡红紫色或绿褐色，密被淡褐色毛，无斑点；箨耳发达，长椭圆形，紫黑色，有弯曲长毛，箨舌紫色，箨叶三角形或三角状披针形，绿色，有多数紫色脉纹。每小枝 2 ~ 3 叶，叶片长 4 ~ 10 cm，宽 1 ~ 1.5 cm。

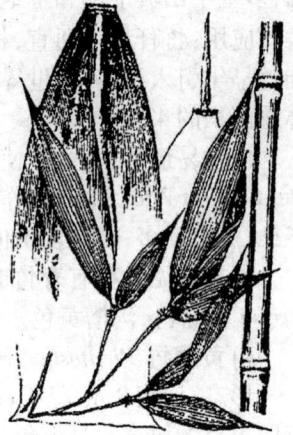

图 5 – 351　金竹

分布：黄河流域以南各地广为栽培，西至四川、云南、贵州，南至广东、广西。日本、朝鲜半岛、印度及欧美各国都有引种栽培。

习性：耐寒性较强，耐 – 20 ℃低温，北京栽培能安全越冬。

应用：多栽培供观赏，竹材较坚韧，供小型竹制家具、手杖、伞柄、乐器及美术工艺品等用。

（4）寒竹属 *Chimonobambusa* Makino

地下茎单轴型。秆直立，秆圆筒形或略呈四方形，分枝一侧微扁或有沟槽，基部数节通常各有一圈刺瘤状气根或无气生根刺。箨鞘厚纸质，边缘膜质；箨耳缺；箨叶细小，直立，三角形或锥形，基部与箨鞘连接处无明显关节。秆中部每节分枝 3 个，秆上部分枝可更多。叶片横脉明显，边缘有细锯齿或全缘。花枝紧密簇生，重复分枝，小枝 2 ~ 3 个小穗，颖果 1 ~ 3 枚，鳞被 3 枚，雄蕊 3 枚，花柱短，2 枚，柱头羽毛状，颖果，有坚厚的果皮。

寒竹属约有 15 种，分布于中国、日本、印度和马来半岛，中国约有 10 种。

1）寒竹 *Chimonobambusa marmorea*（Mitf.）Makino（见图 5 – 352）

形态：秆高 4.5 m，直径 1.2 cm，节间最长 13 cm，光滑无毛，圆形或微呈四方形，秆坏平，箨环略隆起，具箨鞘基部的残留物，秆箨于基部数节宿存，背面密被斑点，无毛，少有极稀粗毛，无箨耳和繸毛，箨叶小，呈三角形或锥形。每节分枝 3 个，上部可增至 5 个，光滑，每小枝有叶 2 ~ 4 枚，叶长 8 ~ 14 cm，宽 8 ~ 10 mm。小横脉明显。

图 5 – 352　寒竹

分布：产于华中、华南，日本有栽培。

应用：秆直，枝叶青翠，是优良的观赏竹类。

2) 方竹 *Chimonobambusa quadrangularis* (Fenzi) Makino (见图 5 – 353)

形态:地下茎单轴型。秆高 3 ~ 8 m,直径 1 ~ 4 cm,节间长 8 ~ 22 cm, 四方形或近四方形,上部节间呈 D 形,幼时被黄褐色小刺毛,后脱落,秆环甚隆起,基部数节常有刺状气根,向下弯曲,秆箨厚纸质,无毛,背面有密或疏的紫色斑点,无箨耳及繸毛,箨舌不发达,箨叶小或退化,秆中部分枝 3 个,上部可增至 5 ~ 7 个,枝光滑,每小枝有 2 ~ 5 枚叶,叶片狭披针形,长 8 ~ 30 cm,宽 1 ~ 3 cm。笋期 8 月至翌年 1 月。

分布:产于长江流域以南地区。

园林栽培品种有**花叶方竹** cv. *Variegata* 叶片有白色条纹。

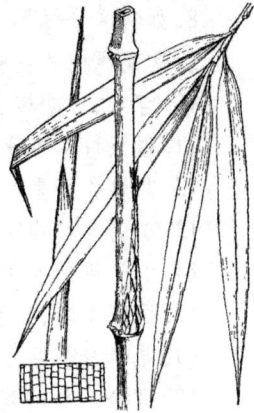

图 5 – 353　方竹

(5) 筇竹属 *Qiongzhuea* Hsueh et Yi.

筇竹 *Qiongzhuea tumidinoda* Hsueh et Yi

形态:秆高 2.5 ~ 6 m,径 1 ~ 3 cm;节间长 15 ~ 20 cm,秆壁甚厚,基部数节几为实心,秆环极隆起呈一显著的圆脊,状如两圆盘上下相扣合。秆箨短于节间,箨鞘上部密生毛,无箨耳,箨叶长 5 ~ 17 mm,早落,叶长 5 ~ 14 cm,宽 6 ~ 12 mm,两面无毛,小横脉清晰。

分布:产于四川宜宾及云南昭通。

应用:筇竹秆型奇特,为名贵观赏竹种;亦可制手杖、烟秆等高级工艺品,汉唐时已远销海外;笋期 4 月,笋肉厚,质脆、味美为著名笋用竹种。现已列为国家重点保护植物。

(6) 大节竹属 *Indosasa* McCl.

地下茎单轴型,秆散生,乔木状,分枝一侧有沟槽,秆环隆起,分枝 3 个,不贴秆,秆箨有脱落性,革质或厚纸质。本属和唐竹属相似,营养体和花序等难以区别,唯本属雄蕊 6 枚,可以区别。

大节竹属有 15 种,主要产于中国华南至西南,中国 13 种。

中华大节竹 *Indosasa sinica* C. D. Chu et C. S. Chao(见图 5 – 354)形态:秆高 10 m,径 6 cm,节间长 35 ~ 50 cm,新秆密被白粉,疏生刺毛,秆环隆起。分枝 3 个。箨鞘中下部密被刺毛;箨耳小,繸毛长 1 ~ 1.5 cm,箨舌微弧形,高 2 ~ 3 mm,有纤毛,箨叶绿色,三角状披针形,反曲,粗糙。小枝具 3 ~ 9 片叶,叶片长 12 ~ 22 cm,宽 1.5 ~ 3 cm。笋期 4—5 月。

分布:产于广西西南,贵州西南,云南东南低山丘陵,组成纯林。

应用:竹材供小型建筑或棚架等用。

图 5 – 354　中华大节竹

【思考题】

1. 木兰科的识别特征是什么?

2. 木兰属与含笑属植物的主要区别是什么?

3. 木兰科植物中可用于观赏的品种有哪些?

4. 白玉兰、含笑、紫玉兰、荷花玉兰、鹅掌楸等树种在园林配置上应各自注意哪些特点?

5. 木兰科与八角科树种的异同点有哪些?

6. 南五味子和华中五味子在园林用途上有何特色?

7. 樟科树种的主要形态特征有哪些？樟科和木兰科有哪些异同点？

8. 如何区分樟属、润楠属、楠木属？

9. 谈谈樟树的观赏价值和园林用途,长江以北为什么不能大量使用？

10. 檫木、山胡椒、红果钓樟等树种在园林运用上有什么特色？

11. 蔷薇科4个亚科如何区别？

12. 梨属和苹果属如何从花、果区别？

13. 谈谈火棘的观赏特性及园林用途。

14. 木兰科中木兰属的果与蔷薇科中绣线菊属的果有何相同和不同？

15. 根据物候、花色、观赏功能等分别列出各类观赏植物。

(1) 早春先花后叶的树种；　　　　　　　(2) 夏天开红花的树种；

(3) 适合丛植的观花树种(白花、红花、黄花)；(4) 既可观花又可观果的树种；

(5) 适合配置岩石园的树种；　　　　　　(6) 适合制作盆景的树种；

(7) 适合作绿篱的树种；　　　　　　　　(8) 球冠类树种。

16. 蜡梅科树种的花期在什么时间？

17. 蜡梅有哪些常见变种？

18. 蜡梅的主要用途是什么？

19. 蜡梅和夏蜡梅之间有哪些区别？

20. 苏木科、含羞草科和蝶形花科在形态上的主要区别是什么？

21. 苏木科、含羞草科和蝶形花科中主要用于观赏的品种有哪些？试举10个例子。

22. 合欢属树种的花期在什么时间？

23. 红豆树属树种的主要特征是什么？

24. 苏木科哪些树种具刺？

25. 蝶形花科有哪些藤本树种,其园林运用特点如何？

26. 山梅花属与疏溲属有哪些主要区别？

27. 山梅花属与疏溲属的观赏价值表现在哪些方面？

28. 山梅花科中常见的观花树木有哪些？

29. 绣球科的叶着生方式是怎样的？

30. 绣球花有什么特色？

31. 绣球科植物在园林上的应用有哪些？

32. 野茉莉科的主要特征有哪些？

33. 秤锤树果实有何特点？园林上如何运用？

34. 山茱萸科的主要特征是什么？花有什么特色？

35. 山茱萸科有哪些树种可作耐阴树种使用？在园林运用中应如何搭配？

36. 山茱萸属与四照花属之间如何区分？

37. 如何区分紫树属和喜树属？

38. 紫树和喜树一般被运用在哪些方面？

39. 珙桐科树种有什么独特的美学价值？

40. 五加科树种的主要特征是什么？

41. 刺楸作为优良的园林绿化树种是否有开发价值？

42. 五加科树种中适合做孤植树或庭阴树的有哪几种？

43. 五加科树种中观叶树种有哪些？

44. 五加科树种中常用作垂直绿化树种的有哪几种？

45. 忍冬科有哪些可用于观花的灌木？简述它们的主要特征。

46. 金银花和金银木有什么区别？在搭配运用上应注意些什么？

47. 荚蒾属树种的果实为什么颜色？观赏价值如何？

48. 绣球科的绣球花与忍冬科的木绣球有何区别？

49. 枫香树的主要特征是什么？它有哪些园林用途？

50. 金缕梅科树种中花具观赏价值的有哪几种？

51. 红花檵木有什么特征？在园林上如何运用？

52. 英桐、法桐和美桐的主要区别是什么？

53. 悬铃木科植物在园林上的主要用途是什么？

54. 联系实际谈谈悬铃木的观赏特性和园林用途,在绿化实践中应注意哪些问题。

55. 黄杨科有无落叶的树种？

56. 简述黄杨科树种的形态特征。

57. 黄杨科树种在园林上的主要用途有哪些？

58. 毛白杨和银白杨在形态上有何区别？

59. 如何区别杨属和柳属？

60. 适于平原地区水边栽植的杨柳科树种有哪些？

61. 简述垂柳的生态习性和园林用途。

62. 桦木科树种有何主要特征？

63. 桤木的生态学特性是什么？

64. 白桦的树干有什么特色？

65. 榛在园林上的主要用途是什么？

66. 壳斗科树种的果实有何特点？

67. 如何区别栎属与青冈栎属？

68. 壳斗科树种的主要经济价值是什么？

69. 简述板栗的著名产区,为什么称其为"铁杆庄稼"？

70. 枫杨的果实是翅果还是坚果？

71. 谈谈核桃的观赏特性、园林用途和繁殖方法。

72. 核桃和核桃楸的主要区别是什么？

73. 胡桃科树种中适合做行道树的有哪些种？

74. 谈谈青檀的主要生态特征和用途。

75. 列表说明榆属、榉属、朴属、青檀属的区别。

76. 榆科树种中适于石灰岩山地造林的树种有哪些？

77. 榆科树种中可作为秋色叶树种的是哪些？

78. 桑科树种中可用于食用的有哪些？

79. 桑科与榆科有哪些异、同点？

80. 桑科树种的果实有何特点？

81. 柞木属与山桐子属有何异同？

82. 山桐子有何观赏价值？

83. 瑞香属与结香属在形态上有什么区别？

84. 瑞香科树种在园林中如何配置？

85. 瑞香是香花植物，常见的瑞香品种有哪些？它们有什么特点？

86. 海桐科树种的主要特征是什么？

87. 海桐在园林中主要有哪些用途？

88. 椴树属树种的花序有何独特之处？

89. 椴树属树种在园林中有何用途？

90. 列表区别毛糯米椴、南京椴、蒙椴。

91. 杜英科树种的识别特征有哪些主要方面？

92. 简述梧桐树的观赏价值及其在园林上的应用。

93. 锦葵科的主要特征有哪些？

94. 木槿和木芙蓉在形态上有何区别？

95. 锦葵科植物在园林中如何应用？

96. 大戟科的主要特征是什么？

97. 大戟科有哪些重要的经济树种和观赏树种？

98. 分别谈谈乌桕和三麻杆的观赏特性及园林用途。

99. 如何识别山茶属、木荷属、杨桐属、厚皮香属？（提示属的主要特征）

100. 山茶和茶梅在形态上有哪些区别？

101. 种植山茶花应先选择何种立地条件？（提示土壤的 pH 值等）

102. 金花茶有哪些主要用途？

103. 猕猴桃的园林用途有哪些？

104. 如何区别杜鹃花属和马醉木属？

105. 栽培杜鹃花如何分类？各类栽培杜鹃的主要亲本是什么？主要特征是什么？

106. 杜鹃花、马醉木有何观赏价值？在园林中如何运用？

107. 乌饭树主要有哪些形态特征？

108. 桃金娘科的主要形态特征是什么？

109. 石榴科树种的花期有什么特点？在园林中运用如何？

110. 各类观赏石榴的亲本是什么？主要特征是什么？

111. 冬青科的主要特征是什么？

112. 铁冬青与冬青在形态上有何区别？它们的主要用途是什么？

113. 枸骨为何又名鸟不宿？它的主要用途是什么？

114. 目前在园林中把许多冬季常绿的阔叶树均称作冬青，引起混乱，如大叶黄杨（卫矛科）、女贞（木犀科）等均称作冬青，应如何区别？

115. 大叶黄杨与黄杨是同一科植物吗？它们有哪些区别？

116. 卫矛科树种中既可观叶又可赏果的是哪几种？

117. 卫矛科中可用于垂直绿化的树种有哪些？它们的主要特征是什么？

118. 大叶黄杨栽培变种常见的有哪些？

119. 胡颓子科树种有何主要特征？

120. 简述胡颓子的观赏特性和园林用途。

121. 鼠李科树种的主要特征是什么？

122. 鼠李科树种中适于做行道树种的有哪些？

123. 如何区别马甲子与铜钱树？

124. 简述葡萄的形态习性及主要用途。

125. 葡萄科树种在园林上如何配置？

126. 地锦与美国地锦在形态上有何区别？举例说明它们的观赏特性和园林用途。

127. 比较鼠李科与葡萄科形态特征的异同点。

128. 紫金牛科在园林上有何用途？

129. 柿科树种的花萼有何特点？

130. 柿科树种在园林上有何用途？

131. 柿树与君迁子在形态上的区别是什么？

132. 芸香科树种的果实有哪几种类型？

133. 芸香科特有的形状是什么？

134. 芸香科树种中常盆栽以观赏果实的有哪些？

135. 臭椿的主要用途是什么？

136. 在园林绿化中应用的臭椿品种有哪些？简述其观赏特性。

137. 臭椿和香椿分别属于什么科？它们在形态上有哪些主要区别？

138. 米兰和九里香分别属于什么科？它们在形态上有哪些主要区别？

139. 苦木科、楝科、无患子科树种的叶具有什么共同之处？相互间如何识别？

140. 举例说明栾树或黄山栾的观赏特性和园林应用。

141. 黄连木、盐肤木、火炬树、木蜡树、野漆树、南酸枣等在园林上有何观赏价值,如何应用？(从色叶类、果实的色彩(火炬树)、行道树等对环境的适应能力方面回答)

142. 漆树科树种主要是秋色叶树种,它们主要有哪些用途？

143. 槭树科与漆树科在形态上有哪些主要区别？

144. 如何识别槭属的树种？

145. 槭属中哪些树种适合你所在地区栽培作园林观赏？试述其观赏功能。

146. 如何识别七叶树科？其叶、花序和果实具有哪些显著特征？

147. "世界五大行道树"是什么？

148. 七叶树属与槭树属有何异、同点？为什么说七叶树是世界著名观赏树之一？

149. 醉鱼草在园林中如何应用？

150. 桂花品种可分成哪几大类群？主要特征是什么？(提示:2类4品种群,开花时间、花色等)

151. 列举木犀科适于丛植、开黄花的树种(开花时间与展叶的关系)。(提示:连翘属、茉莉属的一些种类)

152. 列举木犀科适合作绿篱的树种。

153. 联系实际谈谈女贞的观赏特性和园林用途。

154. 流苏树被认为是华北地区极有推广价值的园林绿化树种,为什么？

155. 夹竹桃科哪些树种可作垂直绿化使用？

156. 夹竹桃科植物多有毒,用于园林绿化,你有何看法？

157. 茜草科中著名的香花树种有哪些？

158. 茜草科中可作地被和矮篱使用的树种有哪些？

159. 简述六月雪的主要用途。

160. 简述梓树的观赏特性和园林用途。

161. 凌霄和美国凌霄在形态上有哪些区别？

162. 梓属和凌霄属有哪些区别和共同之处？

163. 结合梓属和凌霄属各自特点,谈谈其在园林配置上有哪些差别。

164. 紫薇属树种的花期有什么特点？ 园林用途如何？

165. 紫薇与南紫薇在形态上有什么区别？

166. 马鞭草科树种的花有何特点？

167. 马鞭草科有许多观赏花木,你所在省区园林绿地中常见的有哪些？

168. 谈谈紫珠的观赏特性和园林用途。

169. 木通科树种的主要特征是什么？

170. 木通科树种在园林中如何配置？

171. 简述南天竹的观赏特性及其在园林中如何配置。

172. 谈谈十大功劳、紫叶小檗在园林绿化中的应用。

173. 如何识别玄参科树种？

174. 泡桐属树种的主要生态习性是什么？

175. 泡桐在园林上有何用途？

176. 谈谈铁线莲属植物在园林造景中应用的前景。

177. 牡丹的识别特征是什么？

178. 牡丹的生物学特性和生态学特性是什么？（提示:生物学特性——寿命、开花。生态学特性——温度、湿度）

179. 影响牡丹开花时间的因素是什么？ 如何控制牡丹的花期？（提示:温度）

180. 试述牡丹的品种分类及品种识别。

181. 凤尾兰和丝兰如何区别,有何观赏价值,在园林中如何运用？

182. 朱蕉有何观赏价值,如何运用？

183. 棕榈科有何特点？（提示:科的主要特征、观景特点）

184. 举例说明棕榈科树种的观赏价值及如何运用。

185. 竹的地上茎有哪些特点？ 竹一般用什么方法繁殖？

186. 地下茎是合轴型的竹种,其地面的竹杆一定丛生吗？

187. 掌握竹类各部分的术语。

188. 佛肚竹、箬叶竹、毛竹、方竹、紫竹、鹅毛竹各具哪些观赏特性？

第三篇 实 训

第六章 实训指导

实训 1 树木蜡叶标本的制作

一、技能训练目标

掌握树木蜡叶标本制作的基本方法和操作技能,并能制作一定数量的蜡叶标本。

二、蜡叶标本制作方法

(一)蜡叶标本的制作

制作标本的方法有压干法、烙干法、沙干法。

1. 压干法

压干法应用最为普遍。具体做法是把每日在野外采得的标本压在标本夹内,当日晚上回来时,即更换一次干纸,并整理一次。整理时要使花、叶展平,姿势美观,不使多数叶片重叠,要压正面叶片,也要压反面叶片。落下来的花、果和叶片要用纸袋装起来,袋外写上该标本的采集号,与标本放在一起。标本与标本之间须隔数页采集纸,夹在标本夹内,并加适当的压力,用绳子将标本夹捆起来,放在通风处。次日换干纸时,须再仔细加工整理标本,以后每日均要换干纸至少一次,并应随时整理。在第 3 日换干纸后,可增加压力(夹有 250 ~ 300 份标本的夹板,可施加 125 ~ 150 kg),捆紧夹板,放在直射的日光中,使水分迅速蒸发,如此可防止标本过度变色或发霉。通常在华北气候条件下,约换干纸七八天后,标本即可制干。若遇阴雨天气,可用微火或热炕烘烤。每日换下的湿纸须放在日光下晒干或用火烤干,以备换纸时使用。已干的标本要及时提成单纸单号存放(以免干标本在夹板内压坏),即每隔一张单纸放一支标本,并应将同号标本放在一起,外用一张单纸夹起,在夹子纸的右下角,写上该号标本的采集号。在提单纸时,应特别注意,使上下两支标本错开放置。尽量避免粗枝与粗枝或叶片、花果重叠,以免损坏标本而自行压断,最后将每包标本用绳捆好,放在干燥通风处,勿使其受潮。

此外,有些松柏科的树木,如冷杉属(*Abies* Mill.)球的鳞片容易脱落,应用线缠好;又如云杉属(*Picea* Dietr.)叶子极易干后脱落,在采回时可用开水烫一次,再行压制,即不脱落。又如马齿苋科(Portulacaceae)、景天科(Crassulaceae)的一些植物在压制数日后,尚在发芽生长,

不能速干,也可用开水烫,破坏其组织后再压。采集工作告一段后或在休息日时,应将提出的已干标本整理一次,将标本依号数按次排顺,每10号或20号作为1包,外包塑料布,用绳沿纵横方向捆好,以便搬运。

2. 烙干法

烙干法的优点是能保持花的颜色不变,使其迅速干燥。具体做法是将采回的新鲜标本整理好,放在标本夹内压1~2日,然后取出放在纸的中间,从纸的上面用热烙铁熨烫。这样干燥的花,颜色能保存良好,可供展览使用。

3. 沙干法

沙干法的优点是保持植物各部分体积的比例和姿态,这一方法可以制作成套的直观教具或大花、花序,整个草本植物体均可供陈列展览用。具体做法是取细而均匀的河沙,供干燥标本时用,为了清除沙中的杂质,可将河沙仔细地用水洗净并烤干。如不使用洗净的河沙,会使干后的标本上紧紧黏附上土粒,将标本弄脏。

制干工作是在做好的厚纸盒中进行的。先将花枝或草本植物的全株放在做好的厚纸盒内,用沙小心地填满,应注意使标本在沙的重力影响下不要变形。然后放在阳光处或炉子旁边,大而多汁的标本,约需7~8天,小植物则1~2天即可干燥。干燥后的标本,必须小心取出,以防损坏。用毛笔刷出粘着的细沙,然后用喷雾器喷洒5%的石蜡甘油溶液,使标本鲜艳生动。再把标本放在有玻璃盖的盒中(盒的大小可根据标本大小制作),盒底部用插门,盒面镶有玻璃,在放标本时,可把盒子倒放,玻璃面向下,然后将标本放入盒内玻璃上,加上标签,用棉花把盒内空处填满,放些樟脑,加上几层报纸,将门插上,即可供展览使用。此种方法适用于制作少量标本。制作种子标本时如是浆果,可用清水先将果浆洗去晾干,然后再放在干燥的地方,放上一段时间即可保存。可以把种子按植物分类系统排列,放入有玻璃盖的盒中或瓶子中,加上标签,即可保存。若种子极小,可先把种子用玻璃纸包好,放在棉花垫上,装入盒中,做成盒装存放。

(二)标本的杀虫

野外采回来的标本或外单位赠的标本,不免带有害虫或虫卵,存放日久,虫害滋延,往往酿成大害。故在标本入室前必须经过杀虫环节,以免后患。杀虫方法以升汞(氯化高汞)溶液将标本浸过一遍最为有效。此液配法简单,将升汞制成0.5%的酒精溶液即成(可用75%的工业酒精)。此法可使标本每个部位均有升汞存在,即使以后再有害虫侵入,也会被毒死。应注意升汞性毒,切忌用手直接操作,可带上胶皮手套操作,操作后应用肥皂洗手。如果操作人员手上有伤口时,不可操作,以防中毒。此液与金属物起化学反应,所有用具禁用金属制品,可用瓷器、玻璃器皿或搪瓷器皿,钳取标本时,可用竹制镊子或其他非金属用具。

若标本已上台纸或标本不多,可用熏药方法,也很有效。方法是用二硫化碳0.907 kg放在1.7 mL容积的杀虫箱内,此药即自行挥发,只须把杀虫箱封闭,待两昼夜之后,即可打开杀虫箱,待毒气散尽取出标本,应注意二硫化碳发出的气体比空气重,盛药的器皿要放在标本上面较高处。此外,在标本柜中放些樟脑球,也有防虫效果。

(三)标本的装订

标本进行杀虫后,应将整份标本装订在一张台纸上。首先用毛笔将胶水(最好用植物胶)刷在标本背面,为便于解剖,花的部分不必上胶。然后移贴在台纸上,稍加压力,放置半日或一日,待其阴干,再用纸条或细线将植物粗壮部分穿订牢固,即告完成,也有不刷胶水而直接用纸

条或细线穿订标本的。方法多种,各有长短,根据情况,灵活运用,不必拘泥于一种方法。装订标本工作应细心,现将注意事项分述如下:

首先应选定标本的正反面,要使花、果等重要部分仰露向上,并把所有叶片调配合适,使叶片正反两面都有,置放适中,以利于研究,同时也美观。如遇大型标本在一张台纸上容纳不下,可分贴两张或多张台纸,但须在每张上都写明同一采集人姓名及采集号,使查阅者便于认识,这数张标本为同株树木。标本脆弱,花、果、叶片等极易脱落,脱落的部分必须及时收起,随手装入纸袋或纸包中,附贴于原标本台纸上,便于查考,并应在纸袋上注明采集人和号数。标本上带有的野外采集记录签和定名签务必随手贴上;记录签一般贴在台纸左上方,定名签一般贴在台纸右下方,台纸左下方可盖地区名戳,台纸左下方可盖标本室图章和标本总号。标本装订完毕后,应随手将标本衬纸盖上存放,以免标本互相摩擦损坏。

(四)标本的鉴定

标本的鉴定工作一般在标本上好台纸后方可进行。如果标本请外单位或专家鉴定学名时,每个标本上必须有一个同号标本的号牌,并连同这一号的野外采集记录夹一起送出。照例这份送请鉴定的标本,即留在鉴定的单位或专家处,不再退还。这是鉴定单位对该标本学名负责的表示,以作将来复查之用。如果以后更改学名时,便于根据标本来源通知对方。鉴定者仅在各标本的号码下抄写一个学名单,寄还原单位或本人查收即可。

三、作业

每个学生装订 10 份标本,并鉴定出学名。

实训 2 树木液浸标本的制作

一、技能训练目标

树木的花果是树木分类的重要依据,但有些树木的花果体形大、浆汁多,难以制成蜡叶标本,也有些树木制成干标本后往往褪色变形,影响观察研究。为了满足供应解剖研究材料、陈列展览、科普宣传等需要,要求标本能保持原形原色。而液浸标本就补充了蜡叶标本的不足,成为教学、科研和普及植物知识的一个重要手段,通过本次实验,学会掌握树木液浸标本制作的基本方法和操作技能,并能制作一定数量的树木液浸标本。

二、液浸标本制作方法

由于植物种类不同及质地、颜色的差异,制作各种液浸标本需要采用不同的配方进行不同的固色处理。配方有许多种,应以实践的效果为准,不仅要求处理后的色泽与新鲜标本相同,而且保存时间要长,操作要简便。

盛放液浸标本一般要用透明的玻璃器皿,如大口的标本瓶、标本筒、标本缸。规格可根据标本的大小而定。事先要配好药液,然后将标本洗净晾干,裁成一定大小,按配方要求浸泡。浸泡液的种类较多,可根据标本材料的色泽、种类和具备的物质条件选用不同的配方。

液浸标本的配方和操作步骤如下:

（一）适于绿色材料的浸液

1. 固定液

醋酸、醋酸铜溶液：将醋酸铜粉末与 50% 的冰醋酸溶解成饱和液，后加 4 倍的蒸馏水稀释。将整好的树木材料放入此液内蒸煮，待材料由绿黄褐色再重新变绿时为止，取出，用蒸馏水冲洗后放入固定液中。

3% 左右的硫酸铜水溶液：将 30～50 g 硫酸铜结晶溶于 100 mL 加热的净水中，然后加 10 倍的水配成天蓝色的硫酸铜溶液，将准备好的材料放入溶液，浸泡 24 h 左右以达到正常色泽为准。

2. 保存液

甲醛加酸水溶液：用 975 mL 蒸馏水加入 25 mL 40% 的甲醛，然后加入 2.5 mL 工业用硫酸或 3 mL 盐酸成为甲醛加酸水溶液。

亚硫酸甘油溶液（0.15%～0.2%）：用 1 000 mL 蒸馏水溶解 330～350 mL 6% 的亚硫酸，再加少许甘油，配成 0.15%～0.2% 的亚硫酸甘油溶液。

（二）适于红色、淡红色、紫红色材料的浸液

1. 固定液

硼酸、甲醛水溶液：以硼酸粉 10 g 溶于 1 000 mL 的蒸馏水中，后加 10 mL 40% 甲醛，配成硼酸、甲醛水溶液。

氯化锌、甲醛水溶液：以氯化锌 50 g 溶于 1 000 mL 蒸馏水中，后加甲醛和甘油 25 mL，配成氯化锌、甲醛水溶液。将准备好的材料放入上述任何一种固定液中，原则上以红色部分变为褐色为止，一般材料需浸泡 1～3 昼夜，如桃、杏。

2. 保存液

这类材料多用亚硫酸、硼酸保存液，方法是在 1 000 mL 的蒸馏水中加入 330～350 mL 6% 的亚硫酸，再加入 2～3 g 硼酸粉，配成 1.5%～2% 亚硫酸、硼酸保存液。

（三）适于黄白色、白色、淡绿色材料的浸液

这类材料的浸制一般不考虑褪色问题，只浸泡于防腐剂中即可，其配方如下。

1. 甘油酒精溶液

用市售的白酒加水 1 倍，或用 98% 的无水酒精加水 2 倍，然后加入少量甘油配成 30%～50% 的甘油酒精溶液。

2. 酒精、亚硫酸水溶液

按 1:1:8 的比例，即 100 mL 6% 的亚硫酸加 100 mL 酒精和 800 mL 蒸馏水配成酒精、亚硫酸水溶液。

3. 硫酸铜、亚硫酸混合液

在 1 000 mL 的蒸馏水中加入 310～330 mL 6% 的亚硫酸，配成 0.1%～0.15% 的亚硫酸溶液，再加入 50 mL 5% 的硫酸铜水溶液。

（四）适于深紫色、黑色材料的浸液

这类材料一般也不需要进行特殊的固色处理。浸液配方如下：

1. 食盐甲醛水溶液

将 15～17 g 食盐溶于 100 mL 蒸馏水中配成饱和食盐水，再加 7 倍的水稀释，外加 80～100 mL 40% 的甲醛和少许甘油。

2.明矾、硼酸、食盐水的澄清液

在 1 000 mL 的蒸馏水中放入明矾 30 g、硼酸粉 20 g、食盐 160 g,后加 40% 甲醛 10 mL 和 1 g 亚硫酸钠。

(五)液浸标本的封存

为使液浸标本便于观察和长期保存,在封存时需注意以下几点。

(1)保存液内的标本应在液面以下,不能露出。

(2)如果标本上浮,可用玻璃片下压或牵垂或将标本固定在瓶内竖立的玻璃片上,标本入液后应立即封闭。

(3)标本瓶应有磨砂瓶塞或用涂蜡的软木塞,也可用一片厚纸按瓶口大小剪下一块圆纸板代替瓶塞,但这种纸板塞必须用 4 份虫蜡、2 份石蜡、1 份松脂熔化后的混合物浸透,再粘在瓶口上,并用石蜡涂严,以把瓶倒转而浸液不外流为准。

(4)为防漏气,封固后的瓶口还需用硫酸纸包扎,并在瓶的适当位置贴上说明标签。

(5)标本应放在不受阳光直射和避免高温的地方。

三、作业

每个学生选用一个树种的花,用所规定的配方进行配制,所用材料不得相同。每人交出一份液浸标本并说明配方。

实训 3　树木冬态识别

一、技能训练目标

(1)掌握冬态观察的方法,增进树木冬态方面的知识。
(2)熟悉有关形态术语、描述方法,提高识别树种的能力。

二、形态术语

(1)树冠。树冠是由树木的主干与分枝部分组成的。树冠的形状取决于树种的分枝方式。树冠的主要形状和树种实例:①尖塔形:落羽杉、水杉;②圆球形:白榆;③圆锥形:华北落叶松;④扁球形:杏;⑤圆柱形:箭杆杨;⑥杯形:悬铃木(人工修剪);⑦窄卵形:毛白杨;⑧伞形:龙爪槐;⑨卵形:白玉兰;⑩平顶形:合欢;⑪广卵形:槐树。

(2)树皮。①光滑:梧桐;②鳞块状开裂:油松;③细纵裂:臭椿;④长条状剥裂:楸树、圆柏、侧柏;⑤浅纵裂:麻栎;⑥纸状剥裂:白桦、红桦;⑦深纵裂:刺槐、板栗;⑧环状剥裂:山桃、樱桃;⑨条状浅裂:毛梾;⑩小方块状开裂:柿树、君迁子;⑪不规则纵裂:黄檗;⑫鳞片状剥裂:榔榆、青檀、白皮松。

(3)枝条及变态。树木的主轴为树干,树干分出主枝,主枝分出枝条,最后的一级为一年生小枝。

小枝:二年生以上的枝条称为小枝。木质化的一年生枝条为一年生枝。生长不到一年,未完全木质化的着叶枝条为新梢或称当年生小枝。根据小枝着生的位置可分为顶生枝条和侧生枝条。根据枝条节间的长短大小可分为长枝和短枝。长枝的节间长而明显侧芽间距远,短枝的节间则较短。

叶痕:叶片脱落后,叶柄在枝条上留下的痕迹。不同树种叶痕的大小和形状不同。根据叶痕的着生状况可判断叶子是互生、对生还是轮生的。

维管束痕:又称叶迹,是叶柄中的维管束在叶脱落后留下的痕迹。不同树种维管束痕的组数及其排列方式是鉴定树种的重要依据之一。

(4)芽的类型及形态。芽是枝条和繁殖器官的原基,是茎、枝、叶和花的雏形。

1)按芽的性质分为:

叶芽:发芽后发育形成枝和叶,也称枝芽或营养芽。

花芽:发芽形成花序或花。

混合芽:发芽后同时形成枝叶和花(花序)。

2)按芽的位置分为:

顶芽:位于枝条顶端的芽。

侧芽:位于叶腋内的芽,又称腋芽。

隐芽:隐藏在枝条内不外露的芽。

假顶芽:顶芽退化,由离顶芽位置最近的侧芽代替,该芽称为假顶芽。

主芽和副芽:腋芽具有两枚以上时,最发达的芽称为主芽。位于主芽上部、下部或两侧的芽称为副芽。

叠生芽:主芽和副芽上下叠生,如皂角、紫穗槐。

并生芽:主副芽并列而生,如山桃。

不定芽:芽产生的位置不固定,不生于叶腋内。

3)按有无芽鳞分为:

鳞芽:具有芽鳞的芽。

裸芽:芽体裸露,无芽鳞包被。

花蕾:为裸露的越冬花芽,如核桃雄花序芽。

(5)髓心位于枝条的中心。髓心的颜色为白色、黄褐色等。髓心按质地分为:

实心髓:髓心充实。

分隔髓:髓有空室的片状横隔,如杜仲、枫杨。

空心髓:髓心部分为中空的髓腔,如毛泡桐。

(6)刺、毛被和宿存物。

三、观察树种

(一)裸子植物

(1)**银杏** *Ginkgo biloba* L. ·· **银杏科** Ginkgoaceae

乔木。树冠宽卵形。树皮灰褐色,长块状纵裂。有长短枝之分。实心髓。一年生枝浅褐色。短枝矩形。叶痕螺旋状互生,无托叶痕。顶芽宽卵形,无毛,芽鳞4~6片。侧芽较顶芽小。

(2)**华北落叶松** *Larix principis-rupprechtii* Mayr ···················· **松科** Pinaceae

乔木。树冠塔形。树皮灰褐色,不规则鳞甲状开裂;具长短枝。一年生小枝淡褐色或淡褐黄色。顶芽近球形。球果长卵形,种鳞26~45片,背面无毛,先端平截或微凹,苞鳞先端微露出。

（3）**水杉** *Metasequoia glyptostroboides* Hu et Cheng　　…………………………　**杉科** Taxodiaceae

乔木。树冠塔形。树皮灰褐色,长条片状剥裂,内皮红褐色。小枝对生。一年生枝淡褐色。叶痕小,近圆形。顶芽发达,纺锤形。具四棱,先端尖,芽鳞三角形,无毛。侧芽上部常具枝痕,粉白色,圆形。

（二）被子植物

（1）**杜仲** *Eucommia ulmoides* Oliver　　…………………………………………　**杜仲科** Eucommiaceae

乔木。树皮灰褐色,浅纵裂。树冠卵形。一年生枝棕色;髓心片状;叶痕半圆形;叶迹小,无顶芽,侧芽卵形,先端尖,芽鳞6~10片,边缘具缘毛。树皮、枝条等具白色胶丝。

（2）**榆树** *Ulmus pumila* L.　　………………………………………………………………　**榆科** Ulmaceae

乔木。树冠球形。树皮灰黑色,深纵裂。二年生枝灰白色,二列排列,之字形曲折。髓心白色。叶痕二列互生,半圆形;具托叶痕;叶迹3。无顶芽,侧芽扁圆锥形或扁卵形,先端钝或凸尖,芽鳞5~7片,黑紫色,边缘有白色缘毛。花芽球形,黑紫色。

（3）**桑** *Morus alba* L.　　…………………………………………………………………　**桑科** Moraceae

乔木。树皮灰黄色,不规则纵裂。一年生枝灰黄色,二年生枝灰白色,无毛或微被毛。叶痕半圆形或肾形。叶迹5个。无顶芽;侧芽贴枝,近二列互生,扁球形或倒卵形,芽鳞4~5片,具缘毛。

（4）**构树** *Broussonetia papyrifera* (L.) L. Her. ex Vent.　　……………　**桑科** Moraceae

乔木。树皮深灰色,粗糙或平滑,具紫色斑块。一年生枝灰绿色,密生灰白色刚毛。髓心海绵状,白色。叶痕对生、近对生或二列互生,半圆形或圆形;叶迹5个,排成环形。无顶芽。侧芽扁圆锥形或卵状圆锥形,芽鳞2~3片,被疏毛,具缘毛。

（5）**核桃** *Juglans regia* L.　　…………………………………………………………　**胡桃科** Juglandaceae

乔木。树冠宽卵形。树皮灰色,浅纵裂。枝髓心片状。叶芽为鳞芽,芽鳞2枚,呈啮合状;雄花序芽为裸芽;叠生或单生。

（6）**核桃楸** *Juglans mandshurica* Maxim.　　………………………………………　**胡桃科** Juglandaceae

乔木。树冠宽卵形。树皮幼时灰绿色,老时灰白色或深灰色,纵裂。一年生枝粗壮,被黄色绒毛或星状毛。髓心淡黄色,片状。叶痕盾形,或三角形;叶迹3个。芽密被黄色绒毛,鳞芽或裸芽;顶芽三角状卵形,芽鳞2枚,侧芽卵形,芽鳞2~3枚,雄花序芽圆锥形。

（7）**枫杨** *Pterocarya stenoptera* DC.　　……………………………………………　**胡桃科** Juglandaceae

乔木。树皮灰褐色,幼时平滑,老时深纵裂。一年生枝黄棕色或黄绿色。二年生枝被淡褐色长圆形皮孔。有锈色腺鳞。髓心片状,褐色。叶痕三角形。裸芽,被锈褐色盾状腺鳞;侧芽单生或叠生,雄花序芽圆柱形,基部有苞片。

（8）**洋槐** *Robinia pseudoacacia* L.　　………………………………………………　**蝶形花科** Fabaceae

乔木。树冠倒卵形。树皮灰褐色,不规则深纵裂。一年生枝灰绿色至灰褐色,有纵棱,无毛,具托叶刺。髓心切面为四边形,白色。叶痕互生,叶迹3个。无顶芽,侧芽为柄下芽,隐藏在离层下。

（9）**槐** *Sophora japonica* L.　　……………………………………………………………　**蝶形花科** Fabaceae

乔木。树冠宽卵形或近球形。树皮灰褐色,纵裂。无刺。一年生枝暗绿色,具淡黄色皮孔,初时被短毛。叶痕互生,V形或三角形有托叶痕。叶迹3个。无顶芽,侧芽为柄下芽,半隐藏于叶痕内,极小,被褐色粗毛。荚果念珠状肉质,不开裂。

（10）**紫藤** *Wisteria sinensis*（Sims）Sweet ················· **蝶形花科** Fabaceae
木质大藤本,右旋缠绕。树皮灰褐色,光滑或浅裂。一年生枝灰绿色或褐色,被短毛。叶痕互生,隆起,半圆形,两侧有角状突起。无顶芽,侧芽卵形或卵状圆锥形,芽鳞 2～3 枚,褐色,具缘毛。

（11）**紫荆** *cercisis chinensis* Bunge ················· **苏木科** Caesalpiniaceae
灌木或小乔木。树皮老时粗糙,浅纵裂。一年生枝淡褐色或褐色,无毛,密生锈色皮孔,二年生枝灰紫色。叶痕二列互生,新月形;无托叶痕;叶迹 3 个。无顶芽;叶芽扁三角状卵形,常 2 个叠生;花芽在老枝上簇生,球形或短圆柱形,灰紫色;芽鳞数多,背面有棱脊。

（12）**毛白杨** *Populus tomentosa* Carr. ················· **杨柳科** Salicaceae
乔木。树冠宽卵形。树皮灰绿色或灰白色,平滑,具菱形皮孔;老树树皮深纵裂。一年生小枝,灰绿色,幼时被白绒毛,或无毛;实心髓,切面五角形。叶痕互生,半圆形或圆形;叶迹 3 个;有托叶痕。芽无黄色黏液;顶芽卵状圆锥形,侧芽三角状卵形,贴枝或成 30°角张开,花芽宽卵形,芽鳞 5～7 枚,密被灰白色绒毛。

（13）**加杨** *Populus canadansis* Moench ················· **杨柳科** Salicaceae
乔木。树冠卵圆形。树皮灰绿或灰褐色,纵裂。小枝淡褐色,无毛,具棱脊,皮孔明显。冬芽大,具黄色黏液;先端尖;顶芽长卵形;侧芽略小,先端常向外弯,芽鳞多数 6～8 枚,紫红色,有光泽。

（14）**旱柳** *Salix matsudana* Koidz. ················· **杨柳科** Salicaceae
乔木。树冠倒卵形,枝斜向上。树皮深灰色,纵裂。一年生小枝黄绿色或黄褐色;无毛。髓心切面呈圆形。叶痕互生,有托叶痕;叶迹 3 个。无顶芽,侧芽单生,芽鳞 1 枚,帽状,黄褐色或带紫色;叶芽卵形,花芽长椭圆形。

（15）**三球悬铃木** *Platanus orientalis* L. ················· **悬铃木科** Platanaceae
乔木。树皮薄片状或小块状剥裂。一年生枝之字形曲折,灰绿色或褐色;节部膨大。实心髓,淡绿色,切面多角形。叶痕互生,圆环形;具环状托叶痕;叶迹 5～6 个。无顶芽,侧芽单生,芽鳞 1 枚,帽状,柄下芽。宿存果序球形。

（16）**洋白蜡** *Fraxinus pennsylvanica* Marsh. ················· **木犀科** Oleaceae
乔木。树皮深灰色,纵裂。小枝粗壮。一年生枝灰色,无毛,散生皮孔。叶痕交互对生,半圆形;无托叶痕;叶迹 1 个,U 形。芽棕色,疏被毛;顶芽三角状宽卵形,侧芽卵形,芽鳞 1 对。

（17）**连翘** *Forsythia suspensa*（Thunb.）Vahl ················· **木犀科** Oleaceae
灌木。枝条黄褐色,弓形弯曲,具明显的皮孔。空心髓。叶痕交互对生,半圆形;两叶痕中有连线;无托叶痕;叶迹线状新月形。芽黄棕色,芽鳞 4～5 对,具缘毛;顶芽纺锤形,先端尖;侧芽 2 个叠生或单生。

（18）**紫丁香** *Syringa oblata* Lindl. ················· **木犀科** Oleaceae
小乔木。树皮暗灰色,浅纵裂。小枝粗壮。一年生枝灰色或灰棕色,略呈四棱,无毛;二年生枝皮孔明显。叶痕互生,无托叶痕,叶迹 1 个,C 形。无顶芽,侧芽单生,卵形,有明显的四棱,暗紫红色,无毛,芽鳞 3～4 对。

（19）**山楂** *Crataegus pinnatifida* Bge. ················· **蔷薇科** Rosaceae
乔木。树皮灰褐色,浅纵裂。具枝刺。常具短枝。一年生枝黄褐色,无毛。二年生枝灰绿色,髓切面圆形。叶痕互生,扁三角形或新月形;叶迹 3 个。顶芽近球形,红褐色,无毛;侧芽开展。

(20) 山桃 *Amygdalus davidiana*(Carriere)de Vos ex Henry ·················· 蔷薇科 Rosaceae
小乔木。树冠倒卵形。树皮暗紫色,平滑,横裂,具横列皮孔。一年生枝灰色,无毛。叶痕互生,半圆形或三角状半圆形;具托叶痕;叶迹 3 个。有顶芽。鳞芽,芽鳞 7 ~ 10 枚。背面无毛,腹面密被白色柔毛,具长缘毛。顶芽卵状圆锥形,常与侧芽簇;侧芽单生或并生。

(21) 黄刺玫 *Rosa xanthina* Lindl. ·················· 蔷薇科 Rosaceae
灌木。常具短枝,具皮刺。一年生枝紫红色或紫色,无毛,皮孔瘤状,皮刺直,紫红色,基部膨大为圆盘状。叶痕互生,细窄,C 形,叶迹 3 个;托叶痕与叶痕连成一体。具顶芽;芽卵形,芽鳞 3 ~ 4 枚,无毛。

(22) 元宝枫 *Acer truncatum* Bunge ·················· 槭树科 Aceraceae
乔木。树冠宽卵形。树皮灰褐色,浅纵裂。一年生枝浅棕色,叶痕对生,C 形,叶痕间有连接线;无托叶痕;叶迹 3 个。具顶芽;芽卵形,芽鳞 2 ~ 3 对,棕色或淡褐色。

(23) 枣 *Ziziphus jujuba* Mill. ·················· 鼠李科 Rhamnaceae
乔木。树冠球形或卵形。树皮黑褐色,纵裂。有长短枝;短枝矩状;一年生枝紫红色,之字形曲折,无毛。长枝叶痕二列互生,半圆形;托叶成刺,长刺直,短刺钩形;叶迹 3 个。无顶芽;侧芽单生,扁宽卵形;芽鳞 2 枚至更多,被黄色短毛。

(24) 花椒 *Zanthoxylum bungeanum* Maxim. ·················· 芸香科 Rutaceae
灌木。枝干具瘤状突起,枝具皮刺。一年生枝被灰色短柔毛,节处具两枚扁平的皮刺。叶痕互生,半圆形;无托叶痕;叶迹 3 个。无顶芽;侧芽半球形,单生,紫褐色,无毛。

(25) 臭椿 *Ailanthus altissima*(Mill.)Swingle ·················· 苦木科 Simaroubaceae
乔木。树冠宽卵形。树皮灰色,有时平滑,老时粗糙或浅纵裂。枝条粗壮。髓心海绵质,淡褐色。一年生枝淡褐色,无毛或被短柔毛,皮孔明显。叶痕盾形或肾形;无托叶痕;叶迹 7 ~ 13 个,常为 9 个,排成 V 形。无顶芽;侧芽球形,黄褐色或褐色,被黄色绒毛或无毛;芽鳞 2 ~ 4 枚。

(26) 白兰 *Michelia alba* DC. ·················· 木兰科 Magnoliaceae
乔木。树冠卵形或宽卵形。树皮深灰色,浅纵裂或粗糙。一年生枝紫褐色,无毛,皮孔明显,圆点形。叶痕二列互生,V 形或新月形;托叶痕环状;叶迹多而散生。顶芽发达;花芽大,长卵形,密被灰黄色长绒毛;顶生叶芽纺锤形;托叶芽鳞 2 枚。

四、作业

1. 编写 10 种常见落叶树种检索表。

2. 详细描述枫杨、白玉兰、刺槐、榆树和连翘的冬态特征。

3. 绘加杨枝条冬态特征图。

4. 将观察树种的冬态特征填入表 6 - 1 中。

表6-1 树种生物学特性表

特征　　　树种										
	习性									
	树皮特征									
枝	有无短枝									
	刺类型									
	叶迹特征及着生方式									
	叶迹数目									
条	髓心									
	托叶迹									
	有无顶芽									
冬	芽类型									
	着生方式									
	芽鳞数目									
芽	毛被									
	有无树脂等									
	其他									

实训4　园林树木物候观测法

一、技能训练目标

园林树木的物候观测,除具有生物气候学方面的一般意义外,主要有以下目的和意义:

(1)掌握树木的季相变化,为园林树木种植设计、选配树种、形成四季景观提供依据。

(2)为园林树木栽培(包括繁殖、栽植、养护与育种)提供生物学依据。例如,确定繁殖时期、确定栽植季节与先后、树木周年养护管理(尤其是花木专类园)、催延花期等,根据开花生物学进行亲本选择与处理,有利于杂交育种、不同品种特性的比较试验等。

二、观测法

园林树木观测法,应在与中国物候观测法总则和乔灌木各发育时期观测特性相统一的前提下,增加特殊要求的细则项目。例如,观赏春、秋叶色变化以便确定最佳观赏期;为芽接和嫩枝进行粗生长和木质化程度的观测;为有利于杂交授粉,选择先开优质花朵和散粉,柱头液分泌时间的观测等。

在较大区域内的物候观测,有众多人员参加时,首先应统一树木种类、主要项目(并立表格)、标准和记录方法。人员(最好包括后备人员)均经统一培训。

(一)观测目标与地点的选定

在进行物候观测前,按照以下原则选定观测目标或观测点。

(1)按统一规定的树种名单,从露地栽培或野生(盆栽不宜选用)树木中,选生长发育正常

并已开花结实 3 年以上的树木,在同地、同种树有许多株时,宜选 3~5 株作为观测对象。对属雌雄异株的树木最好同时选择雌株和雄株,并在记录中注明雌雄性别。

(2)观测植株选定后,应做好标记,并绘制平面位置图存档。

(二)观测时间与方法

(1)应常年进行,可根据观测目的要求和项目特点,在保证不失时机的前提下决定间隔时间的长短。对那些变化快、要求细的项目宜每天观测或隔日观测。冬季深休眠期可停止观测。一天中一般宜在气温高的下午观测(但也应随季节、观测对象的物候表现情况灵活掌握)。

(2)应选向南面的枝条或上部枝(因物候表现较早)。高树顶部不易看清,宜用望远镜并用高枝剪剪下小枝观察,无条件时可观察下部的外围枝。

(3)应靠近植株观察各发育期,不可远站粗略估计进行判断。

(三)观测记录

物候观测应随看随记,不应凭记忆事后补记。

(四)观测人员

物候观测须选责任心强的专人负责。人员要固定,不能轮流值班式观测。专职观测者因故不能坚持时,应由经培训的后备人员接替,不可中断。

三、园林树木物候观测项目与特征

(1)树液流动开始期从新伤口出现水滴状分泌液时为准,如核桃、葡萄(在覆土防寒地区一般不易观察到)等树种。

(2)萌芽期是树木由休眠转入生长的标志。

1)芽膨大始期。具鳞芽者,当芽鳞开始分离、侧面显露出浅色的线形或角形时,为芽膨大始期(具裸芽者,如枫杨、山核桃等,不记芽膨大期)。不同树种芽膨大特征有所不同。

由于树种开花类别不同,芽萌动有先后,有些是花芽(包括混合芽),有些是叶芽,应分别记录其日期。为便于观察不错过记录,较大的芽可以预先在芽上薄薄涂上点红漆(尤其是不易分清几年生枝的常绿柏类)。芽膨大后,漆膜分开露出其他颜色即可辨别。对于某些较小的芽或具绒毛状鳞片芽,应用放大镜观察。

2)芽开放(绽)期或显蕾期(花蕾或花序出现期)。树木的鳞芽当鳞片裂开,芽顶部出现新鲜颜色的幼叶或花蕾顶部时,为芽开放(绽)期。此期在园林中有些已有一定观赏价值,给人带来春天的气息。不同树种的具体特征有些不同。例如,榆树形成新苞片伸长时,枫杨锈色裸芽出现黄棕色线缝时,为芽开放期。有些树种的芽膨大与芽开放不易分辨时,可只记芽开放期。具纯花芽早春开放的树木,如山桃、杏、李、玉兰等的外鳞层裂开,见到花蕾顶端时,为花芽开放期或显蕾期。具混合芽春季开花的树木,如海棠、苹果、梨等,由于先长枝叶后开花,故其物候可细分为芽开放(绽)和花序露出期。

(3)展叶期。

1)展叶开始期。从芽苞中伸出的卷曲或按叶脉折叠着的小叶,出现第一批有 1~2 片平展时,为展叶开始期。不同树种,具体特征有所不同。针叶树以幼针叶从叶鞘中开始出现时为准;具复叶的树木,以其中 1~2 片小叶平展时为准。

2)展叶盛期。阔叶树以其半数枝条上的小叶完全平展时为准;针叶树类以新针叶长度达

老针叶长度 1/2 时为准。有些树种开始展叶后,就很快完全展开,可以不记展叶盛期。

3)春色叶呈现始期。以春季所展的新叶整体上开始呈现有一定观赏价值的特有色彩时为准。

4)春色叶变色期。以春叶特有色彩整体上消失时为准,如由鲜绿转暗绿,由各种红色转为绿色。

(4)开花期。

1)开花始期。在选定观测的同种数株树上,见到一半以上植株,有 5% 的(只有一株亦按此标准)花瓣完全展开时为开花始期。针叶树类和其他以风媒传粉为主的树木,以轻摇树枝见散出花粉时为准。其中柳属在葇荑花序上,雄株以见到雄蕊,出现黄花时为准;雌株以见到柱头出现黄绿色为准。杨属始花不易见到散出花粉,以花序松散下垂时为准。

2)开花盛期(或盛花期)。在观测树上见有一半以上的花蕾都展开花瓣或一半以上的葇荑花序松散下垂或散粉时,为开花盛期。针叶树可不记开花盛期。

3)开花末期。在观测树上残留约 5% 的花时,为开花末期。针叶树类和其他风媒树木以散粉终止时或葇荑花序脱落时为准。当以杂交育种和生产香花、果实为目的时,观察项目可根据需要增加,如观果树应增加落花期。

4)多次开花期。有些一年一次于春季开花的树木,在有些年份于夏秋间或初冬再度开花。即使未选定为观测对象,也应另行记录,内容包括①树种名称、是个别植株或是多数植株及大约比例。②再度开花日期、繁茂和花器完善程度、花期长短。③原因调查记录与未再度开花的同种树比较树龄、树势情况、生态环境上有何不同;当年春温、干旱、秋冬温度情况;树体枝叶是否(因冰雹、病虫害等)损伤,养护管理情况。④再度开花树能否再次结实,若结实其数量有多少,能否成熟等。

另有一些树种,一年内能多次开花。其中有的有明显间隔期,有的几乎连续。但从盛花上可看出有几次高峰,应分别加以记录。

以上经连续几年观察,可以判断是属于偶见的再度开花,还是一年多次开花的变异类型。

(5)果实生长发育和落果期。自坐果至果实或种子成熟脱落止。

1)幼果出现期。见子房开始膨大(苹果、梨果直径达 0.8 cm 左右时),为幼果出现期。

2)果实生长周期选定幼果,每周测量其纵、横径或体积,直到采收或成熟脱落时止。

3)生理落果期坐果后,树下出现一定数量脱落之幼果。有多次落果的,应分别记载落果次数,每次落果数量、大小。

4)果实或种子成熟期。当观测树上有一半的果实或种子变为成熟色时,为果实和种子成熟期。较细致的观测可再分为以下两期:①初熟期。当树上有少量果实或种子变为成熟色时,为果实和种子初熟期。②全熟期。树上的果实或种子绝大部分变为成熟时的颜色且尚未脱落时,为果实或种子的全熟期。此期为树木主要采种期。不同类别的果实或种子成熟时有不同的颜色。有些树木的果实或种子为跨年成熟的应记明。

5)脱落期又可细分以下两期。①开始脱落期见成熟种子开始散布或连同果实脱落,如见松属的种子散布,柏属果落,杨属、柳属飞絮,榆钱飘飞,栎属种脱,豆科有些荚果开裂等。②脱落末期成熟种子或连同果实基本脱完。但有些树木的果实和种子在当年终以前仍留树上不落,应在果实脱落末期栏中写"宿存"。应在第二年记录表中记下脱落日期,并在右上角加"?"

号,于表下作注,说明为何年的果实。观果树木,应加记具有一定观赏效果的开始日期和最佳观赏期。

(6)新梢生长周期由叶芽萌动开始,至枝条停止生长为止。新梢的生长分一次梢(习称春梢)、二次梢(习称夏梢或副梢)、三次梢(习称秋梢)。

1)新梢开始生长期选定的主枝。一年生延长枝(或增加中、短枝)上顶部营养芽(叶芽)开放为一次(春)梢开始生长期,一次梢顶部腋芽开放为二次梢开始生长期以及三次以上梢开始生长期,其余类推。

2)枝条生长周期。对选定枝上顶部梢定期观测其长度和粗度,以便确定延长生长与粗生长的周期和生长快慢时期及特点。二次以上梢以同样方法观测。

3)新梢停止生长期。以所观察的营养枝形成顶芽或梢端自枯不再生长为止。对二次以上梢可类推记录。

(7)叶秋季变色期。由于正常季节变化,树木出现变色叶,其颜色不再消失,并且新变色的叶在不断增多至全部变色为变色时期。不能与因夏季干旱或其他原因引起的叶变色混同。常绿树多无叶变色期,除少数外可不记录。

1)秋叶开始变色期。当观测树木的全株叶片约有5%开始呈现为秋色叶时,为开始变色期。针叶树的叶子,秋季多逐渐变黄褐色,开始不易察觉,以能明显看出变色时为准。

2)秋叶全部变色期。全株所有的叶片完全变色时,为秋叶全部变色期。

3)可供观秋色叶期。以部分(30%～50%)叶片所呈现的秋色叶,有一定观赏效果的起止日期为准。具体标准因树种品种而异。

记录时应注明变色方位、部位、比例、颜色并以图示标出该树秋叶变色过程。例如,元宝枫,由绿变成黄、橙、红三色。

(8)落叶期。观测树木秋冬开始落叶,至树上叶子全部落尽时止。其是指为树木秋冬的自然落叶,而不是因夏季干旱、暴风雨、水涝或发生病虫害引起的落叶。针叶树不易分辨落叶期,可不记。

1)落叶始期。约有5%的叶子脱落时为落叶始期。

2)落叶盛期。全株有30%～50%的叶片脱落时,为落叶盛期。

3)落叶末期。树上的叶子几乎全部(90%～95%)脱落为落叶末期。当秋冬突然降温至0℃或0℃以下时,叶子还未脱落,有些冻枯于树上,应注明。

有些落叶树种的叶子干枯至年终还未脱落,应注明"干枯未落"。有些至第二年春(多萌芽时)落叶,应记落叶的始、盛、末期年、月、日。可在右上角加"?"号,并于表下标注是哪年的叶子在何年脱落的。

热带地区树木的叶子多为换叶,如能鉴别其换叶期,应加以记录。将观察结果填入表6-2中。

四、作业

观测你所在院校校园或周边地区的园林树木的物候期,并填写园林树木物候观测记录表。

表6-2 园林树木物候观测记录表

编号：＿＿＿ 观测地点：＿＿＿ 省(市)＿＿＿ 市(县)＿＿＿ 区 北纬：＿＿＿ 东经：＿＿＿ 海拔：＿＿＿ m

生境：＿＿＿ 地形：＿＿＿ 土壤：＿＿＿ 小气候：＿＿＿ 同生植物：＿＿＿ 养护情况：＿＿＿

观测单位：＿＿＿＿＿＿＿＿＿＿＿＿＿＿ 观测者：＿＿＿＿＿＿＿＿＿＿＿＿＿＿

		树 种 名 称			
树液开始流动期					
萌芽期	花芽膨大时期				
	花芽开放期				
	叶芽膨大始期				
	叶芽开放期				
开花期	开花始期				
	开花盛期				
	开花末期				
	最佳观花起止期				
	再度开花期				
	二次开花期				
	三次开花期				
果实发育期	幼果出现期				
	生理落果期				
	果实成熟期				
	果实开始脱落期				
	果实脱落末期				
	可供观果起止日				
新梢生长期	春梢始长期				
	春梢停长期				
	二次梢始长期				
	二次梢停长期				
	三次梢始长期				
	三次梢停长期				
	四次梢始长期				
	四次梢停长期				
秋叶变色与脱落期	秋叶开始变色期				
	秋叶全部变色期				
	落叶开始期				
	落叶盛期				
	落叶末期				
	可供观赏秋色叶期				
	最佳观赏秋色叶期				
	备注：				

实训5　裸子植物树种识别

一、技能训练目标

(1)通过实习学会正确使用园林植物营养体检索表。学会自己编制检索表。

(2)通过实习掌握苏铁科(Cycadaceae)、银杏科(Ginkgoaceae)、松科(Pinaceae)、杉科(Taxodiaceae)、柏科(Cupressaceae)、罗汉松科(Podocarpaceae)、三尖杉科(Cephalotaxaceae)、红豆杉科(Taxaceae)等裸子植物的形态特点和识别的要点及其园林应用等。

二、树种识别

识别树种:苏铁、银杏、日本冷杉、雪松、油杉、黄枝油杉、湿地松、马尾松、日本五针松、火炬松、金钱松等。

三、观察提示(请参照园林树木营养体检索表)

(1)脱落性小枝:叶互生,对生。

(2)叶:叶形、气孔线(带);松属鳞叶、下延或不下延、叶鞘脱落或宿存、针叶数目等。柏科叶:鳞形,刺形,是否下延生长。生鳞叶小枝扁平或圆。

(3)球果:是否形成球果;种鳞扁平或盾状;球果成熟后开裂或成浆果状。

四、作业

1.编制已识别树种的分种检索表。

2.描述已识别树种的园林用途及观赏特性。

3.复习松、杉、柏3科的形态特征;比较3科的异、同点。

实训6 木兰科花形态特征观察

一、技能训练目标

了解木兰科花部构造及排列方式,比较它们与其他被子植物花的不同点。

二、观察材料

(1)新鲜材料:白兰的花、紫玉兰的花、木莲的花、含笑的花。

(2)蜡叶标本、液浸标本:白兰的果、广玉兰的花和果、鹅掌楸的花和果。

三、作业

1.绘制白兰花纵剖面形态图,注明花托、花被片、雄蕊群、雌蕊群。

2.根据哈钦松系统,木兰科生殖器官的结构保留了较多原始性状,表现在哪些方面?

实训7 蔷薇科花形态特征观察

一、技能训练目标

(1)通过对各亚科代表树种花的解剖观察,掌握本科花重要特征,如杯状花托、周位花、下位花、稀上位花、花各部均为5出数等;了解花、果特征在分类上的重要意义。

(2)了解本科树种在生产、观赏方面的重要地位,以及野生资源开发利用方面的巨大潜力。

二、观察材料

(1)新鲜材料:麻叶绣线菊的花、白鹃梅的花、贴梗海棠的花、湖北海棠的花、白梨的花、月

季、桃树花、梅花、日本樱花的花、野蔷薇的花、黄刺玫的花。

(2)蜡叶标本、液浸标本:蔷薇科各类型果实陈列标本有蓇葖果、蒴果、瘦果、梨果、核果及果核。

三、作业

1.绣线菊亚科被认为是较原始的类群而列于本科之首,与李亚科、苹果亚科比较,哪些形态特征反映了本亚科的原始性?

2.木兰科木兰属的果与本科绣线菊属的果有什么相同和不同?

实训8　豆科花、果形态特征观察

一、技能训练目标

(1)通过花的解剖观察,弄清两侧对称、辐射对称,蝶形花冠、假蝶形花冠的概念,了解旗瓣、翼瓣、龙骨瓣的形态及着生位置。

(2)观察各种荚果的形状、种子数目、开裂与不开裂。

二、观察材料

(1)新鲜材料:紫荆的花、相思树的花、金合欢的花、刺槐的花、紫藤的花、红豆树的花、朱樱花的花、合欢的花、锦鸡儿根瘤菌、云实的花、羊蹄甲的花。

(2)蜡叶标本:各种类型的荚果陈列标本。

三、作业

1.绘制刺槐花形态图,并通过解剖分别绘出旗瓣、翼瓣、龙骨瓣、二体雄蕊形态图。

2.蝶形花科被认为是豆目中最高级的类群,它的进化特征表现在哪些方面?

3.根瘤有何重要意义,是不是所有豆目植物的根系都与根瘤菌共生?

实训9　木犀科花形态观察

一、技能训练目标

了解木犀科花的构造及其在科内的高度一致性。

二、观察材料

(1)新鲜材料:连翘花枝、金钟花花枝、紫丁香花枝、雪柳花被、白蜡花枝、迎春花枝、黄馨花枝。

(2)蜡叶标本:白蜡、绒毛白蜡、女贞、小蜡、小叶女贞、桂花、流苏。

三、作业

1.绘制紫丁香、连翘的花形态图,并写出花程式。

2.熟悉木犀科树种在我国林业生产和园林绿化方面的地位与作用。

第四篇　园林树木枝叶分类检索表

第七章 总 表

检索表(Key)是鉴定植物的索引,各种树木志的科、属、种描述之前编排有相应的检索表,读者可根据检索表对欲鉴定的树木依次逐条查索,直至最后查出树木所属的科、属、种。有总表和分表,可检索到科;后为各科分种检索表。

本书采用平行式检索表,表中每一相对性状的描写紧紧并列,以便比较,在一种性状描写之末即列出所需的名称或是一个数字(码)。此数字重新列于较低的一行之首,与另一组相对性状平行排列;如此继续下去直至查到所需名称为止。

在检索时先查对1—1,再查2—2,进而查3—3,直至最终。例如,检索表的第一项是子叶,那么这一项的第一条如果是双子叶,而另一条(同序号的对应条)就应是单子叶。如果手上拿的是双子叶时,那就应该在双子叶条目下后面对应的数字(码)号继续查下去。

本检索表是在南京林业大学树木教研组编写的《江苏木本植物枝叶检索手册》的基础上编写而成的,共收入树木111科,358属,1 101种、变种及品种。

本检索表的最大优点是,使用方便简捷,不受季节的影响。但是,识别树木的最关键特征就是花果特征,一年四季中,树木开花结实是有一定的时间性和周期性的,在野外树种调查或其他实践中,有很多树种是看不到花和果的,这为树种识别和鉴定带来很大困难。同时要花费大量的时间和精力去学习植物形态学术语和解剖技术,如心皮、子房、胎座、花被、胚珠、雄蕊和雌蕊,还有复杂的花程式等。

本检索表的最大优势在于使用者只要掌握树木枝叶特征,就可解决大部分的树种识别问题。

使用检索表注意事项:

(1)应该熟悉形态学术语,掌握树木的解剖技术,特别是检索表涉及到的形态术语。

(2)尽可能收集到检索表上所需的特征资料。

(3)认真查对每一对对应的两条,经过比较后选择其一。

(4)如果没有把握选择两条之一时,可试从两条分别作试探性查对,有可能领悟到哪一条是对的。

(5)检索出答案后,应进一步核对教材或其他参考书中的全文描述或核对有关标本,以确保名称准确无误。

分表 1　裸 子 植 物

1. 叶大型,羽状深裂,集生于树干顶端,树干粗短不分枝 ……………… 苏铁科 Cycadaceae

1. 叶小型,不为羽状,生于小枝;树干分枝 ………………………………………………… 2

2. 具长枝和短枝;叶在长枝上互生,在短枝上簇生或成束 ………………………………… 3

2. 仅有长枝,无短枝,叶不簇生,不成束 …………………………………………………… 5

3. 叶在长枝上互生,在短枝上簇生,短枝发育成距状 ……………………………………… 4

3. 针叶束生于不发育的短枝上 ……………………………………………… 松科 Pinaceae

4. 叶扇形,上缘有波状缺刻或深裂,叶脉叉状 ……………………… 银杏科 Ginkgoaceae

4. 叶不成扇形,为条形或三角状针形 ……………………………………… 松科 Pinaceae

5. 叶互生 ……………………………………………………………………………………… 6

5. 叶对生或轮生 ……………………………………………………………………………… 16

6. 常绿性,叶质地较厚或较硬 ………………………………………………………………… 7

6. 落叶或半常绿性,叶质地柔软 ………………………………………… 杉科 Taxodiaceae

7. 小枝有隆起成木钉状叶枕,粗糙 ………………………………………… 松科 Pinaceae

7. 小枝无木钉状叶枕 ………………………………………………………………………… 8

8. 叶条形或条状披针形 ……………………………………………………………………… 9

8. 叶锥形、鳞形或鳞状卵形 ………………………………………………………………… 15

9. 叶上面中脉隆起 …………………………………………………………………………… 10

9. 叶上面中脉凹下或平,不隆起 …………………………………………………………… 13

10. 侧枝之叶排成二列 ………………………………………………………………………… 11

10. 侧枝之叶螺旋状排列,不成二列 ………………………………… 罗汉松科 Podocarpaceae

11. 叶平直,不呈弯镰状 ……………………………………………………………………… 12

11. 叶呈弯镰状,下面具黄绿色或褐黄色气孔带 … 红豆杉属 Taxus(红豆杉科 Taxaceae)

12. 冬芽黄褐色,芽鳞紧包 …………………………………………………… 松科 Pinaceae

12. 冬芽暗绿色,芽鳞松散 ……………………………… 三尖杉科(粗榧科)Cephalotaxaceae

13. 叶有锯齿、披针形或条状披针形 ……………………………………… 杉科 Taxodiaceae

13. 叶全缘、条形 ……………………………………………………………………………… 14

14. 叶同型 …………………………………………………………………………… 松科 Pinaceae

14. 叶二型,侧枝的叶条形,主枝的叶鳞形 ……………………… 北美红杉属 Sequoia(杉科)

15. 枝轮生,叶异型,具棱脊 ……………………………………………… 南洋杉科 Araucariaceae

15. 枝互生,叶锥形或鳞状锥形 …………………………………………… 杉科 Taxodiaceae

16. 叶对生 ……………………………………………………………………………………… 17

16. 叶 10～30 轮生,辐射状,叶条形,长 8～12 cm … 金松 Sciadopity verticillata(杉科)

17. 叶长 1 cm 以上 ……………………………………………………………………………… 18

17. 叶长 1.2 cm 以下,刺形或鳞形 ……………………………………… 柏科 Cupressaceae

18. 叶条形,侧枝之叶排成二列 ……………………………………………………………… 19

18. 叶卵形或椭圆状披针形,长 3～9 cm,具多数平行脉 ……………… 竹柏 Podocarpus nagi

19. 落叶性,叶柔软,长 1~3.5 cm ·················· 水杉 Metasequoia glyptostroboides(杉科)

19. 常绿性,叶质坚,先端具刺状尖头 ·················· 榧树属 Torreya(红豆杉科)

分表 2 叶互生或簇生

1. 藤本或攀援灌木 ··· 2
1. 直立乔灌木 ··· 12
2. 植物体具刺 ··· 3
2. 植物体无刺 ··· 4
3. 具枝刺,腋生 ····································· 紫茉莉科 Nyctaginaceae
3. 具皮刺,散生于茎上和叶柄上 ·························· 蔷薇科 Rosaceae
4. 叶掌状脉、3 出脉或羽状 3 出脉 ······························· 5
4. 叶羽状脉 ·· 8
5. 枝叶有乳汁 ····································· 桑科 Moraceae
5. 枝叶无乳汁 ·· 6
6. 落叶性,叶纸质 ··· 7
6. 常绿性;叶革质,三角状卵形、菱状卵形或菱状椭圆形,全缘或 3~5 浅裂··············
   ······································· 五加科 Araliaceae
7. 茎有卷须,叶缘有锯齿 ····························· 葡萄科 Vitaceae
7. 茎无卷须;叶全缘 ······························· 防己科 Menispermaceae
8. 叶全缘 ··· 9
8. 叶缘有锯齿 ·· 10
9. 叶卵形或矩圆状卵形,先端圆钝,侧脉 8 对以上,整齐 ·········· 鼠李科 Rhamnaceae
9. 叶椭圆形或叶椭圆状披针形,先端渐尖,侧脉 5~7 对 ·········· 清风藤科 Sabiaceae
10. 茎节部隆起(关键特征) ························ 猕猴桃科 Actinidiaceae
10. 茎节部平 ·· 11
11. 叶缘具稀疏齿牙状锯齿,茎上皮孔稀疏 ············ 五味子科 Schisandraceae
11. 叶缘具密锯齿;茎上皮孔较密 ···················· 卫矛科 Celastraceae
12. 枝叶有乳汁 ·· 13
12. 枝叶无乳汁 ·· 17
13. 叶片基部或叶柄先端有腺体或软刺········ 大戟科 Euphorbiaceae
13. 叶片基部或叶柄顶端无腺体或软刺 ·························· 14
14. 小枝具环状托叶痕·························· 桑科 Moraceae
14. 小枝无环状托叶痕 ·· 15
15. 叶线状披针形,长 10~15 cm,宽 0.7~1 cm
   ····················· 黄花夹竹桃 Thevetia peruviana(夹竹桃科)
15. 叶宽 15 cm 以上 ·· 16
16. 叶羽状脉························· 大戟科 Euphorbiaceae
16. 叶三出脉或羽状三出脉 ···················· 桑科 Moraceae

分表3 叶对生或轮生

36. 常绿性,叶柄长 2 cm 以上 ·························· 马鞭草科 Verbenaceae

36. 落叶性;叶柄长 1.5 cm 以下 ····················· 忍冬科 Caprifoliaceae

37. 乔木或小乔木,高通常 3 m 以上 ·· 38

37. 灌木,高通常 2 m 以下 ·· 41

38. 叶全缘 ··· 39

38. 叶缘有锯齿 ·· 40

39. 叶下面被丁字毛,侧脉弧形弯曲 ···················· 山茱萸科 Cornaceae

39. 叶无丁字毛 ································ 木犀科 Oleaceae

40. 二年生枝绿色 ·································· 卫矛科 Celastraceae

40. 二年生枝不为绿色 ························· 忍冬科 Caprifoliaceae

41. 叶全缘 ··· 42

41. 叶缘有锯齿 ·· 47

42. 叶条状披针形或长椭圆形,宽通常 1 cm 以下 ··········· 43

42. 叶宽 1.5 cm 以上 ·· 44

43. 叶条状披针形,中脉和侧脉在上面凹下,下面密被毛
·· 岩蔷薇 Cistus ladanifer(半日花科)

43. 叶长椭圆形,中脉和侧脉在上面平,下面无毛或被疏毛
·· 芫花 Daphne genkwa(瑞香科)

44. 叶上面有短刺毛或下面被丁字毛 ··········· 45

44. 叶无刺毛和丁字毛 ······················· 46

45. 叶卵形或长卵形,上面有短刺毛 ············· 蜡梅科 Calycanthaceae

45. 叶椭圆形,下面被丁字毛 ··············· 红瑞木 Swida alba(山茱萸科)

46. 叶大,长 8~15 cm,叶柄长 1.5 cm 以上,穗状花序有长总梗,花有苞片 ·······
·· 鸭嘴花 Adhatoda vasica(爵床科)

46. 叶较小,长 7 cm 以下,叶柄长 1 cm 以下,圆锥花序,花无苞片 ······· 木犀科 Oleaceae

47. 常绿性 ·· 48

47. 落叶性 ·· 51

48. 二年生枝绿色 ·· 49

48. 二年生枝不为绿色 ··· 50

49. 小枝有纵棱,节部平,叶缘具齿牙状疏齿,上面有黄色斑点 ·······
·················· 洒金桃叶珊瑚 Aucuba japonica var. variegata(山茱萸科)

49. 小枝无纵棱,节部膨大,叶缘具整齐的齿牙状锯齿,上面无黄色斑点 ·······
·· 金粟兰 Chloranthus spicatus(金粟兰科)

50. 小枝通常灰白色,侧芽常叠生,叶锯齿齿牙状或刺状 ········· 木犀科 Oleaceae

50. 小枝褐色;侧芽单生;叶缘具波状钝锯齿 ········· 忍冬科 Caprifoliaceae

51. 叶缘具齿牙状锯齿或重锯齿 ·················· 52

51. 叶缘具单锯齿,不为齿牙状 ·················· 55

52. 叶缘具重锯齿 ·················· 鸡麻 Rhodotypos scandens(蔷薇科)

52. 叶缘具单锯齿 ·················· 53

53.叶狭披针形,宽 2 cm 以下,下面密被绒毛 ········ 白背枫 Buddleja asiatica(醉鱼草科)

53.叶宽 2.5 cm 以上 ·· 54

54.小枝髓海绵状,白色;对生叶叶柄基部相连,叶柄基部抱茎 ·····································
·· 八仙花科 Hydrangeaceae

54.小枝髓不为海绵状;对生叶叶柄基部不相连,叶柄基部不抱茎 ·································
·· 忍冬科 Caprifoliaceae

55.小枝先端硬化成刺;叶侧脉 3 ~ 5 对 ····················· 鼠李科 Rhamnaceae

55.小枝先端不硬化成刺;叶侧脉通常 6 对以上 ·· 56

56.枝叶有臭气 ·· 马鞭草科 Verbenaceae

56.枝叶无臭气 ·· 忍冬科 Caprifoliaceae

分表4 复叶(包括单生复叶)

1.藤本 ·· 2

1.乔木或灌木 ·· 9

2.复叶对生 ·· 3

2.复叶互生 ·· 4

3.茎上通常有气生根;羽状复叶,小叶 7 ~ 11 枚 ············· 紫葳科 Bignoniaceae

3.茎上无气生根,1 ~ 2 回 3 枚小叶复叶或羽状复叶(小叶 5 ~ 7 枚) ·····················
·· 毛茛科 Ranunculaceae

4.掌状复叶或 3 枚小叶复叶 ·· 5

4.羽状复叶 ·· 蝶形花科 Fabaceae

5.3 枚小叶复叶 ·· 6

5.掌状复叶 ·· 8

6.有托叶;小叶被毛 ·· 蝶形花科 Fabaceae

6.无托叶;小叶无毛 ·· 7

7.3 枚小叶近等大,两侧小叶不偏斜 ············· 木通科 Lardizabalaceae

7.3 枚小叶不等大,两侧小叶显著偏斜 ········· 大血藤 Sargentodoxa cuneata(大血藤科)

8.小叶 3 ~ 5 枚,叶缘有锯齿或缺刻,茎有卷须 ············· 葡萄科 Vitaceae

8.小叶 5 ~ 7 枚,全缘;茎无卷须 ····················· 木通科 Lardizabalaceae

9.复叶对生 ·· 10

9.复叶互生 ·· 18

10.掌状复叶 ·· 11

10.羽状复叶或 3 枚小叶复叶 ·· 12

11.灌木或小乔木;小叶长 4 ~ 9 cm ················· 马鞭草科 Verbenaceae

11.乔木;小叶 9 ~ 30 cm ····················· 七叶树科 Hippocastanaceae

12.二年生枝绿色 ·· 13

12.二年生枝不为绿色 ·· 14

13.小枝明显 4 棱形 ·· 木犀科 Oleaceae

13. 小枝不为 4 棱形 ·· 槭树科 Aceraceae

14. 叶片或叶缘有透明油点 ·· 芸香科 Rutaceae

14. 叶无透明油点 ·· 15

15. 1～3 回羽状复叶存在于同一植株上,小叶全缘 ··

······················· 菜豆树 Radermachera sinica(紫葳科)

15. 1 回羽状复叶或 3 枚小叶复叶,小叶有锯齿 ·························· 16

16. 无顶芽;小枝棕红色 ·················· 野鸦椿 Euscaphis japonica(省沽油科)

16. 顶芽发达;小枝不为棕红色 ··· 17

17. 一年生枝近草质,髓心海绵状 ········· 接骨木 Sambucus williamsii(忍冬科)

17. 一年生枝木质,髓心不为海绵状 ···························· 木犀科 Oleaceae

18. 叶有透明油点 ·· 19

18. 叶无透明油点 ·· 20

19. 具枝刺或皮刺(无刺者小叶 5～11 枚或单小叶),无小托叶;花通常淡黄色或白色 ···

··· 芸香科 Rutaceae

19. 无刺;小叶 11～25 枚,有小托叶;花深紫色 ······ 紫穗槐 Amorpha fruticosa(蝶形花科)

20. 羽状复叶 ··· 21

20. 掌状复叶或 3 枚小叶复叶 ·· 53

21. 1 回羽状复叶或有时兼有 2 回羽状复叶 ·· 22

21. 2 回或 3 回羽状复叶 ··· 44

22. 枝或叶有刺 ·· 23

22. 枝、叶无刺 ·· 27

23. 奇数羽状复叶 ··· 24

23. 偶数羽状复叶 ··· 26

24. 小枝和叶柄无刺,小叶缘具刺,叶柄鞘状抱茎 ·············· 小檗科 Berberidaceae

24. 小枝或叶柄有刺;小叶无刺,叶柄不为鞘状 ··· 25

25. 乔木;具枝刺、托叶刺或毛刺 ································ 蝶形花科 Fabaceae

25. 灌木;具皮刺 ··· 蔷薇科 Rosaceae

26. 小叶 4 枚;小枝具棱 ················ 锦鸡儿 Caragana sinica(蝶形花科)

26. 小叶 8～16 枚,小枝无棱 ····························· 苏木科 Caesalpiniaceae

27. 小叶互生或有时近对生 ·· 28

27. 小叶对生 ··· 29

28. 小叶 2～9 枚;裸芽 ··· 胡桃科 Juglandaceae

28. 小叶 9～16 枚;鳞芽 ··· 无患子科 Sapindaceae

29. 枝叶有乳汁 ··· 漆树科 Anacardiaceae

29. 枝叶无乳汁 ·· 30

30. 小枝髓心片状分隔 ·· 胡桃科 Juglandaceae

30. 小枝髓心充实 ··· 31

31. 小叶有锯齿(至少基部有锯齿) ·· 32

31. 小叶全缘 ··· 39

分表5　单子叶植物

第八章 裸子植物

南洋杉科 Araucariaceae

三尖杉科 Cephalotaxaceae

柏科 Cupressaceae

46. 刺叶蓝绿色,长 5~9 mm,小枝顶部之叶两面有白粉 ·······················
·························· 粉柏 Sabina squamata cv. Meyeri

46. 刺叶绿色 ··· 47

47. 刺叶短,1.5~3.5 mm,上面有白粉 ··········· 日本矮桧 Sabina chinensis cv. Japonica

47. 刺叶较长,4~7 mm,树冠外围生刺叶的小枝直展 ·······················
·························· 万峰桧 Sabina chinensis cv. Wanfengkuai

48. 枝梢部分刺叶金黄色 ··········· 金叶万峰桧 Sabina chinensis cv. Jinyewanfengkuai

48. 枝梢部分刺叶白色 ··········· 银叶万峰桧 Sabina chinensis cv. Yinyewanfengkuai

49. 叶上面中脉两侧各有一条白色气孔带 ········· 刺柏 Juniperus formosana

49. 叶上面只有一条白粉带 ····································· 50

50. 叶上面的白粉带较绿色的叶边为窄,上面凹下成深槽 ··········· 杜松 Juniperus rigida

50. 叶上面的白粉带较绿色的叶边为宽,上面微凹不成深槽 ·······················
·························· 欧洲刺柏 Juniperus communis

苏铁科 Cycadaceae

1. 小叶线形 ··· 2

1. 小叶阔线形、卵状椭圆形或倒卵形 ····························· 7

2. 羽片边缘向下反卷 ··· 3

2. 羽片边缘不向下反卷 ··· 4

3. 小叶为镰刀状,叶柄具短刺27~42 对 ··········· 光果苏铁 Cycas thouarsii

3. 小叶不为镰刀状,羽片长 9~18 cm,宽 4~6 mm,深绿色 ········· 苏铁 Cycas revoluta

4. 小叶分裂 ··· 6

4. 小叶分裂基部羽片多成刺状 ····································· 5

5. 羽片长 15~30 cm,宽 10~15 mm,绿色,基部羽片多成刺状 ·······················
·························· 华南苏铁 Cycas rumphii

5. 羽片长 10~30 cm,宽 15~22 mm,绿色,边缘平,基部不下延 ·······················
·························· 云南苏铁 Cycas siamensis

6. 小叶 2 裂 ··················· 二歧苏铁 Cycas micholitzii

6. 小叶 3 裂以上 ··················· 多歧苏铁 Cycas micholitzii

7. 株高 0.2~0.5 m,丛生,小叶阔线形,总柄无刺 ····· 墨西哥苏铁 Ceratozamia mexicana

7. 株高 0.3~1.5 m,丛生,小叶卵状椭圆形或倒卵形,叶缘不规则的浅缺刻,叶柄具刺 ···
·························· 阔叶苏铁(泽米苏铁或南美苏铁)Zamia furfuracea

银杏科 Ginkgoaceae

1. 叶扇形,叶脉叉状,叶在长枝上互生,在短枝上簇生,枝下垂 ·······················
·························· 垂枝银杏 Ginkgo biloba cv. Pendula

1. 叶扇形,叶脉叉状,叶在长枝上互生,在短枝上簇生,枝不下垂 ····················· 2

2. 叶小型 ··· 3

2. 叶大型,缺刻深 ··················· 大叶银杏 Ginkgo biloba cv. Lacinata

3. 叶绿色 ··················· 银杏 Ginkgo biloba

3. 叶不为绿色 ··· 4

37. 针叶长 8 ~ 10 cm ·················· 奥地利黑松 Pinus nigra var. austriaca

38. 针叶细柔,长 12 ~ 20 cm,径 1 mm 以内 ·········· 马尾松 Pinus massoniana

38. 针叶粗硬,长 6 ~ 15 cm,径 1 ~ 1.5 mm ············ 油松 Pinus tabuliformis

39. 针叶 2 或 3 枚混生同一植株 ·· 40

39. 针叶全为 3 针一束 ··· 41

40. 针叶细短,长 5 ~ 12 cm,径不足 1 mm,树干有不定芽萌发的枝叶 ··········
··· 萌芽松 Pinus echinata

40. 针叶粗长,长 18 ~ 25 cm,径 2 mm,树干无不定芽萌发的枝叶 ··· 湿地松 Pinus elliottii

41. 针叶纤细,径约 0.5 mm,长 15 ~ 30 cm,一年生小枝有白粉 ·········· 展松 Pinus patula

41. 针叶粗,径 1 mm 以上 ··· 42

42. 顶芽灰白色,粗壮,针叶长 20 ~ 45 cm,径 2 mm,小枝粗壮 ····· 长叶松 Pinus palustris

42. 顶芽褐色或红褐色 ··· 43

43. 针叶较细柔,径约 1 mm,树脂管 3,边生 ·········· 云南松 Pinus yunnanensis

43. 针叶刚劲,径 1.5 ~ 2 mm,树脂管中生 ····································· 44

44. 冬芽无树脂,针叶长 12 ~ 25 cm,径 1.5 mm,树干无不定芽萌发的针叶 ········
··· 火炬松 Pinus taeda

44. 冬芽有树脂,针叶径 2 mm,树干有不定芽萌发的针叶 ····················· 45

45. 针叶长 7 ~ 16 cm ····························· 刚松 Pinus rigida

45. 针叶长 15 ~ 25 cm ··················· 晚松 Pinus rigida var. serotina

罗汉松科 Podocarpaceae

1. 叶对生,椭圆形或椭卵形,长 4 ~ 9 cm,有多数并列细脉,无中脉 ··········
··· 竹柏 Podocarpus nagi

1. 叶螺旋状互生,条形或条状披针形,有中脉 ································· 2

2. 叶先端渐长尖,条状披针形,长 7 ~ 15 cm ·········· 百日青 Podocarpus neriifolius

2. 叶先端钝或尖,不为渐长尖 ··· 3

3. 叶条形 ··· 4

3. 叶倒披针状条形,长 1.3 ~ 3.5 cm,树冠柱状 ································
··· 柱冠罗汉松 Podocarpus macrophyllus var. chingii

4. 叶长 7 ~ 12 cm,宽 7 ~ 10 mm ·········· 罗汉松 Podocarpus macrophyllus

4. 叶长 3 ~ 7 cm,宽 3 ~ 7 mm ········· 短叶罗汉松 Podocarpus macrophyllus var. maki

红豆杉科 Taxaceae

1. 叶上面中脉隆起,披针状条形或条形,显著弯镰状,长 2 ~ 3.5 cm,下面有黄绿色气孔带
··· 南方红豆杉 Taxus chinensis var. mairei

1. 叶上面中脉不明显,有两条浅纵槽,叶革质,先端尖刺状,平直不呈弯镰状··········· 2

2. 叶先端有刺状短尖头,基部圆或微圆,长 1.1 ~ 2.5 cm ············ 榧树 Torreya grandis

2. 叶先端有较长的刺尖头,基部微圆或楔形,长 2 ~ 3 cm ····· 日本榧树 Torreya nucifera

杉科 Taxodiaceae

1. 叶长 5 ~ 15 cm,窄长条形,由二叶合生而成,两面中央有纵槽,生于不发育短枝顶端,10 ~ 30 枚轮生,呈辐射状,常绿性·········· 金松 Sciadopitys verticellata

1. 叶短于 6 cm, 不为合生叶, 无不发育短枝 ……………………………………… 2

2. 叶互生 ……………………………………………………………………………… 3

2. 叶对生, 柔软, 条形, 长 1～3.5 cm, 排成两列, 落叶性 …………………………
……………………………………………… 水杉 Metasequoia glyptostroboides

3. 叶有锯齿, 条状披针形, 长 3～6 cm, 常绿性, 侧枝之叶排成二列 …………… 4

3. 叶全缘 ……………………………………………………………………………… 6

4. 叶绿色, 仅下面有白粉 …………………………………………………………… 5

4. 叶绿蓝色或灰绿色, 两面有白粉 …………… 灰叶杉木 Cunninghamia lanceolata cv. Glauca

5. 叶坚硬刺手 …………………………………………… 杉木 Cunninghamia lanceolata

5. 叶柔软不刺手 ………………………… 软叶杉木 Cunninghamia lanceolata cv. Mollifolia

6. 常绿性 ……………………………………………………………………………… 7

6. 落叶性或半常绿 …………………………………………………………………… 12

7. 叶同型 ……………………………………………………………………………… 8

7. 叶二型 ……………………………………………………………………………… 11

8. 叶鳞状锥形, 形小, 长 3～6 mm …………… 巨杉 Sequoiadendron giganteum

8. 叶锥形, 长 0.4～2 cm, 两侧有棱角, 横切面菱形, 螺旋状排列, 非二列状 ……… 9

9. 同一枝条上一段叶长, 一段叶短, 交替而生 …………………………………………
……………………………………………… 缩叶柳杉 Cryptomeria japonica. cv. Araucari

9. 同一枝条上叶的长度无显著差异 ………… 10

10. 叶长 1～1.5 cm, 微内弯 ………………………………… 柳杉 Cryptomeria fortunei

10. 叶长 0.4～2 cm, 直伸, 先端通常不内弯 ………… 日本柳杉 Cryptcmeria japonica

11. 大树之叶鳞形, 长 2～5 mm, 幼树之叶钻形, 长 0.6～1.5 cm, 两侧扁平 ………
…………………………………………………………… 秃杉 Taiwania flousiana

11. 主枝之叶鳞形, 长 6 mm, 侧枝之叶条形, 长 0.8～2 cm, 排成二列, 下面有两条白粉带
……………………………………………… 北美红杉 Sequoia sempervirens

12. 叶二型 ……………………………………………………………………………… 13

12. 叶同型 ……………………………………………………………………………… 14

13. 1～2 年生小枝绿色, 有芽小枝之叶鳞形宿存, 侧生无芽小枝之叶条状钻形, 排成二列
……………………………………………………… 水松 Glyptostrobus pensilis

13. 1～2 年生小枝褐色或红褐色, 大树之叶钻形, 形小, 紧贴小枝, 幼树及萌枝之叶条状披针形, 开展 ……………………………………………… 池杉 Taxodium ascendens

14. 叶长 0.4～1 cm, 半常绿性 ………………… 墨西哥落羽杉 Taxodium mucronatum

14. 叶长 1～1.5 cm, 落叶性 ………………………… 落羽杉 Taxodium distichum

第九章　被子植物

槭树科 Aceraceae

14. 叶基部平截 ································· 元宝槭 Acer truncatum
15. 小枝,叶柄及叶下面无毛 ······································· 16
15. 小枝、叶柄及叶下面有毛 ······································· 19
16. 叶不裂至基部,裂片不羽状分裂 ································· 17
16. 叶深裂至基部,裂片羽状分裂 ··································· 18
17. 叶绿色 ································· 鸡爪槭 Acer palmatum
17. 叶红紫色 ··················· 红枫 Acer palmatum cv. Atropurpureum
18. 叶绿色 ··················· 蓑衣槭 Acer palmatum cv. Dissectum
18. 叶红色 ·················· 红蓑衣槭 Aer palmatum cv. Ornatum
19. 叶浅裂至 1/3,裂片不羽状分裂 ············· 羽扇槭 Acer japonicum
19. 叶深裂至近基部,裂片羽状分裂 ········· 细叶羽扇槭 Acer japonicum cv. Aconitifolium
20. 小叶 3 枚,幼枝有毛,无白粉 ··············· 三叶槭 Acer henryi
20. 小叶 3~15 枚,幼枝无毛,有白粉,或沿叶脉及脉腋具白色丛毛 ···· 21
21. 小叶 3~7 枚,幼枝无毛,有白粉 ············· 梣叶槭 Acer negundo
21. 小叶 3~13 枚,叶下面沿叶脉具白色丛毛,果实周围具圆翅 ···········
··· 金钱槭 Dipteronia sinensis

猕猴桃科 Actinidiaceae

1. 叶近圆形或倒卵形,先端钝圆或微凹,稀凸尖,下面密被灰白色星状绒毛;髓白色,片状
　分隔 ··························· 中华猕猴桃 Actinidia chinensis
1. 叶宽卵形或椭圆形,先端渐尖或凸尖,下面仅中脉或脉腋有毛 ········· 2
2. 枝条髓心褐色,片状分隔 ··············· 软枣猕猴桃 Actinidia arguta
2. 枝条髓心白色,多充实 ················· 对萼猕猴桃 Actinidia valvata

漆树科 Anacardiaceae

1. 单叶,近圆形或卵圆形,先端圆形或微凹,全缘,下面沿脉有绢毛,叶柄长 1~4 cm ······
······························· 毛黄栌 Cotinus coggygria var. pubescens
1. 羽状复叶或 3 枚小叶 ··· 2
2. 植物体内无乳汁 ·· 3
2. 植物体内有乳汁 ·· 4
3. 顶芽发达,偶数羽状复叶,小叶宽约 2 cm,揉碎有香气 ······· 黄连木 Pistacia chinensis
3. 无顶芽,奇数羽状复叶,小叶宽 2~4.5 cm ····· 南酸枣 Choerospondias axillaris
4. 攀援灌木;3 枚小叶复 ··········· 刺果毒化藤 Toxicodendron tadicans var. hispidum
4. 直立乔木;羽状复叶 ··· 5
5. 小叶有锯齿 ··· 6
5. 小叶全缘 ·· 7
6. 叶轴具翅,小叶 7~13 枚,卵形或卵状椭圆形,下面无白粉 ···· 盐肤木 Rhus chinensis
6. 叶轴无翅,小叶 23~27 枚,披针形,下面有白粉 ········· 红果漆 Rhus typhina
7. 小枝、叶柄、叶下面均无毛,小叶基部楔形 ············ 野漆 Taxicodendron succedaneum
7. 小枝、叶柄、叶下面多少有毛,小叶基部圆形 ······················· 8
8. 小叶侧脉 8~16 对,下面仅沿叶脉有毛 ············ 漆树 Taxicodendron verniciflua

271

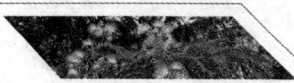

8. 小叶侧脉 18 ~25 对,下面密生黄色短柔毛 ·········· 木蜡树 Taxicodendron sylvestre

夹竹桃科 Apocynaceae

1. 叶互生,线形,长 10 ~15 cm,宽 7 ~10 mm,无叶柄 ····· 黄花夹竹桃 Thevetia peruviana

1. 叶对生或轮生 ·· 2

2. 直立灌木 ·· 3

2. 藤本;叶椭圆形或卵状披针形,长 2.5 ~7 cm,先端尖,基部楔形,叶柄长不足 5 mm ···
　　　　　　　　　　　　　　　　　　　　 络石 Trachelospermum jasminoides

3. 叶 3 ~5 片轮生 ·· 4

3. 叶对生 ·· 5

4. 侧脉 7 ~12 对;叶椭圆形或矩圆形,长 7 ~12 cm,宽 2.5 ~3 cm ·····················
　　　　　　　　　　　　　　　　　　　　　　　　　 黄蝉 Allemanda neriifolia

4. 侧脉多数,平行,多数与中脉成直角;叶线状披针形,长 11 ~15 cm,宽 2 ~2.5 cm ···
　　　　　　　　　　　　　　　　　　　　　　　　　 夹竹桃 Nerium indicum

5. 枝有二叉状分枝的刺;叶阔卵形,革质,先端有小尖头···································
　　　　　　　　　　　　　　　　　　　　　　 大花假虎刺 Carissa macrocarpa

5. 枝无刺;叶椭圆状卵形至矩圆形,先端渐尖,叶厚纸质·······························
　　　　　　　　　　　　　　　 狗牙花 Ervatamia divaricata cv. Gouyahua

冬青科 Aquifoliaceae

1. 落叶性;具短枝;叶纸质 ·· 2

1. 常绿性;无短枝;叶革质或近革质 ·· 5

2. 小枝有柔毛;叶倒卵形,两面有短毛 ···················· 满树星 Ilex aculeolata

2. 小枝无毛;叶卵形或椭圆形,两面几无毛 ·· 3

3. 叶柄长 1 ~2 cm,叶多为宽椭圆形或宽卵形,基部多为楔形 ··· 大柄冬青 Ilex macropoda

3 叶柄长约 1 cm,叶椭圆形或卵状椭圆形,基部圆形·································· 4

4. 果梗长 6 ~14 mm ·································· 大果冬青 Ilex macrocarpa

4. 果梗长 14 ~33 mm ·········· 长梗大果冬青 Ilex macrocarpa var. longipedunculata

5. 叶全缘 ·· 6

5. 叶有锯齿或具针刺 ·· 7

6. 叶厚革质,矩圆状四方形,基部近平截 ···················· 枸骨 Ilex cornuta

6. 叶革质,椭圆形或卵状椭圆形,基部宽楔形 ·················· 铁冬青 Ilex rotunda

7. 叶缘具针刺 ·· 8

7. 叶缘不具针刺 ··· 9

8. 叶厚革质,具裂片,裂片先端有针刺 ························ 枸骨 Ilex cornuta

8. 叶革质,不具裂片,锯齿伸长成针刺 ·········· 华中枸骨 Ilex centrochinensis

9. 小枝密生毛;叶小,长 1 ~3 cm,宽 0.6 ~1 cm ·········· 齿叶冬青 Ilex crenata

9. 小枝无毛;叶较上种为大 ·· 10

10. 叶大,长 8 ~24 cm,宽 4.5 ~7.5 cm,厚革质,侧脉间距 1 ~2.2 cm ·················
　　　　　　　　　　　　　　　　　　　　　　　　　 大叶冬青 Ilex latifolia

10. 叶长 6 ~10 cm,宽 2 ~3.5 cm,革质,侧脉间距不足 1 cm ························· 11

11. 小枝红褐色;叶椭圆形或卵状椭圆形 ················ 铁冬青 Ilex rotunda

11. 小枝灰绿色,叶狭长椭圆形或椭圆状披针形 ········ 冬青 Ilex chinensis

五加科 Araliaceae

1. 单叶 ·· 2

1. 复叶 ·· 8

2. 直立乔灌木;叶掌状分裂,裂片有锯齿 ···························· 3

2. 藤本,叶不裂或浅裂,裂片全缘 ································· 4

3. 常绿性,无刺,叶 7~9 掌状深裂 ················ 八角金盘 Fatsia japonia

3. 落叶性,干具皮刺,叶 5~7 掌浅裂 ········ 刺楸 Kalopanax septemlobus

4. 幼枝具鳞片状短柔毛,营养枝之叶全缘或 3 裂,三角状卵形或戟形,花枝之叶椭圆状披针形或卵状长椭圆形 ········ 常春藤 Hedera nepalensis var. sinensis

4. 幼枝具星状短柔毛,营养枝之叶 3~5 裂,花枝之叶卵形或菱形 ······ 5

5. 叶全为绿色 ································ 洋常春藤 Hedera helix

5. 叶边缘具红、黄或白色 ································ 6

6. 叶边缘红色 ·················· 红边常春藤 Hedera helix cv. Tricolor

6. 叶边缘黄色或具有其他色斑 ································ 7

7. 叶边缘有黄斑或全为黄色 ········ 黄斑叶常春藤 Hedera helix cv. Aureo-variegata

7. 叶边缘有彩斑或不整齐白色斑 ········ 斑叶常春藤 Hedera helix cv. Argenteo-variegata

8. 3 枚小叶复叶或掌状复叶 ································ 9

8. 2~3 回羽状复叶 ································ 12

9. 常绿性,小叶 6~8 枚,全缘,无刺 ········ 鹅掌柴 Schefflera octophylla

9. 落叶性,小叶 3~5 枚,有锯齿,茎有刺 ································ 10

10. 3 枚小叶复叶 ·················· 三叶五加 Acanthopanax trifoliatus

10. 掌状复叶,小叶 5 枚 ································ 11

11. 枝仅近叶柄基部有 1 皮刺或无刺,小叶两面无毛或仅下面脉上有毛 ········ 五加 Acanthopanax gracilistylus

11. 枝具散生皮刺,小叶两面有毛,脉上尤密 ········ 两歧五加 Acanthopanax divaricatus

12. 叶两面有毛,锯齿细密 ·················· 楤木 Aralia chinensis

12. 叶无毛,或幼时脉上有毛,锯齿粗而疏 ········ 辽东楤木 Aralia elata

小檗科 Berberidaceae

1. 单叶,枝条节部具长刺 ································ 2

1. 奇数羽状复叶,枝条节部无刺,叶缘有尖刺 ································ 4

2. 叶具锯齿,刺通常 3 分叉 ·················· 黄芦木 Berberis amurensis

2. 叶全缘,刺不分叉 ································ 3

3. 叶倒卵形,长 1~2 cm,基部楔形 ·········· 日本小檗 Berberis thunbergii

3. 叶椭圆状菱形,长 2.5~8 cm,基部下延成叶柄 ·········· 庐山小檗 Bcrberis virgetorum

4. 小叶卵形或椭圆形,宽达 4~5 cm ········ 阔叶十大功劳 Mahonia bealei

4. 小叶狭披针形,宽 2~3 cm ·········· 十大功劳 Mahonia fortunei

桦木科 Betulaceae

1. 冬芽无柄,芽鳞无油脂;叶具复锯齿 ·· 2
1. 冬芽有柄,芽鳞有油脂;叶具单锯齿 ·· 3
2. 树皮粉白色;小枝有隆起油腺点;叶卵状三角形或菱状卵形,下面无毛或微有疏毛 ······
·· 白桦 Betula platyphylla
2. 树皮灰褐色;小枝无油腺点;叶卵形或卵状矩圆形,下面有毛或萌芽枝之叶两面均有毛
·· 亮叶桦 Betula luminifera
3. 叶倒卵形或倒卵状椭圆形,最宽处在叶之上部 ············· 桤木 Alnus cremastogyne
3. 叶椭圆形、宽卵形或狭椭圆形,最宽处在叶之中部或下部 ···································· 4
4. 叶狭椭圆形或圆状披针形,先确渐尖,基部楔形 ············· 日本桤木 Alnus japonica
4. 叶椭圆形或宽卵形,先端短尖,基部圆形 ················· 江南桤木 Alnus trabeculosa

紫葳科 Bignoniaceae

1. 单叶 3 片轮生,叶下面脉腋有腺斑,3 出脉或掌状脉 ······································· 2
1. 复叶对生,叶下面脉腋无腺斑,羽状脉 ·· 5
2. 叶下面脉腋具黄绿色腺斑,宽卵形,下面密生柔毛 ············· 黄金树 Catalpa speciosa
2. 叶下面脉腋具紫色腺斑 ··· 3
3. 叶宽卵形,长宽几相等,通常 3 ~ 5 浅裂,下面沿叶脉有毛 ············· 梓 Catalpa ovata
3. 叶三角状卵形,长大于宽,不裂或有时近基部有 3 ~ 5 牙齿或浅裂,无毛 ··········· 4
4. 叶长 10 ~ 15 cm,花白色,蒴果长 25 ~ 50 cm ················· 楸 Catalpa bungei
4. 叶长 12 ~ 20 cm,花淡红色,蒴果长达 60 ~ 80 cm ···· 滇楸 Catalpa fargesii f. duclouxii
5. 直立乔木,1 ~ 3 回羽状复叶,小叶全缘 ················· 菜豆树 Radermachera sinica
5. 攀援灌木,1 回羽状复叶,小叶有锯齿 ··· 6
6. 小叶 9 ~ 11 枚,下面有毛,叶缘疏生 4 ~ 5 锯齿 ············· 厚萼凌霄 Campsis radicans
6. 小叶 7 ~ 9 枚,下面无毛,叶缘疏生 7 ~ 8 锯齿 ············· 凌霄 Campsis grandiflora

醉鱼草科 Buddlejaceae

1. 叶互生,狭披针形,长 2 ~ 8 cm,宽 0.5 ~ 1.5 cm ······· 互叶醉鱼草 Buddleja alternifolia
1. 叶对生 ·· 2
2. 小枝圆柱形;叶狭披针形,宽 0.8 ~ 2 cm ················· 白背枫 Buddleja asiatica
2. 小枝四棱形,叶卵形或卵状披针形,宽 1 ~ 5 cm ································· 3
3. 叶全缘或疏生波状牙齿,小枝、叶下面被细棕黄色星状毛 ··
··· 醉鱼草 Buddleja lindleyana
3. 叶有细锯齿,小枝、叶下面密生白色星状绵毛 ············· 大叶醉鱼草 Buddleja davidii

黄杨科 Buxaceae

1. 小枝有毛;叶倒卵形或宽椭圆形,宽 7 ~ 15 mm,基部楔形 ············· 黄杨 Buxus sinica
1. 小枝无毛,叶倒披针形或匙形,宽 5 ~ 10 mm,基部窄楔形 ······ 雀舌黄杨 Buxus bodinieri

苏木科 Caesalpiniaceae

1. 单叶 ·· 2
1. 复叶 ·· 5
2. 叶 2 裂,掌状脉 9 ~ 11 根 ································· 羊蹄甲 Bauhinia purpurea

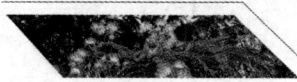

22. 幼枝无毛,叶仅脉上疏生毛 ·································· 海仙花 Weigela coraeensis

卫矛科 Celastraceae

1. 叶互生,小枝具明显皮孔,藤本 ·· 2

1. 叶对生,小枝皮孔不甚明显 ·· 5

2. 小枝、叶柄有锈褐色毛,叶柄长 1 cm 以下 ············ 雷公藤 Tripterygium wilfordii

2. 小枝、叶柄无毛,叶柄长 1 ~ 3 cm ·· 3

3. 小枝具 4 ~ 6 条棱线,髓心片状分隔 ············· 苦皮藤 Celastrus angulatus

3. 小枝圆柱形或近圆柱形,髓心充实 ······································· 4

4. 冬芽大,卵状圆锥形,长 4 ~ 12 mm,叶宽椭圆形或椭圆形 ··········
    ································· 大芽南蛇藤 Celastrus gemmatus

4. 冬芽小,卵圆形,长 1 ~ 3 mm,叶倒卵形、近圆形或长圆状倒卵形 ········
    ································· 南蛇藤 Celastrus orbiculatus

5. 匍匐或攀援灌木 ·· 6

5. 直立乔木或灌木 ·· 9

6. 半常绿;叶长 5 ~ 8 cm,叶柄长约 1 cm;聚伞花序疏散,分枝和花梗较长 ·········
    ································· 胶州卫矛 Euonymus kiautschovicus

6. 常绿性;叶柄长仅 5 mm;聚伞花序密集,分枝和花梗较短(成长后为攀援灌木) ····· 7

7. 叶长 2.5 ~ 8 cm,宽 1.5 ~ 4 cm,下面叶脉明显 ··············· 扶芳藤 Euonymus fortunei

7. 叶小,长 1 ~ 3 cm,宽 1.2 ~ 2 cm,下面叶脉不明显 ······················ 8

8. 叶绿色 ························ 爬行卫矛 Euonymus fortunei var. radicans

8. 叶缘白色、黄色或粉红色 ····· 银边爬行卫矛 Euonymus fortunei var. radicans cv. Gracilis

9. 小枝四棱形 ··· 10

9. 小枝圆柱形 ··· 15

10. 落叶性,一叶落后变红色;小枝常具 2 ~ 4 枚木栓质翅;叶近无柄···········
    ································· 卫矛 Euonymus alatus

10. 常绿性;小枝无木栓翅;叶革质,叶柄长 6 ~ 12 mm ······················ 11

11. 叶全为绿色 ························· 冬青卫予 Euonymus japonicus

11. 叶具白色或黄色斑纹 ·· 12

12. 叶边缘白色或黄色 ·· 13

12. 叶面有黄色或绿色斑纹 ·· 14

13. 叶缘白色 ········· 银边大叶黄杨 Euonymus japonicus var. albomarginatus

13. 叶缘黄色 ········· 金边大叶黄杨 Euonymus japonica var. aureamarginatus

14. 叶有黄色斑纹,一部分枝梢亦变成黄色 ·································
    ································· 金心大叶黄杨 Euonymus japonicus var. Variegata

14. 叶形大,光绿色,中部有黄色和绿色斑纹 ·······························
    ································· 斑叶大叶黄杨 Euonymus japonicus cv. Viridi-variegata

15. 半常绿;叶近革质 ·· 16

15. 落叶性,叶纸质 ··· 17

16. 叶较大,长 8 ~ 16 cm,宽 3 ~ 6 cm,具整齐细圆锯齿 ······ 肉花卫矛 Euonymus carnosus

16. 叶长 5 ~ 8 cm,宽 2 ~ 4 cm,具粗锯齿 ························· 胶州卫矛 Euonymus kiautschovicus

17. 叶椭圆状卵形或椭圆状披针形,宽 2 ~ 5 cm,具内弯细锯齿 ··· 白杜 Euonymus maackii

17. 叶披针形,宽 1.3 ~ 2 cm,具细尖锯齿 ·············· 钩蝴蝶 Euonymus elegantissima

山茱萸科 Cornaceae

1. 叶有锯齿,无毛 ·· 2

1. 叶全缘,有丁字毛 ·· 3

2. 叶互生,有细锯齿,无黄色斑点;花序生于叶面上;落叶性 ··· 青荚叶 Helwingia japonica

2. 叶对生,有粗锯齿,散生黄色斑点,花序顶生;常绿性
  ·· 洒金桃叶珊瑚 Aucuba japonica cv. Variegata

3. 叶互生,下面有白粉,侧脉 6 ~ 9 对,叶柄长 2.5 ~ 6 cm
  ··· 灯台树 Bothrocaryum controversum

3. 叶对生 ··· 4

4. 叶柄长 1 cm 以下,叶下面脉腋有簇生毛 ······································· 5

4. 叶柄长 1 ~ 4 cm,叶下面脉腋无簇生毛 ······································· 6

5. 叶下面无白粉,绿色,侧脉 6 ~ 8 对,脉腋簇生毛密集 ·········· 山茱萸 Cornus officinalis

5. 下叶面有白粉,粉绿色,侧脉 4 ~ 5 对,脉腋簇生毛稀疏
  ·· 四照花 Dendrobenthamia japonica var. chinensis

6. 花叶下面淡绿色,侧脉 3 ~ 5 对 ·· 7

6. 叶下面带白色或粉绿色,侧脉 5 ~ 8 对 ·· 8

7. 树皮纵裂,叶两面疏生毛 ·· 毛梾 Swida walteri

7. 树皮平滑;叶两面密生毛 ·· 光皮毛梾 Swida wilsoniana

8. 一年生小枝紫红色,常有白粉,叶侧脉 5 ~ 6 对;灌木 ·········· 红瑞木 Swida alba

8. 一年生小枝带褐色,无白粉,叶侧脉 6 ~ 8 对 ······························ 9

9. 乔木,枝髓白色;叶下面疏生毛,叶柄长 1 ~ 4 cm ·········· 梾木 Swida macrophylla

9. 灌木,枝髓褐色;叶下面密生毛,叶柄长 1 ~ 1.5 cm ··· 灰叶毛梾 Swida poliophylla

榛科 Corylaceae

1. 小枝及叶柄有腺毛 ·· 2

1. 小枝及叶柄无腺毛 ·· 4

2. 叶宽卵形,长 8 ~ 18 cm,侧脉 9 ~ 13 对,叶缘有不规则钝齿,不裂 ··················
  ··· 山白果 Corylus chinensis

2. 叶宽倒卵形或卵圆形,长 6 ~ 10 cm,侧脉 3 ~ 7 对,叶缘常有小浅裂 ·········· 3

3. 叶先端平截,凹缺,有裂片,中裂片骤尖呈龟尾状 ·········· 榛 Corylus heterophylla

3. 叶先端渐尖,不为平截形 ··············· 川榛 Corylus heterophylla var. sutchuenensis

4. 侧脉 15 ~ 20 对,叶缘具刺毛状复锯齿,小枝密被毛 ·········· 5

4. 侧脉 8 ~ 14 对,小枝无毛或幼时有毛 ·· 6

5. 叶卵状矩圆形或卵形,基部深心形,冬芽不为绿色
  ··· 华千金榆 Carpinus cordata var. chinensis Franch

5. 叶卵状披针形或长卵形,基部圆形或近心形,冬芽绿色 ······ 多脉铁木 Ostrya multinervis

6. 叶具刺毛状复锯齿,两面均有平伏柔毛 ·········· 镰苞鹅耳枥 Carpinus falcatibracteata

6. 叶具复锯齿,仅下面沿脉或脉腋有毛 ·· 7

7. 叶长 5～8 cm,先端尾状渐尖,下面脉上疏生毛,脉腋无簇生毛 ···············
·· 大穗鹅耳枥 Carpinus fargesii

7. 叶长 2.5～5 cm,先端急尖或钝尖,下面脉上密生毛,脉腋常具簇生毛 ········· 8

8. 叶卵形,宽卵形或菱状卵形 ························· 鹅耳枥 Carpinus turczaninowii

8. 叶椭圆形或卵状矩圆形 ··················· 宝华鹅耳枥 Carpinus oblongifolia

柿科 Ebenaceae

1. 枝具刺 ·· 2

1. 枝无刺 ·· 3

2. 叶卵状菱形或倒卵形;小枝无毛或仅幼时有毛 ········· 老鸦柿 Diospyros rhombifolia

2. 叶椭圆形或矩圆状披针形;小枝有柔毛 ··················· 瓶兰花 Diospyros armata

3. 叶两面无毛 ·· 4

3. 叶两面或下面有毛 ··· 5

4. 小枝有毛;叶长椭圆形或椭圆状披针形,长 4～9 cm,下面淡绿色,叶柄长约 5 mm ·····
·· 乌柿 Diospyros cathayensis

4. 小枝无毛;叶卵状椭圆形或卵状披针形,长 10～16 cm,下面苍白色;叶柄长 1.5～2.5 cm
·· 粉叶柿 Diospyros glaucifolia

5. 芽无毛,长尖;叶下面灰白色或苍白色,仅脉上有毛 ········· 君迁子 Diospyros lotus

5. 芽有毛,钝尖,叶下面淡绿色 ································· 6

6. 树皮薄片状剥落,平滑,叶两面密被毛 ··················· 油柿 Diospyros oleifera

6. 树皮纵裂呈小方块,叶上面无毛或近无毛 ··················· 7

7. 一年生小枝及叶柄毛较少,叶下面沿叶脉有毛 ············· 柿 Diospyros kaki

7. 一年生小枝及叶柄密被毛,叶下面密被毛 ········· 野柿 Diospyros kaki var. silvestris

胡颓子科 Elaeagnaceae

1. 叶椭圆状披针形或披针形,两面有银白色鳞片 ············ 沙枣 Elaeagnus angustifolia

1. 叶椭圆形、宽卵形或卵状椭圆形 ······························· 2

2. 常绿性;叶革质 ··· 3

2. 落叶性;叶纸质 ··· 4

3. 叶近圆形或宽卵形,宽 4～6 cm,下面有银白色鳞片,叶柄长 1～2.5 cm ···········
·· 大叶胡颓子 Elaeagnus macrophylla

3. 叶椭圆形或矩圆形,宽 2～5 cm,下面有银白色及褐色鳞片;叶柄长 0.6～1.2 cm ·····
·· 胡颓子 Elaeagnus pungens

4. 春秋两季发叶,同一枝上的叶大小不一;秋季开花,翌春果熟 ····················
·· 佘山羊奶子 Elaeagnus argyi

4. 一季发叶,叶大小近相等,春季开花,秋季果熟 ··················· 5

5. 小枝密被褐锈色鳞片,无刺,果梗长 1～3 cm ············· 木半夏 Elaeagnus multiflora

5. 小枝密被银白色鳞片,常具刺;果梗长 0.5～1 cm ········· 牛奶子 Elaeagnus umbellata

杜英科 Elaeocarpaceae

1. 叶两面无毛或幼时微有毛,后脱落,叶宽倒披针形,锯齿钝,上面网脉隆起 ··········
·· 山杜英 Elaeocarpus sylvestris

1. 叶下面脉上有毛,长椭圆形或长椭圆状倒披针形,锯齿略尖,上面网脉凹下 ………… ………………………………………………………………… 猴欢喜 Sloanea sinensis

杜鹃花科 Ericaceae

1. 叶 4 片轮生,线形,长 3 ~4 mm ……………………… 四齿欧石楠 Erica tetralix
1. 叶互生 …………………………………………………………………………… 2
2. 叶二列状排列,卵形、椭圆形或卵状椭圆形,下面脉上有毛;小枝无毛 ……………… ………………………………………… 椭叶南烛 Lyonia ovalifolia var. elliptic
2. 叶螺旋状排列 ……………………………………………………………………… 3
3. 小枝、叶有平伏糙毛 …………………………………………………………… 4
3. 小枝、叶有柔毛或开展的粗毛,无平伏糙毛 ………………………………… 5
4. 落叶性,小枝、叶仅有平伏糙毛,无腺毛,芽鳞无黏液;花红色 …………………… ……………………………………………………… 杜鹃 Rhododendron simsii
4. 半常绿;小枝、叶混有糙毛、腺毛两种毛,芽鳞有黏液;花白色 ………………… ………………………………………… 白花杜鹃 Rhododendron mucronatum
5. 叶长椭圆形或椭圆状倒披针形,边缘具睫毛,两面有柔毛 …………………………… ………………………………………………… 羊踯躅 Rhododendron molle
5. 叶卵形、宽卵形或椭圆状卵形,边缘无睫毛 ……………………………………… 6
6. 常绿性;叶卵形或椭圆状卵形,先端尖而微凹,中脉延伸成小凸尖 ………………… ………………………………………………… 马银花 Rhododendron ovatum
6. 落叶性;叶宽卵形或卵状菱形,先端尖,中脉不延伸成小凸尖 ……………………… ………………………………………………… 满山红 Rhododendron mariesii

大戟科 Euphorbiaceae

1. 3 枚小叶复叶,小叶卵圆形,有细锯齿 ……………… 重阳木 Bischofia polycarpa
1. 单叶 …………………………………………………………………………… 2
2. 叶对生,椭圆形,下面紫红色,有细锯齿,羽状脉,体内有乳汁 …………………… ……………………………………… 红背桂花 Excoecaria cochinchinensis
2. 叶互生 …………………………………………………………………………… 3
3. 3 ~5 出掌状脉,叶柄顶端或叶片基部有腺点或丝状软刺 …………………… 4
3. 羽状脉,叶柄顶端无腺体或有 ………………………………………………… 12
4. 枝、叶内有乳汁 ……………………………………………………………… 5
4. 枝、叶内无乳汁 ……………………………………………………………… 7
5. 枝、叶有锈褐色星状毛 3 枚叶不裂或 3 ~5 浅裂 …… 石栗 Aleurites moluccana
5. 枝、叶无毛或幼时微有柔毛 ………………………………………………… 6
6. 叶不裂或 2 ~3 浅裂,裂口无腺体;叶柄顶端的腺体无柄 ………… 油桐 Vernicia fordii
6. 叶 3 ~5 中裂,裂口有腺体;叶柄顶端腺体有柄 ………… 木油桐 Vernicia montana
7. 叶有锯齿,两面均无腺体 …………………………………………………… 8
7. 叶全缘或分裂,裂片全缘或疏生锯齿,两面有细小腺体 …………………… 9
8. 叶宽卵形或近圆形,下面带紫色,密被毛,叶柄顶端有 2 个丝状软刺 ……………… ……………………………………………… 山麻杆 Alchornea davidii

8. 叶卵形,下面淡绿色,疏生星状毛,叶基部近叶柄处有 2 枚腺体 …… 巴豆 Croton tiglium

9. 叶下面灰白色,密被星状毛,具棕色细小腺点 …… 白背叶 Mallotus apelta

9. 叶下面带绿色,疏被星状毛,具黄色细小腺点 …… 10

10. 常为蔓性灌木;叶不裂,叶柄长 2.5 ~ 4 cm …… 石岩枫 Mallotus repandus

10. 直立小乔木;叶 3 浅裂或不裂,叶柄长 4 ~ 9 cm …… 11

11. 叶宽卵形或菱形,长大于宽,上面常无毛,下面疏被星状毛 ……
…… 野梧桐 Mallotus japonicus

11. 叶卵圆形或三角状圆形,长宽近相等,两面有星状毛 …… 野桐 Mallotus tenuifolius

12. 叶形多变,倒披针形、线形、椭圆形或匙形,不裂或中部深裂成上、下两片,绿色,常杂以
黄色、红色或白色斑纹 …… 变叶木 Codiaeum variegatum

12. 叶不为上述特征 …… 13

13. 枝、叶有乳汁 …… 14

13. 枝、叶无乳汁 …… 17

14. 乔木;叶柄顶端有 2 枚腺体 …… 15

14. 灌木,高约 1 米;叶柄顶端无腺体 …… 16

15. 叶菱形或卵状菱形,长宽几相等;叶柄长 2.5 ~ 7 cm …… 乌桕 Sapium sebiferum

15. 叶卵状椭圆形,长大于宽;叶柄长 1.5 ~ 2.5 cm …… 白木乌桕 Sapium japonicum

16. 茎具纵棱,有长刺;叶无柄 …… 铁海棠 Euphorbia milii

16. 茎无纵棱,无刺;叶有柄,茎上部之叶苞片状,开花时朱红色 ……
…… 一品红 Euphorbia pulcherrima

17. 枝叶密被短柔毛,叶椭圆形或倒卵状椭圆形,长 3 ~ 6 cm ……
…… 算盘子 Glochidion puberum

17. 枝叶无毛 …… 18

18. 叶下面淡绿色,全缘或有细钝齿,托叶早落 …… 一叶萩 Securinega suffruticosa

18. 叶下面灰白色或青灰色,全缘,托叶宿存 …… 19

19. 叶椭圆形或矩圆形,长 2 ~ 3 cm,先端有小尖头,小枝细弱 ……
…… 青灰叶下珠 Phyllanthus glaucus

19. 叶椭圆状披针形,长 3 ~ 6 cm,先端短渐尖,无小尖头 ……
…… 湖北算盘子 Glochidion wilsonii

壳斗科 Fagaceae

1. 常绿性;叶革质 …… 2

1. 落叶性,叶纸质 …… 12

2. 小枝密被绒毛,至少幼时被绒毛 …… 3

2. 小枝无毛 …… 5

3. 叶长 6 ~ 12 cm,全缘或近顶端有数钝齿,下面无毛,有灰白色蜡层 ……
…… 柯 Lithocarpus glaber

3. 叶长 3 ~ 7 cm,有锯齿,下面幼时有绒毛,无蜡层 …… 4

4. 叶下面绿色,老时仅中脉基部有毛,有细密锯齿 …… 乌冈栎 Quercus phillyraeoides

4. 叶下面苍白色,密被毛,有稀疏锯齿 …… 栓皮栎 Quercus variabilis

20.叶下面淡绿色,无毛或疏生毛 ……………………………………………………… 22

21.叶缘有波状钝齿 …………………………………………………… 槲栎 Quercus aliena

21.叶缘有波状锐齿 …………………………… 锐齿槲栎 Quercus aliena var. acuteserrata

22.叶缘有粗尖锯齿 ……………………………………………………………………… 23

22.叶缘有波状缺刻 ……………………………………………………………………… 24

23.叶散生,叶柄长 1 ~ 2.5 cm …………………………………………… 枹栎 Quereus serrata

23.叶集生枝顶,叶柄长 2 ~ 5 mm ………… 短柄枹树 Quercus senlata var. brevipetiolata

24.侧脉 8 ~ 15 对,波状缺刻先端钝尖或圆 ………………… 蒙古栎 Quercus mongolica

24.侧脉 6 ~ 10 对,波状缺刻先端钝圆 ……………………… 辽东栎 Quercus liaotungensis

大风子科 Flacourtiaceae

1.有枝刺,叶卵形至长圆状卵形,长4 ~8 cm,宽3 ~4 cm,羽状脉,无毛;常绿性…………
………………………………………………………………… 柞木 Xylosma racemosum

1.无枝刺,叶圆卵形或长圆形,掌状脉 3 ~ 5 出,落叶性…………………………………… 2

2.叶柄较短,无腺点,叶下面绿色 ………………………………… 山拐枣 Poliothyrsis sinesis

2.叶柄较长,上具 2 枚瘤状腺体,叶下面灰白色 …………………………………………… 3

3.叶下面仅脉腋簇生毛,叶柄疏生毛 ………………………… 山桐子 Idesia polycarpa

3.叶下面及叶柄密生毛 ………………………… 毛山桐子 Idesia polycarpa var. vestita

金缕梅科 Hamamelidaceae

1.叶 3 ~7 掌状分裂,掌状脉,叶柄细长 …………………………………………………… 2

1.叶不分裂,全缘或有锯齿,羽状脉……………………………………………………… 3

2.小枝常有木栓翅;叶 5 ~ 7 裂,基部平截或微心形,下面脉腋簇生白毛;托叶披针形……
………………………………………………… 北美枫香 Liquidambar styraciflua

2.小枝无木栓翅,叶 3 裂(幼树 5 裂),无毛或幼叶被毛;托叶线形 ………………………
………………………………………………………… 枫香树 Liquidambar formosana

3.叶革质,全缘或上部具数齿;常绿性…………………………………………………… 4

3.叶纸质,有锯齿;落叶性……………………………………………………………… 7

4.枝叶被星状毛,无鳞粃;叶卵形或椭圆形,长 2 ~5(6) cm,下面带灰白色,全缘,叶缘被
星状毛 ………………………………………………… 檵木 Loropetalum chinense

4.枝叶具鳞粃及星状毛 ………………………………………………………………… 5

5.叶全缘,椭圆形或倒卵状椭圆形,长 3 ~7 cm ………… 蚊母树 Distylium racemosum

5.叶上部具少数疏齿,稀全缘,长 5 ~12 cm ………………………………………… 6

6.叶矩圆形或倒披针形,下面网脉不明显 ………… 杨梅叶蚊母树 Distylium myricoides

6.叶长卵形或披针形,下面网脉明显 ………………………… 水丝梨 Sycopsis sinensis

7.裸芽被毛 ……………………………………………………………………………… 8

7.鳞芽 …………………………………………………………………………………… 10

8.芽无柄,被星状毛;叶纸质,倒卵状矩圆形,长 7 ~16 cm,边缘具不整齐牙齿,托叶小 …
………………………………………………………… 牛鼻栓 Fortunearia sinensis

8.芽有短柄,被绒毛,叶厚纸质,倒卵形,边缘具波状钝齿,托叶大,披针形………………… 9

9.叶长 8 ~15 cm,宽 6 ~10 cm,基部斜心形,侧脉 6 ~8 对,下面密被星状毛 …………
………………………………………………………… 金缕梅 Hamamelis mollis

1. 小枝髓心片状分隔 ·· 5

2. 裸芽,小叶 7 枚以内,枝、芽、叶下面被黄褐色腺鳞 ················ 3

2. 鳞芽,小叶 7 枚以上 ·· 4

3. 常绿性,偶数羽状复叶,小叶 1 ~ 2 对,椭圆形或矩圆形,全缘 ·················
······································ 少叶黄杞 Engelhardtia fenzelii

3. 落叶性,奇数羽状复叶,小叶 5 ~ 7 枚,披针形或倒卵状披针形,有锯齿 ········
······································ 山核桃 Carya cathayensis

4. 顶芽被数枚镊合状排列的芽鳞,侧芽被 1 枚芽鳞,新枝幼叶下面被淡黄色腺点,小叶披
针形或镰状披针形 ······················ 美国山核桃 Carya illinoensis

4. 顶芽、侧芽均被数枚复瓦状排列的芽鳞,枝叶无腺点,小叶椭圆状披针形、矩圆状披针形
或披针形 ····························· 化香 Plaltycarya strobilacea

5. 裸芽具柄,密被盾状鳞 ··· 6

5. 鳞芽 ··· 8

6. 叶轴具窄翅,偶数羽状复叶,小叶通常 10 ~ 16 枚,矩圆 ····· 枫杨 Pterocarya stenoptera

6. 叶轴无翅,奇数羽状复叶,小叶 5 ~ 11 枚 ································ 7

7. 叶柄长 5 ~ 7 cm,无毛;小叶矩圆形或卵状椭圆形 ····· 湖北枫杨 Pterocarya hupehensis

7. 叶柄长 3 ~ 5 cm,密被毛或有时脱落近无毛,小叶矩圆状卵形至宽披针形 ·················
······································ 青钱柳 Cyclocarya paliurus

8. 小叶 5 ~ 11 枚,近无毛,全缘,幼树小叶有锯齿 ························ 9

8. 小叶 9 ~ 23 枚,有毛或后无毛,有锯齿 ································· 10

9. 小叶 5 ~ 9 枚,椭圆状卵形或矩圆形,侧脉 11 ~ 15 对 ········· 胡桃 Juglans regia

9. 小叶 9 ~ 11(15)枚,卵状披针形或椭圆状披针形,侧脉 17 ~ 23 对 ·················
······································ 泡核桃 Juglans sigillata

10. 小叶 15 ~ 23 枚,卵形或卵状披针形,基部歪斜,下面被绒毛及腺毛 ·················
······································ 黑胡桃 Juglans nigra

10. 小叶 9 ~ 17 枚,被星状毛 ·· 11

11. 新枝被短柔毛;小叶矩圆形、卵状椭圆形或矩圆状披针形,初被毛,后无毛 ·················
······································ 胡桃楸 Juglans mandshurica

11. 新枝被腺毛,小叶卵状矩圆形或长卵形,下面密被短柔毛及星状毛,脉上被腺毛 ········
······································ 野核桃 Juglans cathayensis

木通科 Lardizabalaceae

1. 掌状复叶,小叶 5 ~7 枚,全缘 ·· 2

1. 三小叶复叶 ·· 3

2. 小叶 5 枚,倒卵形或椭圆形,先端微凹、落叶性 ········· 木通 Akebia quinata

2. 小叶 5 ~ 7 枚,矩圆状卵形,先端尾尖,下面网脉有灰白色斑纹;常绿性 ·················
······································ 野木瓜 Stauntonia chinensis

3. 中间小叶柄长 2 ~ 3 cm,小叶卵形,先端钝圆、全缘或有波状钝齿,网脉细密,落叶性 ···
······································ 三叶木通 Akebia trifoliata

3. 中间小叶柄长 4 ~ 5 cm,小叶卵形或椭圆形,先端凸尖,全缘,网脉稀疏;常绿性 ········
······································ 鹰爪枫 Holboellia coriacea

樟科 Lauraceae

木兰科 Magnoliaceae

28. 小枝较粗;叶倒卵形,长 6 ~17 cm,侧脉 7 ~10 对 ……………………………… 29
29. 叶长 10 ~17 cm,先端急尖或急短渐尖,基部楔形,上面沿中脉和侧脉疏生平伏毛 …
………………………………………………………… 武当木兰 Magnolia sprengeri
29. 叶长 6 ~15 cm,先端短急尖,叶 2/3 以下渐窄为楔形,上面中脉基部常被毛 …………
………………………………………………………… 二乔木兰 Magnolia soulangeana
30. 小枝灰褐色、叶近基部具 …………………………… 鹅掌楸 Liriodendron chinense
30. 小枝褐色或紫褐色,叶近基部具 1 ~2(3)对侧裂片,下面淡绿色,无白粉 …………
………………………………………………… 北美鹅掌楸 Liriodendron tulipifera

锦葵科 Malvaceae

1. 叶卵圆状心形,长宽 10 ~16 cm,5 ~7 裂,掌状脉 7 ~11,叶柄长 5 ~13 cm …………
………………………………………………………… 木芙蓉 Hibiscus mutabilis
1. 叶卵形或菱状卵形,3 裂或不裂 ……………………………………………………… 2
2. 叶有透明油点,卵形或卵状矩圆形,长 6 ~12 cm,先端长尖,基部微心形或钝 …………
………………………………………………………… 悬铃花 Malvaviscus arboreus
2. 叶无透明油点 ……………………………………………………………………… 3
3. 落叶性,叶菱状卵形,长 3 ~7 cm,3 裂或不裂 ………………… 木槿 Hibiscus syriacus
3. 常绿性,叶有粗锯齿 ……………………………………………………………… 4
4. 小枝不下垂,叶宽卵形或卵形,长 7.5 ~11 cm ………………… 朱槿 Hibiscus rosa-sinensis
4. 小枝细,下垂,叶卵状椭圆形,长 4 ~7.5 cm ………………… 吊灯花 Hibisus schizopetalus

楝科 Meliaceae

1. 1 回羽状复叶 ……………………………………………………………………… 2
1. 2 ~3 回羽状复叶 ……………………………………………………………………… 5
2. 小叶 3 ~5 枚,小枝顶常被褐色、星状小鳞片 ………………… 米仔兰 Aglaia odorata
2. 小叶 6 ~10 对,小枝粗壮 …………………………………………………………… 3
3. 小叶互生,10 ~16 枚,先端尾尖,基部偏斜 ………………… 麻楝 Chukrasia tabularis
3. 小叶对生 …………………………………………………………………………… 4
4. 小叶全缘或具不明显锯齿,无毛或近无毛 ………………… 香椿 Toona sinensis
4. 小叶全缘,下面被毛 ………………… 毛红椿 Toona ciliata var. pubescens
5. 小叶全缘,幼苗和幼树 ………………… 麻楝 Chukrasia tabularis
5. 小叶具锯齿 ………………………………………………………………………… 6
6. 小叶具钝尖锯齿 ……………………………………………… 楝 Melia azedarach
6. 小叶具不明显疏钝齿或近全缘 ………………… 川楝 Melia toosendan

防己科 Menispermaceae

1. 叶不为盾状;卵形或长卵形,不裂或 3 浅裂 ………………… 木防己 Cocculus orbiculatus
1. 叶为盾状 …………………………………………………………………………… 2
2. 叶 3 ~7 浅裂或近全缘,基部近心形或截形 ………………… 蝙蝠葛 Menispermum dauricum
2. 叶通常全缘,基部圆或近平截 ……………………………………………………… 3
3. 叶宽卵形,先端钝 ………………………… 千金藤 Stephania japonica
3. 叶三角状宽卵形或近圆形,先端有小凸尖 ………………… 金线吊乌龟 Stephania cepharantha

含羞草科 Mimosaceae

1. 单叶状,复叶退化,由叶柄发育而成,披针形,向两端渐狭 ··· 2
1. 二回羽状复叶 ··· 3
2. 叶长 6～11 cm,宽 5～13 mm,具纵向平行脉 3～5(7)条 ··· 台湾相思 Acacia confusa
2. 叶长 10～18 cm,宽 0.9～3 cm,具纵向平行脉 3～6 条 ···
　　·· 大叶相思 Acacia auriculiformis
3. 枝具刺 ·· 4
3. 枝无刺 ·· 5
4. 亚灌木,枝上散生利刺及密布倒生刺毛,羽片 4 枚,掌状排列于总柄顶端,小叶多数,散
　　生刺毛 ·· 含羞草 Mimosa pudica
4. 多枝灌木,具托叶刺,羽片 4～8 对,小叶 10～20 对,长 2.5～6 mm ·····························
　　·· 金合欢 Acacia farnesiana
5. 小叶互生,8～18 枚;羽片 4～6 对,小叶矩圆形或卵形 ··· 海红豆 Adenanthera pavonina
5. 小叶对生 ·· 6
6. 叶总柄上无腺体 ·· 7
6. 叶总柄上有腺体 ·· 8
7. 大乔木,羽片 4～9 对,小叶 20～30 对,小叶条状披针形,长 1～1.5 cm,中脉靠近上边
　　缘,下面粉绿色 ···································· 象耳豆 Enterolobium cyclocarpum
7. 灌木或小乔木,羽片 4～8 对,小叶 10～15 对,小叶条状矩圆形,长 7～13 mm,中脉偏于
　　上边缘 ·· 银合欢 Leacaena leucocephala
8. 叶轴上每对羽片间有 1 或 2 腺体,羽片 8～20 对,小叶 30～60 对,排列紧密,长 1.5～4 mm
　　·· 黑荆 Acacia mearnsii
8. 叶轴上羽片间腺体较少 ·· 9
9. 小叶长 6～13 mm,中脉靠近上部边缘 ··· 10
9. 小叶长 15～47 mm,中脉偏于上侧 ·· 11
10. 羽片 4～12(20)对,小叶 10～30 对,镰状矩圆形,托叶条状披针形 ·····························
　　·· 合欢 Albizia julibrissin
10. 羽片 6～20 对,小叶 20～46 对,长椭圆形;托叶膜质心形 ······· 楹树 Albizia chinensis
11. 总柄上腺体被毛,羽片 2～6 对,小叶 5～14(～18)对,矩圆形 ·································
　　·· 山槐 Albizia macrophylla
11. 总柄上腺体无毛,羽片 2～4 对,小叶 4～8(～12)对,矩圆形或椭圆形,无毛或下面疏
　　生毛 ·· 阔荚合欢 Albizia lebbeck

桑科 Moraceae

1. 小枝无环状托叶痕 ·· 2
1. 小枝有环状托叶痕 ·· 11
2. 具枝刺;叶全缘或 3 裂,卵形或倒卵形 ··················· 柘树 Cudrania tricuspidata
2. 枝无刺,叶缘有锯齿 ·· 3
3. 芽鳞 3～6 枚,托叶披针形 ·· 4

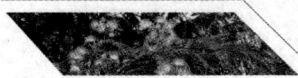

3. 芽鳞 2~3 枚,托叶卵状披针形 ··· 10

4. 叶先端渐尖或尾状渐尖,齿端具芒刺状尖头 ··· 5

4. 叶先端尖、渐尖或长锐尖,齿端无芒刺状尖头 ······································ 6

5. 叶两面无毛或下面微被细毛 ·································· 蒙桑 Morus mongolica

5. 叶上面疏生下面密生灰色柔毛,叶常 3~5 裂 ······· 山桑 Morus mongolica var. diabolica

6. 叶上面光滑无毛,下面脉上及脉腋被疏毛 ·· 7

6. 叶上面粗糙或微粗糙 ·· 9

7. 枝条蜷曲状下垂 ··· 龙爪桑 Morus alba cv. Pendula

7. 枝条直伸或斜展 ·· 8

8. 叶长 6~18 cm,常分裂 ··· 桑 Moms alba

8. 叶长 30 cm 以上,常不裂 ······················· 湖桑 Morus alba cv. Multicaulis

9. 叶上面贴生刚毛,下面密被细柔毛 ··············· 华桑 Morus cathayana

9. 叶上面稍粗糙,下面幼时稍被毛 ····················· 鸡桑 Morus australis

10. 乔木,小枝粗;叶宽卵形,叶柄长 3~10 cm ··········· 构树 Broussonetia papyrifera

10. 蔓生或攀援灌木,小枝细长,叶卵状椭圆形至卵状披针形,叶柄长 0.3~2 cm ·······

·· 楮 Broussonetia kazinoki

11. 藤本 ··· 12

11. 直立乔木或灌木 ·· 14

12. 基生叶脉伸长,达中部或中部以上,叶脉在上面凹下,下面凸起,构成明显网眼,叶椭圆
形 ·· 薜荔 Ficus pumila

12. 基生叶脉短,不伸长 ·· 13

13. 叶披针形或椭圆状披针形,宽 1~3 cm,先端渐尖,叶柄长 0.5~1 cm ··········

··· 爬藤榕 Ficus sarmentosa var. impressa

13. 叶矩圆形或矩圆状卵形,宽 2~6 cm,先端尾状长尖,叶柄长 1~2 cm ··········

··· 珍珠莲 Ficus sarmentosa var. henryi

14. 落叶乔木和灌木 ·· 15

14. 常绿乔木 ··· 17

15. 叶 3~5 深裂,掌状叶脉 ····································· 无花果 Ficus carica

15. 叶全缘 ··· 16

16. 半常绿或落叶大乔木,叶矩圆形至椭圆状卵形,先端短,渐尖,侧脉 7~10 对,两面无毛

··· 黄葛树 Ficus virens var. sublanceolata

16. 落叶灌木或小乔木,叶倒卵状椭圆形或矩圆形,先端渐尖,基 3 出脉,侧脉 5~7 对,上
面疏被粗短毛,下面脉上有毛 ··········· 天仙果 Ficus erecta var. beecheyana

17. 叶椭圆形、卵状椭圆形或倒卵形 ··· 18

17. 叶三角状卵形,先端骤尖成长尾状,叶柄长 7~12 cm ······· 菩提树 Ficus religiosa

18. 叶形大,长 8~40 cm,厚革质 ··· 19

18. 叶形小,长 4~8 cm,革质,叶柄长 7~15 mm ··········· 榕树 Ficus microcarpa

19. 侧脉多而细,平行,叶矩圆形或椭圆形;托叶披针形长达 15 cm ················

·· 印度榕 Ficus elastica

19. 侧脉 4~5 对,基部 3 出脉,叶圆卵形或卵状椭圆形,托叶披针形,长 2.5~4.5 cm …… …… 高山榕 Ficus altissima

紫金牛科 Myrsinaceae

1. 直立灌木,小枝具细条纹;叶纸质或近革质,椭圆形或矩圆状卵形,全缘或中部以上具疏锯齿或基部外均具齿,叶脉在上面隆起 …… 杜茎山 Maesa japonica

1. 小灌木,具匍匐生的根茎,叶椭圆形…… 2

2. 叶对生或近轮生,坚纸质或近革质,长 4~7 cm,边缘有尖锯齿、无腺点,两面疏生腺点,下面中脉被毛 紫金牛 Ardisia japonica

2. 叶互生,两面无毛,具突起腺点…… 3

3. 叶膜质或近坚纸质,椭圆状披针形、全缘或微波状,侧脉约 8 对…… …… 百两金 Ardisia crispa

3. 叶革质或坚纸质,窄椭圆形、边缘皱波状或波状,侧脉 12~18 对…… 4

4. 叶下面绿色…… 朱砂根 Ardisia crenata

4. 叶下面紫红色…… 红凉伞 Ardisia crenata var. bicolor

桃金娘科 Myrtaceae

1. 叶对生或 3 枚叶假轮生…… 2

1. 叶互生(幼态叶常对生)…… 7

2. 叶聚生枝顶,假轮生,卵形或卵状披针形,上面多突起腺点,侧脉 12~18 对…… …… 红胶木 Tristania conferta

2. 叶对生…… 3

3. 小枝无棱…… 4

3. 小枝具 2 个或 4 个棱…… 6

4. 小枝压扁有沟糟,叶矩圆形至椭圆形,长 11~17 cm,侧脉 8~13 对,边脉约 2 mm …… …… 水翁 Cleistocalyx operculatus

4. 小枝圆,叶长 6~20 cm,两面被细小腺点 …… 5

5. 叶披针形或矩圆形,长 10~20 cm,先端长渐尖,侧脉 12~16 对,边脉约 2 mm …… …… 蒲桃 Syzygium jambos

5. 叶椭圆形、长 6~12 cm,先端圆或钝,侧脉多而密约 15 对,边脉约 1 mm …… …… 乌墨 Syzygium cumini

6. 小枝及叶无毛,叶宽椭圆形至椭圆形或宽倒卵形,长 1.5~3 cm,无毛,具边脉,叶有透明油点 赤楠 Syzygium buxifolium

6. 小枝及叶下面被毛,矩圆形至椭圆形,长 6~12 cm,下面侧脉凹下,无边脉…… …… 番石榴 Psidium guaja

7. 叶条形或披针形…… 8

7. 叶多型,幼态叶与成长叶不同 …… 9

8. 叶条形,长 5~9 cm,宽 3~6 mm,先端尖锐,中脉在两面突起 …… …… 红千层 Callistemon rigidus

8. 叶披针形或狭椭圆形,长 4~10 cm,宽 1~2 cm,两端尖,具纵向平行脉 3~7 条…… …… 白千层 Melaleuca leucadendron

9. 叶卵形、卵状披针形或椭圆形,长 8 ~ 18 cm,宽 3.5 ~ 7.5 cm 或更大 ·················
··· 桉 Eucalyptus robusta

9. 叶披针形或卵状披针形,通常宽在 3.5 cm 以下 ············· 10

10. 叶弯镰状披针形,稀微弯或不弯,长 12 ~ 24 cm,(幼态叶对生无柄,卵状矩圆形)小枝
四棱形,枝叶密被蓝白粉 ············· 蓝桉 Eucalyptus globulus

10. 叶直而不弯或微弯,幼态叶对生具柄 ············· 11

11. 叶具强烈柠檬气味,萌芽枝及幼树之叶密生腺毛,叶柄盾状着生·················
··· 柠檬桉 Eucalyptus citriodora

11. 叶之气味较淡,萌芽枝及幼树之叶无腺毛,叶柄不为盾状着生················· 12

12. 叶为披针形 ············· 细叶桉 Eucalyptus tereticornis

12. 枝上部叶披针形,下部卵状披针形 ············· 赤桉 Eucalyptus camaldulensis

蓝果树科 Nyssaceae

1. 当年生枝紫绿色,被微柔毛,叶纸质;宽 6 ~ 12 cm,全缘(幼树有锯齿),侧脉 11 ~ 15 对
··· 喜树 Camptotheca acuminata

1. 当年生枝淡绿色,叶纸质或薄革质,宽 5 ~ 6 cm,边缘浅波状、侧脉 6 ~ 10 对 ··········
··· 蓝果树 Nyssa sinensis

木犀科 Oleaceae

1. 单叶 ·· 2

1. 复叶 ·· 22

2. 叶全缘或上半部疏生细齿·· 3

2. 叶全部有锯齿,锯齿较密 ·· 21

3. 二三年生枝绿色,叶对生,膜质或薄纸质,椭圆形或宽卵形,仅下面脉腋被簇生毛 ······
··· 茉莉花 Jasminum sambac

3. 二三年生枝不为绿色 ·· 4

4. 无顶芽 ·· 5

4. 具顶芽 ·· 8

5. 芽小,被白绒毛,叶椭圆形或卵状椭圆形,长大于宽,基部楔形或近圆形 ·················
··· 北京丁香 Syringa pekingensis

5. 芽无毛,叶宽卵形,长宽近相等或宽大于长 ································· 6

6. 叶卵形至宽卵形,长 5 ~ 12 cm,基部截形或宽楔形 ········· 欧洲丁香 syringa vulgaris

6. 叶圆卵形、近圆形或肾形,长 4 ~ 10 cm,先端突渐尖 ···························· 7

7. 叶较大,无毛 ············· 紫丁香 Syringa oblata

7. 叶较小,下面稍被毛 ············· 白丁香 Syringa oblata var. alba

8. 侧芽 2 ~ 3 个迭生 ··· 9

8. 侧芽单生 ·· 12

9. 侧芽 2 个迭生,主芽芽鳞 2 ~ 3 对,交互对生,嫩枝有毛,叶椭圆形至卵形或倒卵形,全缘
或萌芽枝的叶具锯齿,落叶 ············· 流苏树 Chionanthus retusus

9. 侧芽 2 ~ 3 迭生,芽鳞 2 个;常绿·· 10

23. 裸芽、具长柄、枝叶光滑无毛或幼时略有细毛,后脱落,小叶 5~9 枚,卵形,全缘,基部偏斜 ⋯⋯⋯⋯⋯⋯⋯⋯⋯⋯⋯⋯⋯⋯⋯⋯⋯⋯⋯⋯⋯⋯⋯ 光蜡树 Fraxinus griffithii

23. 鳞芽 ⋯⋯⋯⋯⋯⋯⋯⋯⋯⋯⋯⋯⋯⋯⋯⋯⋯⋯⋯⋯⋯⋯⋯⋯⋯⋯⋯⋯⋯⋯⋯ 24

24. 2 年生小枝灰色至褐色,不为绿色 ⋯⋯⋯⋯⋯⋯⋯⋯⋯⋯⋯⋯⋯⋯⋯⋯⋯⋯⋯ 25

24. 2 年生小枝四棱,绿色;小叶 3 枚,全缘 ⋯⋯⋯⋯⋯⋯⋯⋯⋯⋯⋯⋯⋯⋯⋯⋯ 32

25. 小叶长 2~5 cm ⋯⋯⋯⋯⋯⋯⋯⋯⋯⋯⋯⋯⋯⋯⋯⋯⋯⋯⋯⋯⋯⋯⋯⋯⋯⋯⋯ 26

25. 小叶长在 5 cm 以上 ⋯⋯⋯⋯⋯⋯⋯⋯⋯⋯⋯⋯⋯⋯⋯⋯⋯⋯⋯⋯⋯⋯⋯⋯ 27

26. 小叶 7~13 枚,小叶圆卵形,椭圆形或倒卵形,稀椭圆状矩圆形,长 1~3 cm,先端尖或圆钝、无毛或下面沿中脉基部有短柔毛,无小叶柄 ⋯⋯⋯ 圆叶白蜡 Fraxinus rotundifolia

26. 小叶 5(3~7)枚;小叶菱状卵形、圆卵形至倒卵形,长 2~4 cm,先端钝尖、短渐尖或尾尖,无毛 ⋯⋯⋯⋯⋯⋯⋯⋯⋯⋯⋯⋯⋯⋯⋯⋯⋯⋯ 小叶白蜡 Fraxinus bungeana

27. 小叶着生在叶轴处膨大,密生锈色绒毛,小叶 7~13 枚,小叶椭圆状披针形或卵状披针形,长 7~14 cm,缘具锐齿,下面沿脉被白褐色毛,无小叶柄 ⋯⋯⋯⋯⋯⋯⋯⋯⋯⋯⋯⋯⋯⋯⋯⋯⋯⋯⋯⋯⋯⋯⋯ 水曲柳 Fraxinus mandschurica

27. 小叶着生在叶轴处不膨大,无锈色毛或微有毛 ⋯⋯⋯⋯⋯⋯⋯⋯⋯⋯⋯⋯ 28

28. 小枝、小叶柄密生短绒毛,小叶 5~9 枚,卵形或矩圆状披针形,长 8~14 cm,先端渐尖,基部宽楔形,钝锯齿或近全缘;下面被短柔毛 ⋯⋯ 毛洋白蜡 Fraxinus pennsylvanica

28. 小枝及叶无毛或微被毛,但不密生 ⋯⋯⋯⋯⋯⋯⋯⋯⋯⋯⋯⋯⋯⋯⋯⋯⋯ 29

29. 小叶 5(3~7)枚,宽卵形至倒卵形,稀椭圆形,长 8~15 cm;宽 3~7 cm,侧生小叶柄长 4~10 mm,先端渐尖,具粗钝齿或圆齿,下面沿中脉被黄褐色毛 ⋯⋯⋯⋯⋯⋯⋯⋯⋯⋯⋯⋯⋯⋯⋯⋯⋯⋯⋯⋯ 花曲柳 Fraxinus rhynchophylla

29. 小叶 3~9 枚,椭圆状卵形、椭圆形至披针形,无上述宽阔,具尖锯齿或近全缘 ⋯⋯ 30

30. 侧生小叶柄长 3~6 mm 或无柄 ⋯⋯⋯⋯⋯⋯⋯⋯⋯⋯⋯⋯⋯⋯⋯⋯⋯⋯⋯ 31

30. 侧生小叶柄长 5~15 mm,小叶通常 7,卵形或卵状披针形,长 6~15 cm,全缘或近先端略有锯齿,无毛 ⋯⋯⋯⋯⋯⋯⋯⋯⋯⋯⋯⋯⋯ 美国白蜡 Fraxinus americana

31. 小叶 7(3~9)枚椭圆形至椭圆状卵形,长 3~10 cm,钝锯齿,下面沿中脉被毛或近无毛 ⋯⋯⋯⋯⋯⋯⋯⋯⋯⋯⋯⋯⋯⋯⋯⋯⋯⋯⋯⋯⋯ 白蜡树 Fraxinus chinensis

31. 小叶 5~9 枚,椭圆状矩圆形至披针形,长 5~12 cm,不整齐锐锯齿,两面无毛或下面中脉被短柔毛 ⋯⋯⋯⋯⋯⋯⋯⋯⋯⋯ 洋白蜡 Fraxinus pennsylvanica var. lanceolata

32. 小叶椭圆状矩圆形至披针形,长 2~7 cm,光滑无毛,无小叶柄 ⋯⋯⋯⋯⋯⋯⋯⋯⋯⋯⋯⋯⋯⋯⋯⋯⋯⋯⋯⋯⋯⋯⋯⋯⋯⋯⋯⋯⋯ 野迎春 Jasminum mesnyi

32. 小叶矩圆状卵形,长 1~3 cm,叶柄及小叶两面被疏毛 ⋯ 迎春花 Jasminum nudiflorum

33. 小叶 5 枚,稀 7 枚,卵形,椭圆形至矩,圆状椭圆形,长 3~6 cm ⋯⋯⋯⋯⋯⋯⋯⋯⋯⋯⋯⋯⋯⋯⋯⋯⋯⋯⋯⋯⋯⋯ 浓香探春 Jasminum odoratissimum

33. 小叶 3 枚,稀 5 枚,椭圆状卵形至卵状矩圆形,长 1~3.5 cm ⋯⋯⋯⋯⋯⋯⋯⋯⋯⋯⋯⋯⋯⋯⋯⋯⋯⋯⋯⋯⋯⋯⋯⋯ 探春花 Jasminum floridum

34. 叶缘有半透明的窄边 ⋯⋯⋯⋯⋯⋯⋯⋯⋯⋯⋯⋯ 厚边木樨 Osmanthus marginata

34. 叶缘没有半透明的窄边 ⋯⋯⋯⋯⋯⋯⋯⋯⋯⋯⋯ 桂花 Osmanthus fragrans

芍药科 Paeoniaceae

1. 多年生草本;花盘不发达,肉质,仅包裹心皮基部 ………… 组 2. 芍药组 Section Paeonia

1. 灌木或亚灌木;花盘发达,革质或肉质,包裹心皮 1/3 以上 …………………………………………………… 组 1. 牡丹组 Section Moutan

2. 当年枝端着生单花;花盘革质,包裹心皮达 1/2 以上 ………………… 3

2. 当年生枝端着花数朵;花盘肉质,仅包裹心皮下部 ………………… 9

3. 心皮无毛,革质花盘包被心皮 1/2 ~ 2/3;小叶片长 2.5 ~ 4.5 cm,宽 1.2 ~ 2 cm,分裂,裂片细 ………………………………………………… 四川牡丹 Paeonia szechuanica

3. 心皮密生淡黄柔毛,革质花盘全包住心皮,小叶片长 4.5 ~ 8 cm,宽 2.5 ~ 7 cm,不裂或浅裂 ………………………………………………… 4

4. 花瓣内面基部无紫色斑块 ………………………………………… 5

4. 花瓣内面基部具深紫黑斑块,小叶多 19 枚以上,罕 15 枚,花白色或粉红,花盘、花丝黄白色 ………………………………………………… 8

5. 小叶 9 片 …………………………………………………………… 6

5. 小叶 15 枚,披针形,全缘 …………………………… 杨山牡丹 P. ostii

6. 顶生小叶 3 浅裂,侧生小叶全缘(鄂西) …………… 卵叶牡丹 P. qiui

6. 顶生小叶 3 裂至中部,中裂片再 3 裂,侧生小叶不裂或 3 ~ 4 浅裂 ………… 7

7. 叶轴和叶柄均无毛 ………………………………… 牡丹 P. suffruticosa

7. 叶轴和叶柄均具短柔毛(陕西、山西) …… 矮牡丹 P. sufffruticosa var. spontanea

8. 小叶有深缺刻(陇东及陇中、陕北、豫西) ……… 紫斑牡丹 P. rockii

8. 披针形小叶全缘(鄂西、陕南、陇南) ……… 林氏牡丹 P. rockii subsp. linyanshanii

9. 花黄色,有时基部紫红或边有紫红晕 ………………………………… 11

9. 花紫或红色 ………………………………………………………… 10

10. 叶小裂片披针形至长圆披针形,宽 0.7 ~ 2.0 cm,花紫红至红色,花外有大形总苞紫 ………………………………………………………… 牡丹 P. delavayi

10. 裂片线状披针形或狭披针形,宽 4 ~ 7 cm,花红色,罕白色,花外元大形总苞(川西) … ………… 狭叶牡丹(保氏牡丹)P. potanini(P. delavayi var. angustiloba,含金莲牡丹 P. potanini var. trollioides,银莲牡丹 P. potanini falba)

11. 植物矮小,高约 1 ~ 1.5 m;花较小(径多 4 ~ 6 cm),常藏于叶丛下,心皮通常 3 ~ 6(罕2)枚,菁葖果和种子均较小 ………………………………… 黄牡丹 P. lutea.

11. 植株高大(1.5 ~ 3.5m),花大(径 10 ~ 13 cm),常开在叶丛上,心皮 1 ~ 2 枚,菁葖果和种子均特大 …………………………………… 大花黄牡丹 P. ludlowii

蝶形花科 Fabaceae

1. 藤本或攀缘灌木 …………………………………………………… 2

1. 直立乔灌木 ………………………………………………………… 7

2. 三小叶复叶,小叶通常 2 ~ 3 浅裂,全体密被褐色粗毛,叶柄长 10 ~ 12 cm ………… ………………………………………………………… 葛 Pueraria lobata

2. 奇数羽状复叶,小叶 7 ~ 19 枚 ………………………………………… 3

18. 偶数羽状复叶,小叶 4 枚,倒卵形或矩圆状倒卵形,长 1 ~3.5 cm,先端圆或微凹,托叶
　　硬化成针刺状,部分叶轴亦硬化成针刺;花单生,黄色,微带红色
　　 ··· 锦鸡儿 Caragana sinica

18. 奇数羽状复叶 ··· 19

19. 小叶片有透明油点,小叶 11 ~25 枚,矩圆形:长 1.5 ~3 cm
　　 ·· 紫穗槐 Amorpha fruticosa

19. 小叶无透明油点 ··· 20

20. 小叶两面被丁字毛;荚果圆筒形 ·· 21

20. 小叶如有毛则不为丁字毛 ··· 26

21. 小叶 13 ~23 枚,互生或近对生,卵状披针形,长 2 ~3.5 cm
　　 ·································· 宁波木蓝 Indigofera decora var. cooperii

21. 小叶 12 枚以内 ··· 22

22. 小叶小,长 0.5 ~1.5 cm,7 ~9 枚,倒卵状矩圆形 ······ 河北木蓝 Indigofera bungeana

22. 小叶较大,长 1.5 cm 以上 ··· 23

23. 小枝无毛,小叶 9 ~13,卵状披针形,长 2.5 ~7.5 cm
　　 ·························· 宜昌木蓝 Indigofera decora var. ichangensis

23. 小枝被白色丁字毛 ··· 24

24. 老枝无毛;小叶 7 枚,椭圆形或倒卵状椭圆形,长 2 ~4 cm
　　 ·· 苏木蓝 Indigofera carlesii

24. 老枝有毛;小叶 7 ~11 枚 ··· 25

25. 小叶宽卵形或菱状卵形,长 1.5 ~3 cm,先端尖 ······ 花木蓝 Indigofera kirilowii

25. 小叶椭圆形或倒卵状椭圆形,长 1 ~2.5 cm,先端圆或微凹
　　 ·································· 马棘 Indigofera pseudotinctoria

26. 1 ~2 年生枝绿色 ··· 27

26. 1 ~2 年生枝不为绿色 ··· 30

27. 裸芽,常绿性;荚果扁平,种子红色 ·· 28

27. 半叶柄下芽,落叶性,荚果念珠状 ·· 29

28. 小叶 5 ~7 枚,椭圆形或椭圆状卵形,枝叶无毛 ······ 红豆树 Ormosia hosiei

28. 小叶 7 ~11 枚,长卵形或卵状披针形,小枝和叶下面密被毛 ··· 花榈木 Ormosia henryi

29. 小叶 9 ~15 枚,卵形,长 2.5 ~5 cm,乔木 ············ 槐 Sophora japonica

29. 小叶 25 ~29 枚,窄卵状披针形,长 3 ~cm,灌木 ········ 苦参 Sophora flavescens

30. 叶柄下芽,小叶 9 ~11 枚,互生,矩圆状卵形,长 6 ~12 cm;圆锥花序
　　 ·· 香槐 Cladrastis wilsonii

30. 叶柄上芽 ··· 31

31. 小灌木;枝具纵棱线,小叶 5 ~7,卵状披针形,长 4 ~10 cm;荚果一侧深缢缩为 2 节 ···
　　 ·································· 羽叶山蚂蝗 Desmodium oldhamii

31. 通常为乔木;枝无纵棱线 ··· 32

32. 小叶 9 ~11 枚,互生;荚果扁平,种子 1 ~3 粒 ············ 黄檀 Dalbergia hupeana

山梅花科 Philadelphaceae

海桐花科 Pittosporaceae

悬铃木科 Platanaceae

石榴科 Punicaceae

毛茛科 Ranunculaceae

1. 单叶,卵状披针形,有浅的尖锯齿 ……………………………………… 单叶铁线莲 Clematis henryi

1. 复叶 ……………………………………………………………………………………………… 2

2. 3 枚小叶复叶 …………………………………………………………………………………… 3

2. 小叶 5 枚以上 ………………………………………………………………………………… 4

3. 小叶卵状披针形,宽 1.5～3.5 cm,基部圆形或浅心形,全缘 ………………………………

　…………………………………………………………… 山木通 Clematis finetiana

3. 小叶卵形,宽 2.5～3.5 cm,基部楔形,有缺刻状粗齿或不明显浅裂 ………………………

　…………………………………………………………… 女萎 Clematis apiifolia

4. 小叶 5 枚 ……………………………………………………………………………………… 5

4. 小叶 5～11 枚,为 1～2 回羽状 3 小叶 ……………………………………………………… 8

5. 小叶具 1 至数齿牙 …………………………… 毛果铁线莲 Clematis peteme var. trichocarpa

5. 小叶全缘,卵形 ……………………………………………………………………………… 6

6. 植株干后不为黑色 ………………………………………… 黄药子 Clematis terniflora

6. 植株干后黑色 ………………………………………………………………………………… 7

7. 小叶近无毛 ………………………………………………… 威灵仙 Clematis chinensis

7. 小叶下面密被短柔毛 ………………………… 毛叶威灵仙 Clematis chihensis var. vestita

8. 小叶有粗锯齿 ………………………… 毛果平坝铁线莲 Clematis ganpiniana var. tenuisepala

8. 小叶全缘,有时分裂,但无粗锯齿 …………………………………………………………… 9

9. 小叶先端钝 ………………………………………………………………………………… 10

9. 小叶先端渐尖或锐尖 ………………………………………………………………………… 11

10. 小叶先端钝圆或微凹,下面网脉明显突起 ………………… 太行铁线莲 Clematis kirilowii

10. 小叶先端钝尖,网脉不甚明显 ………………… 毛萼铁线莲 Clematis hancockiana

11. 小叶下面有白粉 ………………………………………… 柱果铁线莲 Clematis uncinata

11. 小叶下面无白粉 ………………………………………… 大花威灵仙 Clematis courtoisii

鼠李科 Rhamnaceae

1. 植物体有刺 …………………………………………………………………………………… 2

1. 植物体无刺 …………………………………………………………………………………… 11

2. 有托叶刺,叶互生,3 出脉 …………………………………………………………………… 3

2. 有枝刺,叶对生或近对生,羽状脉 …………………………………………………………… 7

3. 托叶刺一长一短,长刺劲直,短刺弯钩状,有距状短枝,叶卵形或椭卵形 …………………… 4

3. 托叶刺近等长,劲直不弯,无距状短枝 ……………………………………………………… 5

4. 叶长 3.5～8 cm,乔木 ……………………………………… 无刺枣 Zizyphus jujuba

4. 叶长工 5～3.5 cm,灌木 ……………………………… 酸棘 Zizyphus jujuba var. spinosa

5. 小枝无毛,叶无毛,先端尖 ………………………………… 铜钱树 Paliurus hemsleyanus

5. 小枝有毛 ……………………………………………………………………………………… 6

6. 叶较小,长 3～7 cm,先端钝或钝圆,下面沿叶脉被柔毛 ……………………………………

　…………………………………………………………… 马甲子 Paliurus ramosissimus

6. 叶较大,长 4.5～10.5 cm,先端凸尖,下面沿叶脉被硬毛 …………………………………

　…………………………………………………………… 硬毛马甲子 Paliurus hirsutus

蔷薇科 Rosaceae

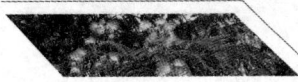

26. 叶近圆形或卵形,先端钝,5 浅裂,裂片钝圆,上面皱 ·············· 寒莓 Rubus buergeri

27. 常绿性 ·· 28

27. 落叶性 ·· 37

28. 有枝刺 ·· 29

28. 无枝刺 ·· 32

29. 叶大,长 5～15 cm,宽 2～5 cm,倒卵形或矩圆状倒卵形 ··············
·· 椤木石楠 Photinia davidsoniae

29. 叶小,长 2～7 cm,宽 0.5～2 cm ······································ 30

30. 叶下面密被灰色绒毛,窄矩圆形或矩圆状披针形 ····· 窄叶火棘 Pyracantha angustifolia

30. 叶下面无毛 ·· 31

31. 叶窄倒卵形,先端圆,钝锯齿 ··················· 火棘 Pyracantha fortuneana

31. 叶窄椭圆形,先端尖,细圆齿 ················ 细圆齿火棘 Pyracantha crenulata

32. 小枝和叶下面密被锈褐色或灰棕色绒毛,叶倒卵状披针形或椭圆状披针形,长 10～30 cm
··· 枇杷 Eriobotrya japonica

32. 枝叶无毛 ·· 33

33. 叶缘锯齿刺芒状,叶主要为矩圆形 ·· 34

33. 叶缘锯齿不为刺芒状 ·· 35

34. 叶长 4～10 cm,叶片基部两侧常具 1～2 对腺体 ····· 刺叶桂樱 Laurocerasus spinulosa

34. 叶长 8～22 cm,叶片基部无腺体 ················· 石楠 Photinia serrulata

35. 叶倒卵形,基部下延至柄,上面网脉凹下 ··············· 石斑木 Raphiolepis indica

35. 叶基部不下延至柄,上面网脉不凹下 ······································ 36

36. 叶矩圆形或倒卵状矩圆形,长 8～22 cm,叶柄长 2～4 cm ····· 石楠 Photinia serrulata

36. 叶椭圆形或椭圆状倒卵形,长 5～10 cm,叶柄长 0.5～1.5 cm ··············
··· 光叶石楠 Photinia glabra

37. 托叶圆领状半抱茎或镰刀状,绿色,有锯齿,有枝刺或棘状短枝 ·············· 38

37. 托叶不为圆领状或镰刀状 ·· 44

38. 叶分裂 ·· 39

38. 叶不分裂,通常椭圆形 ·· 42

39. 叶小,长 2～6 cm,宽 1～4 cm,倒卵形,先端三浅裂,基部下延至柄···············
··· 野山楂 Crataegus cuneata

39. 叶大,长 5～10 cm,宽 4～7 cm,两侧羽状分裂,基部不下延至柄·············· 40

40. 叶 2～4 枚羽状浅裂,锯齿较钝 ··············· 湖北山楂 Crataegus hupehensis

40. 叶 3～5 枚羽状分裂,锯齿锐尖 ·· 41

41. 叶深裂,较薄 ····························· 山楂 Crataegus pinnatifida

41. 叶浅裂,较厚 ····················· 大山楂 Crataegus pinnatifida var. major

42. 有棘状短枝,树皮褐黄色或橙色,裂成鳞状薄片剥落 ····· 木瓜 Chaenomeles sinensis

42. 有枝刺 ·· 43

43. 幼叶无毛或下面有短柔毛,锯齿尖,不成刺芒状········ 贴梗海棠 Chaenomeles speciosa

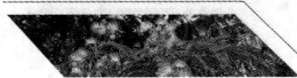

77. 叶缘锯齿尖 ······ 85

78. 叶圆卵形、宽卵形或卵形 ······ 79

78. 叶不为上述叶形 ······ 83

79. 叶片长与宽近相等,两面近同色,枝小紫红色或红褐色 ······ 80

79. 叶片长大于宽,下面淡绿色 ······ 81

80. 叶长 5~10 cm,基部圆形 ······ 杏 Armeniaca vulgaris

80. 叶长 4~6 cm,基部宽楔形 ······ 山杏 Armeniaca sibirica

81. 小枝紫红色或红褐色 ······ 杏梅 Armeniaca mume var. bungo

81. 小枝绿色 ······ 82

82. 枝斜上伸展 ······ 梅 Armeniaca mume

82. 枝下垂 ······ 照水梅 Armeniaca mume var. pendula

83. 小枝褐绿色、灰褐色或红褐色,短枝发达,叶椭圆状倒卵形,长 5~10 cm ······
······ 李树 Prunus salicina

83. 小枝阳面红色,阴面绿色,短枝不发达,叶卵状披针形或椭圆状披针形,长 8~15 cm
······ 84

84. 枝斜上伸展 ······ 桃树 Amygdalus persica

84. 枝下垂 ······ 垂枝碧桃 Amygdalus persica f. pendula

85. 叶缘锯齿不成刺芒状 ······ 86

85. 叶缘锯齿刺芒状 ······ 92

86. 枝下垂,叶长 8~12 cm,侧脉 10~17 对 ······ 垂枝樱 Prunus subhertella cv. Pendula

86. 枝斜上伸展 ······ 87

87. 叶倒卵形,长 3~7 cm,下面密被绒毛,叶柄长 3~5 mm,灌木 ······
······ 毛樱桃 Cerasus tomentosa

87. 叶长 5~15 cm,下面无毛或沿叶脉被柔毛,叶柄长 8 mm 以上,乔木 ······ 88

88. 叶柄长 0.8~1.5 cm ······ 89

88. 叶柄长 1.5~3.5 cm,叶矩圆状卵形或倒卵状矩圆形,细单锯齿 ······ 91

89. 叶椭圆状卵形,复锯齿 ······ 樱桃 Cerasus pseudocerasus

89. 叶椭圆状倒卵形或椭圆形,细单或复锯齿 ······ 90

90. 叶下面散生柔毛,先端尾尖 ······ 尾叶樱桃 Cerasus dielsiana

90. 叶下面无毛或仅脉腋有毛,先端急渐尖 ······ 稠李 Prundus racemosa

91. 叶片基部两侧各有 1 腺体 ······ 波忌稠李 Prundus buergeriana

91. 叶柄顶端有 1~2 腺体 ······ 细齿稠李 Prundus obtusata

92. 叶缘锯齿长刺芒状,芒长 2~4 mm ······ 93

92. 叶缘锯齿短刺芒状,芒长 1~2 mm ······ 95

93. 叶下面无毛,叶柄无毛 ······ 94

93. 叶下面沿叶脉有毛,叶柄有毛 ······ 毛叶山樱花 Cerasus serrulata var. pubescens

94. 叶柄绿色 ······ 山樱花 Cerasus serrulata

94. 叶柄带红色 ······ 绯红晚樱 Cerasus serrulata cv. Fugenzo

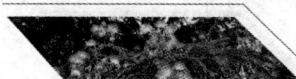

95. 叶较窄,2.5~4 cm,先端渐长尖 …………………………… 灰叶稠李 Prundus grayana

95. 叶较宽;3~6 cm,先端急渐尖 …………………………… 日本樱花 Creasus yedoensis

96. 茎无皮刺,奇数羽状复叶,小叶 13~21 枚,卵状披针形或披针形,长 3~4.5 cm,尖复锯齿,侧脉直伸 ………………………………………… 珍珠梅 Sorbaria sorbifolia

99. 小叶 9~15 枚,椭圆形,托叶栉齿状,边缘齿裂 ………………… 缫丝花 Rosa roxburghii

99. 小叶 7~12 枚,矩圆状椭圆形或近圆形 ……………………… 黄刺玫 Rosa xanthina

100. 小叶上面皱,下面有柔毛和腺点,椭圆形或椭圆状卵形,锯齿钝 …… 玫瑰 Rosa rugosa

101. 托叶线形,全缘或微有细齿,小叶 5 枚,椭圆形或椭圆状卵形 …………………
………………………………………………………… 软条七蔷薇 Rosa henryi

102. 小叶 5~9 枚,倒卵形或椭圆形,长 1.5~3 cm,落叶性 ……… 野蔷薇 Rosa multiflora

103. 小叶 3~5 枚,宽卵形或卵状椭圆形 …………………………… 月季花 Rosa chinensis

103. 小叶 5~7 枚,椭圆形,卵形或矩圆状卵形 …………………… 香水月季 Rosa odorata

104. 托叶披针形,羽状分裂,小叶 5~9 枚,椭圆形或倒卵形,长 1~3 cm …………………
………………………………………………………… 硕苞蔷薇 Rosa bracteata

106. 小叶 3 枚,稀 5 枚,常绿性,两面光滑无毛,椭圆状卵形或椭圆状披针形,细锯齿,茎密生皮刺 ………………………………………………… 金樱子 Rosa laevigata

107. 小叶 3~5 枚,椭圆状卵形,下面中脉及叶柄有毛,茎疏生皮刺 …………………
………………………………………………………… 木香花 Rosa banksiae

107. 小叶 3~7 枚,椭圆状披针形,无毛,茎密生皮刺 ………………… 小果蔷薇 Rosa cymosa

108. 小叶 3 枚,宽菱状卵形或宽倒卵形,不规则粗锯齿,浅裂状,下面密被白色柔毛 …………

109. 小枝无腺毛 …………………………………………………………… 茅莓 Rubus parvifolius

109. 小枝有腺毛 …………………… 腺毛茅莓 Rubus parvifolius var. adenochlamys

110. 小叶 3~5 枚,卵形或宽卵形,下面密被白色柔毛,不规则复锯齿,不裂 …………………
………………………………………………………………… 蓬蘽 Rubus hirsutlus

110. 小叶 5 ~ 7 枚,椭圆状卵形或菱状卵形,两面叶脉被柔毛,不规则粗锯齿,浅裂状 ……
……………………………………………… 高丽悬钩子 Rubus coreanus

茜草科 Rubiaceae

芸香科 Rutaceae

6. 叶轴有宽翅,两面及小叶中脉有皮刺,小叶椭圆形或圆状披针形,透明油点生于叶缘钝齿缝隙 ………………………………………………… 竹叶椒 Zanthoxylum armatum

6. 叶轴仅有不明显的窄翅,透明油点散生,小叶椭圆状形或卵形 ………………………… 7

7. 小叶上面有刚毛状小刺 ………………………………… 野花椒 Zanthoxylum simulans

7. 小叶上面无刚毛状小刺 ………………………………… 花椒 Zanthoxylum bungeanum

8. 叶柄下芽 …………………………………………………………………………………… 9

8. 叶柄上芽 …………………………………………………………………………………… 10

9. 小枝黄色,小叶下面无毛或仅中脉基部有毛 ………… 黄波罗 Phellodendron amurense

9. 小枝淡紫褐色,小叶下面密被长柔毛 ………… 川黄檗 Phellodendron chinense

10. 小叶两面被柔毛,下面淡绿色,被油点 ……………… 吴茱萸 Evodia rutaecarpa

10. 小叶上面无毛,仅下面沿叶脉或脉腋被柔毛,无明显油点 ……………………………… 11

11. 小叶卵形或矩圆状卵形,基部斜圆形,下面淡绿色,边缘有较明显的圆钝齿 …………………………………………………………………………………… 臭檀 Evodia daniellii

11. 小叶椭圆状披针形,基部斜楔形,下面灰白色,边缘有不明显的钝锯齿 …………………………………………………………………………………… 臭辣树 Evodia fargesii

12. 3 枚小叶复叶 …………………………………………………………………………… 13

12. 单小叶复叶 ……………………………………………………………………………… 14

13. 小枝灰褐色,无枝刺,小叶卵形或椭圆形,先端渐尖,叶轴无翅 … 榆橘 Ptelea trifoliata

13. 小枝绿色,枝刺发达,小叶倒卵状椭圆形,先端钝,叶轴有翅 … 枳壳 Poncirus trifoliata

14. 不完全的单小叶,有时有 1～2 侧生小叶,半常绿性 …………………………………… 枳橙 Poncirus trifoliata cv. Citrange

14. 完全的单小叶复叶,无侧生小叶,常绿性 ……………………………………………… 15

15. 叶轴具宽翅,翅宽 5 mm 以上 ………………………………………………………… 16

15. 叶轴具窄翅,翅窄 5 mm 以内或无翅而呈单叶状,但叶片与叶轴(或叶柄)之间有明显的关节 ………………………………………………………………………………… 20

16. 宽翅长于叶片的一半以上,有时近等长,叶片卵状披形,枝刺发达 …………………………………………………………………………………… 宜昌橙 Citrus ichangensis

16. 宽翅短于叶片的一半,枝刺较少 ……………………………………………………… 17

17. 新枝、叶下面脉上有毛,叶椭圆状卵形,有钝锯齿,叶翅倒心形 …… 柚子 Citrus grandis

17. 新枝、叶下面无毛 ……………………………………………………………………… 18

18. 叶翅倒三角形,叶片圆卵形,先端钝尖 ……………………………… 香橼 Citrus wilsonii

18. 叶翅匙形、倒披针形或窄的倒心形、叶先端尖或渐尖 ………………………………… 19

19. 叶卵形或卵状披针形,有细锯齿 …………………………………………… 香橙 Citrus junos

19. 叶椭圆状卵形,近全缘 …………………………… 代代花 Citrus aurantium var. amara

20. 叶片长 7～18 cm,宽 3.5～7 cm,椭圆形、矩圆形或倒卵状椭圆形 …………………………………………………………………………………… 山油柑 Acronychia pedunculata

20. 叶片长 8 cm 以内,有枝刺 ……………………………………………………………… 21

21. 叶下面深绿色,叶脉明显 …………………………………………………………… 22

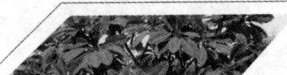

21. 叶下面淡绿色,叶脉不明显,灌木 ························· 26

22. 叶轴有窄翅,叶先端渐尖 ····························· 23

22. 叶轴无翅,叶先端钝圆 ····························· 25

23. 叶柄短,1 cm 以内,叶椭圆状卵形 ··············· 福橘 Citrus reticulata

23. 叶柄较长,1 ~ 1.5 cm ······························· 24

24. 叶椭圆形,基部窄楔形与渐尖的先端对称 ··············· 朱橘 Citrus erythrosa

24. 叶椭圆状卵形,基部楔形,宽于先端 ··············· 温州蜜橘 Citrus unshu

25. 叶椭圆形或卵形,锯齿较密,叶柄长 0.5 cm ··············· 香橼 Citrus medica

25. 叶矩圆形或倒卵形,锯齿疏浅,叶柄长 0.8 cm ··· 佛手 Citrus medica var. sarcodactylis

26. 叶柄短,5 mm 以内,叶轴通常无翅 ··············· 金豆 Fortunella venosa

26. 叶柄长 5 mm 以上,叶轴有窄翅或无 ··············· 27

27. 叶先端圆钝,叶柄长 0.5 ~ 1 cm ··············· 山橘 Fortunella hindsii

27. 叶先端尖,叶柄长 1 cm 以上 ··············· 28

28. 叶长卵形,叶翅窄 ····························· 金柑 Fortunella japonica

28. 叶卵状披针形,无叶翅或仅具痕迹 ··············· 金橘 Fortunella margarita

杨柳科 Salicaceae

1. 无顶芽,侧芽芽鳞 1 片 ································ 2

1. 顶芽发达,芽鳞多数 ································· 10

2. 小枝蜷曲向上,末端稍下垂 ··············· 龙爪柳 Salix matsudana f. torruosa

2. 小枝直立,斜展或下垂,不蜷曲 ······················· 3

3. 叶下面无毛或被疏柔毛,易脱落,有白粉 ··················· 5

3. 叶下面密被白色绢毛,不脱落,叶小 ····················· 4

4. 叶长椭圆形,长 3 ~ 5 cm,锯齿细尖 ··············· 银叶柳 Salix chienii

4. 叶卵状椭圆形,长 6 ~ 8 cm,锯齿钝 ··············· 银芽柳 Salix leucopithica

5. 叶较宽大,椭圆形或椭圆状卵形 ······················· 6

5. 叶较窄小,披针形 ································· 7

6. 叶卵形或椭圆形,下面灰白色,老叶两面无毛,托叶大,半圆形,叶柄先端有腺体 ···········
··············· 河柳 Salix glandulosa

6. 小枝和叶下面被毛,托叶小,叶柄先端通常无腺体 ··············· 紫柳 Salix wilsonii

7. 丛生灌木,叶条状披针形,托叶狭长椭圆状披针形 ··············· 簸箕柳 Salix suchowensis

7. 乔木,叶披针形或条状披针形 ························· 8

8. 小枝细长,下垂;叶幼时两面有疏毛,老叶无毛 ··············· 垂柳 Salix babylonica

8. 小枝直立或斜展 ································· 9

9. 小枝紫褐色;托叶卵形 ··············· 日本三蕊柳 Salix subfragilis

9. 小枝黄绿色;托叶披针形,早落 ··············· 旱柳 Salix matsudana

10. 叶缘具缺裂,缺刻或波状锯齿 ························· 11

10. 叶缘有整齐锯齿,齿端内曲 ························· 13

11. 叶缘 3 ~ 5 裂或为不规则波状缺刻 ······················· 12

11. 叶缘有波状粗锯齿,不分裂,长枝和萌芽枝之叶下面密被灰白色绒毛,叶柄顶端常有腺体,短枝之叶无毛,无腺体 ……………………………… 毛白杨 Populus tomentosa

12. 成年树树冠开展;叶卵形或椭圆状矩圆形,下面密被白色绒毛,叶缘具波状缺刻 …… ………………………………………………………………… 银白杨 Populus alba

12. 成年树树冠圆柱形;叶近于圆形或圆卵形,不规则波状浅裂,下面绿色,常无毛……… ………………………………………………………………… 新疆杨 Populus bolleana

13. 叶柄顶端有腺体 ………………………………………………………………… 14

13. 叶柄顶端无腺体 ………………………………………………………………… 15

14. 叶柄扁平,叶卵状三角形,基部截形,宽楔形或近圆形;芽鳞背部无纵脊 ……… ………………………………………………………… 响叶杨 Populus adenopoda

14. 叶柄圆形,表面有沟槽,叶宽卵形,基部心形,叶长 30 cm;芽鳞背部有纵脊 ……… ………………………………………………………… 大叶杨 Populus lasiocarpa

15. 叶柄扁平,表面无沟槽,叶下面绿色 ……………………………………………… 16

15. 叶柄圆柱形,表面有沟槽,叶下面灰白色 ………………………………………… 17

16. 侧枝开展;叶三角形,长大于宽,先端长渐尖,基部截形或宽楔形……………… ……………………………………………… 加拿大白杨 Populus canadensis

16. 侧枝上举,贴近主杆,叶扁三角形,长宽近相等,先端短凸尖,基部宽楔形或楔形 …… ………………………………………………… 钻天杨 Populus nigra var. italica

17. 叶菱状卵形或菱状倒卵形,基部楔形或宽楔形;冬芽瘦长,先端尖;略外展………… ……………………………………………………… 小叶杨 Populus simonii

17. 叶卵宽,宽卵形,卵圆形或近圆形 ……………………………………………… 18

18. 小枝密被短柔毛,初带红色,后变灰色;叶椭圆形或椭圆状卵形,先端短凸尖,基部心形,两面沿脉被短柔毛 ……………………… 辽杨 Populus maximowiczii

18. 小枝光滑 ………………………………………………………………………… 19

19. 小枝有棱脊,褐色;长枝之叶椭圆状卵形,基部圆形或宽楔形,短枝之叶卵形,先端长渐尖,基部心形 ……………………………………… 滇杨 Populus yunnanensis

19. 小枝圆柱形,幼时橄榄绿色,后变橙黄色至灰黄色……………………………… 20

20. 叶柄长 2～7 cm,幼枝无粘质,叶卵形或窄卵形 ……………………………… 21

20. 叶柄长 0.4～1.5 cm,幼枝有粘质;长枝之叶倒卵状披针形,窄卵状椭圆形,短枝之叶椭圆形至倒卵状椭圆形 ……………………………… 香杨 Populus koreana

21. 叶近圆形或圆卵形,长 4.5～6.5 cm,宽 3～5 cm,基部圆形,锯齿尖锐 ………………………………………………………… 哈青杨 Populus charbinensis

21. 叶长通常 6.5 cm 以上,锯齿钝 …………………………………………………… 22

22. 长枝之叶长 10～20 cm,短枝之叶卵形,椭圆形或长卵形,长 6～10 cm,宽 3～7 cm,两面无毛 …………………………………………………… 青杨 Populus cathayana

22. 长枝之叶长达 25 cm,短枝之叶长 10～13 cm,下面脉上被细柔毛或有时无毛 ……… ………………………………………………………… 冬瓜杨 Populus purdomii

无患子科 Sapindaceae

1. 落叶乔木或灌木;鳞芽 ………………………………………………………………………… 2

1. 常绿乔木;裸芽 …………………………………………………………………………………… 5

2.1 回偶数羽状复叶,小叶 8～14 枚,全缘,顶芽缺,侧芽小,常 2 个迭生 ……………………
　　　　　　　　　　　　　　　　　　　　　　　　　　　　　　　无患子 Sapindus mukorossi

2. 奇数羽状复叶,侧芽单生 ……………………………………………………………………… 3

3.1 回羽状复叶或部分小叶深裂成不完全的 2 回羽状复叶,小叶边缘有不规则粗锯齿,缺
　　齿或缺裂 ……………………………………………………… 栾树 Koelreuteria paniculata

3.1 回或 2 回羽状复叶,小叶不分裂,边缘有整齐铝齿或全缘 ……………………………… 4

4.1 回羽状复叶,小叶 9～19 枚,侧脉直达锯齿先端,锯齿尖锐 ……………………………
　　　　　　　　　　　　　　　　　　　　　　　　　　　　　　文冠果 Xanthoceras sorbifolia

4.2 回羽状复叶,侧脉不达叶缘,小叶全缘,或仅少数叶具细疏锯齿 ………………………
　　　　　　　　　　　　　　　　　　　　　　　　复羽叶栾树 Koelreuteria bipinnata

5. 小叶椭圆形或卵形,先端钝尖,基部不等,侧脉明显 …………… 龙眼 Dimocarpus longan

5. 小叶椭圆状披针形,先端渐尖,基部近相等,侧脉不明显 ………… 荔枝 Litchi chinensis

五味子科 Schisandraceae

1. 常绿木质藤本;叶椭圆形或椭圆状披针形,革质或厚纸质,侧脉和网脉不明显……………
　　　　　　　　　　　　　　　　　　　　　南五味子 Kadsura longipedunculata

1. 落叶木质藤本,叶椭圆形,倒卵形或卵状披针形,纸质,侧脉和网脉在叶两面均明显 …
　　　　　　　　　　　　　　　　　　　华中五味子 Schisandra sphenanthera

玄参科 Scrophulariaceae

1. 叶长卵形或卵形,长 10～25 cm,宽 6～15 cm,表面深绿色,无毛,下面灰白色,密被白色
　　星状毛或老时脱落 ……………………………………… 白花泡桐 Paulownia fortunei

1. 叶圆卵形或心形,长宽近相等或长稍大于宽,有时 3 裂……………………………………… 2

2. 叶上面被长柔毛,腺毛和分枝毛,下面密被白色树枝状长毛,有时杂有腺毛,叶纸质 …
　　　　　　　　　　　　　　　　　　　　　　　　毛泡桐 Paulownia tomentosa

2. 叶上面被粗硬腺毛,下面被长柔毛或绵状毛,叶坚纸质 ……………………………………
　　　　　　　　　　　　　　　　　　　　　　华东泡桐 Paulownia kawakami

苦木科 Simaroubaceae

1. 裸芽,密被锈色绒毛;小叶边缘有不整齐钝锯齿;内皮层黄色,有苦味 …………………
　　　　　　　　　　　　　　　　　　　　　　　苦木 Picrassma quassoides

1. 鳞芽小;小叶仅基部有 2～3 枚腺齿,余全缘 ………… 臭椿 Ailanthus altissima

省沽油科 Staphyleaceae

1.3 小叶复叶,小叶椭圆形或卵圆形,下面沿脉被短柔毛……… 省沽油 Staphylea bumalda

1. 羽状复叶,小叶 7～11 枚,卵形至卵状披针形,无毛 ……… 野鸦椿 Euscaphis japonica

梧桐科 Sterculiaceae

1. 叶二型,幼树及萌芽枝的叶掌状 5 深裂,掌状脉 8～11 条,叶柄在叶基部盾状着生,正常
　　叶卵状矩圆形,小枝及叶下面密被黄色绒毛,托叶大,常宿存……………………………
　　　　　　　　　　　　　……………… 翻白叶树 Pterospermum heterophyllum

1. 叶一型,叶柄在叶片基部不为盾状着生 ⋯⋯⋯⋯⋯⋯⋯⋯⋯⋯⋯⋯⋯⋯ 2

2. 叶椭圆状披针形,不分裂,先端尖,基部楔形,小枝及叶下面密生柔毛,羽状脉,基部近于 3 出 ⋯⋯⋯⋯⋯⋯⋯⋯⋯⋯⋯⋯⋯⋯⋯⋯ 梭椤树 Reevesia pubeseens

2. 叶掌状分裂,掌状脉 5 条;小枝及树皮绿色,光滑 ⋯⋯⋯⋯⋯⋯ 梧桐 Firmiana simplex

安息香科 Styracaceae

1. 小枝、叶下面密被星状毛,芽通常单生叶腋,偶有 2 枚芽迭生 ⋯⋯⋯⋯⋯⋯⋯⋯ 2

1. 小枝、叶下面疏生星状毛或无毛,芽通常迭生 ⋯⋯⋯⋯⋯⋯⋯⋯⋯⋯⋯⋯⋯ 3

2. 叶椭圆形至矩圆状椭圆形 ⋯⋯⋯⋯⋯⋯⋯⋯⋯⋯⋯ 赤杨叶 Alniphyllum fortunei

2. 叶宽卵形或宽倒卵形 ⋯⋯⋯⋯⋯⋯⋯⋯⋯ 小叶白辛树 Pterostyrax corymbosus

3. 老叶两面无毛或仅在下面脉腋内有簇生毛 ⋯⋯⋯⋯⋯⋯⋯⋯⋯⋯⋯⋯⋯⋯ 4

3. 老叶被稀疏星状毛 ⋯⋯⋯⋯⋯⋯⋯⋯⋯⋯⋯⋯⋯⋯⋯⋯⋯⋯⋯⋯⋯⋯⋯⋯ 5

4. 叶椭圆形至椭圆状倒卵形,膜质 ⋯⋯⋯⋯⋯⋯⋯ 秤锤树 Sinojackia xylocarpa

4. 叶宽椭圆形至椭圆状长圆形,两面无毛或在下面脉腋内有簇生毛⋯⋯⋯⋯⋯⋯ ⋯⋯⋯⋯⋯⋯⋯⋯⋯⋯⋯⋯⋯⋯⋯⋯⋯⋯⋯⋯ 野茉莉 Styrax japonica

5. 叶柄长 5 ~ 10 mm,叶纸质,长椭圆形,先端渐尖或尾尖 ⋯⋯⋯⋯⋯⋯⋯⋯⋯⋯⋯⋯⋯⋯⋯⋯⋯⋯ 郁香野荣莉 Styrax odoratissima

5. 叶柄长 1 ~ 3 mm,叶厚纸质,卵形或倒卵形,先端急尖 ⋯⋯⋯ 白花龙 Styrax confusa

山茶科 Theaceae

1. 叶全缘 ⋯⋯⋯⋯⋯⋯⋯⋯⋯⋯⋯⋯⋯⋯⋯⋯⋯⋯⋯⋯⋯⋯⋯⋯⋯⋯⋯⋯⋯⋯ 2

1. 叶缘有锯齿 ⋯⋯⋯⋯⋯⋯⋯⋯⋯⋯⋯⋯⋯⋯⋯⋯⋯⋯⋯⋯⋯⋯⋯⋯⋯⋯⋯⋯ 3

2. 叶二列状排列,椭圆形或长椭圆形,先端渐尖 ⋯⋯⋯⋯⋯ 杨桐 Adinandra millettii

2. 叶螺旋状排列,倒卵形,先端圆钝 ⋯⋯⋯⋯⋯ 厚皮香 Ternstroemia gymnanthera

3. 冬芽芽鳞多数 ⋯⋯⋯⋯⋯⋯⋯⋯⋯⋯⋯⋯⋯⋯⋯⋯⋯⋯⋯⋯⋯⋯⋯⋯⋯⋯⋯ 4

3. 冬芽具 1 ~ 2 片芽鳞 ⋯⋯⋯⋯⋯⋯⋯⋯⋯⋯⋯⋯⋯⋯⋯⋯⋯⋯⋯⋯⋯⋯⋯⋯⋯ 7

4. 叶柄和叶下面多少有毛 ⋯⋯⋯⋯⋯⋯⋯⋯⋯⋯⋯⋯⋯⋯⋯⋯⋯⋯⋯⋯⋯⋯ 5

4. 叶柄和叶下面无毛 ⋯⋯⋯⋯⋯⋯⋯⋯⋯⋯⋯⋯⋯⋯⋯⋯⋯⋯⋯⋯⋯⋯⋯⋯⋯ 6

5. 叶下面被紧贴长柔毛,叶椭圆状披针形,长 4 ~ 8 cm,宽 1.5 ~ 3 cm 先端尾尖 ⋯⋯⋯⋯⋯ ⋯⋯⋯⋯⋯⋯⋯⋯⋯⋯⋯⋯⋯⋯⋯⋯⋯⋯ 毛柄连蕊茶 Camellia fraterna

5. 叶下面中脉上稍有毛,叶柄密被毛;叶椭圆形或卵状椭圆形,长 3 ~ 7.5 cm,宽 2 ~ 3.8 cm, 先端短渐尖 ⋯⋯⋯⋯⋯⋯⋯⋯⋯⋯⋯⋯⋯⋯⋯⋯⋯⋯ 油茶 Camellia oleifera

6. 叶厚革质,侧脉在叶上面不明显,叶卵形至椭圆形,基部圆形至宽楔形⋯⋯⋯⋯⋯⋯⋯ ⋯⋯⋯⋯⋯⋯⋯⋯⋯⋯⋯⋯⋯⋯⋯⋯⋯⋯⋯ 山茶 Camellia japonica

6. 叶薄革质,侧脉在叶上面明显并下凹,叶椭圆状披针形或椭圆形,基部楔形⋯⋯⋯⋯⋯⋯ ⋯⋯⋯⋯⋯⋯⋯⋯⋯⋯⋯⋯⋯⋯⋯⋯⋯⋯⋯⋯⋯⋯ 茶 Camellia sinensis

7. 叶螺旋状排列,较大,长 5 ~ 12 cm,宽 2.5 ~ 5 cm,顶芽被白色长毛 ⋯⋯⋯⋯⋯⋯ ⋯⋯⋯⋯⋯⋯⋯⋯⋯⋯⋯⋯⋯⋯⋯⋯⋯⋯⋯⋯ 木荷 Schima superba

7. 叶二列状互生,较窄小 ⋯⋯⋯⋯⋯⋯⋯⋯⋯⋯⋯⋯⋯⋯⋯⋯⋯⋯⋯⋯⋯⋯⋯ 8

8. 枝有 2 棱 ⋯⋯⋯⋯⋯⋯⋯⋯⋯⋯⋯⋯⋯⋯⋯⋯⋯⋯⋯⋯⋯⋯⋯⋯⋯⋯⋯⋯ 9

越橘科 Vaccinioideae

马鞭草科 Verbenaceae

8. 叶下面散生腺点,基部有数个盘状腺体,边缘有粗锯齿或细锯齿 ················

··························· 臭牡丹 Clerodendron bungei

8. 叶下面基部脉腋有数个盘状腺体,边缘有不规则锯齿或波状齿················

··························· 尖齿臭茉莉 Clerodendron lindleyi

9. 侧脉直达叶缘锯齿,锯齿圆钝,两面有柔毛及金黄色腺点 ········ 莸 Caryoteris divaricata

9. 侧脉不达齿端,前弯 ·· 10

10. 叶无腺点 ·· 11

10. 叶两面有腺点或下面有腺点 ·· 13

11. 叶无毛 ·· 12

11. 叶两面有糙毛,叶片卵形至卵状椭圆形,上面有粗糙的皱纹和短柔毛···············

··························· 马缨丹 Lantana camara

12. 叶卵状椭圆形或倒卵形,先端钝尖,叶片中部以上有锯齿 ····· 假连翘 Duranta repens

12. 叶卵形,卵状披针形,倒卵形或椭圆形,先端长渐尖,边缘有不规则粗齿或有时全缘···

··························· 豆腐柴 Premna microphylla

13. 叶下面有黄色腺点 ·· 14

13. 叶下面有红色腺点 ·· 16

14. 叶两面无毛,叶倒卵形,倒披针形或披针形·································· 15

14. 叶上面稍有毛,下面被黄褐色或灰褐色星状毛,叶宽椭圆形至椭圆状卵形···············

··························· 老鸦糊 Callicarpa giraldii

15. 叶倒卵形有先端急尖,长 3 ~ 7 cm,宽 1 ~ 2.5 cm,边缘仅上半部有数对粗锯齿········

··························· 白棠子树 Callicarpa dichotoma

15. 叶倒披针形或披针形,先端渐尖,长 6 ~ 10 cm,宽 2 ~ 3 cm,边缘上半部有细锯齿·····

··························· 窄叶紫珠 Callicarpa japonica var. angustata

16. 叶通常为卵状披针形,长 4 ~ 10 cm,宽 1.5 ~ 3 cm,两面仅脉上有毛 ············

··························· 华紫珠 Callicarpa cathayana

16. 叶宽椭圆形至椭圆状卵形,长 5 ~ 17 cm,宽 2.5 ~ 10 cm,下面被黄褐色或灰褐色星状

毛 ··························· 紫珠 Callicarpa bodinieri

17. 小叶全缘或每边有少数锯齿,下面密被灰白色细绒毛 ························ 18

17. 小叶边缘有多数锯齿,浅裂以至深裂,无毛或稍有 ························ 19

18. 小叶 5 ~ 7 枚,披针形至狭披针形,下面有腺点,老枝近圆形·····················

··························· 穗花牡荆 Vitex agnuscastus

18. 小叶 5 枚,有时 3 枚,椭圆状卵形或披针形,下面无腺点,老枝四棱形·················

··························· 黄荆 Vtrex negundo

19. 小叶边缘有锯齿,背面疏生柔毛 ················· 牡荆 Vitex negundo var. cannabifolia

19. 小叶边缘有缺刻状锯齿,浅裂或深裂,背面密被灰白色绒毛·························

··························· 荆条 Vitex negundo var. hetererophyila

葡萄科 Vitaceae

1. 卷须先端有吸盘·· 2

单子叶植物 Monoeotyledoneae

禾本科(竹亚科) Gramineae(Bambusoideae)

66.秆箨无斑点及油质光泽·· 苦竹 Pleioblastus amarus

棕榈科 Palmae

1.单叶,掌状分裂 ·· 2

1.羽状复叶 ·· 5

2.叶浅裂至中上部,裂片先端二裂,下垂,叶柄基部两侧具倒刺·············

·· 蒲葵 Livistona chinensis

2.叶深裂至中下部,裂片先端不下垂,叶柄无刺 ···························· 3

3.叶大,径49~70 cm,叶分裂至中下部,裂片2裂,锐尖,叶柄有锯齿,乔木 ·············

··· 棕榈 Trachycarpus fortunei

3.叶小,径不超过40 cm,分裂几达基部,裂片先端钝,具缺齿,叶柄无锯齿,灌木 ········· 4

4.掌状裂片10~20,窄长披针形 ························ 矮棕竹 Rhapis humilis

4.掌状裂片5~10,椭圆状披针形 ····················· 棕竹 Rhapis excelsa

5.1 回羽状复叶,小叶窄长带状 ···························· 6

5.2 回羽状复叶,小叶鱼尾状,上部边缘具撕裂状细锯齿 ········· 鱼尾葵 Caryota ochlanda

6.叶柄无刺,树干具环状叶痕,小叶基部外摺 ······· 假槟榔 Archontophoenix alexandrae

6.叶柄具针刺 ·· 7

7.复叶长约2 m,小叶长15~30 cm ·············· 刺葵 Phoenix hanceana

7.复叶长3~4 m,小叶长20~40 cm ············· 海枣 Phoenix dactylifera

参考文献

[1]中国科学院植物研究所. 中国高等植物图鉴(1~5卷)[M]. 北京:科学出版社, 1972—1976.

[2]郑万钧. 中国树木志(7卷)[M]. 北京:中国林业出版社,1978.

[3]陈有民. 园林树木学[M]. 北京:中国林业出版社,1990.

[4]祁承经,汤庚国. 树木学(南方本). 北京:中国林业出版社,2005.

[5]任宪威. 中国落叶树木冬态. 北京:中国林业出版社,1990.

[6]汪劲武. 种子植物分类学. 北京:高等教育出版社,1985.

[7]华北树木志编写组. 华北树木志[M]. 北京:中国林业出版社,1984.

[8]熊济华. 观赏树木学[M]. 北京:中国农业出版社,1998.

[9]任宪威. 树木学[M]. 北京:中国林业出版社,1997.

[10]南京林业学校. 园林树木学[M]. 北京:中国林业出版社,1998.

[11]刘金. 观赏竹[M]. 北京:中国农业出版社,1999.

[12]卓丽环. 园林树木[M]. 北京:高等教育出版社,2006.

[13]向其柏,臧德奎,译. 国际栽培植物命名法规[M]. 北京:中国林业出版社,2004.

[14]赵九洲. 园林树木[M]. 重庆:重庆大学出版社. 2006.

[15]中国农业百科全书编辑部. 中国农业百科全书观赏园艺卷[M]. 北京:农业出版社,1996.

[16]南京林业大学树木教研组. 江苏木本植物枝叶检索表[M]. 北京:中国林业出版社,1987.

[17]中国科学院植物研究所. 中国高等植物科属检索表[M]. 北京:科学出版社,1979.